Android 3D 游戏程序设计

[美] 罗伯特·秦　著

刘　君　译

清华大学出版社

北　京

内 容 简 介

本书详细阐述了与Android 3D游戏设计相关的解决方案，主要包括Android简介、Android中的Java语言、3D数学知识、基于OpenGL ES的3D图形学、运动和碰撞、游戏环境、创建玩家角色、创建敌方角色、用户界面、最终的Drone Grid游戏、Android原生开发包（NDK）、游戏的发布和市场化运作等内容。此外，本书还提供了丰富的示例和代码，以帮助读者进一步理解相关方案的实现过程。

本书适合作为高等院校计算机及相关专业的教材和教学参考书，也可作为相关开发人员的自学教材和参考手册。

北京市版权局著作权合同登记号 图字：01-2016-4072

Beginning Android 3D Game Development 1st Edition/by Robert Chin /ISBN: 978-1-4302-6547-4

图书在版编目（CIP）数据

Android 3D游戏程序设计 /（美）罗伯特·秦（Robert Chin）著；刘君译. —北京：清华大学出版社，2021.2

书名原文：Beginning Android 3D Game Development

ISBN 978-7-302-56499-7

Ⅰ. ①A… Ⅱ. ①罗… ②刘… Ⅲ. ①移动电话机—游戏程序—程序设计 Ⅳ. ①TP317.67

中国版本图书馆CIP数据核字（2020）第182555号

责任编辑： 贾小红
封面设计： 刘 超
版式设计： 文森时代
责任校对： 马军令
责任印制： 杨 艳
出版发行： 清华大学出版社

网　　址： http://www.tup.com.cn，http://www.wqbook.com
地　　址： 北京清华大学学研大厦A座　　**邮　　编：** 100084
社 总 机： 010-62770175　　**邮　　购：** 010-62786544
投稿与读者服务： 010-62776969，c-service@tup.tsinghua.edu.cn
质量反馈： 010-62772015，zhiliang@tup.tsinghua.edu.cn

印 刷 者： 北京富博印刷有限公司
装 订 者： 北京市密云县京文制本装订厂
经　　销： 全国新华书店
开　　本： 185mm×230mm　　**印　　张：** 29.25　　**字　　数：** 587千字
版　　次： 2021年3月第1版　　**印　　次：** 2021年3月第1次印刷
定　　价： 149.00元

产品编号：061189-01

译　者　序

随着电子商务、手机游戏、在线视频、微信小程序和各种移动App开发的蓬勃兴起，Android前端设计的重要性也日益凸显。如何开发出质量精美而又文件小巧的图像、动画、游戏和视频，并且同时适用于包括手机、平板电脑、智能电视甚至智能手表在内的各种设备进行显示和播放，这是一个不小的挑战。本书就是为了帮助Android图形开发人员解决游戏问题而编写的经验之作。

要开发一款能够在移动设备上流畅运行的高画质游戏并不是一件容易的事，因为众所周知，虽然移动设备硬件一直在突飞猛进式地发展，但是其CPU和GPU等主要计算资源仍然无法做到像桌面系统那样性能强大，因此，开发面向移动设备的游戏很容易遇到性能瓶颈的问题。而且移动设备的更新换代非常快，如果开发人员想要拥抱尽可能多的用户，那么考虑到那些仍在使用几年前的性能很低的手机、平板等设备的用户，游戏运行时的性能瓶颈问题显然会更加突出。

本书通过Java和OpenEL ES开发Android平台上的3D游戏，内容涉及Android中的Java语言、3D数学知识、基于OpenGL ES的3D图形学、运动和碰撞、游戏环境、创建玩家角色、创建敌方角色、用户界面、Drone Grid游戏、Android原生开发包（NDK）、游戏的发布和市场化运作等知识。总之，对于Android游戏开发人员来说，本书是不可多得的兼具知识性、启发性和实用性的技术书籍。。

在本书的翻译过程中，除刘君外，张博、刘璋、刘晓雪、刘祎、张华臻等人也参与了部分翻译工作，在此一并表示感谢。

由于译者水平有限，难免有疏漏和不妥之处，恳请广大读者批评指正。

译　者

前　　言

本书通过 Java 和 OpenGL ES 开发 Android 平台上的 3D 游戏。开发过程中将使用安装了 Android 开发工具（ADT）插件的 Eclipse 集成开发环境（IDE）。本书并不是一本简单的参考书，而是通过示例和学习用例展示游戏开发中的关键概念，主要涵盖以下内容。

第 1 章整体讲述 Android、Android SDK、如何针对开发环境设置计算机，以及简单的“Hello World”示例。

第 2 章介绍 Java 语言、基本的 Android Java 程序框架和与 Java OpenGL ES 框架相关基本信息。

第 3 章讨论 3D 数学、向量、矩阵和向量-矩阵操作。

第 4 章阐述 Android 上的 OpenGL ES、3D 网格、光照机制、材质、纹理、持久化数据存储，以及如何利用顶点和片元着色器创建重力网格。

第 5 章探讨碰撞和牛顿力学。

第 6 章讨论声音和平视（head-up）显示。

第 7 章考查如何创建玩家角色，包括 Drone Grid 游戏中与玩家角色关联的元素，如武器、弹药和玩家的 HUD。

第 8 章详细介绍如何创建 Drone Grid 游戏中的敌方角色，其中包括 Arena 对象和坦克对象。相比较而言，Arena 对象其行为相对简单，而坦克对象则是一类较为复杂的角色，涉及复杂的人工智能技术。

第 9 章介绍 Drone Grid 游戏中的用户界面，包括菜单系统、高分表的创建以及高分输入菜单。

第 10 章将前述章节内容整合至最终的 Drone Grid 游戏中，最完整的工作游戏集成了前述章节中的全部元素，如菜单、HUD，以及 Arena 对象和坦克对象这一类敌方角色。

第 11 章讨论 Android 本地开发工具包和 Java 本地接口（JNI）。

第 12 章介绍如何发布 Android 游戏，其中包含一个 Android 市场列表，并以此上传游戏发行文件、支持 Android 广告网络列表，以及一个审查 Android 游戏的游戏网站列表。

目 录

第 1 章　Android 简介

Android 手机主导着智能手机市场，甚至超过了苹果公司的 iPhone。在世界范围内，超出 190 个国家的数亿移动电话用户都在使用 Android 操作系统。每天都有百万级的新增用户在使用 Android 手机访问 Web、发送电子邮件、下载应用程序和游戏。实际上，仅 Google Play Store 中每月就会下载 1.5 亿次 Android 应用程序和游戏。如果包含出售 Android 游戏和应用程序的 Web 站点（如 Amazon Android 应用程序商店），则这一数字还会继续增长。

本章将学习 Android 软件开发工具包（SDK），随后将讨论如何配置 Android 开发环境。此外，读者还将学习这一开发环境中的主要部件，如 Eclipse。接下来，将考查如何在 Android 模拟器程序和真实的 Android 设备上创建和部署简单的“Hello World”应用程序。

1.1　Android 概述

Android 是在移动电话和平板电脑上被广泛使用的操作系统，甚至还可应用于视频游戏机上，如 Quya。Android 手机的种类繁多，包括需要签约使用的昂贵手机，以及预付费即可使用的廉价手机。开发 Android 平台的应用程序并不需要付费，这一点与 Apple 移动设备有所不同。后者需要缴纳年费以在其设备上运行应用程序。

1.2　Android SDK

本节主要讨论 Android SDK，其中涉及开发系统所需的重要 SDK 组件，如 SDK Manager、Android Virtual Device Manager 和真实的 Android 模拟器。

1.2.1　Android 软件开发工具包（SDK）的需求条件

Android 开发可在 Windows PC、Mac OS 机器或 Linux 机器上实现。下列内容列出了操作系统方面的需求条件。

- Windows XP（32 位）、Windows Vista（32 位或 64 位）、Windows 7（32 位或 64 位）、Windows 10（32 位或 64 位）。
- Mac OS X 10.5.8 及其后续版本。
- Linux（在 Ubuntu Linux、Lucid Lynx 上测试）：
  - 需要 GNU C 库（glibc）或后续版本。
  - 在 Ubuntu Linux 上，需要 8.04 或后续版本。
  - 64 位发行版必须能够运行 32 位应用程序。

开发 Android 程序还需要安装 Java 开发工具包。读者可访问 www.oracle.com/technetwork/java/javase/downloads/index.html 下载 JDK。

对于 Mac 用户，Java 可能已被安装完毕。

采用 Android 开发工具（ADT）插件修改的 Eclipse IDE 程序构成了 Android 开发环境的基础内容。Eclipse 的需求条件如下所示。

- 读者可访问 http://eclipse.org 下载 Eclipse 或后续版本。
- Eclipse JDT 插件（包含于大多数 Eclipse IDE 包中）。
- 读者可访问 http://developer.android.com/tools/sdk/eclipse-adt.html 下载基于 Eclipse 的 Android ADT 插件。

注意：

最新版本的 ADT 不再支持 Eclipse 3.5 (Galileo)。读者可访问 http://developer.android.com/tools/index.html 以了解与 Android 开发工具相关的最新信息。

1.2.2 Android SDK 组件

Android SDK 组件包括 Eclipse 程序、Android SDK 管理器（Android SDK Manager）、Android 虚拟设备管理器（Android Virtual Device Manager）和模拟器。下面将对此进行逐一介绍。

1. 基于 Android 开发工具插件的 Eclipse

Android SDK 的实际部分是 Eclipse 程序，用户将花费大量时间在处理该程序，它是通过 ADT 软件插件专门为 Android 定制的。其中，我们可以编写新的代码、创建新类、在 Android 模拟器和真实设备上运行程序。在早期性能较差的计算机上，模拟器可能运行得很慢，因此最好的选择是在真实的 Android 设备上运行程序。考虑到我们处理的是 CPU 密集型的 3D 游戏，因而应使用真实的 Android 设备运行示例项目，如图 1.1 所示。

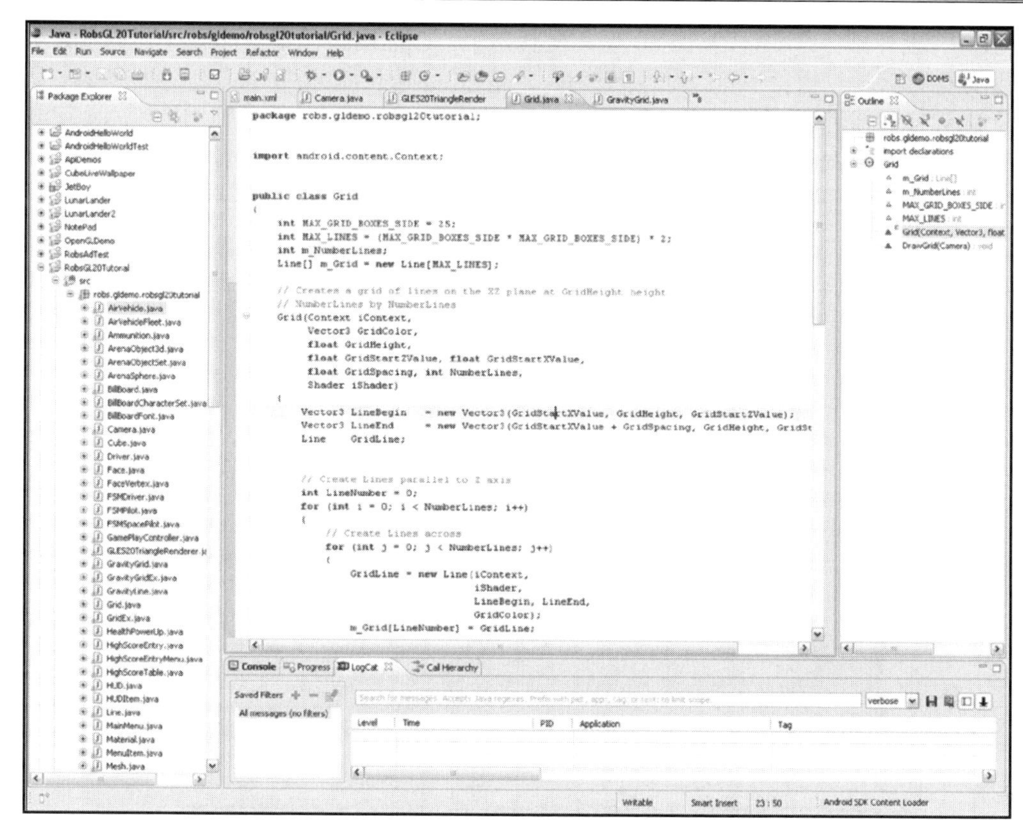

图 1.1　基于 Android 开发工具插件的 Eclipse

2．Android SDK 管理器

Android SDK 管理器可通过其界面下载最新的 Android 平台版本和工具，同时显示所安装的当前工具和平台版本。例如，图 1.2 显示了已安装完毕并可用于开发的当前 Android 平台，这意味着，可针对该平台编译源代码。

3．Android 虚拟设备

Android SDK 还支持虚拟设备模拟器，如图 1.3 所示。很多时候，用户可在开发系统的软件模拟器上运行 Android 程序，而非实际的设备。然而，这对于非图形敏感型应用程序较为适用。由于本书主要处理 3D 游戏，因此需要采用真实的 Android 设备，而非这一类软件模拟器。Android 虚拟设备管理器可创建新的 Android 虚拟设备、编辑已有的 Android 设备、删除已有设备，并启动已有的虚拟 Android 设备。在图 1.3 中，存在一个可用的 Android 虚拟设备 Android22，用于模拟 Android 操作系统（API Level 8）和模拟 ARM CPU 类型。另外，OpenGL 是一类图形系统，程序员可在 Android 平台上创建 3D

图形，其设计目标是实现硬件独立性。也就是说，OpenGL 图形命令被设计为在许多不同的硬件平台上均保持一致，如 PC、Mac、Android 等。此外，OpenGL 2.0 是第一个包含可编程顶点和片元着色器的 OpenGL 版本。相应地，OpenGL ES 则是常规 OpenGL 的子集，其特性也有所减少。

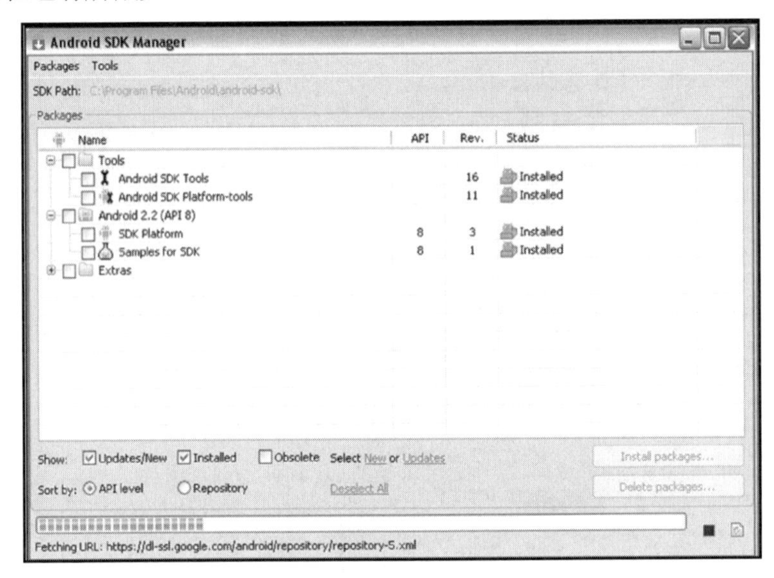

图 1.2　Android SDK 管理器

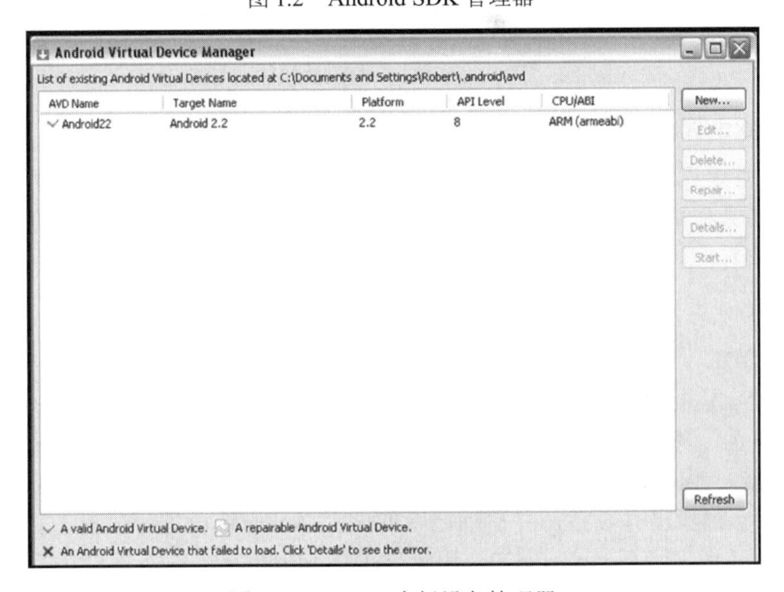

图 1.3　Android 虚拟设备管理器

图 1.4 描述了启动后的实际模拟器。

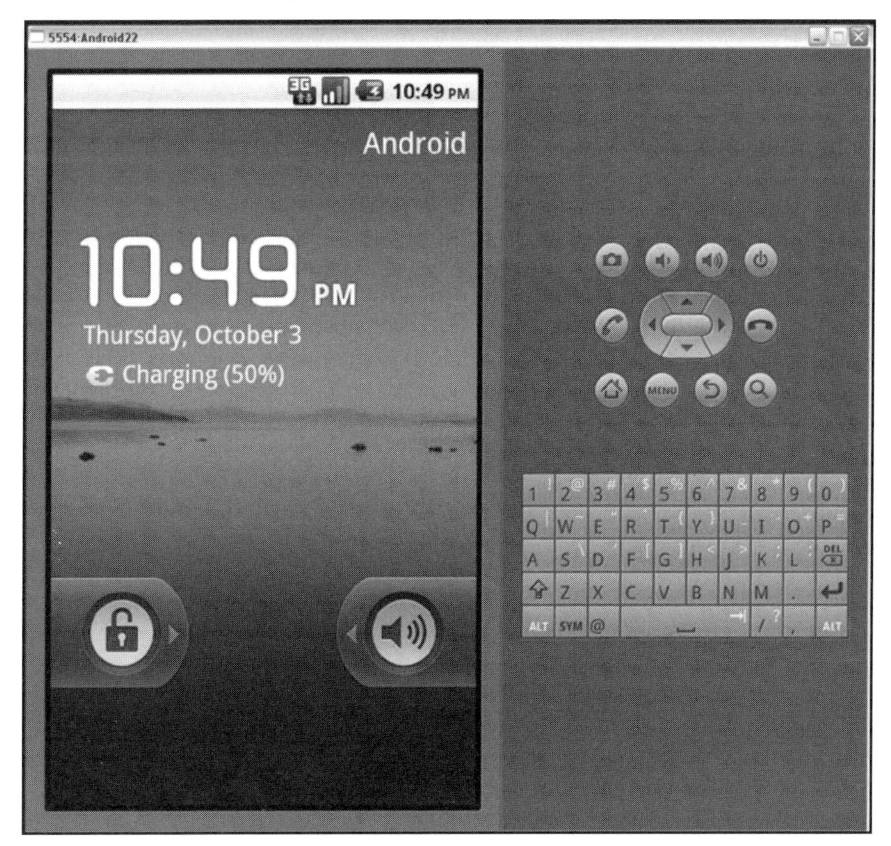

图 1.4　实际的 Android 虚拟设备模拟器

1.2.3　配置开发环境

配置开发环境首先需要下载和安装 JDK，这也是 Android 开发环境的先决条件。在安装完毕并确认可正常工作后，还需要进一步安装 Android SDK 的主要组件。

对此，快速和简单的方式是下载 ADT Bundle，具体位置是 http://developer.android.com/sdk/index.html 下的 Download for Other Platforms 部分。

ADT Bundle 是一个可下载的压缩文件，该文件包含特定的 Eclipse 版本，其中涉及 Android 开发工具插件、Android 虚拟设备管理器、SDK 管理器和工具、最新的 Android 平台，以及针对 Android 模拟器的最新 Android 系统镜像。这里，安装 ADT Bundle 的全部所需工作即是创建一个新目录并将文件解压至其中。对此，可使用免费工具（如 7-Zip）

解压文件。随后，可执行 Eclipse 目录中的 eclipse.exe 文件运行新的 ADT 集成开发环境。

注意：

可访问 www.7-zip.org 下载 7-Zip。

1.2.4 Android 开发工具集成开发环境

Eclipse IDE 涵盖了多项重要内容，包括 Package Explorer 窗口、Source Code Area 窗口、Outline 窗口和 Messages 窗口，同时还包含一个输出程序员指定的调试消息的窗口，即称为 LogCat 窗口。此外，还存在一些其他的消息窗口，但其重要性稍差，因而本节并不打算对其加以讨论。

1. Package Explorer 窗口

当启动一个新的 Android 编程项目时，需要对此创建一个新的包。默认状态下，Package Explorer 窗口位于 Eclipse 左侧，该窗口列出了当前工作区中的全部 Android 包。例如，图 1.5 列出了 AndroidHelloWorld 包、AndroidHelloWorldTest 包和 ApiDemos 包等。

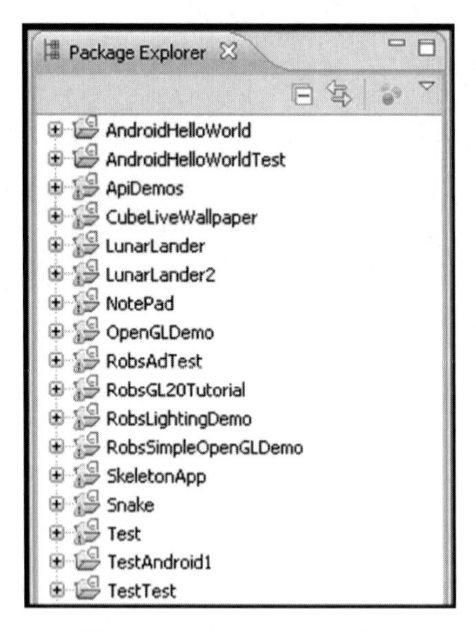

图 1.5 Package Explorer 窗口

另外，还可单击包名一侧的“+”符号展开某个包，进而访问与该包相关的全部文件。Java 源代码文件位于 src 目录中，而与项目关联的资源（如纹理、3D 模型等）则位于 res（resources 的简写）目录中。双击源代码文件或资源文件后，即可在 Eclipse 中对其进行查看。此外，还可展开源文件以便整体考查类中的变量和函数。相应地，还可双击变量或函数，并在 Eclipse 的源代码视图窗口中查看对应的变量或函数。在图 1.6 中，AndroidHelloWorldActivity 类中仅定义了一个函数 onCreate()。最后，每个 Android 包中均包含一个 AndroidManifest.xml 文件，该文件定义了运行程序所需的权限、特定的程序信息（如版本号）、程序图标、程序名称，以及运行程序所需的最低限度的 Android 操作系统。

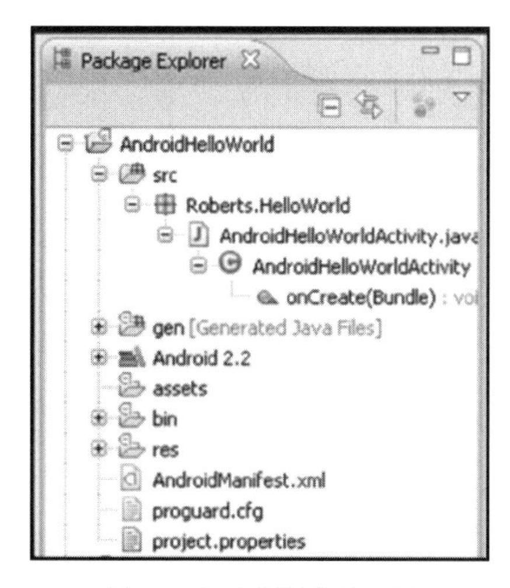

图 1.6　包中所涵盖的内容

2. Source Code Area 窗口

默认状态下，Eclipse 中部表示为 Java 源代码显示窗口。其中，不同的 Java 源代码或.xml 文件显示于各自的选项卡中，如图 1.7 所示。

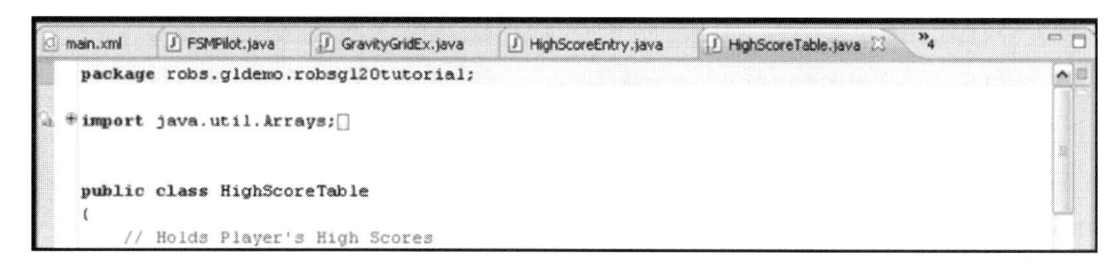

图 1.7　Source Code Area 窗口

需要注意的是，最后一个选项卡之后显示了>>4，这意味着还存在 4 个未显示的隐藏文件。单击>>4 区域即可访问此类文件并显示完整的文件列表。另外，以黑体列出的文件并不会显示，对此，可单击对应文件以查看其内容，如图 1.8 所示。

3．Outline 窗口

默认状态下，Outline 窗口位于 Eclipse 右侧，它列出了源代码窗口中所选类的变量和函数。通过单击 Outline 窗口中的变量和函数，用户可方便地跳转至源代码窗口中对应的类变量或类函数处，如图 1.9 所示。

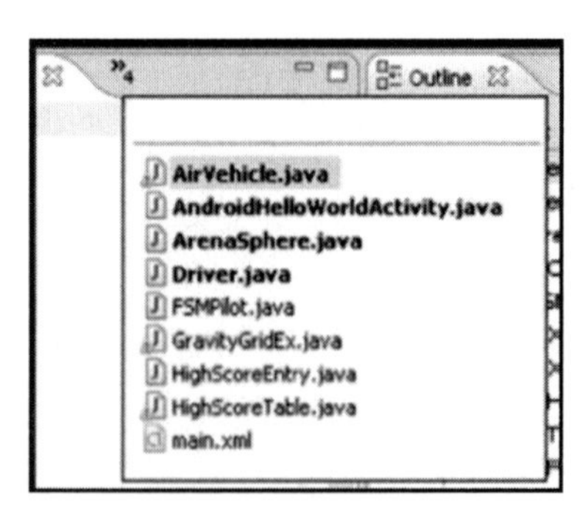

图 1.8　访问隐藏的 Java 源文件和.xml 文件

图 1.9　Eclipse 中的 Outline 窗口

在图 1.9 中，首先列出了类变量或字段，随后是类函数。例如，HIGH_SCORES、m_BackGroundTexture 和 m_Dirty 被定义为类变量，而 FindEmptySlot()、RenderTitle()和 SortHighScoreTable()则表示为类函数。

4．Dalvik 调试监视服务器（DDMS）

基于 ADT 插件的 Eclipse 还提供了一种方式，即通过 Dalvik 调试监视服务器或 DDMS 轻松与实际的 Android 硬件进行交互。访问 DDMS 的按钮位于 Eclipse IDE 的右上角，单击该按钮可将视图切换至 DDMS，如图 1.10 所示。

图 1.10　DDMS 按钮

在 DDMS 视图中，通过位于视图右侧的 File Explorer 选项卡，可查看 Android 设备上实际的目录和文件，如图 1.11 所示。

Name	Size	Date	Time	Permissions
data		2012-05-15	04:02	drwxrwx--x
mnt		2013-09-25	16:50	drwxrwxr-x
asec		2013-09-25	16:50	drwxr-xr-x
sdcard		1969-12-31	19:00	d---rwxr-x
Android		2012-01-17	19:00	d---rwxr-x
DCIM		2013-09-20	12:46	d---rwxr-x
Eyeglasses		2013-08-18	11:06	d---rwxr-x
LOST.DIR		2012-01-17	19:00	d---rwxr-x
Music		2012-05-09	18:01	d---rwxr-x
bluetooth		2012-05-09	11:48	d---rwxr-x
data		2012-05-25	00:03	d---rwxr-x
download		2013-07-28	19:30	d---rwxr-x
dronegrid.apk	591188	2013-08-16	21:46	----rwxr-x
dronegrid10.apk	591141	2013-08-18	01:06	----rwxr-x
startappdronegrid10.apk	687806	2013-09-20	12:44	----rwxr-x
startappexitbannerdroneg	687116	2013-09-22	15:25	----rwxr-x
where		2013-02-12	07:37	d---rwxr-x
secure		2013-09-25	16:50	drwx------
system		2011-03-16	01:17	drwxr-xr-x
app		2011-03-16	01:17	drwxr-xr-x

图 1.11　查看 Android 设备上的文件

在图 1.11 中的左侧，如果实际的 Android 物理设备已通过 USB 接口连接，则对应设备将显示于 Devices 选项卡中，如图 1.12 所示。

Name		
A000003129D322	Online	2.2.2
com.google.android.apps.uploader	450	8600
com.example.android.apis	15706	8601
robs.demo.TestDemoComplete	25131	8602
com.android.gl2jni	31255	8603

图 1.12　DDMS 上的 Devices 选项卡

注意 Devices 选项卡右上方的相机图标。如果单击该图标，将会捕捉当前 Android 设备上的一幅屏幕快照，如图 1.13 所示。

图 1.13　DDMS 中的设备屏幕捕捉图像

从当前弹出窗口中，可旋转和保存图像。当向终端用户推广应用程序时，这是一种较好的、针对推广图像的屏幕快照获取方式。

5．LogCat 窗口

默认状态下，在 Eclipse IDE 底部，存在一些常规窗口。其中，LogCat 窗口则是较为重要的窗口之一。对于运行于 Android 设备（通过 USB 线连接至计算机上）上的程序，该窗口将显示其中的调试和错误信息，如图 1.14 所示。

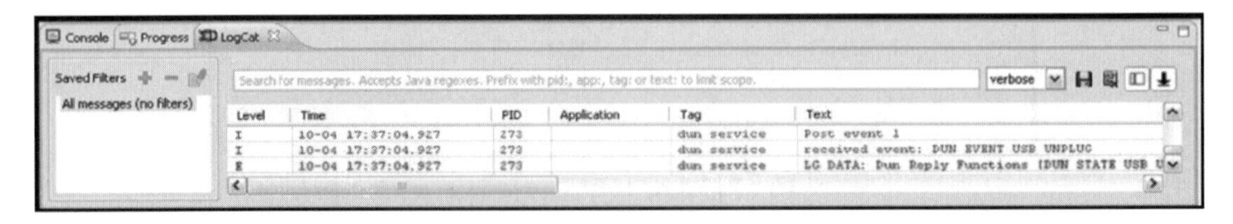

图 1.14　LogCat 窗口

6. 启动 Eclipse 中的 SDK 管理器和 AVD 管理器

当启动 Eclipse IDE 中的 Android SDK 管理器和 AVD 管理器时，可单击上方菜单栏中的 Window 命令，并使用菜单列表中的底部选项。SDK 管理器使程序员可下载新的 Android 平台版本和供开发使用的其他工具；AVD 管理器则使程序员可针对 Android 设备模拟器创建和管理虚拟 Android 设备，如图 1.15 所示。

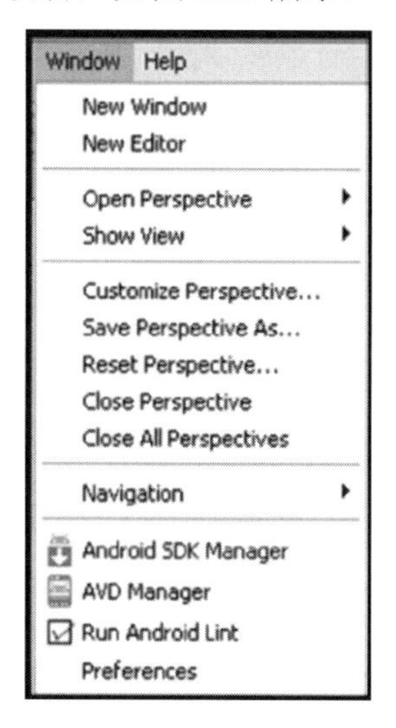

图 1.15　启动 Eclipse 中的 SDK 和 AVD 管理器

1.3　"Hello World"示例程序

本节将创建一个新的 Android 项目，并输出简单的"Hello World"文本字符串。下面首先启动 Eclipse IDE。

随后需要指定新项目的工作区。对此，可选择 Eclipse 菜单中的 File→SwitchWorkSpace→Other 命令，弹出窗口后可选择一个目录，该目录将作为存储新项目的当前工作区。单击弹出窗口中的 Browse 按钮以导航至工作区文件夹，随后单击 OK 按钮将该文件夹设置为当前工作区。

1.3.1　创建新的 Android 项目

当创建新的 Android 项目时，可选择 File→New→Android Application Project 命令，如图 1.16 所示。

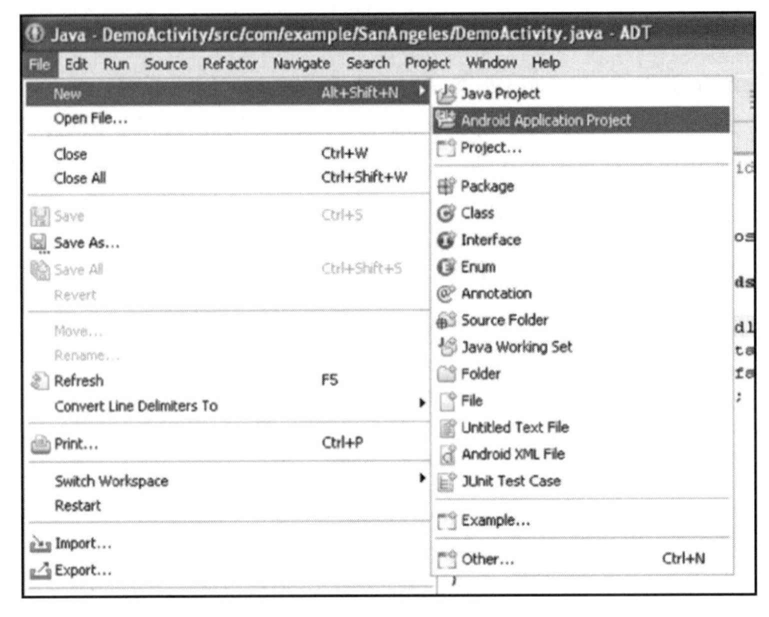

图 1.16　在 Eclipse 中创建新的 Android 项目

此时可在弹出的窗口中指定应用程序名称、项目名称、包名称和 SDK 信息，如图 1.17 所示。

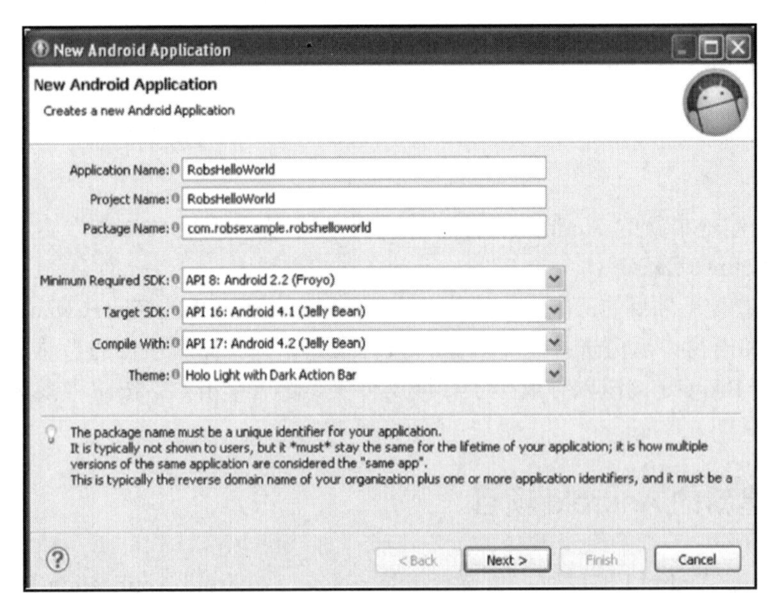

图 1.17　输入项目和 SDK 信息

在 Application Name 文本框中输入 RobsHelloWorld，这是将显示于程序用户的应用程序名称；在 Project Name 文本框中输入 RobsHelloWorld，表示 Eclipse IDE 中显示的项目名称；另外，在 Package Name 文本框中输入 com.robsexample.robshelloworld 作为与 Android 新项目关联的包名，该名称应具有唯一性。

对于 Target SDK 列表框，可选择能够成功测试应用程序的最高的 Android 平台 API；对于 Compile With 列表框，可选取编译应用程序的 API 版本；另外，对于 Theme 列表框则可保留默认值。随后，单击 Next 按钮移至下一个屏幕。

接下来将配置项目。针对当前示例，可接受默认值并单击 Next 按钮，如图 1.18 所示。

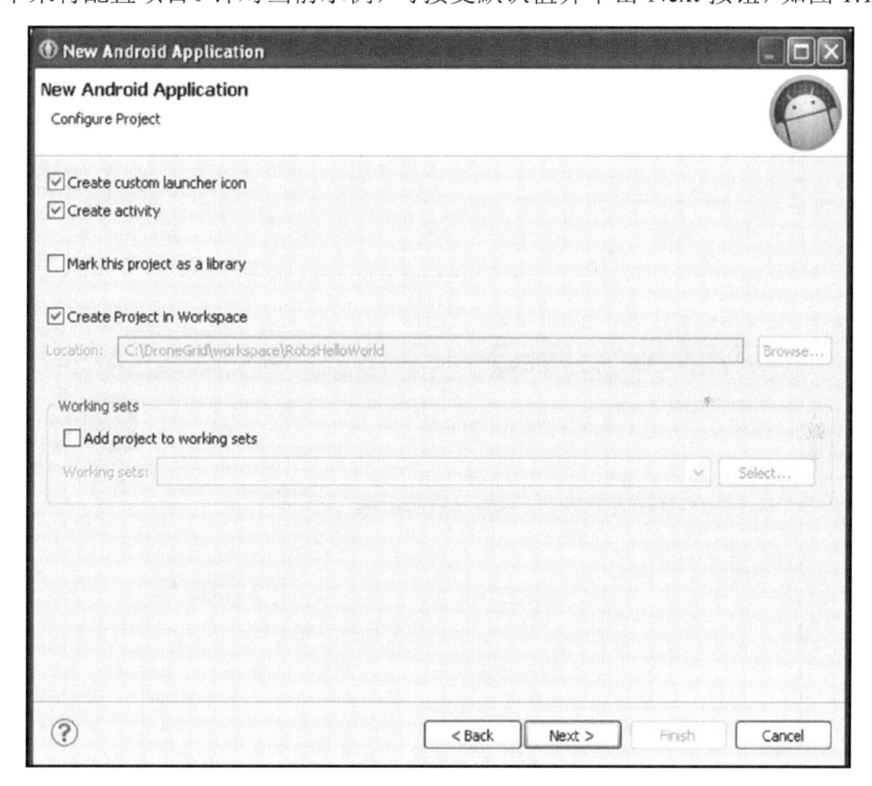

图 1.18　配置新项目

在下一个屏幕中，可在必要时配置启动图标。对于当前示例，可接受默认值，如图 1.19 所示。

单击 Next 按钮后，可选择希望创建的活动类型。此处选择 BlankActivity 并单击 Next 按钮，如图 1.20 所示。

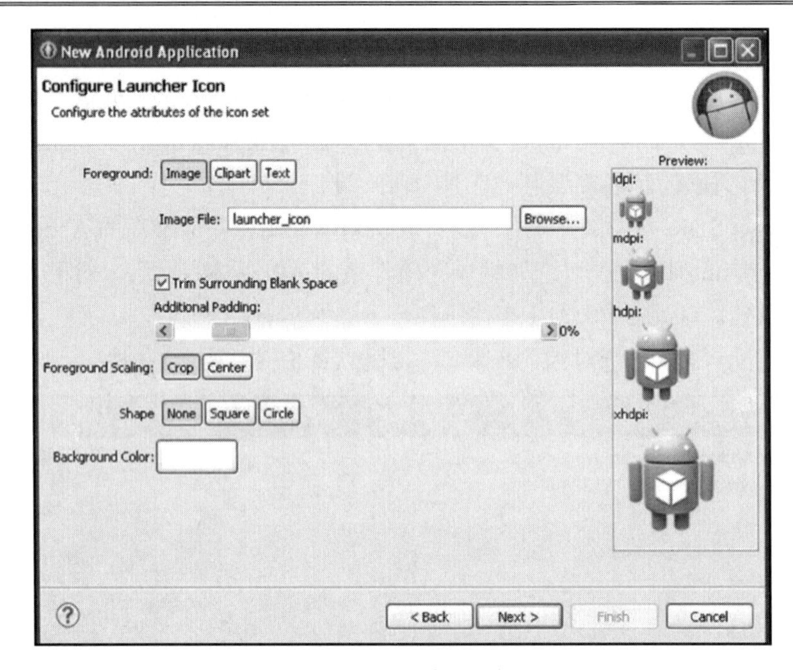

图 1.19　配置启动按钮

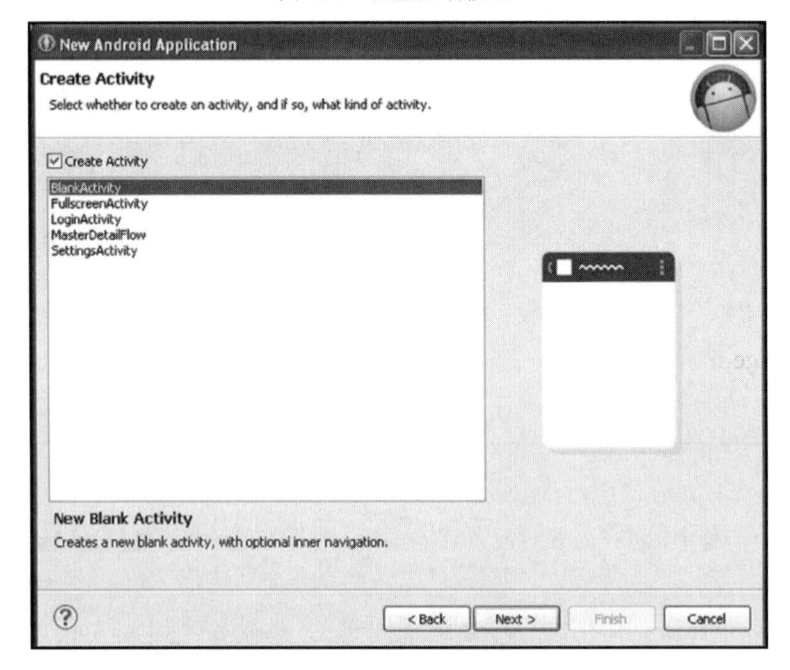

图 1.20　选择活动类型并创建活动

针对 Blank Activity 接受默认值。这里，默认的 Activity Name 为 MainActivity，默认的 Layout Name 为 activity_main，默认的 Navigation Type 为 None。单击 Finish 按钮创建新的 Android 应用程序，如图 1.21 所示。

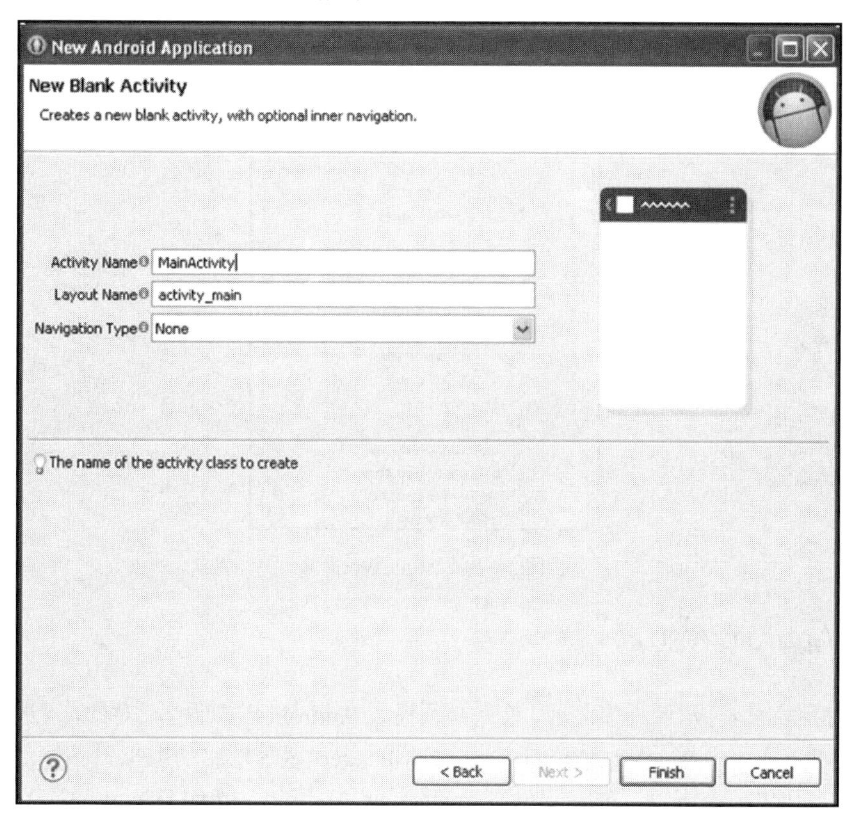

图 1.21　创建新的 Blank Activity

在 Package Explorer 窗口中 Eclipse IDE 的左侧，可以看到名为 RobsHelloWorld 的新项目，即当前的示例程序。其中，较为重要的目录是 src 目录，该目录存储了 Java 源代码；libs 目录则存储了外部库；res 目录负责存储图形、3D 模型和布局资源。另外，在 res 目录下，layout 目录存储应用程序的图形布局规范；menu 目录存储应用程序菜单布局信息；values 目录存储实际显示的"Hello World"字符串；最后，AndroidManifest.xml 则是一个较为重要的文件，其中包含与权限和其他应用程序特定信息相关的内容。图 1.22 显示了 RobsHelloWorld 项目的整体布局。

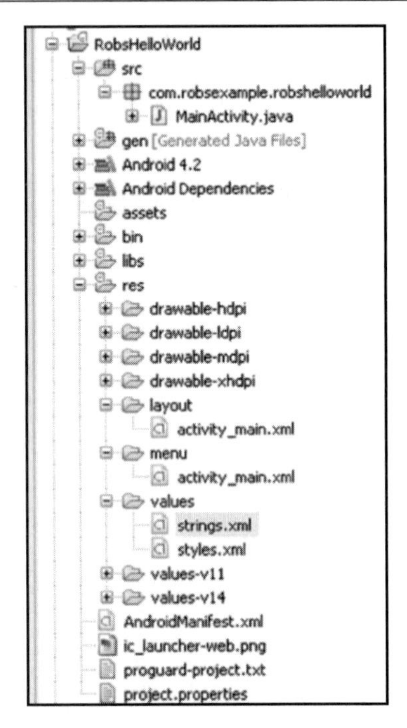

图 1.22　RobsHelloWorld 项目

1.3.2　Android 模拟器

在模拟器上运行示例程序之前，首先必须设置 Android 虚拟设备。对此，可选择 Eclipse 菜单中的 Window→Android Virtual Device Manager 命令以启动虚拟设备管理器。单击 New 按钮将弹出一个窗口，对应标题为 Create new Android Virtual Device (AVD)。在 AVD Name 文本框中输入虚拟设备名称，随后选择模拟和目标设备，如图 1.23 所示。其余部分则接受默认值，接下来单击 OK 按钮。

下面开始运行示例程序。如果是首次运行该程序，则需要指定应用程序的运行方式。对此，应确保 RobsHelloWorld 项目处于高亮显示状态，并从 Eclipse 主菜单中选择 Run→Run 命令。

在弹出窗口中选择 Android Application，并单击 OK 按钮运行示例程序。如果 Android 设备未通过 USB 线连接至计算机上，则 Eclipse 将在 Android 模拟器上运行示例程序，如图 1.24 所示。

此时，Android 模拟器应处于启动状态并运行示例程序，如图 1.25 所示。本章稍后将讨论该程序的源代码。

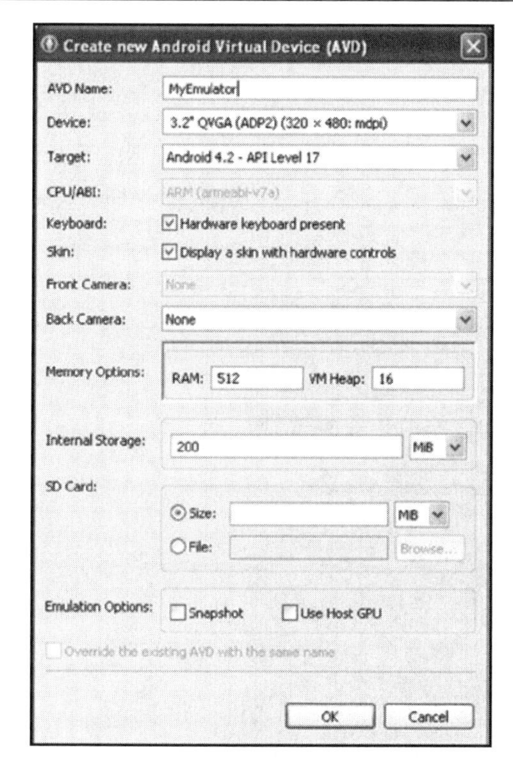

图 1.23　创建新的 Android 虚拟设备

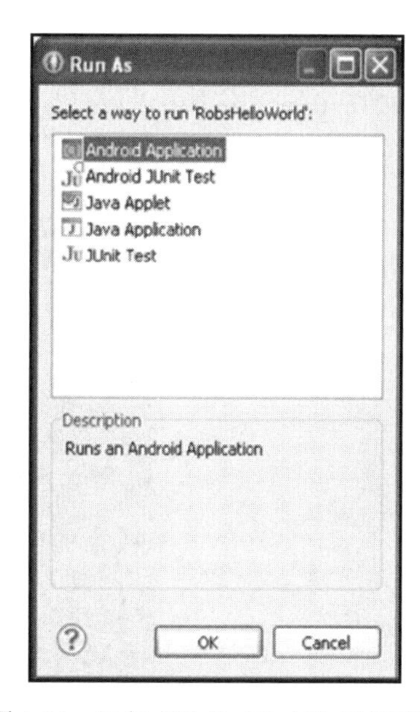

图 1.24　运行“Hello World”示例程序

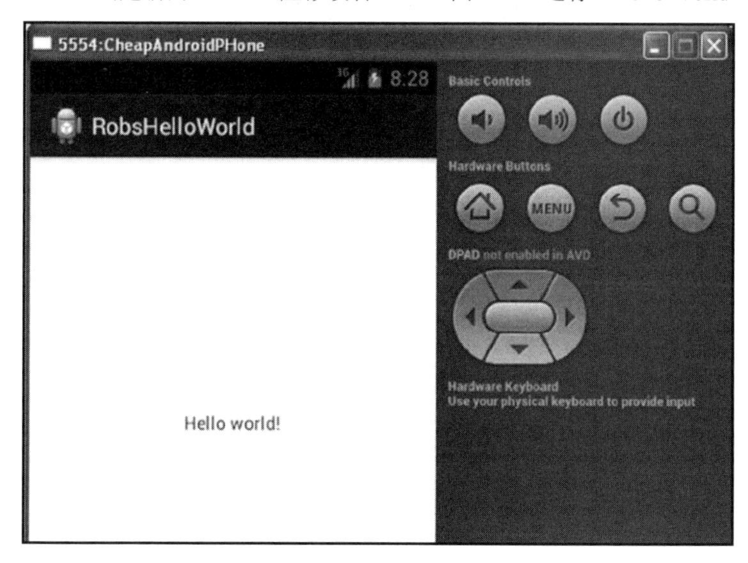

图 1.25　在 Android 模拟器上运行 RobsHelloWorld 示例程序

1.3.3　真实的 Android 设备

当在真实的 Android 设备上下载和运行程序时，该设备需要置于 USB 调试模式。对此，可单击 Android 手机底部最左侧的 Menu 键，依次单击 Settings 按钮、Applications 按钮、Development 按钮、USB Debugging 选项，最终结果如图 1.26 所示。

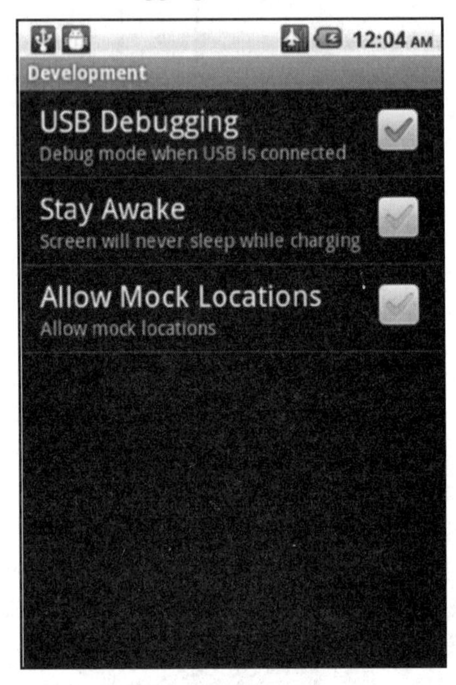

图 1.26　设置 USB 调试模式

接下来需要在开发系统上安装相应的 USB 软件驱动程序。因此，首先可尝试将 Android 设备连接至计算机上，并查看是否可自动安装正确的驱动程序。如果无法在设备上运行程序，则需要安装来自设备制造商的设备驱动程序。通常情况下，手机厂商在其网站上提供了可下载的驱动程序。随后，可将手机通过 USB 线连接至开发系统中。

当前，设备启动工作已经准备完毕，随后在 Eclipse 主菜单中选择 Run→Run 命令，弹出一个窗口，经过适当选择后可在真实的 Android 设备或 Android 虚拟设备上运行程序，如图 1.27 所示。在选取了硬件设备后，单击 OK 按钮。

运行于当前设备上的程序应与图 1.25 描述的内容一致。随后退出当前程序。

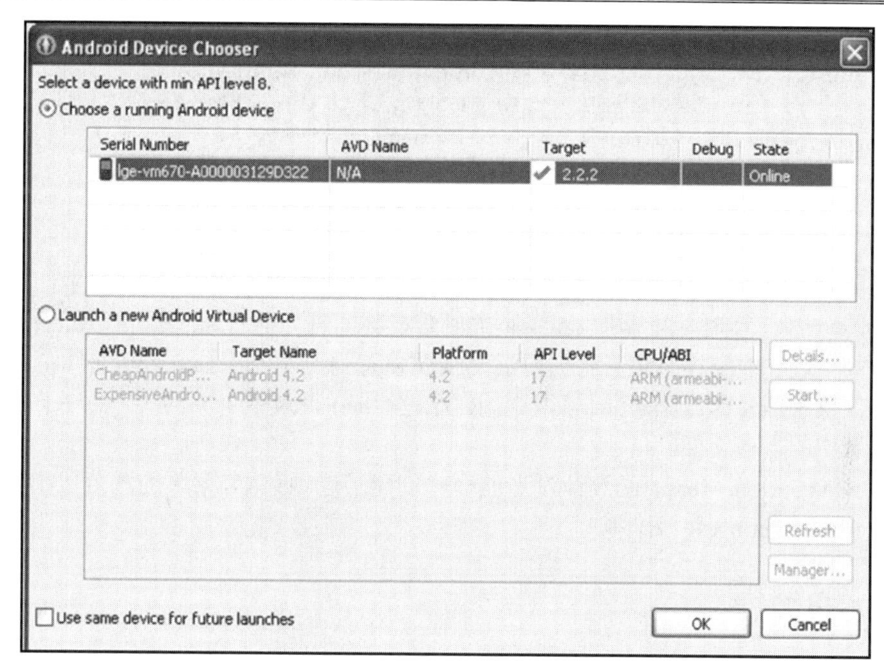

图 1.27　选择运行程序的设备

1.3.4　主源代码

当在 Android 开发框架中创建新的程序时，编码任务实际上是创建一项新的活动（Activity），并从现有的 Activity 类派生一个新类，前者是标准代码库中的一部分内容，如代码清单 1.1 所示。

代码清单 1.1　RobsHelloWorld 示例程序中的 MainActivity.java 源代码

```
package com.robsexample.robshelloworld;

import android.os.Bundle;
import android.app.Activity;
import android.view.Menu;
public class MainActivity extends Activity {
    @Override
    protected void onCreate(Bundle savedInstanceState) {
        super.onCreate(savedInstanceState);
        setContentView(R.layout.activity_main);
    }
```

```
    @Override
    public boolean onCreateOptionsMenu(Menu menu) {
        // Inflate the menu; this adds items to the action bar if it is present.
        getMenuInflater().inflate(R.menu.activity_main, menu);
        return true;
    }
}
```

例如，HelloWorld 程序由新类 MainActivity 构成，该类继承自 Activity 类。

当创建上述新类时，将调用 onCreate()函数，其间首先通过 super.onCreate()语句调用父类中的 onCreate()函数，随后将当前活动视图设置为 activity_main.xml 文件中指定的布局，该文件位于项目的 res/layout 目录中。R 类是在 gen 目录中生成的类，反映了 resources 或 res 目录中的当前文件。

OnCreateOptionsMenu()函数针对当前程序创建了选项菜单，菜单的规范位于 res/menu 目录的 activity_main.xml 文件中。

1.3.5　图形布局

在当前示例中，图形布局.xml 文件由 R.layout.activity_main 代码引用，而该代码则引用了位于 RobsHelloWorld 项目的 res/layout 目录中的 activity_main.xml 文件，如代码清单 1.2 所示。

代码清单 1.2　RobsHelloWorld 的图形布局

```
<RelativeLayout
    xmlns:android="http://schemas.android.com/apk/res/android"
    xmlns:tools="http://schemas.android.com/tools"
    android:layout_width="match_parent"
    android:layout_height="match_parent"
    tools:context=".MainActivity" >

    <TextView
        android:layout_width="wrap_content"
        android:layout_height="wrap_content"
        android:layout_centerHorizontal="true"
        android:layout_centerVertical="true"
        android:text="@string/hello_world" />

</RelativeLayout>
```

这里，图形布局规范表示为 Relative Layout 类型，其中包含了一个 TextView 组件，在该组件中可以显示静态字母和数字文本。

代码 android:text 负责设置显示的文本内容。

显示的文本被设置为字符串变量 hello_world，该变量位于 res/values 目录下的 strings.xml 文件中。

通过移除@string/部分且仅包含括号中显示的文本，还可对字符串值进行硬编码，如下所示。

```
android:text="Hello World EveryBODY!!!"
```

但这并非是一种推荐方法。

除此之外，还可在 Eclipse 中预览和编辑布局，即选择布局文件并单击位于文件视图左下方的 Graphical Layout 选项卡，如图 1.28 所示。

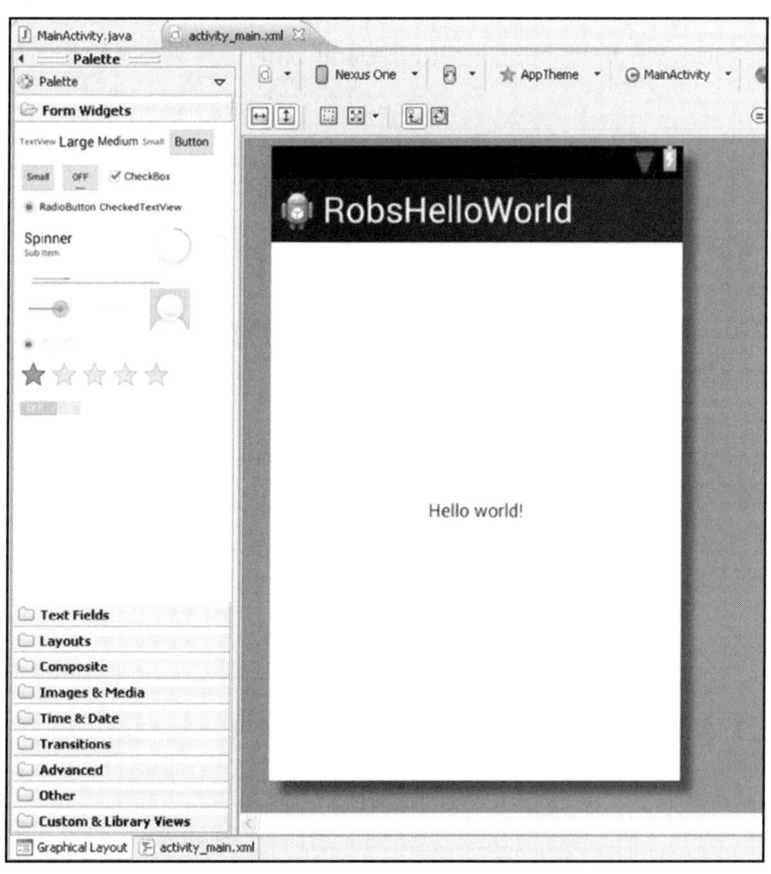

图 1.28　Eclipse 中的图形布局预览

1.3.6　实际的“Hello World”数据

最后，strings.xml 文件表示包含显示实际“Hello World”数据的文件，如代码清单 1.3 所示。

代码清单 1.3　“Hello World”数据

```
<?xml version="1. 0" encoding="utf-8"?>
<resources>
    <string name="app_name">RobsHelloWorld</string>
    <string name="hello_world">Hello world!</string>
    <string name="menu_settings">Settings</string>
</resources>
```

其中，用于显示文本的核心变量为 hello_world；相应地，所关联的文本数据为“Hello world!”。

1.4　本 章 小 结

本章主要介绍了 Android 游戏开发中的关键组件，其中包括 Android SDK 的主要组件、Eclipse IDE、Android SDK 管理器、Android 虚拟设备管理器和 Android 设备模拟器。接下来，本章考查了如何设置开发系统并创建和部署 Android 程序，其间探讨了 Eclipse IDE 的关键组件，如 Project Explorer 窗口、Source Code 窗口、Outline 窗口和 LogCat 窗口。随后本章展示了在 Android 模拟器和真实的 Android 设备上运行的“Hello World”程序的创建。最后，我们还学习了如何构建“Hello World”程序。

第 2 章　Android 中的 Java 语言

本章将讨论 Android 3D 游戏开发中的 Java 语言组件，其中涉及 Android 中 Java 语言的基本知识，随后将针对所有应用程序介绍 Android 基本的 Java 程序框架、基于 OpenGL ES 图形的 Java 程序框架，以及 3D Android OpenGL ES 程序示例。

2.1　Java 语言概述

本节将介绍 Java 语言，旨在向具有一定计算机编程知识和有关面向对象编程知识的读者提供一份快速指南。需要说明的是，本节并不是 Java 参考手册，因而不会涵盖 Java 编程语言的全部特性。

基于 Android 的 Java 语言运行于 Java 虚拟机上，这意味着，编译后的 Java Android 程序可运行于不同的 Android 手机设备（包含了不同类型的 CPU）上。对于更快的处理单元，这体现了未来可扩展性这一关键特性，包括那些针对增强 3D 游戏而设计的专用处理单元。

该方案的代价是牺牲了运行速度。与本地机器语言编译的程序相比，Java 语言的运行速度较慢——Java 虚拟机必须解析代码，随后在本地处理器上运行它。针对特定的本地处理器编译的程序无须被解析，进而可节省运行时间。

然而，可采用 Android NDK 针对特定的 Android 处理器类型编译 C/C++代码。此外，还可在 Java 编程框架中调用本地 C/C++函数。因此，针对需要本地编译代码速度的关键函数，可将其置于 C/C++函数中，此类函数利用 NDK 进行编译，并在主程序中通过 Java 代码被调用。

2.2　Java 注释

Java 注释由单行注释或多行注释构成。

- 单行注释始于//，如下所示。

```
// This is a single-line Java comment
```

- 多行注释始于/*，并结束于*/，如下所示。

```
/*
  This is
  a multiline
  comment
*/
```

2.3　Java 基本数据类型

Java 数据类型可以是数字、字符或布尔值。

- byte：8 位数字，值范围为-128～127（包含 127）。
- short：16 位数字，值范围为-32768～32767（包含 32767）。
- int：32 位数字，值范围为-2147483648～2147483647（包含 2147483647）。
- long：64 位数字，值范围为-9223372036854775808～9223372036854775807（包含 9223372036854775807）。
- float：单精度 32 位 IEEE 754 浮点数。
- double：双精度 64 位　IEEE 754 浮点数。
- char：16 位 Unicode 单字符，其范围为' \u0000'（或 0）～' \uffff '（或 65535 且包含 65535）。
- Boolean：true 或 false 值。

2.3.1　数组

在 Java 中，可利用基本的数据类型（参见 2.3 节）创建元素数组。对此，下列语句将定义一个包含 16 个元素、类型为 float 的数组 m_ProjectionMatrix：

```
float[] m_ProjectionMatrix = new float[16];
```

2.3.2　数据修饰符

数据修饰符使得程序员可控制变量的访问和存储方式，如下所示。

- private：private 变量仅可从将其声明的类中被访问。下列语句将 m_ProjectionMatrix 数组声明为 private 变量，且仅可从自身类中被访问。

```
private float[] m_ProjectionMatrix = new float[16];
```

- public：public 变量可从任意类中被访问。下列语句将 m_ProjectionMatrix 数组声明为 public 变量：

```
public float[] m_ProjectionMatrix = new float[16];
```

- static：静态变量在将其声明的关联类中仅包含一个副本。下列将静态数组声明为 static 并驻留在 Cube 类中，该数组针对 3D 立方体定义了图形数据。对于 Cube 类的所有实例，这一 3D 立方体均保持相同，因而可将 CubeData 数组声明为 static。

```
static float CubeData[] =
{
// x,      y,     z,     u,     v    nx, ny,  nz
-0.5f,  0.5f,  0.5f, 0.0f, 0.0f, -1,  1,   1,    // front top left
-0.5f, -0.5f,  0.5f, 0.0f, 1.0f, -1, -1,   1,    // front bottom left
 0.5f, -0.5f,  0.5f, 1.0f, 1.0f,  1, -1,   1,    // front bottom right
 0.5f,  0.5f,  0.5f, 1.0f, 0.0f,  1,  1,   1,    // front top right

-0.5f,  0.5f, -0.5f, 0.0f, 0.0f, -1,  1, -1,    // back top left
-0.5f, -0.5f, -0.5f, 0.0f, 1.0f, -1, -1, -1,    // back bottom left
 0.5f, -0.5f, -0.5f, 1.0f, 1.0f,  1, -1, -1,    // back bottom right
 0.5f,  0.5f, -0.5f, 1.0f, 0.0f,  1,  1, -1     // back top right
};
```

- final：final 修饰符表明变量不会产生变化。例如，下列代码声明了 String 类型的 TAG 变量，该变量为 private 和 static 类型且无法被修改。

```
private static final String TAG = "MyActivity";
```

2.4 Java 运算符

本节将讨论算术运算符、一元运算符、条件运算符、位运算符和移位运算符。

2.4.1 算术运算符

算术运算符主要包括以下 5 种。

- +：加法运算符（也用于字符串连接）。
- -：减法运算符。
- *：乘法运算符。

- /：除法运算符。
- %：余数运算符。

2.4.2　一元运算符

一元运算符主要包括以下 5 种。

- +：一元加运算符。
- -：逆置表达式。
- ++：数值递增 1。
- --：数值递减 1。
- !：逆置布尔值。

2.4.3　条件运算符

条件运算符主要包括以下 9 种。

- &&：AND 运算符。
- ||：OR 运算符。
- =：赋值运算符。
- ==：等于运算符。
- !=：不等运算符。
- >：大于运算符。
- >=：大于或等于运算符。
- <：小于运算符。
- <=：小于或等于运算符。

2.4.4　位运算符和移位运算符

位运算符和移位运算符主要包括以下 7 种。

- ~：一元按位求补运算符。
- <<：有符号左移运算符。
- >>：有符号右移运算符。
- >>>：无符号右移运算符。
- &：按位与运算符。
- ^：按位异或运算符。
- |：按位或运算符。

2.5　Java 流控制语句

Java 流控制语句主要介绍如下。

- if 语句如下所示。

```
if (expression)
{
    // execute statements here if expression evaluates to true
}
```

- if-else 语句如下所示。

```
if (expression)
{
    // execute statements here if expression evaluates to true
}
else
{
    // execute statements here if expression evaluates to false
}
```

- switch 语句如下所示。

```
switch(expression)
{
    case label1:
        // Statements to execute if expression evaluates to
        // label1:
    break;

    case label2:
        // Statements to execute if expression evaluates to
        // label2:
break;
}
```

- while 语句如下所示。

```
while (expression)
{
    // Statements here execute as long as expression evaluates
    // to true;
}
```

- for 语句如下所示。

```
for (variable counter initialization;
       expression;
       variable counter increment/decrement)
{
    // variable counter initialized when for loop is first
    // executed

    // Statements here execute as long as expression is true

    // counter variable is updated

}
```

2.6　Java 类

Java 是一种面向对象的语言，这意味着，可继承或扩展现有类，进而形成现有类的新的自定义类。相应地，除希望添加的新功能外，继承类具有父类的全部功能。

下列类表示为其继承的父类（即 Activity 类）的自定义版本：

```
public class MainActivity extends Activity
{
    // Body of class
}
```

2.6.1　包和类

在 Java 语言中，包可通过某种方式将相关的类和接口整合起来。例如，包可以表示一个游戏应用程序或其他单个应用程序。下列代码表示“Hello Droid”Android 项目的包名：

```
package com.robsexample.glhelloworld;
```

2.6.2　访问包中的类

当访问位于其他包中的类时，必须通过 import 语句将其导入当前视图中。例如，当使用 android.opengl.GLSurfaceView 包中的 GLSurfaceView 类时，可利用下列语句对其进行导入：

```
import android.opengl.GLSurfaceView;
```

接下来，无须使用完整的包名即可使用类定义，如下所示。

```
private GLSurfaceView m_GLView;
```

关于 Android 内建类，以及如何导入所需的内容并在程序中使用相关类，读者可访问 Android 开发人员网站以了解更多信息。

2.6.3　Java 接口

Java 接口针对程序员提供了一种方式，可实现继承类代码中接口的实际函数。接口并不包含任何代码，仅涵盖函数定义。包含实际代码的函数体需要在实现了该接口的其他类中定义。例如，渲染类是一个实现了接口的类，该类用于 Android 平台上 OpenGL 中的图形渲染。

```
public class MyGLRenderer implements GLSurfaceView.Renderer
{
    // This class implements the functions defined in the
    // GLSurfaceView.Renderer interface

    // Custom code
    private PointLight m_Light;
    public PointLight m_PublicLight;
    void SetupLights()
{
    // Function Body
}

// Other code that implements the interface

}
```

2.6.4　访问类变量和函数

通过“.”操作符可访问类的变量和函数，这一定与 C++语言类似，如下所示。

```
MyGLRenderer m_Renderer;
m_Renderer.m_PublicLight = null;    // ok
m_Renderer.SetupLights();           // ok
m_Renderer.m_Light = null;          // error private member
```

2.7　Java 函数

Java 函数的基本格式与其他语言（如 C/C++语言）基本类似。其中，函数头始于可选的修饰符，如 private、public 或 static。随后是返回值，如果不存在返回的数值、基本数据类型或类，则返回结果值可表示为 void。接下来是函数名和参数列表。

```
Modifiers Return_value FunctionName(ParameterType1 Parameter1, ...)
{
    // Code Body
}
```

在本章最后的“Hello Droid”示例中，Vector3 类中的函数如下所示。

```
static Vector3 CrossProduct(Vector3 a, Vector3 b)
{
    Vector3 result = new Vector3(0,0,0);

    result.x= (a.y*b.z) - (a.z*b.y);
    result.y= (a.z*b.x) - (a.x*b.z);
    result.z= (a.x*b.y) - (a.y*b.x);

    return result;
}
```

在 Java 中，所有的对象参数均通过引用传递。

通过@Override 注解，继承类中的函数可重载父类或超类中的函数，该操作并非必需，但有助于防止程序出现错误。如果意图是重载父函数，但当前函数实际上并未执行该操作，那么将会生成一个编译器错误。

如果继承类中的函数调用父类中对应的函数，则可使用 super 前缀，如下所示。

```
@Override
public void onCreate(Bundle savedInstanceState)
{
    super.onCreate(savedInstanceState);

    // Create a MyGLSurfaceView instance and set it
    // as the ContentView for this Activity
    m_GLView = new MyGLSurfaceView(this);
    setContentView(m_GLView);
}
```

注意：

读者可访问 http://docs.oracle.com/javase/tutorial/并查看 Java 教程。

2.8　基本的 Android Java 程序框架

本节将讨论基本的 Android Java 程序框架，该框架适用于所有的 Android 程序，而不仅限于 Android 3D 游戏程序和一般意义上的游戏程序。本节首先介绍 Activity 类的生命周期，随后通过代码考查生命周期中的一些关键点，并通过调试语句查看 Activity 类生命周期的变化。

2.8.1　Activity 类的生命周期

Activity 类是 Android 框架中的主要入口点。其中，程序员可创建新的 Android 应用程序和游戏程序。为了在该框架中有效地编码，我们需要理解 Activity 类的生命周期，如图 2.1 所示。

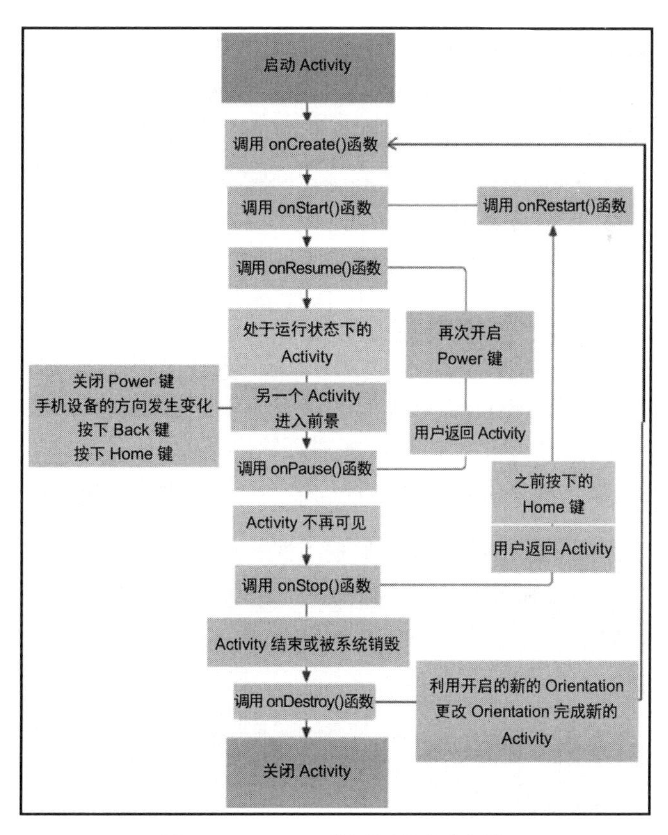

图 2.1　Activity 类回调的生命周期

2.8.2　Activity 类生命周期的关键点

当对 Activity 类编程时，需要考虑以下各个关键点。

- 前景中出现另一个 Activity：当前 Activity 将暂停。也就是说，Activity 的 onPause()函数将被调用。
- 关闭 Power 键：当前 Activity 的 onPause()函数将被调用。当再次开启 Power 键时，将调用 Activity 的 onResume()函数，随后恢复当前 Activity。
- 手机设备的方向发生变化：当前 Activity 的 onPause()函数、onStop()函数、onDestroy()函数将被调用。最后，将利用新的 Orientation 创建之前 Activity 的新实例，并调用 onCreate()函数。
- 按下 Back 键：当前 Activity 的 onPause()函数、onStop()函数将被调用。最后，当前 Activity 的 onDestroy()函数将被调用，当前 Activity 将不再处于活动状态。
- 按下 Home 键：当前 Activity 的 onPause()函数、onStop()函数将被调用。用户将移至主屏幕并启动其他 Activity。如果用户单击其图标并尝试开启之前处于终止状态的 Activity，那么，之前 Activity 的 onRestart()函数将被调用。随后依次调用 onStart()函数、onResume()函数，该 Activity 将再次处于活动和运行状态。

图 2.1 中体现了一个较为重要的概念，当调用 onPause()函数时，需要保存游戏的当前状态。

2.8.3　查看 Activity 的生命周期

代码清单 2.1 显示了新 MainActivity 类（该类在第 1 章被创建）中的回调函数。添加至每个回调函数中的 Log 语句将把错误日志消息输出至 LogCat 窗口中，表明所执行的回调。另外，还可尝试输入额外的代码并运行程序，以查看所执行的生命周期回调。

代码清单 2.1　添加了生命周期回调的 RobsHelloWorld 示例

```
package com.robsexample.robshelloworld;

import android.os.Bundle;
import android.app.Activity;
import android.util.Log;
import android.view.Menu;

public class MainActivity extends Activity {
    private static final String TAG = "MyActivity";
```

```
@Override

protected void onCreate(Bundle savedInstanceState) {
    super.onCreate(savedInstanceState);
    setContentView(R.layout.activity_main);
    Log.e(TAG,"onCreate() called!");
}
@Override
public boolean onCreateOptionsMenu(Menu menu) {
    // Inflate the menu; this adds items to the action bar if it is present.
    getMenuInflater().inflate(R.menu.activity_main, menu);
    return true;
}
@Override
protected void onStart() {
    super.onStart();
    Log.e(TAG, "onStart() called!");
}
@Override
protected void onRestart() {
    super.onRestart();
    Log.e(TAG, "onRestart() called!");
}
@Override
protected void onStop() {
    super.onStop();
    Log.e(TAG, "onStop() called!");
}
@Override
protected void onResume() {
        // Ideally a game should implement onResume() and onPause()
        // to take appropriate action when the activity looses focus
        super.onResume();
        Log.e(TAG, "onResume() called!");
}
@Override
protected void onPause() {
    // Ideally a game should implement onResume() and onPause()
    // to take appropriate action when the activity looses focus
    super.onPause();
    Log.e(TAG, "onPause() called!");
}
```

```
    @Override
    protected void onDestroy()
    {
          // Implement onDestroy() to release objects and free up memory
          // when an Activity is terminated.
        super.onDestroy();
        Log.e(TAG , "onDestroy() called!");
    }
}
```

2.9 基本的 Android Java OpenGL 框架

本节讨论基本的 Android Java OpenGL 框架，该框架是所有与 OpenGL 相关的应用程序的基础内容，包括游戏程序。本节首先介绍基于 OpenGL 单视图的基本框架。随后将考查包含多个视图的框架，其中包括作为用户界面的 OpenGL 视图。

2.9.1 单视图 OpenGL ES 应用程序

本节讨论如何创建 OpenGL ES 应用程序，其中仅包含单一的 OpenGL ES 视图。下面首先探讨自定义 GLSurfaceView 类，随后讨论自定义渲染器，并执行 3D OpenGL ES 对象的绘制操作。

1. 自定义 GLSurfaceView

当创建自定义的基于 OpcnGL ES 游戏程序时，必须创建自定义 GLSurfaceView 类、绘制自定义 GLSurfaceView 类的自定义渲染器，随后通过自定义 Activity 类中的 setContentView()函数将自定义 GLSurfaceView 设置为主视图。

当 Activity 暂停或恢复时，需要通知自定义 GLSurfaceView 对象，这意味着，当调用 Activity 中的 onPause()或 onResume()函数时，必须调用 GLSurfaceView 对象中的 onPause()和 onResume()函数。

在自定义 MyGLSurfaceView 类（该类继承自 GLSurfaceView 类）中，还必须在构造函数中调用 setEGLContextClientVersion()函数设置所用的 OpenGL ES 版本。除此之外，还需要在构造函数中通过 setRenderer(new MyGLRenderer())语句设置自定义渲染器，稍后将在 MyGLRenderer 示例中对此加以讨论，如代码清单 2.2 所示。

代码清单 2.2 OpenGL ES 单视图应用程序的 Activity 类

```
package robs.demo.robssimplegldemo;

import android.app.Activity;
import android.content.Context;
import android.opengl.GLSurfaceView;
import android.os.Bundle;

public class RobsSimpleOpenGLDemoActivity extends Activity
{
   private GLSurfaceView m_GLView;

   @Override
   public void onCreate(Bundle savedInstanceState)
   {
   super.onCreate(savedInstanceState);
       // Create a MyGLSurfaceView instance and set it
       // as the ContentView for this Activity
       m_GLView = new MyGLSurfaceView(this);
       setContentView(m_GLView);
   }

   @Override
   protected void onPause()
   {
   super.onPause();
       m_GLView.onPause();
   }

   @Override
   protected void onResume()
   {
   super.onResume();
       m_GLView.onResume();
   }
}
//////////////////////////////////////////////////////////////////
class MyGLSurfaceView extends GLSurfaceView {
 public MyGLSurfaceView(Context context) {
   super(context);

   // Create an OpenGL ES 2.0 context.
```

```
        setEGLContextClientVersion(2);

        // Set the Renderer for drawing on the GLSurfaceView
        setRenderer(new MyGLRenderer());
    }
}
```

2. 自定义渲染器

自定义 MyGLRenderer 类针对 GLSurfaceView.Renderer 实现了接口，这意味着，该类需要实现 onSurfaceCreated()、onSurfaceChanged()和 onDrawFrame()函数。

当创建 OpenGL 表面，或者用于 OpenGL ES 渲染的 EGL 上下文丢失时，将调用 onSurfaceCreated()函数。相应地，可将所需的 OpenGL 对象和资源的创建与初始化工作置于此处。

当 OpenGL 表面的尺寸发生变化，或者创建一个新的表面时，将调用 onSurfaceChanged()函数。

在将 OpenGL 表面渲染至 Android 屏幕时，将调用 onDrawFrame()函数。因此，可将 3D 对象渲染代码置于此处。

代码清单 2.3 显示了自定义渲染器类的完整实现。

代码清单 2.3　MyGLRenderer 自定义渲染器类

```
package robs.demo.robssimplegldemo;

import java.nio.ByteBuffer;
import java.nio.ByteOrder;
import java.nio.FloatBuffer;
import javax.microedition.khronos.egl.EGLConfig;
import javax.microedition.khronos.opengles.GL10;
import android.opengl.GLES20;
import android.opengl.GLSurfaceView;

public class MyGLRenderer implements GLSurfaceView.Renderer
{
    @Override
    public void onSurfaceCreated(GL10 unused, EGLConfig config)
    {
        // Called when an new surface has been created
        // Create OpenGL resources here
    }
```

```
    @Override
    public void onSurfaceChanged(GL10 unused, int width, int height)
    {
        // Called when new GL Surface has been created or changes size
        // Set the OpenglES camera viewport here
    }

    @Override
    public void onDrawFrame(GL10 unused)
    {
        // Put code to draw 3d objects to screen here
    }
}
```

2.9.2　OpenGL ES 多视图应用程序

本节讨论在用户界面或布局中包含多个 View 对象的 OpenGL 程序的基本框架，如 Text 视图、Edit Box 视图和 OpenGL 视图。具体来说，可在屏幕中设置 EditBox 视图，用户可通过软件内置的 Android 标准虚拟键盘输入名称，而屏幕的另一部分则运行 OpenGL 动画。

1. XML 布局文件

当前 XML 布局文件是一类线性布局，其中包含了 3 个视图组件，即 TextView 组件、EditText 组件和名为 MyGLSurfaceView 的自定义 GLSurfaceView 组件。

视图中所用的自定义 GLSurfaceView 类通过下列语句指定，该语句是一个包含其所在包的完整类名：

```
robs.demo.TestDemoComplete.MyGLSurfaceView
```

视图 ID 则通过下列语句指定：

```
android:id="@+id/MyGLSurfaceView"
```

“@”符号通知编译器将字符串的其余部分作为标识资源进行解析和展开；“+”符号通知编译器新 id 需要添加至资源文件中（位于 gen/R.java 文件中）；MyGLSurfaceView 则表示实际的 id，如代码清单 2.4 所示。

代码清单 2.4　多视图 OpenGL ES 应用程序的 XML 布局

```
<?xml version="1.0" encoding="utf-8"?>
<LinearLayout xmlns:android="http://schemas.android.com/apk/res/android"
    android:id="@+id/layout"
```

```
    android:layout_width="fill_parent"
    android:layout_height="fill_parent"
    android:orientation="vertical">

    <TextView
        android:id="@+id/Text1"
        android:layout_width="fill_parent"
        android:layout_height="wrap_content"
        android:text="@string/hello"/>

    <EditText
        android:id="@+id/EditTextBox1"
        android:layout_width="fill_parent"
        android:layout_height="wrap_content"
        android:text="@string/hello"/>

    <robs.demo.TestDemoComplete.MyGLSurfaceView
        android:id="@+id/MyGLSurfaceView"
         android:layout_width="wrap_content"
         android:layout_height="wrap_content"/>

</LinearLayout>
```

2. Activity 类和 GLSurfaceView 类

通过 Activity 类中的 setContentView()语句，前述 XML 布局将被设置为用户界面。

在 Activity 类中，我们使用了 findViewById()函数获取指向新创建的 MyGLSurfaceView 对象的引用，因而可在当前 Activity 类中对其加以引用。

新的构造函数将被添加至 MyGLSurfaceView 类中，由于 MyGLSurfaceView 类被添加至 XML 布局中，因此这一步不可或缺，参见代码清单 2.5。

代码清单 2.5　多视图 OpenGL ES Activity

```
package robs.demo.TestDemoComplete;

import android.app.Activity;
import android.os.Bundle;
import android.content.Context;
import android.opengl.GLSurfaceView;
import android.view.MotionEvent;
import android.util.AttributeSet;

public class OpenGLDemoActivity extends Activity
```

```
{
    private GLSurfaceView m_GLView;
    @Override
    public void onCreate(Bundle savedInstanceState)
    {
        super.onCreate(savedInstanceState);
        setContentView(R.layout.main);
        MyGLSurfaceView V = (MyGLSurfaceView)this.findViewById (R.id.
MyGLSurfaceView);
        m_GLView = V;
    }

    @Override
    protected void onPause()
    {
        super.onPause();
        m_GLView.onPause();
    }

    @Override
    protected void onResume()
    {
    super.onResume();
        m_GLView.onResume();
    }
}
////////////////////////////////////////////////////////////////////////
class MyGLSurfaceView extends GLSurfaceView
{
    private final MyGLRenderer m_Renderer;

    // Constructor that is called when MyGLSurfaceView is created
    // from within an Activity with the new statement.
    public MyGLSurfaceView(Context context)
    {
        super(context);
        // Create an OpenGL ES 2.0 context.
        setEGLContextClientVersion(2);
        // Set the Renderer for drawing on the GLSurfaceView
        m_Renderer = new MyGLRenderer();
        setRenderer(m_Renderer);
    }
    // Constructor that is called when MyGLSurfaceView is created in the XML
```

```
    // layout file
    public MyGLSurfaceView(Context context, AttributeSet attrs)
    {
        super(context, attrs);

        // Create an OpenGL ES 2.0 context.
        setEGLContextClientVersion(2);

        // Set the Renderer for drawing on the GLSurfaceView
        m_Renderer = new MyGLRenderer();
        setRenderer(m_Renderer);
    }
}
```

2.10　3D OpenGL“Hello Droid”示例

本节将展示一个简单的 3D OpenGL 示例程序，并对后续内容进行预览。

2.10.1　将项目示例导入 Eclipse 中

当运行本书中的项目示例时，需要将其导入当前 Eclipse 工作区中。对此，可在 Eclipse 主菜单中选择 File→Import 命令。这时将弹出一个窗口，在该窗口中选择 Android→Existing Android Code Into Workspace 命令进而将现有代码导入当前工作区内。在接下来的窗口中，可选择默认的目录即根目录。随后选择想要导入的项目，以及是否要将代码复制至现有的工作区内。完成后，单击 Finish 按钮。

启动 Eclipse IDE，并将 Chapter 2 项目导入当前工作区中。选择 GLHelloWorld 项目，随后将源代码清单置入 Eclipse IDE 的 Package Explorer 窗口区中。

2.10.2　MainActivity 和 MyGLSurfaceView 类

双击 Package Explorer 窗口中的 MainActivity Java 文件，并在源代码区中予以显示。该文件定义了新的程序或 Activity，并且其格式与之前讨论过的 OpenGL 单视图布局相同，如代码清单 2.6 所示。

代码清单 2.6　MainActivity 和 MyGLSurfaceView 类

```
package com.robsexample.glhelloworld;
```

```
import android.os.Bundle;
import android.app.Activity;
import android.view.Menu;
import android.opengl.GLSurfaceView;
import android.content.Context;

public class MainActivity extends Activity {

    private GLSurfaceView m_GLView;

    @Override
    public void onCreate(Bundle savedInstanceState)
    {
        super.onCreate(savedInstanceState);
        // Create a MyGLSurfaceView instance and set it
        // as the ContentView for this Activity
        m_GLView = new MyGLSurfaceView(this);
        setContentView(m_GLView);
    }

    @Override
    protected void onPause()
    {
        super.onPause();
        m_GLView.onPause();
    }

    @Override
    protected void onResume()
    {
        super.onResume();
        m_GLView.onResume();
    }

    @Override
    public boolean onCreateOptionsMenu(Menu menu) {
        // Inflate the menu; this adds items to the action bar if it is present.
        getMenuInflater().inflate(R.menu.activity_main, menu);
        return true;
    }
}
////////////////////////////////////////////////////////////////////////
class MyGLSurfaceView extends GLSurfaceView
```

```
{
 public MyGLSurfaceView(Context context)
 {
   super(context);

   // Create an OpenGL ES 2.0 context.
   setEGLContextClientVersion(2);

   // Set the Renderer for drawing on the GLSurfaceView
   setRenderer(new MyGLRenderer(context));
 }
}
```

2.10.3　MyGLRenderer 类

双击 Package Explorer 窗口中的 MyGLRenderer 类源代码文件，并在 Eclipse IDE 源代码窗口区中予以显示，如代码清单 2.7 所示。

代码清单 2.7　MyGLRenderer 类

```
package com.robsexample.glhelloworld;

import javax.microedition.khronos.egl.EGLConfig;
import javax.microedition.khronos.opengles.GL10;

import android.opengl.GLES20;
import android.opengl.GLSurfaceView;
import android.content.Context;

public class MyGLRenderer implements GLSurfaceView.Renderer
{
    private Context m_Context;
    private PointLight m_PointLight;
    private Camera m_Camera;
    private int m_ViewPortWidth;
    private int m_ViewPortHeight;
    private Cube m_Cube;

    public MyGLRenderer(Context context)
    {
        m_Context = context;
    }
```

```
void SetupLights()
{
        // Set Light Characteristics
    Vector3 LightPosition = new Vector3(0,125,125);

    float[] AmbientColor = new float [3];
    AmbientColor[0] = 0.0f;
    AmbientColor[1] = 0.0f;
    AmbientColor[2] = 0.0f;

    float[] DiffuseColor = new float[3];
    DiffuseColor[0] = 1.0f;
    DiffuseColor[1] = 1.0f;
    DiffuseColor[2] = 1.0f;

    float[] SpecularColor = new float[3];
    SpecularColor[0] = 1.0f;
    SpecularColor[1] = 1.0f;
    SpecularColor[2] = 1.0f;

    m_PointLight.SetPosition(LightPosition);
    m_PointLight.SetAmbientColor(AmbientColor);
    m_PointLight.SetDiffuseColor(DiffuseColor);
    m_PointLight.SetSpecularColor(SpecularColor);
}

void SetupCamera()
{
    // Set Camera View
    Vector3 Eye = new Vector3(0,0,8);
    Vector3 Center = new Vector3(0,0,-1);
    Vector3 Up = new Vector3(0,1,0);

    float ratio = (float) m_ViewPortWidth / m_ViewPortHeight;
    float Projleft   = -ratio;
    float Projright  = ratio;
    float Projbottom = -1;
    float Projtop    = 1;
    float Projnear   = 3;
    float Projfar    = 50; //100;

    m_Camera = new Camera(m_Context,
```

```
                              Eye,
                              Center,
                              Up,
                              Projleft, Projright,
                              Projbottom,Projtop,
                              Projnear, Projfar);
    }

  void CreateCube(Context iContext)
  {
          // Create Cube Shader
          Shader Shader = new Shader(iContext, R.raw.vsonelight, R.raw.
fsonelight); // ok

          //MeshEx(int CoordsPerVertex,
          //            int MeshVerticesDataPosOffset,
          //            int MeshVerticesUVOffset,
          //            int MeshVerticesNormalOffset,
          //            float[] Vertices,
          //            short[] DrawOrder
          MeshEx CubeMesh = new MeshEx(8,0,3,5,Cube.CubeData, Cube.
CubeDrawOrder);

          // Create Material for this object
          Material Material1 = new Material();
          //Material1.SetEmissive(0.0f, 0, 0.25f);

          // Create Texture
          Texture TexAndroid  = new Texture(iContext,R.drawable.
ic_launcher);
          Texture[] CubeTex   = new Texture[1];
          CubeTex[0]          = TexAndroid;

          m_Cube = new Cube(iContext,
                          CubeMesh,
                          CubeTex,
                          Material1,
                          Shader);

          // Set Intial Position and Orientation
          Vector3 Axis = new Vector3(0,1,0);
          Vector3 Position = new Vector3(0.0f, 0.0f, 0.0f);
          Vector3 Scale = new Vector3(1.0f,1.0f,1.0f);
```

```
            m_Cube.m_Orientation.SetPosition(Position);
            m_Cube.m_Orientation.SetRotationAxis(Axis);
            m_Cube.m_Orientation.SetScale(Scale);

            // m_Cube.m_Orientation.AddRotation(45);
    }

    @Override
    public void onSurfaceCreated(GL10 unused, EGLConfig config)
    {
            m_PointLight = new PointLight(m_Context);
            SetupLights();
            CreateCube(m_Context);
    }

    @Override
    public void onSurfaceChanged(GL10 unused, int width, int height)
    {
        // Ignore the passed-in GL10 interface, and use the GLES20
        // class's static methods instead.
        GLES20.glViewport(0, 0, width, height);
        m_ViewPortWidth = width;
        m_ViewPortHeight = height;
        SetupCamera();
    }

    @Override
    public void onDrawFrame(GL10 unused)
    {
            GLES20.glClearColor(1.0f, 1.0f, 1.0f, 1.0f);
            GLES20.glClear( GLES20.GL_DEPTH_BUFFER_BIT | GLES20.GL_COLOR_
BUFFER_BIT);
            m_Camera.UpdateCamera();
            m_Cube.m_Orientation.AddRotation(1);
            m_Cube.DrawObject(m_Camera, m_PointLight);
    }
}
```

首先调用 onSurfaceCreated()函数。在该函数中，创建和初始化了新的光源，同时还创建了 3D 立方体对象。

随后调用 onSurfaceChanged()函数。在该函数中，创建和初始化了相机，并定义了相机的属性，如位置、方向和相机镜头质量。

在 onDrawFrame()函数中，背景清除为白色，随后则更新相机。接下来，立方体旋转 1°。最后一步则是绘制立方体对象。

2.10.4　类概述

在本书中，3D 对象的基类是 Object3d 类。其他 3D 对象则直接或间接继承自 Object3d 类，如 Cube 类。

Object3d 类还包含了其他核心类，如 Orientation 类、MeshEx 类、Texture 类、Material 类和 Shader 类。

- Orientation 类加载了 3D 对象的位置、旋转和缩放数据。
- MeshEx 类定义了用于描述 3D 对象的 OpenGL 3D 网格类型之一。
- Texture 类定义了纹理，并由 3D 对象所用的位图图像构成。
- Material 类定义了对象的材质属性，该属性定义了对象的颜色和光照属性，包括 Emissive、Ambient、Diffuse、Specular、Specular_Shininess 和 Alpha 属性。
  - Emissive 属性是指对象自身发射的光照。
  - Ambient 属性是指材质在环境光照射下反射的颜色。环境光在物体上是恒定的，不受光源位置或观察者位置的影响。
  - Diffuse 属性是指材质在漫反射光照射下所反射的颜色。漫反射光在物体上的强度取决于物体顶点法线与光照方向的夹角。
  - Specular 属性是指材质反射的镜面颜色。镜面颜色取决于观察者的位置、光源的位置和对象的顶点法线。
  - Specular_Shininess 属性是指物体上镜面光反射的强度。
  - Alpha 属性定义了对象的透明度。
- Shader 类定义了 3D 对象的绘制和光照方式，并由顶点着色器和像素或片元着色器构成。其中，顶点着色器确定对象顶点在 3D 场景中的所处位置。
- Camera 类表示 OpenGL 3D 场景中的观察者，该类中包含了位置、方向和相机镜头属性。
- Cube 类包含了顶点位置数据、顶点纹理数据和顶点法线数据，并以此通过纹理和光照渲染 3D 立方体。
- PointLight 类定义了一个点光源，此类光源位于空间中的某个点，且包含了各个方向上的光照。光源属性包括环境光颜色、漫反射光颜色和镜面光颜色。
- Vector3 类针对 3D 向量（由 x、y、z 分量构成）和 3D 向量数学函数加载了相应的数据。

后续章节将详细介绍这些类，而本节仅简单地讨论了某些核心类及其在实际应用程序中的使用方式。

2.10.5　体验“Hello Droid”示例程序

本节将对光照行为进行各种尝试。对此，可在 Android 手机设备上运行 GLHelloWorld 程序。图 2.2 显示了当前程序的默认状态，其中包含了一个旋转立方体，并于两侧设置了 Android 机器人纹理。

在 onDrawFrame()函数中，注释掉与立方体旋转相关的语句即可终止该对象的旋转操作，如下所示。

```
//m_Cube.m_Orientation.AddRotation(1);
```

针对下列语句：

```
GLES20.glClearColor(1.0f, 1.0f, 1.0f, 1.0f);
```

将背景颜色修改为黑色，如下所示。

```
GLES20.glClearColor(0.0f, 0.0f, 0.0f, 1.0f);
```

上述操作位于 onDrawFrame()函数中，图 2.3 显示了相应的结果。

图 2.2　默认输出状态

图 2.3　位于立方体上前方的光源

接下来调整光源位置，以使其位于机器人对象的右侧。当向下查看$-z$轴时，$+x$轴指向右侧，$-x$轴指向左侧，$+y$轴指向向上。

当前，机器人对象位于原点处，即(0,0,0)。在 SetupLights()函数中，可通过下列方式调整光源位置：

```
Vector3 LightPosition = new Vector3(125,0,0);
```

这将把光源移至机器人对象右侧。运行程序，对应结果如图 2.4 所示。可以看到，机器人左臂位于黑暗中，其原因在于，大多数光照落入立方体的右侧。

接下来调整光源位置，以使其位于立方体的左侧，如下所示。

```
Vector3 LightPosition = new Vector3(-125,0,0);
```

运行程序，对应结果如图 2.5 所示。

图 2.4　位于立方体右侧的光源

图 2.5　位于立方体左侧的光源

调整光源位置，以使其位于立方体上方，如下所示。

```
Vector3 LightPosition = new Vector3(0,125,0);
```

对应结果如图 2.6 所示，注意，机器人的腿部位于黑暗中。

接下来将光源置于立方体下方，对应代码如下所示。

```
Vector3 LightPosition = new Vector3(0,-125,0);
```

运行应用程序，对应结果如图 2.7 所示。

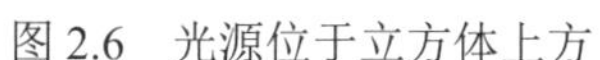
图 2.6　光源位于立方体上方

图 2.7　光源位于立方体下方

读者可在 SetupLights()函数中尝试修改光源属性。例如，可修改漫反射值、环境光照值，并查看对象的显示效果。

2.11　本章小结

本章讨论了与 Android 编程相关的 Java 编程语言。首先介绍了 Java 语言的基础知识，如数据类型、函数、类和运算符。随后，我们考查了应用于 Android 应用程序上的基本程序框架。接下来，我们探讨了针对 OpenGL ES 应用程序的特定 Java 程序框架。最后，本章展示了“Hello Droid”项目，并快速浏览了本书代码的结构方式。

第 3 章　3D 数学知识

本章将讨论向量和矩阵。针对 3D 对象在场景中的位置，以及如何将 3D 对象投影至 2D 屏幕上，向量和矩阵在 3D 游戏程序设计中扮演了重要的角色。另外，向量还可用于定义诸如速度和作用力这一类属性。本章首先讨论向量及其操作，随后将考查矩阵以及与 3D 图形相关的操作。最终，本章还将展示如何在真实的 Android 设备上的 3D 图形程序中使用向量和矩阵。

3.1　向量和向量操作

对于 3D 图形来说，向量是一个十分重要的话题。本节将讨论向量的含义及其应用。除此之外，本章还将介绍重要的向量函数，如点积和叉积计算。

3.1.1　向量的含义

向量是一种包含方向和大小的量值。在本书中，向量主要是指 3D 向量，并包含了 3D 场景中的 *x*、*y*、*z* 方向分量。另外，向量还可表达位置、速度、方向、对象的旋转轴、对象的局部轴向，以及作用于物体上的作用力。在使用 OpenGL ES 的 Android 设备上，坐标系包含了构成地面的 *x* 轴和 *z* 轴，以及表示高度的 y 轴，如图 3.1 所示。

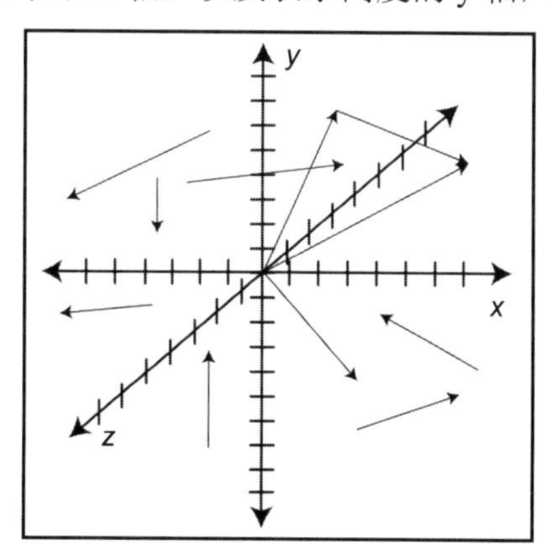

图 3.1　3D 向量和 Android OpenGL ES 坐标系

1．表示位置的向量

在 Android 3D OpenGL ES 场景中，向量可表示对象的位置。实际上，在第 2 章的 Orientation 类中，对象位置定义为 Vector3 类表示的 3D 向量，如下所示。

```
private Vector3 m_Position;
```

从图形学角度来看，图 3.2 显示了 3D 场景中表示对象位置的向量。

2．表示方向的向量

向量也可表示为某个方向。其中，长度为 1 的向量称作单位向量，如图 3.3 所示。单位向量十分重要，其原因在于，可以设置对象速度或对象作用力。具体来说，首先需要计算移动对象的方向向量的单位向量，随后将某一数字乘以该单位向量。该数值表示为对象速度的量值，或者是针对对象所施加的作用力。最终，向量涵盖了对象的方向（或作用力的方向）以及对象的速率（或针对对象施加的作用力大小）。

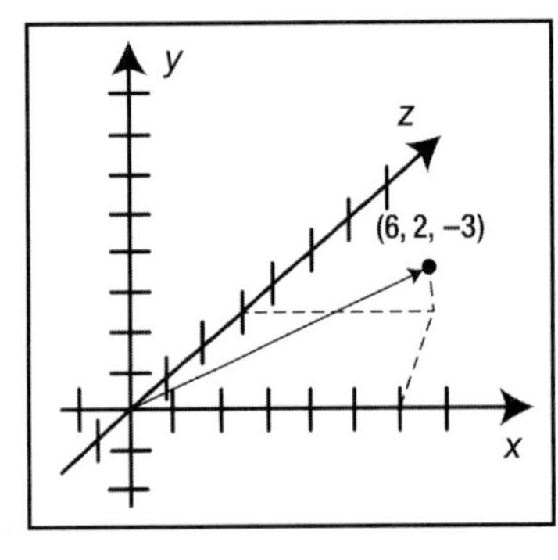

图 3.2　表示某一位置的向量

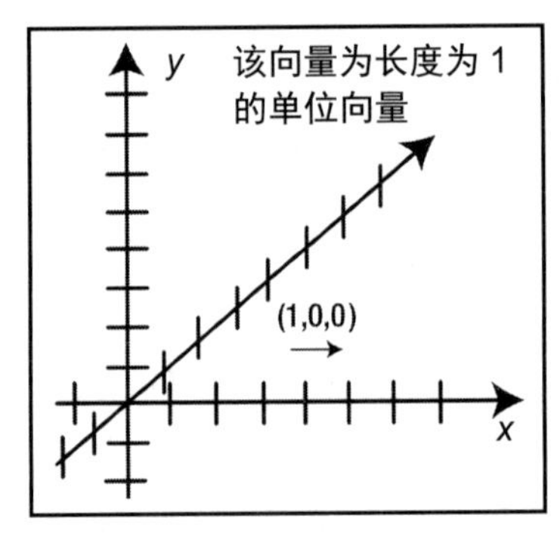

图 3.3　表示方向的单位向量

3．表示旋转轴的向量

向量还可表示对象的旋转轴。这里，旋转轴是指一条直线，且对象围绕该直线旋转。在第 2 章的 Orientation 类中，变量 m_RotationAxis 表示为对象围绕旋转的局部轴向，如下所示。

```
private Vector3 m_RotationAxis;
```

图 3.4 显示了局部轴向的图形表达。

4．表示作用力的向量

向量还可表示一个作用力，且作用力包含方向和大小，因而适合通过向量予以表示。在图 3.5 中，可以看到施加于球体上的作用力向量。这里，作用力的方向定义为 $-x$ 方向。

本书后续内容还将深入讨论作用于 3D 对象上的作用力。特别地，作用力还将在第 5 章中再次被提及。

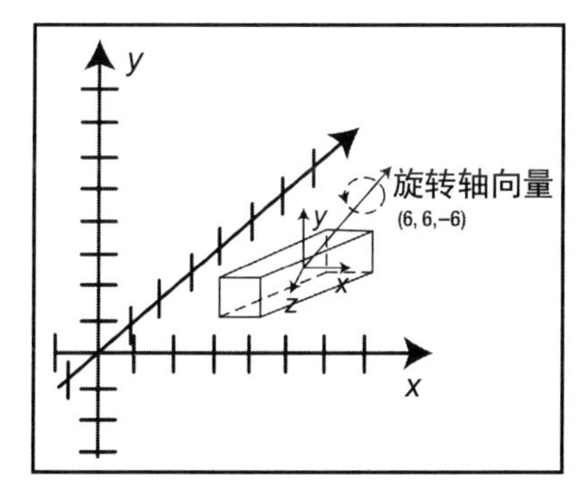

图 3.4　表示对象旋转轴的向量

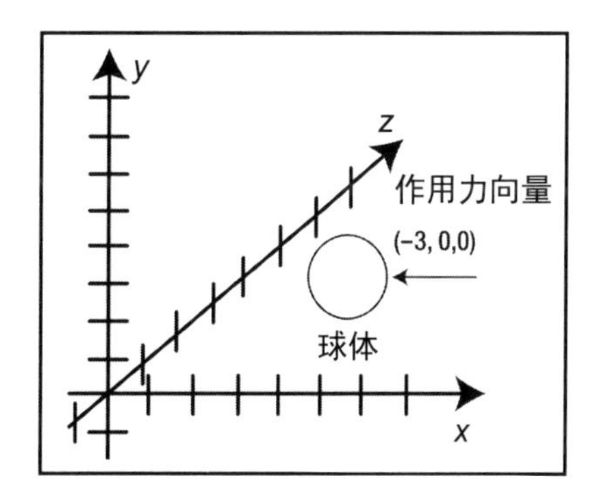

图 3.5　表示作用力的向量

5. 表示局部轴向的向量

向量还可表示对象的局部轴向。图 3.6 显示了 3D 立方体对象的局部 *x*、*y*、*z* 轴。由于定义了对象的方向，因而局部轴向十分重要。也就是说，局部轴向定义了对象的朝向。例如，如果 3D 对象表示为一辆车，如坦克或汽车，则可通过局部轴向定义对象的前向；如果希望移动坦克或车辆，则需要在世界坐标中知晓前向向量，并以此计算下一个位置。Orientation 类将对象的局部轴向分别定义为 m_Right, m_Up 和 m_Forward，如下所示。

```
// Local Axes
private Vector3 m_Right;
private Vector3 m_Up;
private Vector3 m_Forward;
```

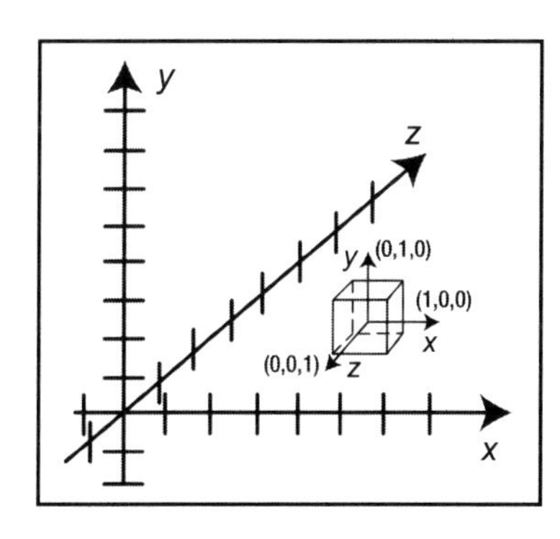

图 3.6　表示局部轴向的向量

3.1.2 Vector 类

在本书代码中，向量表示为 Vector3 类，如代码清单 3.1 所示。

代码清单 3.1 Vector3 向量

```
class Vector3
{
    public float x;
    public float y;
    public float z;

    // Vector3 constructor
    public Vector3(float _x, float _y, float _z)
    {
        x = _x;
        y = _y;
        z = _z;
    }
}
```

在 Vector3 类中，向量的 x、y、z 分量通过浮点数表示。相应地，构造函数接收表示 3D 向量的 3 个浮点值，如下所示。

```
Vector3 m_MyVector = new Vector3(1,2,3);
```

上述代码声明了名为 m_MyVector 的 Vector3 类，并通过 $x = 1$、$y = 2$ 和 $z = 3$ 进行初始化。

3.1.3 向量的模

向量的模定义为向量的标量值或向量的长度。回忆一下，标量值表示为一个数字值，且不涉及与其关联的方向。对象的速度可通过一个向量加以定义，且包含了方向和速率分量。其中，速率为标量分量，并通过向量模计算。向量模的计算方式可描述为 x、y、z 分量的平方值相加后再执行平方根计算，如图 3.7 所示。

$$\boldsymbol{V} = (V_x, V_y, V_z)$$

$$\|\boldsymbol{V}\| = \sqrt{V_x^2 + V_y^2 + V_z^2}$$

图 3.7　向量模计算

在代码中，向量的模通过 Vector3 类中的 Length()函数计算，如代码清单 3.2 所示。

代码清单 3.2　向量长度或模的计算函数

```
float Length()
{
    return FloatMath.sqrt(x*x + y*y + z*z);
}
```

3.1.4　向量的标准化

向量标准化意味着向量的长度或模将计算为 1，同时保持向量的方向。标准化是设置向量量值的一种较好的方法，如速度和作用力。首先，应在希望的方向上计算向量，随后对其执行标准化操作进而将其长度设置为 1。最后，可以将向量乘以相应的模，如速率或作用力大小。当标准化向量时，可将向量的每个分量除以向量的长度，如图 3.8 所示。

$$\boldsymbol{V}=\left(\frac{V_x}{\|\boldsymbol{V}\|},\frac{V_y}{\|\boldsymbol{V}\|},\frac{V_z}{\|\boldsymbol{V}\|}\right)$$

图 3.8　向量的标准化

在代码中，Vector3 类中的 Normalize()函数负责执行标准化操作，如代码清单 3.3 所示。

代码清单 3.3　Normalize()函数

```
void Normalize()
{
    float l = Length();

    x = x/l;
    y = y/l;
    z = z/l;
}
```

3.1.5　向量加法

向量可以被加在一起进而生成一个合向量，它是所有单个向量的效果组合。从图形化角度来看，可将向量的首尾相连以实现向量的加法运算，合成向量 ***VR*** 是从起始向量的尾部至前一个向量的头部进行绘制的，如图 3.9 所示。

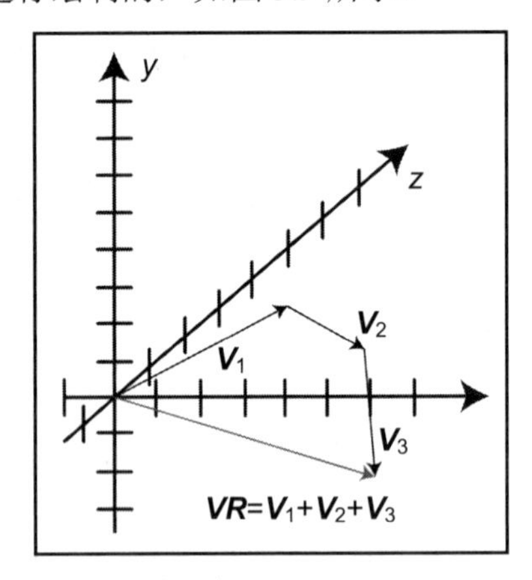

图 3.9　向量的加法

在代码中，Vector3 类中的 Add()函数执行两个向量的加法计算并返回结果向量。其间，将向量的每个分量 x、y、z 相加后将形成合向量的新分量，如代码清单 3.4 所示。

代码清单 3.4　Add()函数

```
static Vector3 Add(Vector3 vec1, Vector3 vec2)
{
    Vector3 result = new Vector3(0,0,0);

    result.x = vec1.x + vec2.x;
    result.y = vec1.y + vec2.y;
    result.z = vec1.z + vec2.z;

    return result;
}
```

3.1.6　向量乘法

向量和标量之间可执行乘法运算。例如，如果希望设置某个对象的速度，即方向和速率的组合结果，则可计算一个指向期望方向的向量，标准化该向量以使向量的长度为 1，随后将该向量乘以速率值。最终的合向量 ***VR*** 将指向期望的方向，同时包含当前速率对应的量值，如图 3.10 所示。

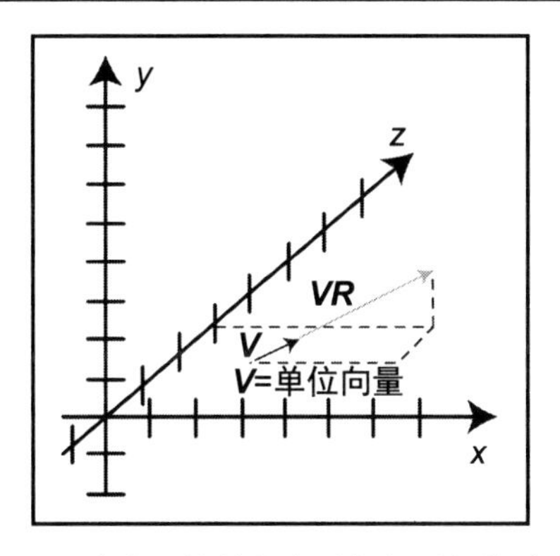

图 3.10　长度为 1 的单位向量与标量间的乘法运算

在代码中，Vector3 类中的 Multiply()函数执行标量值与向量间的乘法运算。其中，该向量的每个分量 *x*、*y*、*z* 与标量值相乘，如代码清单 3.5 所示。

代码清单 3.5　Multiply()函数

```
void Multiply(float v)
{
    x *= v;
    y *= v;
    z *= v;
}
```

3.1.7　向量逆置

向量逆置意味着向量乘以-1，也就是说，向量的每个分量均乘以-1。基本上讲，向量的方向将被逆置，如图 3.11 所示。

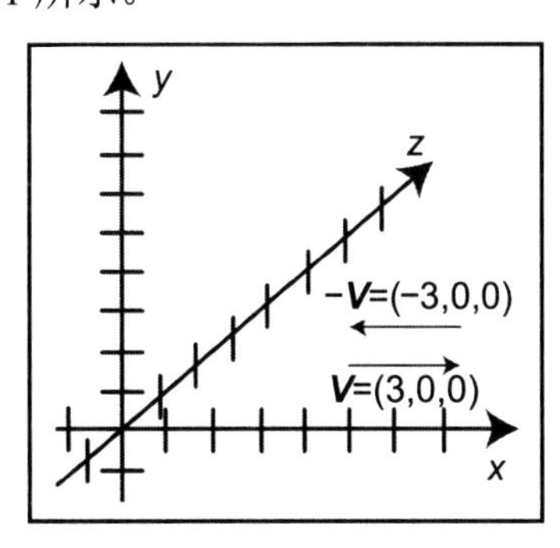

图 3.11　向量逆置

在代码中，Vector3 类中的 Negate()函数执行逆置操作，如代码清单 3.6 所示。

代码清单 3.6　Negate()函数

```
void Negate()
{
    x = -x;
    y = -y;
    z = -z;
}
```

3.1.8　直角三角形

当尝试将向量分解为分量时，直角三角形十分有用。例如，如果已知坦克炮弹的速度及其与地面之间的角度，则可获得坦克炮弹的水平速度和垂直速度。水平速度将采用直角三角形的邻边公式计算；垂直速度则通过直角三角形的对边公式计算。图 3.12 显示了与直角三角形相关的基本三角恒等式，如图 3.12 所示。

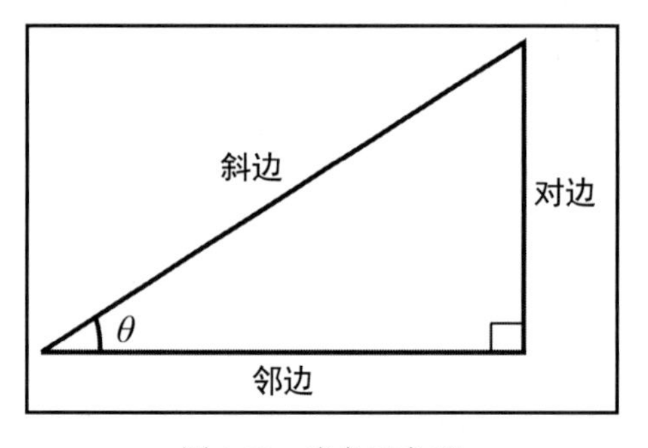

图 3.12　直角三角形

下列内容显示了一些标准的三角恒等式，其中描述了直角三角形边长之间的关系，以及图 3.12 中的θ角。

$$\sin(\theta) = \text{对边}/\text{斜边}$$
$$\cos(\theta) = \text{邻边}/\text{斜边}$$
$$\text{对边} = \text{斜边} \times \sin(\theta)$$
$$\text{邻边} = \text{斜边} \times \cos(\theta)$$

3.1.9　向量点积

两个向量的点积是指，向量 $\boldsymbol{A}$ 的模、向量 $\boldsymbol{B}$ 的模以及二者间夹角余弦的乘积。点积常用于计算两个向量间的夹角。点积的一种应用是广告牌处理，其中包含了基于复杂图像（如树木）的 2D 矩形。该矩形需要朝向相机以实现某种 3D 效果。也就是说，图像表面应一直朝向相机。当采用复杂的背景图像实现这一任务时，且观察者从不同角度查看时，并不会察觉到这是同一幅图像。点积公式如图 3.13 所示。

$$\boldsymbol{A}\cdot\boldsymbol{B}=\|\boldsymbol{A}\|\|\boldsymbol{B}\|\cos(\theta)$$

图 3.13　点积公式

除此之外，还可利用点积计算两个向量间的夹角。这里，两个向量间的夹角的余弦值表示为向量 $\boldsymbol{A}$ 和向量 $\boldsymbol{B}$ 的点积除以向量 $\boldsymbol{A}$ 的模和向量 $\boldsymbol{B}$ 的模的乘积，如图 3.14 所示。

$$\theta=\arccos\left(\frac{\boldsymbol{A}\cdot\boldsymbol{B}}{\|\boldsymbol{A}\|\|\boldsymbol{B}\|}\right)$$

图 3.14　根据点积计算夹角

可以通过标准化两个向量，随后计算点积来简化上述公式。此时，分母变为 1，夹角为向量 $\boldsymbol{A}$ 和向量 $\boldsymbol{B}$ 的点积的反余弦值。

另外，通过计算向量 $\boldsymbol{A}$ 中每个分量乘以向量 $\boldsymbol{B}$ 中的相应分量，并将乘积结果相加，可直接获得这两个向量的点积结果，如下所示。

$$\boldsymbol{A}\cdot\boldsymbol{B}=(\boldsymbol{A}_x\times\boldsymbol{B}_x)+(\boldsymbol{A}_y\times\boldsymbol{B}_y)+(\boldsymbol{A}_z\times\boldsymbol{B}_z)$$

代码清单 3.7 显示了点积计算的 Java 代码。

代码清单 3.7　DotProduct()函数

```
float DotProduct(Vector3 vec)
{
   return (x * vec.x) + (y * vec.y) + (z * vec.z);
}
```

向量 $\boldsymbol{A}$ 和向量 $\boldsymbol{B}$ 的叉积将生成第三个向量，且垂直于向量 $\boldsymbol{A}$ 和 $\boldsymbol{B}$，如图 3.15 所示。

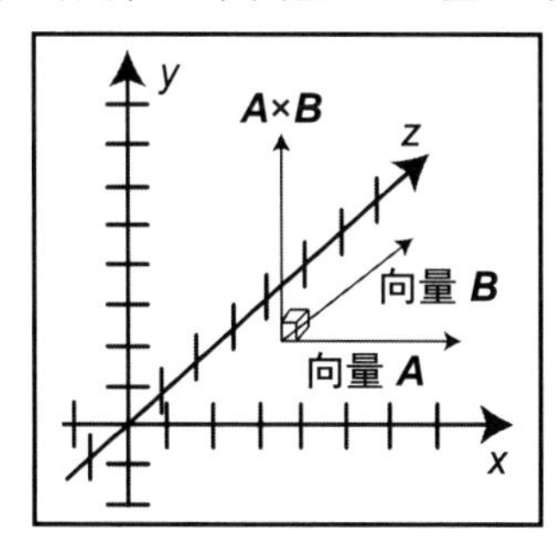

图 3.15　叉积计算

叉积计算同样可应用于广告牌处理，其间需要计算旋转轴、图像的前向量，以及指向所朝向对象的向量。代码清单 3.8 列出了叉积的计算代码。

代码清单 3.8　crossProduct()函数

```
void crossProduct(Vector3 b)
{
    Set((y*b.z) - (z*b.y),
        (z*b.x) - (x*b.z),
        (x*b.y) - (y*b.x));
}
```

3.2　矩阵和矩阵操作

本节将讨论矩阵和矩阵操作。首先介绍矩阵的定义，随后考查与矩阵相关的重要话题和关键属性。矩阵与 3D 计算机图形学关系紧密，且有助于我们在 Android 移动平台上开发 3D 游戏。本节并非面面俱到，仅对与 3D 游戏编程相关的矩阵和矩阵操作进行快速的浏览。

3.2.1　矩阵的含义

矩阵是 3D 图形学中的重要内容，常用于确定 3D 对象的最终位置、3D 对象的旋转和 3D 对象的缩放等属性。图 3.16 定义了一个矩阵，该矩阵有多个数字列和行构成。在本节中，矩阵的通用标识表示为 A_{mn}。其中，脚标 m 表示为行号，脚标 n 表示为列号。例如，A_{23} 表示为行 2、列 3 的数字。

$$\overset{n\text{ 列}}{m\text{ 行}\begin{bmatrix} A_{11} & A_{12} & A_{13} & \cdots & A_{1n} \\ A_{21} & A_{22} & A_{23} & \cdots & A_{2n} \\ A_{31} & A_{32} & A_{33} & \cdots & A_{3n} \\ \vdots & \vdots & \vdots & \vdots & \vdots \\ A_{m1} & A_{m2} & A_{m3} & \cdots & A_{mn} \end{bmatrix}}$$

图 3.16　矩阵定义

在代码中，将矩阵可定义为包含 16 个元素的浮点数组，并可转换为一个 4×4 矩阵。也就是说，该矩阵包含 4 行和 4 列。下列代码声明了一个浮点类型的 4×4 矩阵（共计 16

个元素），且在对应类中的属性为 private：

```
private float[] m_OrientationMatrix = new float[16];
```

3.2.2　Android 内建 Matrix 类

在 Android 标准类库中定义了一个 Matrix 类，它提供了多个矩阵函数。通过下列 import 语句可访问该类：

```
import android.opengl.Matrix;
```

3.2.3　单位矩阵

单位矩阵定义为方阵，且行和列数相等。其中，单位矩阵的对角线元素均为 1，而其他元素皆为 0。单位矩阵可用于初始化和重置矩阵变量值，某个矩阵乘以单位矩阵后将得到原矩阵，这等价于将某个数字乘以 1。例如，假设某个矩阵用于记录对象的旋转状态，当该矩阵重置为原矩阵时，将得到单位矩阵，如图 3.17 所示。

$$\boldsymbol{I}_n = \overset{n\text{ 列}}{\begin{bmatrix} 1 & 0 & 0 & \cdots & 0 \\ 0 & 1 & 0 & \cdots & 0 \\ 0 & 0 & 1 & \cdots & 0 \\ \vdots & \vdots & \vdots & \vdots & \vdots \\ 0 & 0 & 0 & \cdots & 1 \end{bmatrix}} n\text{ 行}$$

图 3.17　单位矩阵

在代码中，可利用下列语句将矩阵设置为单位矩阵：

```
//static void setIdentityM(float[] sm, int smOffset)
Matrix.setIdentityM(m_OrientationMatrix, 0);
```

此时，包含于 m_OrientationMatrix 浮点数组中的矩阵将被设置为单位矩阵。注意，矩阵数据的起始位置偏移量对应于数组的元素 0。

3.2.4　矩阵转置

矩阵的转置可描述为将矩阵的行重写为列。在光照计算中，有时需要使用矩阵转置计算正规矩阵值，如图 3.18 所示。

$$\boldsymbol{A}=\begin{bmatrix} \boxed{A_{11} \quad A_{12} \quad A_{13} \quad \cdots \quad A_{1n}} \\ A_{21} \quad A_{22} \quad A_{23} \quad \cdots \quad A_{2n} \\ A_{31} \quad A_{32} \quad A_{33} \quad \cdots \quad A_{3n} \\ \vdots \quad\quad \vdots \quad\quad \vdots \quad\quad \vdots \quad\quad \vdots \\ A_{m1} \quad A_{m2} \quad A_{m3} \quad \cdots \quad A_{mn} \end{bmatrix}$$

$$\boldsymbol{A}^{\mathrm{T}}=\begin{bmatrix} A_{11} & A_{21} & A_{31} & \cdots & A_{m1} \\ A_{12} & A_{22} & A_{32} & \cdots & A_{m2} \\ A_{13} & A_{23} & A_{33} & \cdots & A_{m3} \\ \vdots & \vdots & \vdots & \vdots & \vdots \\ A_{1n} & A_{2n} & A_{3n} & \cdots & A_{mn} \end{bmatrix}$$

图 3.18　矩阵转置

下列代码转置一个 4×4 矩阵 m_NormalMatrixInvert，并将转换结果置于 m_NormalMatrix 中。其中，两个矩阵的数据偏移量均为 0。

```
//static void transposeM(float[] mTrans, int mTransOffset,
//                       float[] m, int mOffset)
Matrix.transposeM(m_NormalMatrix, 0, m_NormalMatrixInvert, 0);
```

3.2.5　矩阵乘法

矩阵 $\boldsymbol{A}$ 和矩阵 $\boldsymbol{B}$ 的乘法运算可描述为，矩阵 $\boldsymbol{A}$ 中的行元素乘以矩阵 $\boldsymbol{B}$ 中相应的列元素，并将乘积结果相加。矩阵乘法在对象平移、旋转、缩放，以及在 2D 屏幕上显示 3D 对象时十分有用。例如，在图 3.19 中，矩阵 $\boldsymbol{A}$ 乘以矩阵 $\boldsymbol{B}$，并将对应结果置于矩阵 $\boldsymbol{C}$ 中。

$$C_{11}=(A_{11}\times B_{11})+(A_{12}\times B_{21})+(A_{13}\times B_{31})$$
$$C_{12}=(A_{11}\times B_{12})+(A_{12}\times B_{22})+(A_{13}\times B_{32})$$
$$C_{21}=(A_{21}\times B_{11})+(A_{22}\times B_{21})+(A_{23}\times B_{31})$$
$$C_{22}=(A_{21}\times B_{12})+(A_{22}\times B_{22})+(A_{23}\times B_{32})$$

$$\overset{p\text{ 列}}{n\text{ 行}\begin{bmatrix} B_{11} & B_{12} \\ B_{21} & B_{22} \\ B_{31} & B_{32} \end{bmatrix}}$$

$$\overset{n\text{ 列}}{m\text{ 行}\begin{bmatrix} A_{11} & A_{12} & A_{13} \\ A_{21} & A_{22} & A_{23} \end{bmatrix}}\underset{p\text{ 列}}{\begin{bmatrix} C_{11} & C_{12} \\ C_{21} & C_{22} \end{bmatrix}}m\text{ 行}$$

图 3.19　矩阵乘法

在代码中，Android 标准内建 Matrix 类中的 multiplyMM()函数负责执行矩阵的乘法操作，该函数在两个 4×4 矩阵间进行乘法运算，并将结果存储于第三个 4×4 矩阵中。下列语句将 m_PositionMatrix 乘以 m_RotationMatrix，并将结果置于 TempMatrix 中。

```
//static void multiplyMM(float[] result, int resultOffset,
//                        float[] lhs, int lhsOffset,
//                        float[] rhs, int rhsOffset)
Matrix.multiplyMM(TempMatrix,0,m_PositionMatrix,0,m_RotationMatrix,0);
```

3.2.6　逆矩阵

如果矩阵 $\boldsymbol{A}$ 和矩阵 $\boldsymbol{B}$ 均为 n 行、n 列，且有 $\boldsymbol{AB}$ 为单位矩阵，$\boldsymbol{BA}$ 为单位矩阵，那么，矩阵 $\boldsymbol{B}$ 即为矩阵 $\boldsymbol{A}$ 的逆矩阵，即逆矩阵的定义。

在代码中，可通过 invertM()函数计算 4×4 矩阵的逆矩阵。针对 3D 对象的光照计算，可采用逆矩阵计算正规矩阵值。下列代码计算 m_NormalMatrix 的逆矩阵，并将结果存储于 m_NormalMatrixInvert 中。

```
//static boolean invertM(float[] mInv, int mInvOffset,
//                        float[] m, int mOffset)
Matrix.invertM(m_NormalMatrixInvert, 0, m_NormalMatrix, 0);
```

3.2.7　齐次坐标

齐次坐标是投影几何学中所采用的坐标系，用于指定 3D 场景中的点。齐次坐标的重要性体现在，可用于构建矩阵并传递至顶点着色器中，以平移、旋转和缩放 3D 对象的顶点。从内部来看，OpenGL 将全部坐标表示为齐次坐标。本章前述内容曾在欧几里得空间中指定了包含笛卡儿坐标的点。

齐次坐标的通用形式为(x,y,z,w)。另外，齐次坐标中的点可转换为 3D 欧几里得空间坐标。也就是说，将全部坐标除以 w 坐标。例如，如果给定齐次坐标(x,y,z,w)，那么，3D 欧几里得空间中的点将表示为$(x/w,y/w,z/w)$。

相应地，3D 欧几里得空间中的点(x,y,z)可被表示为齐次空间中的点$(x,y,z,1)$。

在第 4 章中还将进一步讨论 OpenGL ES 顶点和片元着色器。

3.2.8　使用矩阵平移对象

矩阵可被用于实现多种功能，如平移对象、旋转对象、缩放对象，以及将 3D 对象投影至 2D 屏幕上。在 3D 场景中，移动对象所用的矩阵被称作平移矩阵。在图 3.20 中，新位置的计算方式可描述为，将原位置转换为齐次坐标，根据该坐标生成矩阵形式，随后将其乘以平移矩阵。T_x、T_y、T_z 值表示对象在平面中 x、y、z 方向上的移动量。通过矩阵乘法计算新的 x、y、z 坐标将生成下列结果：

$$x' = x + T_x$$

$$y' = y + T_y$$

$$z' = z + T_z$$

$$\begin{bmatrix} x' & y' & z' & 1 \end{bmatrix} = \begin{bmatrix} x & y & z & 1 \end{bmatrix} \begin{bmatrix} 1 & 0 & 0 & 0 \\ 0 & 1 & 0 & 0 \\ 0 & 0 & 1 & 0 \\ T_x & T_y & T_z & 1 \end{bmatrix}$$

图 3.20　平移对象

在代码中，可使用 translateM()函数将在适当位置输入矩阵平移 x、y、z 值。

例如，下列代码将在适当位置平移矩阵 m_PositionMatrix：

```
//static void translateM(float[] m, int mOffset, float x, float y,float z)
//Translates matrix m by x, y, and z in place.
Matrix.translateM(m_PositionMatrix,0,position.x,position.y,position.z);
```

3.2.9　使用矩阵旋转对象

矩阵还可被用于旋转 3D 对象。图 3.21 显示了如何构建一个旋转矩阵并围绕 x 轴旋转。

$$\boldsymbol{R}_x = \begin{bmatrix} 1 & 0 & 0 & 0 \\ 0 & \cos(\theta) & \sin(\theta) & 0 \\ 0 & -\sin(\theta) & \cos(\theta) & 0 \\ 0 & 0 & 0 & 1 \end{bmatrix}$$

图 3.21　旋转矩阵

在代码中，Matrix 类中定义了一个内置函数，并可围绕指定的任意旋转轴在适当位置旋转矩阵。其中，所指定的角度以度数计算。

rotateM()函数将矩阵 m 围绕轴(x,y,z)旋转角度 a（以度数计算）。除此之外，还可指定并偏移到矩阵数据的起始位置。

```
//rotateM(float[] m, int mOffset, float a, float x, float y, float z)
//Rotates matrix m in place by angle a (in degrees) around the axis (x, y, z)
```

```
Matrix.rotateM(m_RotationMatrix, 0,
               AngleIncrementDegrees,
               m_RotationAxis.x,
               m_RotationAxis.y,
               m_RotationAxis.z);
```

3.2.10 使用矩阵缩放对象

矩阵还可被用于缩放对象。具体来说，4×4 方阵的对角线包含 x、y、z 方向上的缩放因子，如图 3.22 所示。

$$\boldsymbol{S}=\begin{bmatrix} S_x & 0 & 0 & 0 \\ 0 & S_y & 0 & 0 \\ 0 & 0 & S_z & 0 \\ 0 & 0 & 0 & 1 \end{bmatrix}$$

图 3.22 缩放矩阵

在代码中，Matrix 类中的 scaleM()函数负责在 x、y、z 方向的适当位置缩放矩阵。

```
//static void scaleM(float[] m, int mOffset, float x, float y, float z)
//Scales matrix m in place by sx, sy, and sz
Matrix.scaleM(m_ScaleMatrix, 0, Scale.x, Scale.y, Scale.z);
```

3.2.11 组合矩阵

当执行矩阵的乘法运算时，可在一个对象上组合平移、旋转和缩放效果。当在游戏中渲染 3D 对象时，需要使用的一个重要矩阵是 ModelMatrix。ModelMatrix 表示平移矩阵、旋转矩阵和缩放矩阵相乘的组合结果，进而形成了单一矩阵，如图 3.23 所示。

$$\text{ModelMatrix}=\underbrace{\begin{bmatrix} 1 & 0 & 0 & 0 \\ 0 & 1 & 0 & 0 \\ 0 & 0 & 1 & 0 \\ T_x & T_y & T_z & 1 \end{bmatrix}}_{\text{平移矩阵}}\underbrace{\begin{bmatrix} 1 & 0 & 0 & 0 \\ 0 & \cos(\theta) & \sin(\theta) & 0 \\ 0 & -\sin(\theta) & \cos(\theta) & 0 \\ 0 & 0 & 0 & 1 \end{bmatrix}}_{\text{旋转矩阵}}\underbrace{\begin{bmatrix} S_x & 0 & 0 & 0 \\ 0 & S_y & 0 & 0 \\ 0 & 0 & S_z & 0 \\ 0 & 0 & 0 & 1 \end{bmatrix}}_{\text{缩放矩阵}}$$

图 3.23 模型矩阵

在矩阵乘法中，应注意矩阵的顺序。也就是说，矩阵乘法不支持交换律，即 $\boldsymbol{AB}\neq\boldsymbol{BA}$。

例如，如果希望围绕某个轴向旋转对象，随后对其进行平移，则需要在右侧设置旋转矩阵，并在左侧设置平移矩阵，对应代码如下所示。

```
// Rotates object around Axis then translates it
// public static void multiplyMM (float[] result, int resultOffset,
//                                float[] lhs, int lhsOffset,
//                                float[] rhs, int rhsOffset)

//                                 Matrix A            Matrix B
Matrix.multiplyMM(TempMatrix, 0, m_PositionMatrix, 0, m_RotationMatrix, 0);
```

其中，multiplyMM()函数执行矩阵 ***A*** 和矩阵 ***B*** 的乘法运算。从效果上看，矩阵 ***B*** 首先被使用，随后是矩阵 ***A***。因此，上述代码首先围绕其旋转轴旋转对象，接下来将其平移至新的位置处。

因此，图 3.23 中的矩阵 ModelMatrix 被设置为首先将缩放对象，随后依次旋转（围绕其旋转轴）和平移对象。

3.3 操控 3D 空间中的对象

本节将操控 3D 对象的位置、转转和缩放行为，进而展示本章讨论的向量和矩阵等概念。本节示例使用了一些向量函数，如前述内容介绍的 Negate()函数。除此之外，本节还将尝试向 Vectoe3 类中添加其他函数。读者可访问 apress.com 并在 Source Code/Download 部分中查看当前示例代码。

3.3.1 构建 3D 对象的模型矩阵

Orientation 类加载了 3D 对象的位置、旋转和缩放数据，此外还将计算对象的模型矩阵，该矩阵涵盖了对象的位置、旋转和缩放信息，如图 3.23 所示。

在代码中，将模型矩阵定义为 m_OrientationMatrix；m_PositionMatrix 表示为平移矩阵；m_RotationMatrix 表示为旋转矩阵；m_ScaleMatrix 表示为缩放矩阵。此外，代码中还定义了 TempMatrix 矩阵，以供临时存储矩阵使用。

首先通过将矩阵初始化为单位矩阵，SetPositionMatrix()函数创建平移矩阵。接下来通过调用 setIdentity()函数，随后通过调用默认 Matrix 类中的 translateM()函数生成平移矩阵。这里，Matrix 类是 Android 标准库中的一部分内容。

SetScaleMatrix()函数负责创建缩放矩阵。该函数首先将矩阵初始化为单位矩阵，随后调用 Matrix 类中的 scaleM()函数创建缩放矩阵。

UpdateOrientation()函数实际上构建模型矩阵，具体步骤如下所示。

（1）调用 SetPositionMatrix()函数创建平移矩阵。

（2）调用 SetScaleMatrix()函数创建缩放矩阵。

（3）调用 Matrix.multiplyMM()函数开始创建最终的模型矩阵，即执行平移矩阵和旋转矩阵的乘法运算。

（4）根据步骤（1）～（3），对应的结果矩阵乘以缩放矩阵后将返回至函数的调用者。最终结果是创建了一个矩阵，该矩阵首先缩放一个 3D 对象，然后围绕其旋转轴旋转该对象，最后将其置于 m_Position 指定的 3D 场景位置处，如代码清单 3.9 所示。

代码清单 3.9　在 Orientation 类中构建模型矩阵

```
// Orientation Matrices
private float[] m_OrientationMatrix = new float[16];
private float[] m_PositionMatrix = new float[16];
private float[] m_RotationMatrix = new float[16];
private float[] m_ScaleMatrix = new float[16];
private float[] TempMatrix = new float[16];

// Set Orientation Matrices
void SetPositionMatrix(Vector3 position)
{
    // Build Translation Matrix
    Matrix.setIdentityM(m_PositionMatrix, 0);
    Matrix.translateM(m_PositionMatrix, 0, position.x, position.y,
position.z);
}

void SetScaleMatrix(Vector3 Scale)
{
    // Build Scale Matrix
    Matrix.setIdentityM(m_ScaleMatrix, 0);
    Matrix.scaleM(m_ScaleMatrix, 0, Scale.x, Scale.y, Scale.z);
}

float[] UpdateOrientation()
{
    // Build Translation Matrix
    SetPositionMatrix(m_Position);
```

```
    // Build Scale Matrix
    SetScaleMatrix(m_Scale);

    // Then Rotate object around Axis then translate
    Matrix.multiplyMM(TempMatrix, 0, m_PositionMatrix, 0,
m_RotationMatrix, 0);

    // Scale Object first
    Matrix.multiplyMM(m_OrientationMatrix, 0, TempMatrix, 0,
m_ScaleMatrix, 0);

    return m_OrientationMatrix;
}
```

3.3.2　向对象中添加旋转行为

在第 2 章的 Hello Droid 项目中，我们曾编写了相关代码以展示向量和矩阵在 Android 的 OpenGL ES 中的工作方式。

在 MyGLRenderer 类的 onDrawFrame()函数中，应确保取消下列语句的注释行为：

```
m_Cube.m_Orientation.AddRotation(1)
```

每次调用 onDrawFrame()函数时，这将持续增加 1°的旋转量，如代码清单 3.10 所示。

代码清单 3.10　MyGLRenderer 类中的 onDrawFrame()函数

```
@Override
public void onDrawFrame(GL10 unused)
{
    GLES20.glClearColor(0.0f, 0.0f, 0.0f, 1.0f);
    GLES20.glClear( GLES20.GL_DEPTH_BUFFER_BIT | GLES20.GL_COLOR_
BUFFER_BIT);

    m_Camera.UpdateCamera();

    m_Cube.m_Orientation.AddRotation(1);
    m_Cube.DrawObject(m_Camera, m_PointLight);
}
```

代码清单 3.11 显示了 Orientation 类中的 AddRotation()函数。

代码清单 3.11　Orientation 类中的 AddRotation()函数

```
void AddRotation(float AngleIncrementDegrees)
{
    m_RotationAngle += AngleIncrementDegrees;
    //rotateM(float[] m, int mOffset, float a, float x, float y, float z)
    //Rotates matrix m in place by angle a (in degrees) around the axis
    //(x, y, z)
    Matrix.rotateM(m_RotationMatrix, 0,
                   AngleIncrementDegrees,
                   m_RotationAxis.x,
                   m_RotationAxis.y,
                   m_RotationAxis.z);
}
```

这里，对象旋转的角度被添加至 m_RotationAngle 变量中，该变量加载对象旋转的当前角度值。旋转矩阵 m_RotationMatrix 随后将被调整，并以此反映加入了角度 delta。运行当前程序，立方体的旋转效果如图 3.24 所示。

图 3.24　立方体旋转

3.3.3　在 3D 空间中移动对象

本节将讨论立方体如何沿 z 轴往复运动。由于 z 轴朝向观察者，因此立方体将变得大小不定。

首先需要终止立方体的旋转。对此，可注释掉 AddRotation()函数，如代码清单 3.12 所示。

代码清单 3.12　添加代码以使立方体沿 z 轴移动

```
private Vector3 m_CubePositionDelta = new Vector3(0.0f,0,0.1f);

@Override
public void onDrawFrame(GL10 unused)
{
    GLES20.glClearColor(0.0f, 0.0f, 0.0f, 1.0f);
    GLES20.glClear( GLES20.GL_DEPTH_BUFFER_BIT | GLES20.GL_COLOR_BUFFER_BIT);
    m_Camera.UpdateCamera();

    // Add Rotation to Cube
    // m_Cube.m_Orientation.AddRotation(1);

    // Add Translation to Cube
    Vector3 Position = m_Cube.m_Orientation.GetPosition();
    if ((Position.z > 4) || (Position.z < -4))
    {
        m_CubePositionDelta.Negate();
    }
    Vector3 NewPosition = Vector3.Add(Position, m_CubePositionDelta);
    Position.Set(NewPosition.x, NewPosition.y, NewPosition.z);

    m_Cube.DrawObject(m_Camera, m_PointLight);
}
```

接下来，将 m_CubePositionDelta 变量添加至 MyGLRenderer 类中。m_CubePositionDelta 变量加载方向和位置变化值，并在每次调用 onDrawFrame()函数时应用于立方体上。

上述代码的核心部分在于执行实际位置更新操作、边界测试和 m_CubePositionDelta 变量的方向变化，相关步骤如下所示。

（1）获取立方体的当前位置。

（2）测试位置并判断是否为 4～-4（*z* 轴）。如果立方体位于边界外部，则逆置立方体的方向。也就是说，逆置 m_CubePositionDelta 向量。

（3）立方体的当前位置向量被添加至 m_CubePositionDelta 向量中，随后将其设置为新的立方体位置。

可以看到，机器人图像将以循环方式往复运动，如图 3.25 所示。

图 3.25　z 轴上对象的平移运动

3.3.4　缩放对象

本节讨论对象的缩放操作。首先针对在之前添加的 m_CubePositionDelta 变量的代码下添加下列语句：

```
private Vector3 m_CubeScale = new Vector3(4,1,1);
```

m_CubeScale 变量表示 x、y、z 方向上对象的缩放值。在当前示例中，立方体在 x 轴方向上按正常大小的 4 倍缩放，在 y 和 z 方向上按正常大小的 1 倍缩放。

下列语句设置立方体的缩放值。在已添加之前的代码后，将其输入 onDrawFrame() 函数中。

```
// Set Scale
m_Cube.m_Orientation.SetScale(m_CubeScale);
```

运行程序，对应结果如图 3.26 所示。

接下来尝试对代码进行调整。这里修改了背景颜色，以及平移（沿地脚线方向往复运动）和缩放的方向，如图 3.27 所示。

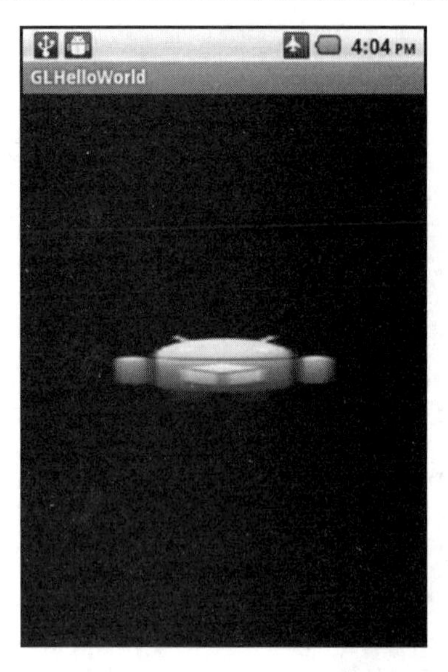

图 3.26　在 x 轴向上进行缩放

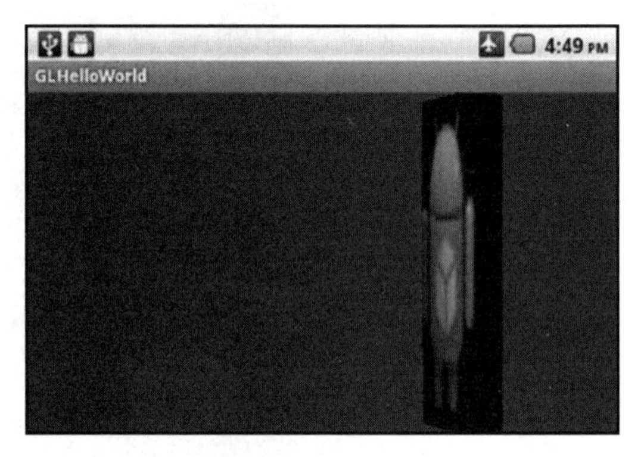

图 3.27　尝试修改代码

3.4 本章小结

本章讨论了与向量和矩阵相关的 3D 数学的基本内容。首先介绍了向量及其操作，如加法、乘法、点积和叉积；随后我们考查了矩阵及其操作，如矩阵乘法，这也是 3D 游戏编程中的重要内容；最后，本章通过示例展示了向量和矩阵在 3D 对象的平移、旋转和缩放方面的实际应用。

第 4 章　基于 OpenGL ES 的 3D 图形学

本章将在 Android OpenGL ES 环境下讨论 3D 图形学。首先将整体介绍 OpenGL 如何渲染 3D 对象；随后将深入考查其实现方式，其间涉及矩阵数学、矩阵平移和顶点、片元着色器；接下来将探讨顶点和片元着色器所使用的着色器语言及其相关示例。

随后将通过自定义类展示 OpenGL ES 的相关概念，此类概念在 3D 图形渲染过程中十分重要，主要包括：

- Shader 类。
- Camera 类。
- MeshEx 类。
- PointLight 类。
- Material 类。
- Texture 类。

4.1　Android 上的 OpenGL ES

本节首先主要讨论 OpenGL3D 对象渲染幕后的一般概念，随后将介绍 3D 虚拟场景与屏幕 2D 图像间 3D 对象的转换步骤。

4.1.1　OpenGL 对象渲染

本节讨论 OpenGL 中渲染 3D 对象的一般过程。对此，下列步骤可用于将 OpenGL 中的 3D 对象渲染至视见窗口中。

（1）在场景中放置 3D 对象：定位 3D 场景中所用的 3D 对象，如图 4.1 所示。

（2）将相机置于场景中：定位观察者，也可将其视为 3D 场景中的眼睛或相机，如图 4.2 所示。

（3）利用特定的相机镜头将 3D 视图投影至 2D 表面上。对此，本书使用了视见体，并实现了“近大远小”这一特征。视见体基本上可视为一个顶端被截取的金字塔，稍后将对此加以深入讨论。另外，视见体还定义了最终视图中所包含的对象。在图 4.3 中，仅金字塔被包含于最终的视图中，其原因在于，金字塔是唯一被包含于视见体空间中的对象。

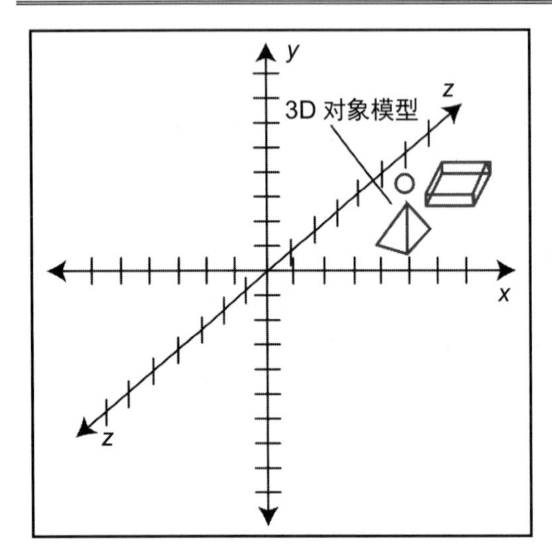

图 4.1　将 3D 对象置于场景中

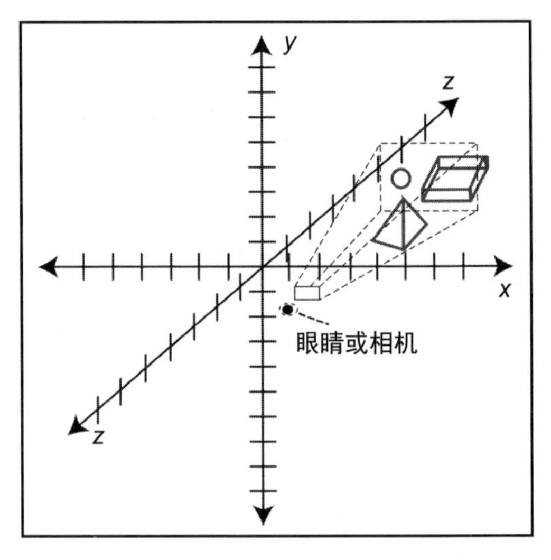

图 4.2　将相机或观察者置于场景中

（4）将投影后的视图平移至最终的视口中：使用图 4.3 中投影生成的 2D 图像，重置其尺寸以适应最终的视口，如图 4.4 所示。

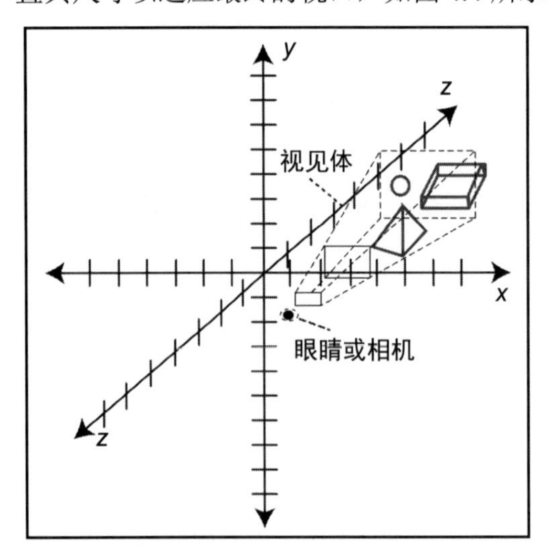

图 4.3　使用视见体将 3D 视图投影至 2D 表面上

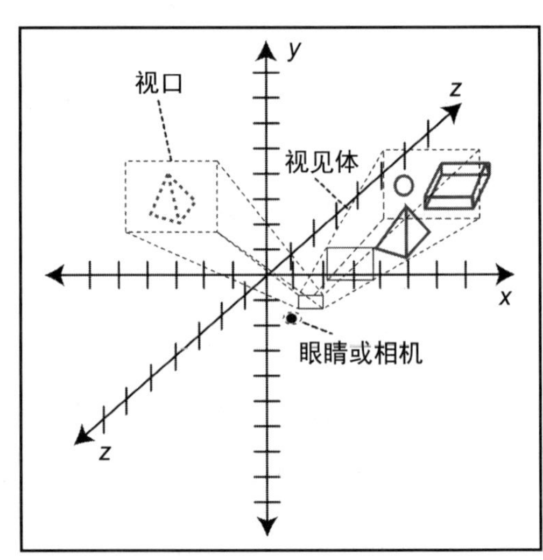

图 4.4　视口转换

4.1.2　渲染过程

本节将详细讨论如何利用 OpenGL ES 将 3D 对象渲染至屏幕上，其间涉及矩阵转换、顶点和片元着色器。

1．转换 3D 对象的顶点

下面详细介绍如何将 3D 对象置于屏幕上。对此，必须转换每个对象的顶点坐标、考查对象在场景中的位置、相机的位置和方向、投影类型和视口规范，如图 4.5 所示。需要注意的是，当前坐标采用了(x,y,z)格式，但在内部则表示为齐次顶点格式，即$(x,y,z,1)$。因此，需要使用 4×4 矩阵转换 OpenGL 中的顶点。

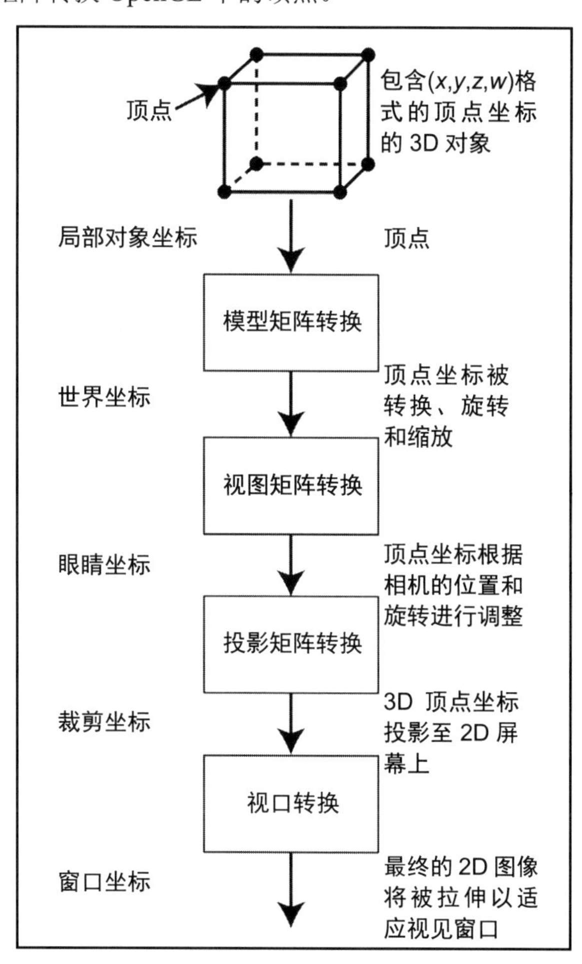

图 4.5　顶点转换过程

2．构建模型矩阵

首先需要构建模型矩阵。模型矩阵将 3D 对象置于 3D 场景中，也就是说，将模型从局部对象坐标中（最初定义该对象）转换至世界坐标中。对此，可设置相应的平移矩阵、旋转矩阵和缩放矩阵，随后将其乘以对象坐标中的原始顶点。这将把对象平移至场景中的期望位置，并在必要时旋转和缩放矩阵。

如前所述，矩阵的乘法顺序十分重要，且不支持交换律。例如，假设需要首先旋转对象，随后将其沿 x 轴平移，如图 4.6 所示。

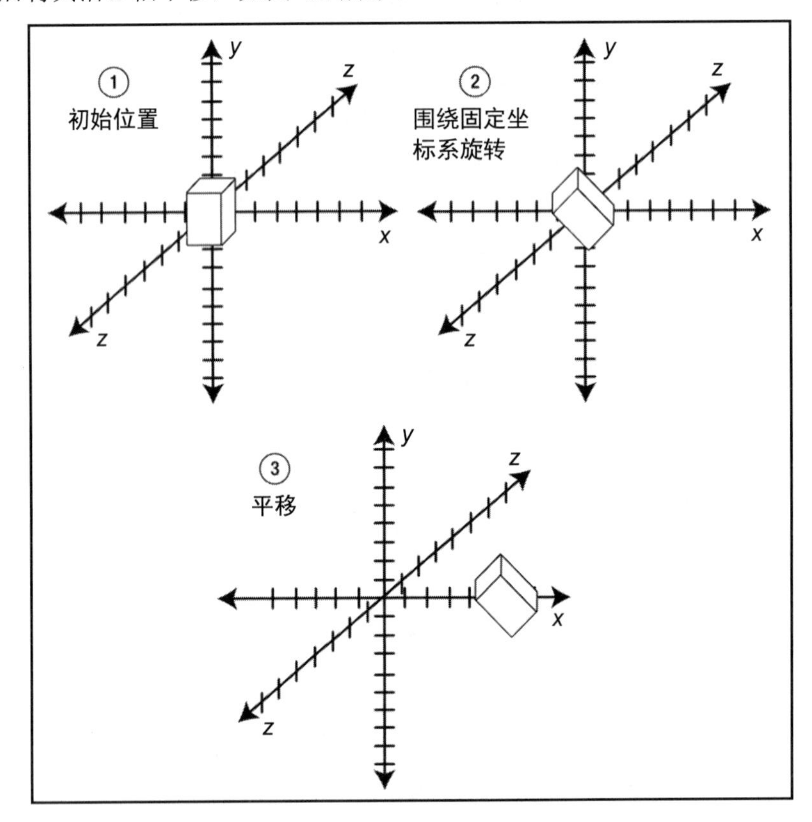

图 4.6　旋转和平移对象

对应的模型矩阵如图 4.7 所示。

模型矩阵 =[平移矩阵][旋转矩阵]

图 4.7　旋转和平移对象的模型矩阵

此处应注意乘法的顺序，其中首先向对象顶点应用旋转矩阵，随后应用平移矩阵。另一个例子是，其中首先想平移对象，随后围绕某个轴旋转该对象，如图 4.8 所示。图 4.9 显示了当前模型矩阵的通用格式。

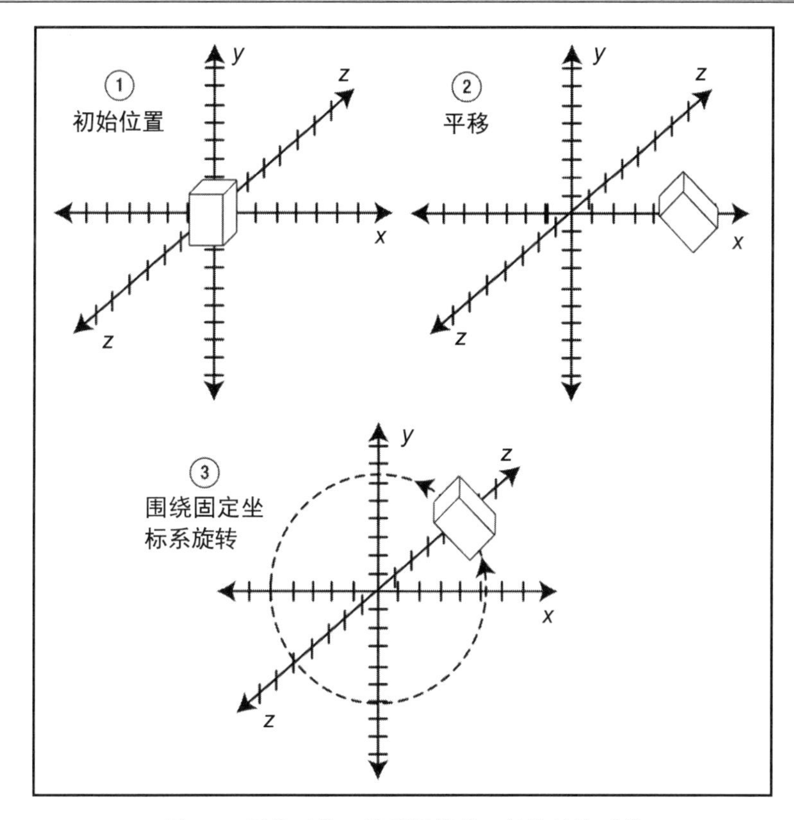

图 4.8　平移对象，随后围绕某一轴旋转该对象

模型矩阵 = [旋转矩阵][平移矩阵]

图 4.9　被平移随后旋转的对象的模型矩阵

3．构建视图矩阵

默认状态下，OpenGL 的相机位于原点处，且镜头指向-z 轴。在 3D 场景中，相机可移动和旋转。实际上，这意味着相机是静止的，而对象顶点被平移和旋转以模拟相机的运动。这里，对应的矩阵被称作视图矩阵，而最终的坐标则被称作眼睛坐标。

在 Android 中，一种简单的方法是使用 Matrix.setLookAtM()函数，这将根据相机或眼睛的位置、相机的中心（即视图聚焦位置），以及相机的向上方向生成一个视图矩阵。相应地，Camera 类定义了当前相机，图 4.10 分别显示了向上方向、中心位置和指定相机方向的右向量。

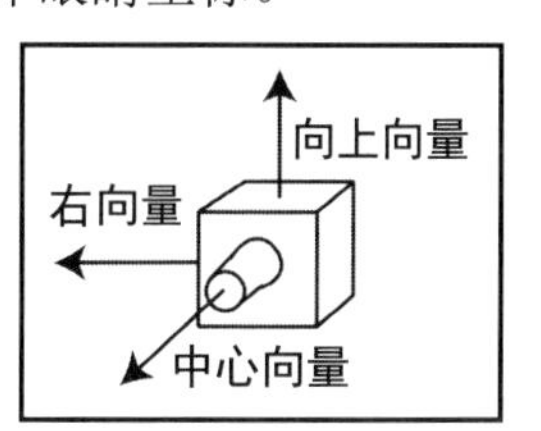

图 4.10　相机或眼睛

代码清单 4.1 显示了 SetCameraView()函数中 Camera 类

的视图矩阵的创建方式。

代码清单 4.1　设置 Camera 类中的视图矩阵

```
void SetCameraView(Vector3 Eye,
                   Vector3 Center,
                    Vector3 Up)
{
    // Create Matrix
    Matrix.setLookAtM(m_ViewMatrix,0,
                        Eye.x, Eye.y, Eye.z,
                        Center.x, Center.y, Center.z,
                       Up.x, Up.y, Up.z);
}
```

4．构建投影矩阵

投影矩阵将 3D 对象顶点转换至 2D 视见表面上。对于 3D 游戏编程来说，需要使用视见体将 3D 图像投影至 2D 表面上。如前所述，视见体是一个视见区域，其形状类似于顶部截取后的金字塔。视见体可通过 6 个剪裁面定义，即上平面、下平面、右平面、左平面、近平面和远平面，如图 4.11 所示。当采用视见体时，距离观察者较近的对象看起来较大，而远处对象则较小。此外，视见体还可将视见区域限制在视见体之内，并剔除视见体外部的顶点。随后，顶点从世界坐标转换至剪裁坐标。

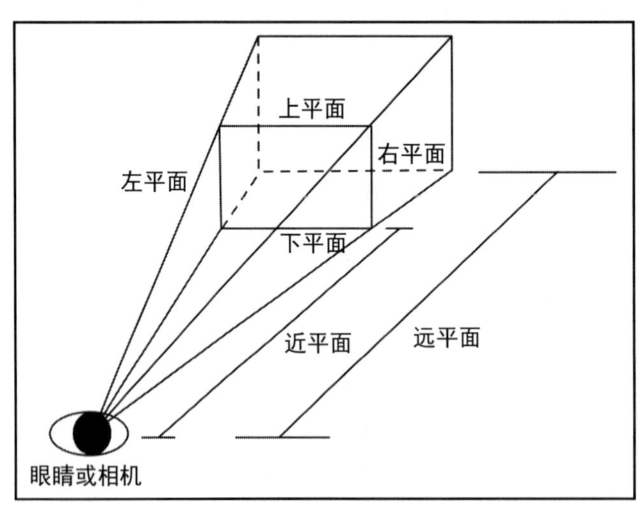

图 4.11　投影视见体

在代码中，Camera 类中的 SetCameraProjection()函数生成一个投影矩阵，并将其置于

m_ProjectionMatrix 变量中，如代码清单 4.2 所示。

代码清单 4.2　在 Camera 类中构建投影矩阵

```
void SetCameraProjection(float Projleft,
                            float Projright,
                            float Projbottom,
                            float Projtop,
                            float Projnear,
                            float Projfar)
{
    m_Projleft   = Projleft;
    m_Projright  = Projright;
    m_Projbottom = Projbottom;
    m_Projtop    = Projtop;
    m_Projnear   = Projnear;
    m_Projfar    = Projfar;
   Matrix.frustumM(m_ProjectionMatrix, 0,
                  m_Projleft, m_Projright,
                  m_Projbottom, m_Projtop,
                  m_Projnear, m_Projfar);
}
```

5. 设置视口

视口转换将投影矩阵生成的 2D 图像映射至实际的视见窗口中，它从水平和垂直方向上拉伸图像，以使其适应视口。对此，glViewport()函数负责设置视口规范，该函数位于 Renderer 类的 onSurfacedChanged()函数中，在第 3 章示例中则被定义为 MyGLRenderer 类。在 Android 中，负责设置视口规范的语句如下所示。

```
GLES20.glViewport(0, 0, width, height);
```

其中，前两个参数指定视口左下角坐标，随后的两个参数指定视口的宽度和高度。

6. 将矩阵和光照信息发送至顶点和片元着色器中

接下来，需要将矩阵发送至顶点和片元着色器中，OpenGL ES 使用该着色器渲染 3D 对象。

顶点着色器通过模型、视图和投影矩阵转换将对象顶点置于 3D 场景中。此外，顶点着色器还用于确定顶点处的漫反射和镜面光照，并将这一类信息发送至片元着色器中。

片元或像素着色器定义顶点处的最终颜色。在片元着色器中，针对最终的颜色值，对象的纹理、光照和材质属性均可提供相应的数据作为输入。随后，对象的整体颜色将根据此类顶点颜色执行插值计算。

在代码框架中，Shader 类支持顶点和片元着色器。

在 Shader 类中，GLES20.glUniformXXXX()系列函数负责将矩阵、光照和材质属性数据发送至顶点和片元着色器中。

本章后续内容将讨论光照和材质。

7. 渲染场景

Renderer 类 MyGLRenderer 中的 onDrawFrame()函数负责渲染场景。下列代码语句将执行实际的渲染任务：

```
m_Cube.DrawObject(m_Camera, m_PointLight);
```

DrawObject()函数位于 Object3d 类中，该函数接收两个参数作为输入，即相机和用于照亮场景的点光源。

本章稍后将详细讨论绘制对象的 OpenGL 指定函数。

4.2　OpenGL ES 着色语言

本节介绍 OpenGL ES 中针对顶点和像素着色器的着色器语言。本节内容并非面面俱到，旨在使读者熟悉着色器语言的基本内容。读者可访问 www.khronos.org/registry/gles/ 以了解着色器语言的详细信息。

4.2.1　基本数据类型

OpenGL ES 着色器语言的基本数据类型如下。

- void：不存在函数返回值。
- bool：布尔值。
- int：有符号整数。
- float：浮点标量值。
- vec2、vec3、vec4：2、3、4 分量浮点数向量。
- bvec2、bvec3、bvec4：2、3、4 分量布尔向量。
- ivec2、ivec3、ivec4：2、3、4 分量有符号整数向量。
- mat2、mat3、mat4：2×2、3×3、4×4 浮点矩阵。
- sampler2D：用于显示和访问 2D 纹理。

- samplerCube：用于显示和访问立方体映射纹理。
- float floatarray[3]：一维数组，其类型可以是浮点数、向量和整数。

4.2.2　向量分量

在顶点和片元着色器中，可通过不同的方式引用向量分量。例如，可利用下列方式引用 vec4 类型的分量：

- $\{x, y, z, w\}$：当访问点和法线的向量时，可采用这一表达方式，如下所示。

```
vec3 position;
position.x = 1.0f;
```

- $\{r, g, b, a\}$：当访问颜色向量时，可使用这一表达方式，如下所示。

```
vec4 color;
color.r = 1.0f;
```

- $\{s, t, p, q\}$：当访问纹理坐标向量时，可使用这一表达方式，如下所示。

```
vec2 texcoord;
texcoord.s = 1.0f;
```

4.2.3　运算符和表达式

本节列出了顶点着色器和片元着色器中语句和表达式的运算符，且与 Java 和 C++对应的运算符类似。

- ++：递增运算符。
- --：递减运算符。
- +：加法运算符。
- -：减法运算符。
- !：非运算符。
- *：乘法运算符。
- /：除法运算符。
- <：小于关系运算符。
- >：大于关系运算符。
- <=：小于或等于关系运算符。
- >=：大于或等于关系运算符。

- ==：条件相等运算符。
- !=：不相等条件运算符。
- &&：逻辑与运算符。
- ^^：逻辑异或运算符。
- ||：逻辑或运算符。
- =：赋值运算符。
- +=：加法和赋值运算符。
- −=：减法和赋值运算符。
- *=：乘法和赋值运算符。
- /=：除法和赋值运算符。

4.2.4　程序流控制语句

下列内容展示了 OpenGL ES 着色器语言中较为重要的程序流控制语句。

- for 循环：当使用 for 循环时，可在开始循环之前初始化计数器值。如果表达式计算为 true，则执行循环。在循环结束处更新计数器值。如果 for 循环中的表达式计算为 true，则重复循环。

```
for(Initial counter value;
    Expression to be evaluated;
    Counter increment/decrement value)
{
    // Statements to be executed.
}
```

- while 循环：只要表达式计算为 true，则执行 while 循环中的语句，如下所示。

```
while( Expression to evaluate )
{
    // Statement to be executed
}
```

- if 语句：如果表达式计算为 true，则执行 if 代码块中的语句，如下所示。

```
if (Expression to evaluate )
{
    // Statements to execute
}
```

- if else 语句：如果表达式计算结果为 true，则执行 if 代码块中的语句；否则执行

else 代码块中的语句。

```
if (Expression to evaluate)
{
    // Statement to execute if expression is true
}
else
{
    // Statement to execute if expression is false
}
```

4.2.5 存储限定符

存储限定符表明变量在着色器程序中的使用方式。根据此类信息，编译器可更加高效地处理和存储着色器变量。

- const：const 限定符指定编译期常量或只读函数参数，如下所示。

```
const int NumberLights = 3;
```

- attribute：针对每个顶点数据，attribute 限定符指定顶点着色器和 OpenGL ES 主程序间的链接。attribute 限定符的应用示例包括顶点位置、顶点纹理和顶点法线，如下所示。

```
attribute vec3 aPosition;
attribute vec2 aTextureCoord;
attribute vec3 aNormal;
```

- uniform：uniform 限定符用于指定图元处理过程中未产生变化的数值。uniform 限定符形成了顶点或片元着色器与 OpenGL ES 主程序间的链接。uniform 限定符的应用场合包括光照值、材质值和矩阵，如下所示。

```
uniform vec3 uLightAmbient;
uniform vec3 uLightDiffuse;
uniform vec3 uLightSpecular;
```

- varying：varying 限定符定义了顶点着色器和片元着色器中出现的变量。对于插值数据，这生成了一个顶点着色器和片元着色器间的链接，一般用于顶点着色器和片元着色器间传送的漫反射和镜面光照值。除此之外，纹理坐标还可使用 varying 限定符。漫反射值、镜面光照值和纹理值在着色器渲染的对象间被插值或处于 varying 状态。varying 变量的应用场合包括顶点纹理坐标、顶点的漫反射颜色以及顶点的镜面光照颜色。

```
varying vec2 vTextureCoord;
varying float vDiffuse;
varying float vSpecular;
```

4.2.6 保留变量

在 OpenGL ES 着色器语言中，主要的保留变量名如下。

- vec4 gl_Position：顶点着色器中的保留变量，加载显示于屏幕上的、最终转换后的顶点。
- vec4 gl_FragColor：片元着色器中的保留变量，加载被顶点着色器处理后的顶点颜色。

4.2.7 内置函数

下面列出了着色语言中一些较为重要的内置函数。

- float radians(float degrees)：将度数转换为弧度并返回弧度。
- float degrees(float radians)：将弧度转换为度数并返回度数。
- float sin(float angle)：返回以弧度为单位的角度的正弦值。
- float cos(float angle)：返回以弧度为单位的角度的余弦值。
- float tan(float angle)：返回以弧度为单位的角度的正切值。
- float asin(float x)：返回正弦值为 x 的角度值。
- float acos(float x)：返回余弦值为 x 的角度值。
- float atan(float y, float x)：返回正切值 y/x 的角度值。
- float atan(float slope)：返回正切值为 slope 的角度值。
- float abs(float x)：返回 x 的绝对值。
- float length(vec3 x)：返回向量 x 的长度。
- float distance(vec3 point0, vec3 point1)：返回 point0 和 point1 间的距离。
- float dot(vec3 x, vec3 y)：返回向量 x 和 y 的点积。
- vec3 cross(vec3 x, vec3 y)：返回向量 x 和 y 的叉积。
- vec3 normalize(vec3 x)：标准化向量以使其长度为 1，并于随后返回结果向量。
- float pow(float x, float y)：计算 x 的 y 次方，然后返回结果值。
- float min(float x, float y)：返回 x 和 y 间的最小值。

- float max(float x, float y)：返回 x 和 y 间的最大值。

4.3　顶点着色器

在 OpenGL ES 中，渲染 3D 对象时需要使用顶点着色器和片元着色器。其中，顶点着色器的主要用途是定位 3D 场景中的顶点和确定顶点属性，如顶点处的漫反射和镜面光照。代码清单 4.3 显示了简单的顶点着色器示例。

代码清单 4.3　简单的顶点着色器

```
// Vertex Shader
uniform mat4 uMVPMatrix;
attribute vec3 aPosition;

uniform vec3 vColor;
varying vec3 Color;

void main()
{
    gl_Position = uMVPMatrix * vec4(aPosition,1);
    Color = vColor;
}
```

变量 uMVPMatrix 加载了 4×4 的 ModelViewProjection 矩阵并用于转换顶点。ModelViewProjection 矩阵简单地表示为模型矩阵、视图矩阵和投影矩阵的乘积结果并形成单一矩阵。此处使用了 uniform 限定符，因为该矩阵在对象渲染过程中并不会发生变化。也就是说，同一矩阵应用于渲染对象的所有顶点。

将变量 aPosition 定义为一个向量，该向量加载在其初始本地对象坐标中对象顶点的 (x,y,z)位置。attribute 限定符表明，该变量将从 OpenGL ES 应用程序中接收输入内容，这也是顶点着色程序针对顶点数据的发送方式。

将变量 vColor 定义为一个向量，该向量加载渲染对象的(r,g,b)输入颜色值。

vColor 被复制至 Color 变量中，并被发送至片元着色器中以供处理。注意，链接至片元着色器的变量必须声明为 varing。

主代码自身位于 main()代码块中。将 gl_Position 变量定义为一个保留变量，它通过其位置与 uMVPMatrix（ModelViewProjectionMatrix）间的乘法运算转换顶点。这将生成 3D 顶点在 2D 表面上的投影，并将该顶点置于剪裁坐标中。另外，还应注意 vec3 与 vec4

之间的转换方式，即采用构造函数 vec4(aPosition,1)。

上述顶点着色器示例稍显简单。图 4.12 显示了一个较为复杂的顶点着色器。

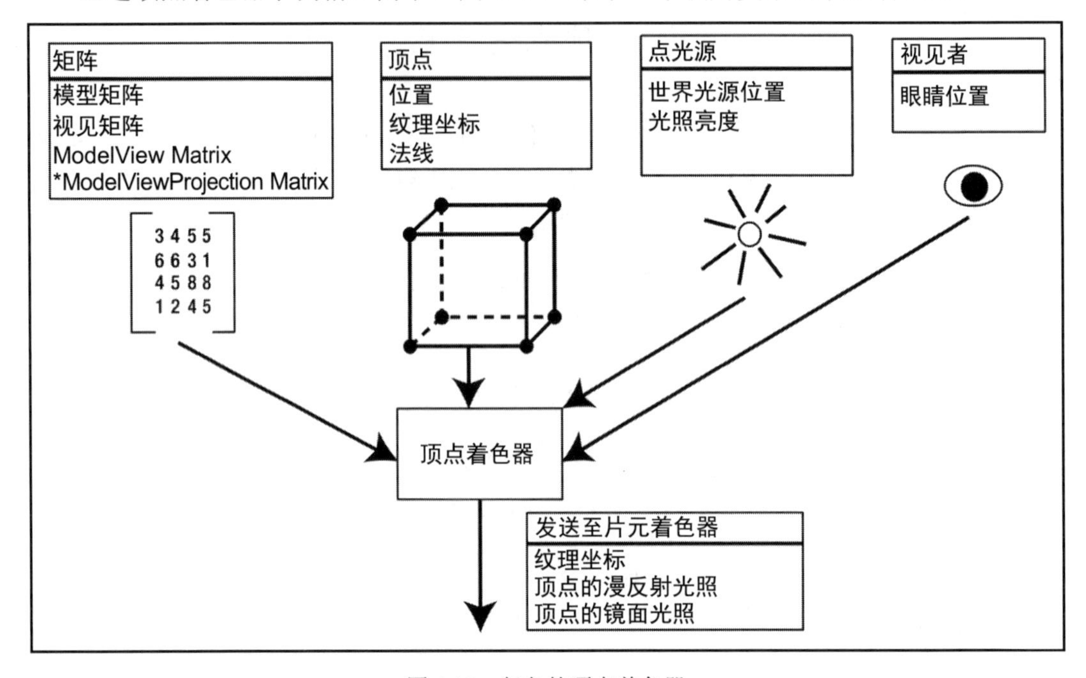

图 4.12　复杂的顶点着色器

当前，发送至顶点着色器的顶点数据包括纹理坐标、顶点法线和顶点位置。

除此之外，还存在光照形式的新数据。相应地，光源的世界位置和光源的亮度被输入顶点着色器中。另外，观察者或眼睛位置也被输入顶点着色器中。

这里，光照和观察者信息用于确定每个顶点处的漫反射和镜面颜色。

输出至片元着色器的内容包括纹理坐标、顶点的漫反射和镜面光照。稍后将会考查光照机制，包括需要执行光照计算的顶点和片元着色器。

最后，顶点和片元着色器文件将被存储至 res/raw 目录中。

4.4　片元或像素着色器

片元着色器用于确定 3D 渲染对象屏幕上的像素颜色。代码清单 4.4 通过 varying 向量变量 Color 输出了源自顶点着色器的颜色值。

代码清单 4.4　简单的片元着色器

```
// Fragment Shader
varying vec3 Color;

void main()
{
    gl_FragColor = vec4(Color,1);
}
```

将 gl_FragColor 变量定义为保留变量，它输出实际的片元颜色。

图 14.3 显示了较为复杂的片元着色器，其中涉及渲染对象最终颜色所需的纹理、纹理坐标、漫反射光照、镜面光照、光源和对象材质。本章后续内容将对此进行深入讨论。

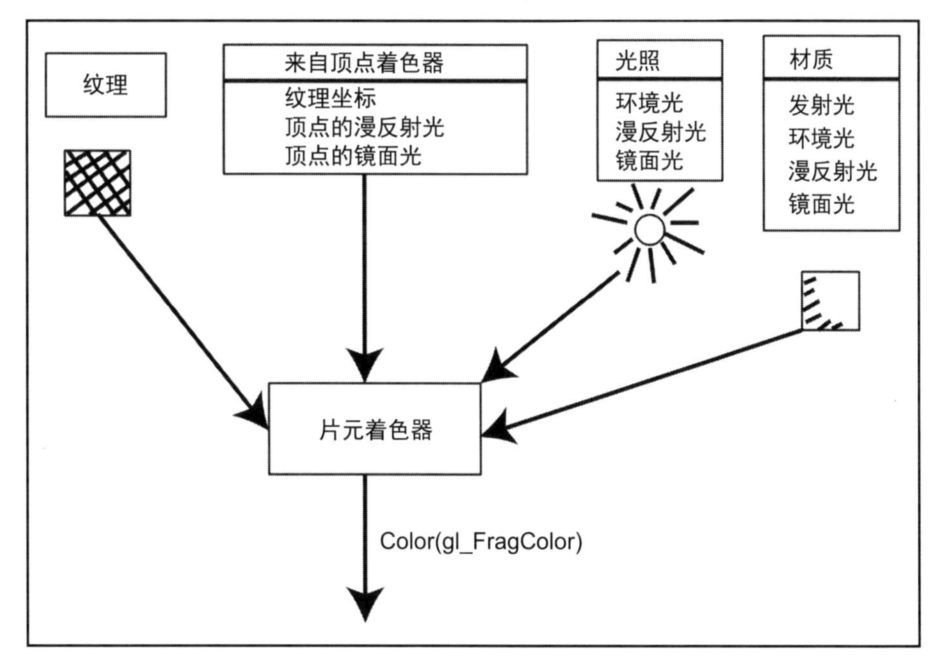

图 4.13　复杂的片元着色器

4.5　Shader 类

Shader 加载顶点和片元着色器，以及用于发送数据（从主应用程序至着色器程序）的函数，如图 4.14 所示。

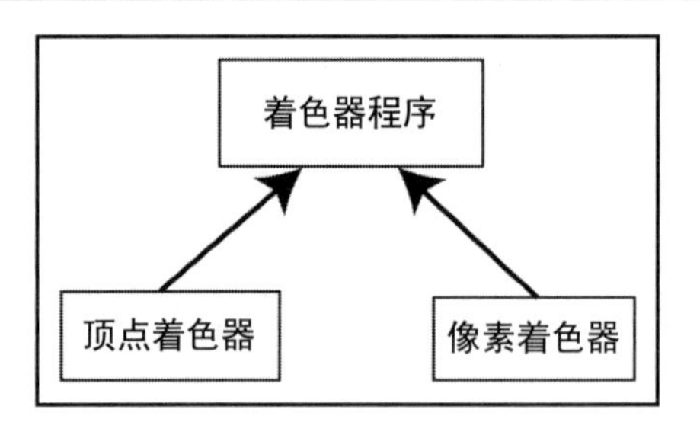

图 4.14　着色器程序概述

Shader 类在 m_FragmentShader 中持有一个片段着色器的句柄。顶点着色器的句柄则位于 m_VertexShader 中。顶点着色器和片元或像素着色器附加至主着色器程序的句柄是 m_ShaderProgram。最后，m_Context 加载一个指向着色器对象所属的当前活动的引用，如代码清单 4.5 所示。将这一类变量均定义为 private，且无法从类外部被访问。相应地，仅类成员函数可对其进行访问。

代码清单 4.5　Shader 类数据

```
private Context m_Context;
private int     m_FragmentShader;
private int     m_VertexShader;
private int     m_ShaderProgram;
```

Shader 类的构造函数将顶点、片元和主着色器程序句柄初始化为 0。此外，该构造函数还接收顶点和片元着色器资源 ID 作为输入内容，即实际的着色器源文本文件，随后通过这些着色器资源 ID 调用 InitShaderProgram()函数，如代码清单 4.6 所示。

代码清单 4.6　Shader 类构造函数

```
public Shader(Context context, int VSResourceId, int FSResourceId)
{
    // Shader Variables
    m_FragmentShader = 0;
    m_VertexShader   = 0;
    m_ShaderProgram  = 0;

    m_Context = context;
    InitShaderProgram(VSResourceId, FSResourceId);
}
```

InitShaderProgram()函数接收顶点和片元着色器资源 ID，并创建实际的主着色器程序。首先，主着色器程序通过 GLES20.glCreateProgram()函数被创建。

随后调用 InitVertexShader()函数创建顶点着色器，并调用 InitFragmentShader()函数创建片元着色器。

在顶点着色器和片元着色器均被创建完毕后，二者将通过 GLES20.glLinkProgram (m_ShaderProgram)语句被链接，如代码清单 4.7 所示。

代码清单 4.7　InitShaderProgram()函数

```
void InitShaderProgram(int VSResourceId, int FSResourceId)
{
    m_ShaderProgram = GLES20.glCreateProgram();

    InitVertexShader(VSResourceId);
    InitFragmentShader(FSResourceId);
    GLES20.glLinkProgram(m_ShaderProgram);

    String DebugInfo = GLES20.glGetProgramInfoLog(m_ShaderProgram);
    Log.d("DEBUG - SHADER LINK INFO ", DebugInfo);
}
```

最后，检索链接操作的日志文件，并调用 glGetProgramInfoLog()函数显示该文件，进而获取日志信息；随后，通过调用 Log()函数将其显示至 Android Log 窗口中。

注意：

GLES20 前缀表明，当前函数源自 OpenGL ES 2.0 规范的标准实现。

InitVertexShader()函数通过代码清单 4.7 中的 InitShaderProgram()函数被调用。顶点着色器源代码将被读取至名为 tempBuffer 的临时字符串缓冲区中。

随后，利用 glCreateShader()函数创建空的顶点着色器。

接下来，加载源代码的 tempBuffer 将通过 glShaderSource()函数被关联至顶点着色器。

通过 glCompileShader()函数，将对顶点着色器进行编译。

调用 glGetShaderiv()函数查看编译错误状态。如果不存在任何错误，顶点着色器将被绑定至主着色器程序中，如代码清单 4.8 所示。

代码清单 4.8　InitVertexShader()函数

```
void InitVertexShader(int ResourceId)
{
     StringBuffer tempBuffer = ReadInShader(ResourceId);

    m_VertexShader= GLES20.glCreateShader(GLES20.GL_VERTEX_SHADER);
     GLES20.glShaderSource(m_VertexShader,tempBuffer.toString());
```

```
    GLES20.glCompileShader(m_VertexShader);
    IntBuffer CompileErrorStatus = IntBuffer.allocate(1);
    GLES20.glGetShaderiv(m_VertexShader,
                         GLES20.GL_COMPILE_STATUS,
                         CompileErrorStatus);
    if (CompileErrorStatus.get(0) == 0)
    {
          Log.e("ERROR - VERTEX SHADER ",
                 "Could not compile Vertex shader!! " +
                 String.valueOf(ResourceId));
          Log.e("ERROR - VERTEX SHADER ",
                 GLES20.glGetShaderInfoLog(m_VertexShader));
          GLES20.glDeleteShader(m_VertexShader);
          m_VertexShader = 0;
    }
    else
    {
       GLES20.glAttachShader(m_ShaderProgram,m_VertexShader);
       Log.d("DEBUG - VERTEX SHADER ATTACHED ", "In InitVertexShader()");
    }
}
```

InitFragmentShader()函数将从代码清单 4.7 的 InitShaderProgram()函数中被调用。

首先，片元着色器源代码被读取和存储至 tempBuffer 字符串缓冲区中。

随后创建空的片元着色器。tempBuffer 变量中的源代码被链接至刚刚创建的片元着色器中。接下来，如果未出现任何错误，着色器编译后将被绑定至主着色器程序中，如代码清单 4.9 所示。

代码清单 4.9　InitFragmentShader()函数

```
void InitFragmentShader(int ResourceId)
{
   StringBuffer tempBuffer = ReadInShader(ResourceId);

   m_FragmentShader= GLES20.glCreateShader(GLES20.GL_FRAGMENT_SHADER);
   GLES20.glShaderSource(m_FragmentShader,tempBuffer.toString());
   GLES20.glCompileShader(m_FragmentShader);

   IntBuffer CompileErrorStatus = IntBuffer.allocate(1);
   GLES20.glGetShaderiv(m_FragmentShader,
                        GLES20.GL_COMPILE_STATUS,
                        CompileErrorStatus);
   if (CompileErrorStatus.get(0) == 0)
```

```
    {
        Log.e("ERROR - FRAGMENT SHADER ",
                "Could not compile Fragment shader file = " +
                String.valueOf(ResourceId));
        Log.e("ERROR - FRAGMENT SHADER ",
                GLES20.glGetShaderInfoLog(m_FragmentShader));
        GLES20.glDeleteShader(m_FragmentShader);
        m_FragmentShader = 0;
    }
    else
    {
        GLES20.glAttachShader(m_ShaderProgram,m_FragmentShader);
        Log.d("DEBUG - FRAGMENT SHADER ATTACHED ",
                "In InitFragmentShader()");
    }
}
```

ReadInShader()函数通过 InitFragmentShader()和 InitVertexShader()函数被调用，如代码清单 4.10 所示。

代码清单 4.10　ReadInShader()函数

```
StringBuffer ReadInShader(int ResourceId)
{
    StringBuffer TempBuffer = new StringBuffer();
    InputStream inputStream = m_Context.getResources().openRawResource
(ResourceId);
    BufferedReader in = new BufferedReader(new InputStreamReader
(inputStream));
    try
    {
        String read = in.readLine();
        while (read != null)
        {
            TempBuffer.append(read + "\n");
            read = in.readLine();
        }
    }
    catch (Exception e)
    {
        //Send a ERROR log message and log the exception.
        Log.e("ERROR - SHADER READ ERROR",
                "Error in ReadInShader(): " +
```

```
                e.getLocalizedMessage());
    }
    return TempBuffer;
}
```

首先创建一个名为 TempBuffer 的新的字符串缓冲区对象。

接下来根据着色器源文件和该文件的资源 ID 创建新的 InputStream 对象。然后，这一新的输入流被用于生成 InputStreamReader，随后将其用于创建一个名为 in 的 BufferedReader 对象。相应地，in 对象被用于逐行读取着色器源代码，并且每行内容将被添加至首先创建的 TempBuffer 字符串缓冲区中。其间若出现错误，该错误将被输出至 Eclipse IDE 的 Android LogCat 窗口中。

最后，着色器源代码将返回 StringBuffer 对象中。

下列语句将 BufferedReader、InputStreamReader 和 InputStream 导入当前命名空间内：

```
import java.io.BufferedReader;
import java.io.InputStreamReader;
import java.io.InputStream;
```

注意：

上述类均为 Android 开发库中的标准内容，读者可访问 Android 官方网站 http://developer.android.com 以了解更多信息。

在成功地创建了着色器后，可调用 ActivateShader()函数对其激活，如代码清单 4.11 所示。实际上，这被定义为一个封装函数，该函数仅调用标准 OpenGL 中的 glUseProgram()函数。需要注意的是，GLES20 前缀表示位于标准 Android 库中的 OpenGL 2.0 调用。

代码清单 4.11　激活着色器

```
void ActivateShader()
{
    GLES20.glUseProgram(m_ShaderProgram);
}
```

此外还可调用 DeActivateShader()函数禁用着色器功能。该函数调用 glUseProgram()函数，输入为 0 表示不再使用着色器程序渲染对象。这将把渲染管线设置为 OpenGL ES 的固定渲染管线，如代码清单 4.12 所示。

代码清单 4.12　禁用着色器

```
void DeActivateShader()
{
```

```
    GLES20.glUseProgram(0);
}
```

代码清单 4.13 显示的 GetShaderVertexAttributeVariableLocation()函数用于检索用户定义的顶点着色器变量的位置，如针对顶点位置、纹理坐标和法线所用的变量位置，此类位置将通过 glVertexAttribPointer()函数被绑定至顶点数据流中。稍后当讨论绘制 3D 网格时将再次回顾该函数。该函数将调用标准的 OpenGL ES 函数 glGetAttribLocation()。

代码清单 4.13　获取顶点 attribute 变量的位置

```
int GetShaderVertexAttributeVariableLocation(String variable)
{
    return (GLES20.glGetAttribLocation(m_ShaderProgram, variable));
}
```

当在顶点或片元着色器中设置一个 uniform 变量时，可采用 GLES20 标准库中的 glUniformXXX()系列函数。对此，首先需要利用 glGetUniformLocation()函数获取 uniform 变量位置索引，随后使用特定于期望设置的变量类型的 glUniformXXX()函数对其进行设置。

例如，在代码清单 4.14 中，包含浮点型的值的 uniform 变量通过 glUniform1f()函数被设置。

代码清单 4.14　设置浮点型 uniform 着色器变量

```
void SetShaderUniformVariableValue(String variable, float value)
{
    int loc = GLES20.glGetUniformLocation(m_ShaderProgram,variable);
    GLES20.glUniform1f(loc, value);
}
```

代码清单 4.15 中的 SetShaderUniformVariableValue()函数设置了一个 uniform 着色器 vec3 变量，该函数将 Vector3 对象作为输入内容，并使用 glUniform3f()函数设置实际的着色器变量。如前所述，glGetUniformLocation()函数从着色器程序中获取所需变量的索引。

代码清单 4.15　利用 Vector3 对象设置 Vector3 uniform 着色器变量

```
void SetShaderUniformVariableValue(String variable, Vector3 value)
{
    int loc = GLES20.glGetUniformLocation(m_ShaderProgram,variable);
    GLES20.glUniform3f(loc, value.x, value.y, value.z);
}
```

代码清单 4.16 中的 SetShaderUniformVariableValue()函数设置一个 vec3 着色器变量，

并将浮点型数组作为输入内容。该函数利用浮点型数组的前 3 个值设置 vec3 着色器变量。

代码清单 4.16　利用浮点型数组设置 vec3 uniform 着色器变量

```
void SetShaderUniformVariableValue(String variable, float[] value)
{
    int loc = GLES20.glGetUniformLocation(m_ShaderProgram,variable);
    GLES20.glUniform3f(loc, value[0], value[1], value[2]);
}
```

代码清单 4.17 中的 SetShaderVariableValueFloatMatrix4Array()函数设置一个 uniform 4×4 矩阵着色器变量或数组。下列代码将名为 uModelViewMatrix 的 mat4 着色器变量设置为浮点数组 ModelViewMatrix 中的数据。其中，count 变量被设置为 1，因为此处仅存在一个 4×4 矩阵；transpose 被设置为 false，表明将使用默认的 OpenGL 矩阵格式；offset 表示为 ModelViewMatrix 的偏移量，即矩阵数据起始处。

```
m_Shader.SetShaderVariableValueFloatMatrix4Array("uModelViewMatrix", 1,
false, ModelViewMatrix, 0);
```

代码清单 4.17　设置 uniform mat4 着色器变量

```
void SetShaderVariableValueFloatMatrix4Array(String variable,
                                                                   int count,
                                                                   boolean transpose,
                                                             float[] value,
                                                                   int offset)
{
    int loc = GLES20.glGetUniformLocation(m_ShaderProgram,variable);
    GLES20.glUniformMatrix4fv (loc, count, transpose, value, offset);
}
```

4.6　相　　机

相机提供了 3D 场景视见内容，并通过 Camera 类表示，先前在图 4.10 中已进行了说明。

变量 m_Orientation 中加载相机的位置和原始方向，该变量是 Orientation 类对象。相机的最终位置被加载至 m_Eye 变量中。相机指向的最终观察点则被加载至 m_Center 中。相应地，表示相机朝上方向的最终 up 向量被加载至 m_Up 中，如代码清单 4.18 所示。

代码清单 4.18　相机方向

```
// Camera Location and Orientation
private Vector3 m_Eye = new Vector3(0,0,0);
```

```
private Vector3 m_Center= new Vector3(0,0,0);
private Vector3 m_Up = new Vector3(0,0,0);
private Orientation m_Orientation = null;
```

查看相机的视见体数据通过 6 个剪裁平面被定义，如代码清单 4.19 所示。

代码清单 4.19　查看视见体变量

```
// Viewing Frustrum
private float m_Projleft    = 0;
private float m_Projright   = 0;
private float m_Projbottom = 0;
private float m_Projtop     = 0;
private float m_Projnear    = 0;
private float m_Projfar     = 0;
```

矩阵是 Camera 类中的关键变量，其中加载了相机的投影矩阵和相机的视图矩阵，此类矩阵表示为 4×4 浮点型矩阵，并被分配为包含 16 个元素的一维数组，如代码清单 4.20 所示。需要注意的是，必须使用上述两个较为重要的矩阵转换对象的顶点，以便在屏幕上对其加以显示。

代码清单 4.20　相机的矩阵

```
private float[] m_ProjectionMatrix = new float[16];
private float[] m_ViewMatrix       = new float[16];
```

代码清单 4.21 显示了 Camera 类的构造函数，该构造函数利用输入参数初始化相机，并执行下列功能：

- 创建一个新的名为 m_Orientation 的 Orientation 类对象。
- 利用用户指定的输入参数（Projleft、Projright、Projbottom、Projtop、Projnear 和 Projfar）设置相机投影视见体。
- 设置相机的局部坐标轴和位置。具体来说，设置前向局部轴（*z* 轴）、向上局部轴（*y* 轴）和右向局部轴（*x* 轴）。其中，右向局部轴通过 Center 和 Up 向量的叉积计算得到。

代码清单 4.21　Camera 类的构造函数

```
Camera(Context context,
       Vector3 Eye, Vector3 Center, Vector3 Up,
       float Projleft, float Projright,
       float Projbottom, float Projtop,
       float Projnear, float Projfar)
```

```
{
        m_Orientation = new Orientation(context);

        // Set Camera Projection
        SetCameraProjection(Projleft,  Projright,  Projbottom,  Projtop,
Projnear, Projfar);

        // Set Orientation
        m_Orientation.GetForward().Set(Center.x, Center.y, Center.z);
        m_Orientation.GetUp().Set(Up.x, Up.y, Up.z);
        m_Orientation.GetPosition().Set(Eye.x, Eye.y, Eye.z);

        // Calculate Right Local Vector
        Vector3 CameraRight = Vector3.CrossProduct(Center, Up);
        CameraRight.Normalize();
        m_Orientation.SetRight(CameraRight);
}
```

SetCameraProjection()函数实际负责设置投影矩阵，并利用 Matrix.frustumM()函数生成矩阵，随后将其置于 m_ProjectionMatrix 中，如代码清单 4.22 所示。

代码清单 4.22　设置相机视见体

```
void SetCameraProjection(float Projleft,
                           float Projright,
                           float Projbottom,
                           float Projtop,
                           float Projnear,
                           float Projfar)
{
    m_Projleft   = Projleft;
    m_Projright  = Projright;
    m_Projbottom = Projbottom;
    m_Projtop    = Projtop;
    m_Projnear   = Projnear;
    m_Projfar    = Projfar;
   Matrix.frustumM(m_ProjectionMatrix, 0,
                   m_Projleft, m_Projright,
                   m_Projbottom, m_Projtop,
                   m_Projnear, m_Projfar);
}
```

SetCameraView()函数实际负责创建和设置相机的视图矩阵，如代码清单 4.23 所示。

SetCameraView()函数调用 setLookAtM()函数（该函数为标准 Android Matrix 类中的部分内容）创建实际矩阵，随后将其置于 m_ViewMatrix 中。setLookAtM()函数接收相机或眼睛的位置、相机的中心位置或焦点，以及指向相机向上方向的向量作为参数。

代码清单 4.23　设置相机的视图矩阵

```
void SetCameraView(Vector3 Eye,
                   Vector3 Center,
                   Vector3 Up)
{
    // Create Matrix
   Matrix.setLookAtM(m_ViewMatrix,0,
                      Eye.x, Eye.y, Eye.z,
                    Center.x, Center.y, Center.z,
                     Up.x, Up.y, Up.z);
}
```

为了生成准确的相机视图，必须获得相机在世界坐标中准确的 Center、LookAt、UP 和 Eye 向量，而非仅是局部坐标。在 CalculateLookAtVector()函数中（参见代码清单 4.24），可通过下面方式获得 Center 或 LookAt 向量。

代码清单 4.24　计算相机的 LookAt 向量

```
void CalculateLookAtVector()
{
    m_Center.Set(m_Orientation.GetForwardWorldCoords().x,
                 m_Orientation.GetForwardWorldCoords().y,
                 m_Orientation.GetForwardWorldCoords().z);
   m_Center.Multiply(5);
   m_Center = Vector3.Add(m_Orientation.GetPosition(), m_Center);
}
```

（1）获取 Forward 相机向量，该向量表示相机镜头在世界坐标中所指的方向，即 Forward 向量相对于世界坐标系的指向方式。另外， Forward 向量将以标准化格式（即长度为 1）返回。

注意：

当转换对象的局部轴向时（从对象的局部坐标至世界坐标），必须通过 Matrix. multiplyMV()函数将局部轴乘以旋转矩阵。该过程在 Orientation 类的 GetForwardWorldCoords()函数中予以实现。

（2）将 Forward 向量的长度延长至期望观察场景，在当前示例中，将其长度延长至 5。

（3）将相机的当前位置添加至在步骤（2）中计算得到的延长后的 Forward 向量中，以确定最终的 Center 或 LookAt 向量。对应结果存储于 m_Center 中。

CalculateUpVector()函数设置世界坐标系中相机的 Up 向量，如代码清单 4.25 所示。

代码清单 4.25　计算相机的 Up 向量

```
void CalculateUpVector()
{
    m_Up.Set(m_Orientation.GetUpWorldCoords().x,
             m_Orientation.GetUpWorldCoords().y,
             m_Orientation.GetUpWorldCoords().z);
}
```

相机的 Up 向量的转换方式（从局部坐标系至世界坐标系）与代码清单 4.24 中描述的 Forward 向量相同，如图 4.15 和图 4.16 所示。

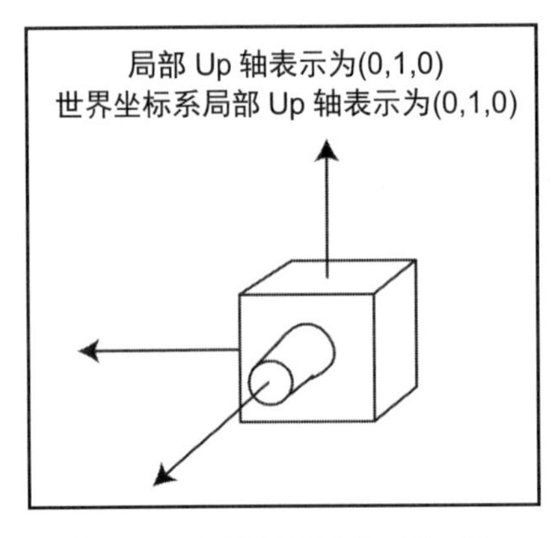

图 4.15　旋转前相机的局部 y 轴

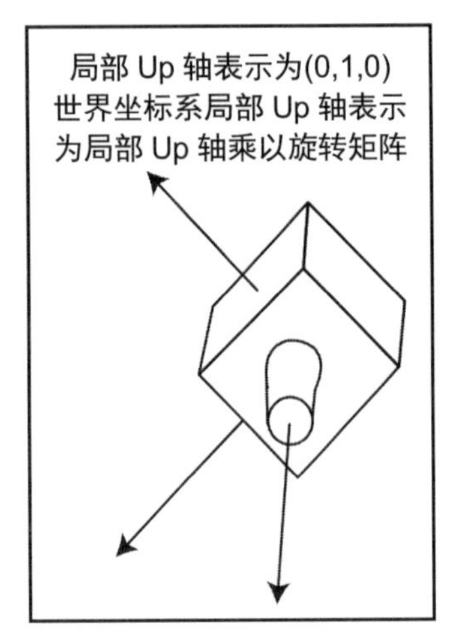

图 4.16　旋转后的局部 y 轴

图 4.15 显示了相机旋转前的状态，其中，局部 Up 轴和局部 Up 轴的世界坐标系保持一致，即沿+y 轴指向 1 个单位。

图 4.16 显示了相机旋转后的状态。其中，局部轴仍沿+y 轴指向 1 个单位，而局部轴的世界坐标系则发生了变化。可以清楚地看到，相机的 Up 向量不再沿+y 轴。也就是说，局部 Up 轴向量(0,1,0)乘以对象（在本示例中为相机）的旋转矩阵，可以建立局部轴的新世界坐标系。

随后，CalculatePosition()函数将 m_Orientation 变量中加载的当前相机位置放入 m_Eye 变量中，如代码清单 4.26 所示。

代码清单 4.26　计算 Position()函数

```
void CalculatePosition()
{
    m_Eye.Set(m_Orientation.GetPosition().x,
              m_Orientation.GetPosition().y,
              m_Orientation.GetPosition().z);
}
```

UpdateCamera()函数将被持续调用，以更新玩家的视点。UpdateCamera()函数计算 Center（LookAt）向量、Up 向量和 Eye（Position）向量，随后通过设置 m_ViewMatrix 指定相机视图，如代码清单 4.27 所示。

代码清单 4.27　UpdateCamera()函数

```
void UpdateCamera()
{
    CalculateLookAtVector();
    CalculateUpVector();
    CalculatePosition();

    SetCameraView(m_Eye, m_Center, m_Up);
}
```

Camera 类还提供了检索视见体的宽度、高度和深度的函数，如代码清单 4.28 所示。

代码清单 4.28　相机视见体参数

```
// Camera Dimensions
float GetCameraViewportWidth() {return (Math.abs(m_Projleft-m_Projright));}
float GetCameraViewportHeight(){return (Math.abs(m_Projtop-m_Projbottom));}
float GetCameraViewportDepth(){return (Math.abs(m_Projfar-m_Projnear));}
```

除此之外，Camera 类中还定义了多个函数可访问 private 变量，如涉及方向、相机向量、相机视见体信息、相机的投影和视图矩阵的变量，如代码清单 4.29 所示。

代码清单 4.29　访问 private 变量的函数

```
// Get Orientation
Orientation GetOrientation() {return m_Orientation;}

// Camera Vectors
Vector3 GetCameraEye() {return m_Eye;}
Vector3 GetCameraLookAtCenter() {return m_Center;}
Vector3 GetCameraUp(){return m_Up;}
```

```
// Camera Frustrum
float GetProjLeft(){return m_Projleft;}
float GetProjRight(){return m_Projright;}
float GetProjBottom() {return m_Projbottom;}
float GetProjTop(){return m_Projtop;}
float GetProjNear(){return m_Projnear;}
float GetProjFar(){return m_Projfar;}
 // Camera Matrices
 float[] GetProjectionMatrix(){return m_ProjectionMatrix;}
 float[] GetViewMatrix(){return m_ViewMatrix;}
```

4.7　3D 对象网格

本节将深入讨论 3D 对象的组成部分，如对象顶点，以及此类顶点如何通过 Android 的 OpenGL ES 被准确渲染。

4.7.1　网格顶点数据

在 OpenGL 中，3D 对象由顶点构成，每个顶点包含了不同的属性，如顶点位置、顶点纹理和顶点法线，如图 4.17 所示。

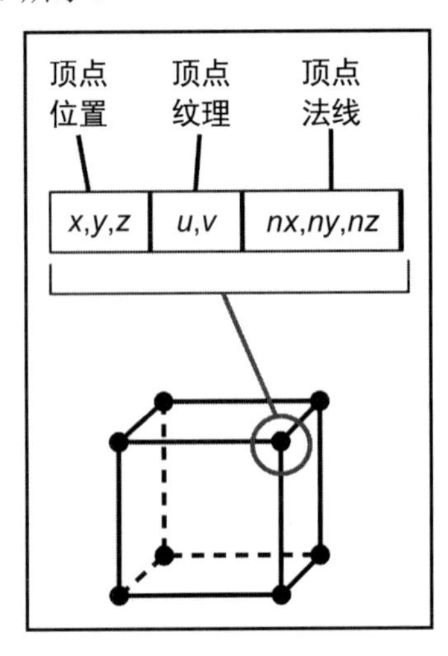

图 4.17　顶点数据的格式

代码清单 4.30 显示了 3D 立方体模型中的网格数据。

代码清单 4.30　立方体网格数据

```
static float CubeData[] =
{
    // x,     y,     z,     u,     v   nx, ny, nz
    -0.5f,  0.5f, 0.5f, 0.0f, 0.0f, -1,  1, 1,     // front top left
    -0.5f, -0.5f, 0.5f, 0.0f, 1.0f, -1, -1, 1,     // front bottom left
     0.5f, -0.5f, 0.5f, 1.0f, 1.0f,  1, -1, 1,     // front bottom right
     0.5f,  0.5f, 0.5f, 1.0f, 0.0f,  1,  1, 1,     // front top right

    -0.5f,  0.5f, -0.5f, 0.0f, 0.0f, -1,  1, -1,  // back top left
    -0.5f, -0.5f, -0.5f, 0.0f, 1.0f, -1, -1, -1,  // back bottom left
     0.5f, -0.5f, -0.5f, 1.0f, 1.0f,  1, -1, -1,  // back bottom right
     0.5f,  0.5f, -0.5f, 1.0f, 0.0f,  1,  1, -1   // back top right
};
```

在上述顶点数据代码中，针对位置设置了 3 个坐标，针对顶点纹理设置了两个坐标，而针对顶点法线则设置了 3 个坐标。其中，位置坐标表示局部模型或对象空间坐标系中的对象顶点位置；纹理坐标可将一幅图像置于 3D 对象上，其坐标范围为 0～1；法线坐标通过漫反射光照效果渲染对象，同时模拟光照和阴影效果。

4.7.2　MeshEx 类

MeshEx 类加载与 3D 对象的图形数据和相关的函数。下面将介绍该类的概述，以及针对该类介绍一些关键的类函数。

1．MeshEx 类概述

MeshEx 类使用 glDrawElements()函数实际渲染网格，该函数使用渲染顶点的索引方法，其中，顶点列表存储于 m_VertexBuffer FloatBuffer 变量中；而需要绘制的三角形顶点的索引列表则存储于 m_DrawListBuffer ShortBuffer 变量中。

m_VertexBuffer 加载顶点数据列表，每个顶点可包含位置坐标值、纹理坐标值和顶点法线坐标值。另外，顶点数据中可能存在偏移，以表明位置、纹理坐标和顶点法线数据的实际开始位置，如图 4.18 所示。该图还显示了顶点跨度（stride），即单一顶点数据的字节长度。

m_DrawListBuffer 加载一个数字的数组，将该数组中的任意一个数字映射至 m_VertexBuffer 数组中的一个顶点上，如图 4.19 所示。

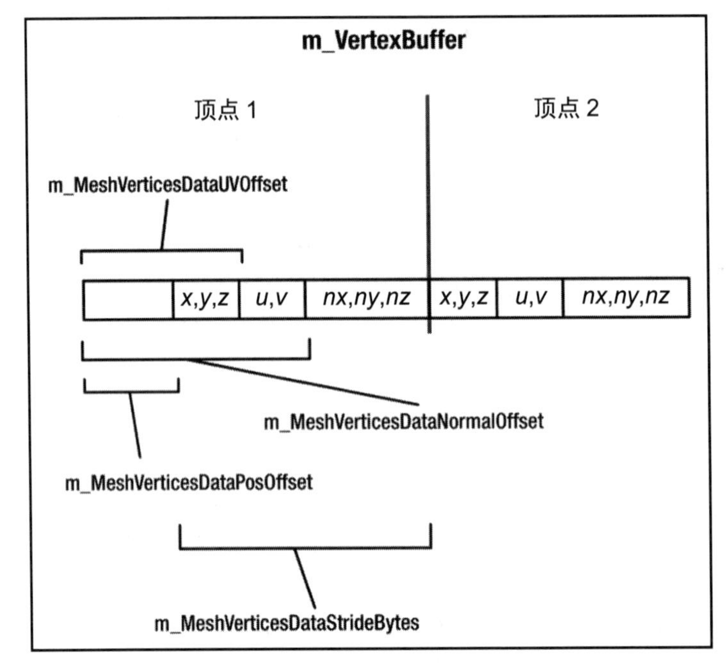

图 4.18　顶点缓冲区

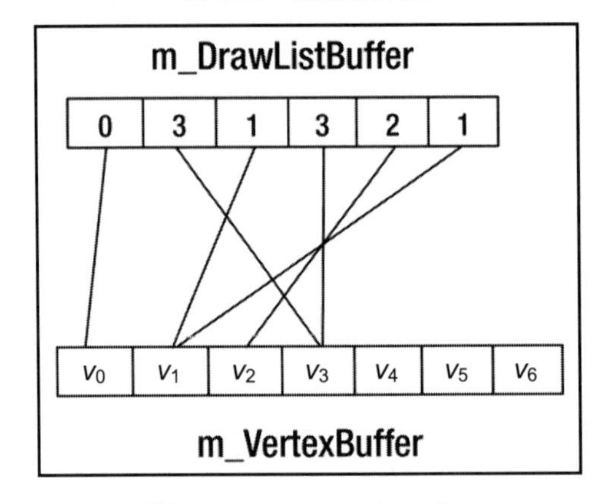

图 4.19　m_DrawListBuffer

代码清单 4.31 显示了一个顶点索引表示例。

代码清单 4.31　顶点绘制顺序索引表

```
static final short CubeDrawOrder[] =
{
    0, 3, 1, 3, 2, 1,          // Front panel
```

```
    4, 7, 5, 7, 6, 5,           // Back panel
    4, 0, 5, 0, 1, 5,           // Side
    7, 3, 6, 3, 2, 6,           // Side
    4, 7, 0, 7, 3, 0,           // Top
    5, 6, 1, 6, 2, 1            // Bottom
}; // order to draw vertices
```

2. MeshEx 类构造函数

代码清单 4.32 显示了 MeshEx 构造函数。利用下列内容可创建新的 MeshEx 对象。

- 每个顶点 8 个坐标：3 个位置坐标、2 个纹理坐标和 3 个法线坐标。
- 位置坐标：0 偏移。
- *UV* 纹理坐标：坐标偏移为 3。
- 顶点法线：坐标偏移为 5。
- 顶点数据：Cube.CubeData。
- 顶点索引列表：Cube.CubeDrawOrder，用于绘制网格三角形。

```
MeshEx CubeMesh = new MeshEx(8,0,3,5,Cube.CubeData, Cube.CubeDrawOrder);
```

代码清单 4.32　MeshEx 构造函数

```
public MeshEx(int CoordsPerVertex,
              int MeshVerticesDataPosOffset,
              int MeshVerticesUVOffset,
              int MeshVerticesNormalOffset,
              float[] Vertices,
              short[] DrawOrder)
{
    m_CoordsPerVertex = CoordsPerVertex;
    m_MeshVerticesDataStrideBytes = m_CoordsPerVertex * FLOAT_SIZE_BYTES;
    m_MeshVerticesDataPosOffset = MeshVerticesDataPosOffset;
    m_MeshVerticesDataUVOffset = MeshVerticesUVOffset ;
    m_MeshVerticesDataNormalOffset = MeshVerticesNormalOffset;

    if (m_MeshVerticesDataUVOffset >= 0)
    {
        m_MeshHasUV = true;
    }

    if (m_MeshVerticesDataNormalOffset >=0)
    {
        m_MeshHasNormals = true;
```

```
    }

    // Allocate Vertex Buffer
    ByteBuffer bb = ByteBuffer.allocateDirect(
                // (Number of coordinate values * 4 bytes per float)
                Vertices.length * FLOAT_SIZE_BYTES);
    bb.order(ByteOrder.nativeOrder());
    m_VertexBuffer = bb.asFloatBuffer();

    if (Vertices != null)
    {
        m_VertexBuffer.put(Vertices);
        m_VertexBuffer.position(0);
        m_VertexCount = Vertices.length / m_CoordsPerVertex;
    }
    // Initialize DrawList Buffer
    m_DrawListBuffer = ShortBuffer.wrap(DrawOrder);
}
```

构造函数以浮点数组形式接收输入的顶点，并创建一个 FloatBuffer。FloatBuffer 最初以 ByteBuffer 形式被创建；ShortBuffer 则根据输入的短整型数组顶点索引列表被创建。

如果 *UV* 纹理偏移为负值，则不存在纹理坐标；如果纹理偏移大于或等于 0，则存在纹理坐标。如果法线偏移为负值，则不存在顶点法线；如果法线偏移大于或等于 0，则存在顶点法线。因此，顶点可能包含或不包含纹理或光照信息。

注意：

FloatBuffer、ShortBuffer 和 ByteBuffer 均为标准的 Android 类。读者可访问 Android 官方网站以了解更多信息。

3．MeshEx 类的错误调试函数

CheckGLError()函数检查 OpenGL 操作完毕后可能出现的错误，即调用 GLES20.glGetError()函数并抛出异常，进而终止程序并显示错误消息，如代码清单 4.33 所示。

代码清单 4.33　类的错误调试函数

```
public static void CheckGLError(String glOperation)
{
    int error;
    while ((error = GLES20.glGetError()) != GLES20.GL_NO_ERROR)
    {
        Log.e("ERROR IN MESHEX", glOperation + " IN CHECKGLERROR() :
```

```
glError - " + error);
        throw new RuntimeException(glOperation + ": glError " + error);
    }
}
```

4. MeshEx 类的网格绘制函数

DrawMesh()函数是 MeshEX 类的 3D 对象绘制函数，其配置过程由 SetUpMeshArrays()函数完成。具体过程可描述为，三角形根据 m_DrawListBuffer 变量中的顶点索引进行绘制。

例如，针对图 4.20 中的立方体，m_VertexBuffer 包含了 8 个顶点，m_DrawListBuffer 则包含了数值 0、3、1、3、2、1。在所绘制的两个三角形中，第一个三角形包含了 v_0、v_3、v_1，而第二个三角形则包含了 v_3、v_2、v_1。经整合后形成了立方体的前实际表面。

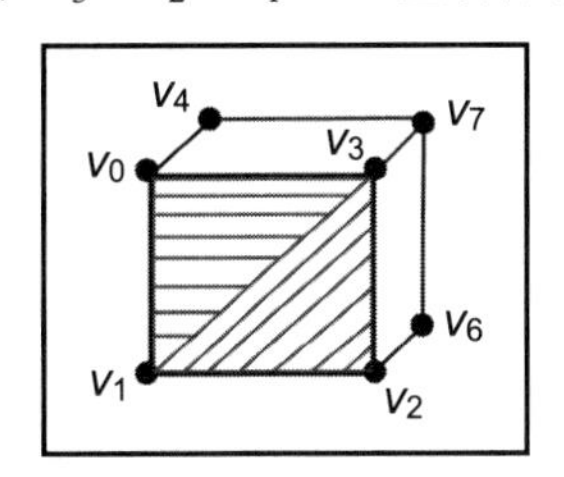

图 4.20　绘制三角形

注意：

OpenGL ES 并不支持四边形图元，这一点与 OpenGL 不同。因此，需要使用两个三角形替代包含 4 个顶点的四边形。

SetUpMeshArrays()函数针对顶点位置数据、顶点纹理坐标（如果存在）和顶点法线数据（如果存在）的配置过程基本上涵盖了 3 个准备步骤，如下所示。

（1）针对 position()函数激活的顶点属性，设置 m_VertexBuffer 变量中的开始位置。

（2）将顶点 attribute 数据链接至顶点着色器中的变量，并通过 glVertexAttribPointer()函数处理该顶点属性。对应参数如下所示。

- 链接至着色器变量的 attribute 句柄。
- 基于坐标数量的属性大小。
- 坐标类型。
- 数据是否被标准化（当前为 false）。
- 字节跨度，即单一顶点的长度。
- 加载顶点数据的顶点缓冲区。

（3）基于着色器变量的句柄调用 glEnableVertexAttribArray()函数，进而启用顶点属性至着色器间的发送机制，如代码清单 4.34 所示。

代码清单 4.34　针对绘制功能设置网格

```
void SetUpMeshArrays(int PosHandle, int TexHandle, int NormalHandle)
{
    // Set up stream to position variable in shader
    m_VertexBuffer.position(m_MeshVerticesDataPosOffset);
    GLES20.glVertexAttribPointer(PosHandle, 3, GLES20.GL_FLOAT, false,
m_MeshVerticesDataStrideBytes, m_VertexBuffer);
    GLES20.glEnableVertexAttribArray(PosHandle);

    if (m_MeshHasUV)
    {
        // Set up Vertex Texture Data stream to shader
        m_VertexBuffer.position(m_MeshVerticesDataUVOffset);
        GLES20.glVertexAttribPointer(TexHandle, 2, GLES20.GL_FLOAT,
false,m_MeshVerticesDataStrideBytes, m_VertexBuffer);
        GLES20.glEnableVertexAttribArray(TexHandle);
    }

    if (m_MeshHasNormals)
    {
        // Set up Vertex Texture Data stream to shader
        m_VertexBuffer.position(m_MeshVerticesDataNormalOffset);
        GLES20.glVertexAttribPointer(NormalHandle, 3, GLES20.GL_FLOAT,
false, m_MeshVerticesDataStrideBytes, m_VertexBuffer);
        GLES20.glEnableVertexAttribArray(NormalHandle);
    }
}
```

代码清单 4.35 中的 DrawMesh()函数首先调用 SetUpMeshArrays()函数，并准备顶点属性以发送至着色器中。

代码清单 4.35　主绘制函数 DrawMesh()

```
void DrawMesh(int PosHandle, int TexHandle, int NormalHandle)
{
    SetUpMeshArrays(PosHandle, TexHandle, NormalHandle);
    GLES20.glDrawElements(GLES20.GL_TRIANGLES, m_DrawListBuffer.
capacity(),GLES20.GL_UNSIGNED_SHORT, m_DrawListBuffer);

    // Disable vertex array
    GLES20.glDisableVertexAttribArray(PosHandle);
```

```
    CheckGLError("glDisableVertexAttribArray ERROR - PosHandle");

    if (m_MeshHasUV)
    {
        GLES20.glDisableVertexAttribArray(TexHandle);
        CheckGLError("glDisableVertexAttribArray ERROR - TexHandle");
    }
    if (m_MeshHasNormals)
    {
        GLES20.glDisableVertexAttribArray(NormalHandle);
        CheckGLError("glDisableVertexAttribArray ERROR - NormalHandle");
    }
}
```

接下来利用下列参数调用 glDrawElements()函数。

（1）图元绘制类型 GL_TRIANGLES。

（2）处理的顶点索引数量。

（3）顶点索引类型 GL_UNSIGNED_SHORT。

（4）包含将要处理的顶点索引的缓冲区 m_DrawListBuffer。

最后，已被激活的每个顶点属性通过 glDisableVertexAttribArray()函数被禁用。此外，还将调用 CheckGLError()以查看是否出现 OpenGL 错误。

DrawMesh()函数从 Object3d 类的 DrawObject()函数中被调用。另外，GetVertexAttribInfo()函数获取 DrawMesh()函数调用所需的顶点属性句柄。

在本书中，Object3d 类中的 DrawObject()函数为 3D 对象渲染的主入口点。

4.8　光 照 机 制

本节将详细讨论 OpenGL ES 中的光照机制。首先对光照机制进行整体介绍，接下来考查 PointLight 自定义类，以及在顶点和片元着色器中光照的执行方式。

4.8.1　光照机制概述

通过将光照机制划分为下列 3 种类型，可尝试对光照进行建模。

（1）环境光：该光照类型针对对象上的光照建模，其中，光照在所有对象的顶点上保持一致，且与光源的位置无关。

（2）漫反射光：取决于对象顶点法线和光源间的角度，该光照类型针对对象上的光照建模。

（3）镜面光：取决于对象顶点法线和光源间的角度，以及观察者或相机的位置，该光照类型对物体上的光照建模。

图 4.21 显示了确定光照中的核心元素。这些核心元素包括下列内容。

（1）LightVec：该向量表示对象顶点和光源间的方向。

（2）Normal：该向量被赋予对象的顶点中，用于确定顶点的漫反射光源的光照，Normal 向量垂直于当前表面。

（3）EyeVec：该向量表示对象的顶点与观察者或相机位置间的方向，一般用于镜面光照计算。

（4）PointLight：表示在各个方向上发射光线的光源，且定义了 3D 空间的某个位置。点光源包含环境光、漫反射光和镜面光成分。

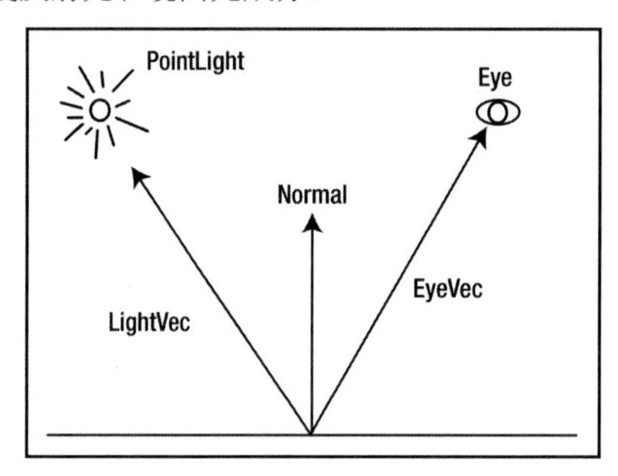

图 4.21　重要的光照向量

在 OpenGL ES 中，光照计算通过可编程的顶点和片元着色器予以实现，稍后将对此加以讨论。下面首先介绍表示点光源的相关类。

4.8.2　PointLight 类

PointLight 类定义了 3D 场景中的光照机制，该类中包含的数据如代码清单 4.36 所示。

代码清单 4.36　PointLight 类数据

```
private float[] m_light_ambient = new float[3];
private float[] m_light_diffuse = new float[3];
```

```
private float[] m_light_specular = new float[3];
private float m_specular_shininess = 5;

private Vector3 m_Position;
```

数组变量 m_light_ambient 加载光源发射的环境光的颜色值。

数组变量 m_light_diffuse 加载光源发射的漫反射光的颜色值。

数组变量 m_light_specular 加载光源发射的镜面光的颜色值。

针对上述数组变量，第一个数组元素定义为红色值，第二个数组元素定义为绿色值，第三个数组元素定义为蓝色值，这一类值的范围为 0～1。对于 *r*、*g*、*b* 颜色，如果全部值为 1，则表示白色；如果全部值为 0，则表示黑色。

m_specular_shininess 变量负责设置基于 m_light_specular 的镜面光泽度级别。

m_Position 变量加载 3D 空间内光源的位置。

代码清单 4.37 显示了 PointLight()构造函数。默认状态下，PointLight 对象通过该构造函数被初始化以发射一种光照，该光照针对环境光、漫反射光和镜面光拥有一种最大强度的光照，即白色（红、绿、蓝颜色值均为 1.0）。另外，光源的默认位置为原点。

代码清单 4.37　PointLight()构造函数

```
public PointLight(Context context)
{
    m_light_ambient[0] = 1.0f;
    m_light_ambient[1] = 1.0f;
    m_light_ambient[2] = 1.0f;

    m_light_diffuse[0] = 1.0f;
    m_light_diffuse[1] = 1.0f;
    m_light_diffuse[2] = 1.0f;

    m_light_specular[0] = 1.0f;
    m_light_specular[1] = 1.0f;
    m_light_specular[2] = 1.0f;

    m_Position = new Vector3(0,0,0);
}
```

SetAmbientColor()函数接收浮点数组，进而设置环境光颜色值。

SetDiffuseColor()函数接收浮点数组，进而设置漫反射光颜色值。

SetSpecularColor()函数接收浮点数组，进而设置镜面光颜色值。

代码清单 4.38 展示了上述各函数的设置方式。

代码清单 4.38　光源设置函数

```
void SetAmbientColor(float[] ambient)
{
    m_light_ambient[0] = ambient[0];
    m_light_ambient[1] = ambient[1];
    m_light_ambient[2] = ambient[2];
}

void SetDiffuseColor(float[] diffuse)
{
    m_light_diffuse[0] = diffuse[0];
    m_light_diffuse[1] = diffuse[1];
    m_light_diffuse[2] = diffuse[2];
}

void SetSpecularColor(float[] spec)
{
    m_light_specular[0] = spec[0];
    m_light_specular[1] = spec[1];
    m_light_specular[2] = spec[2];
}
```

输入浮点数组分别在数组位置 0、1、2 处加载红、绿、蓝颜色值。

需要注意的是，存在两个 SetPosition()函数设置 3D 场景中的光源位置。其中一个函数接收表示光源位置的 *x*、*y*、*z* 浮点值；另一个函数则接收 Vector3 对象，如代码清单 4.39 所示。

代码清单 4.39　SetPosition()函数

```
void SetPosition(float x, float y, float z)
{
    m_Position.x = x;
    m_Position.y = y;
    m_Position.z = z;
}

void SetPosition(Vector3 Pos)
{
    m_Position.x = Pos.x;
    m_Position.y = Pos.y;
    m_Position.z = Pos.z;
}
```

最后，PointLight 类定义了多个函数，这些函数可允许检索该类中的私有数据，如代码清单 4.40 所示。

代码清单 4.40　访问器函数

```
Vector3 GetPosition(){return m_Position;}
float[] GetAmbientColor(){return m_light_ambient;}
float[] GetDiffuseColor(){return m_light_diffuse;}
float[] GetSpecularColor(){return m_light_specular;}
float GetSpecularShininess(){return m_specular_shininess;}
```

4.8.3　构建法线矩阵

当确定对象的漫反射和镜面光照时，需要将顶点法线（发送至顶点着色器中）转换至眼睛空间坐标系。对此，需要使用法线（Normal）矩阵。

法线矩阵可通过下列方式创建。

（1）计算 ModelView 矩阵的逆矩阵。

（2）计算步骤（1）中计算的逆矩阵的转置矩阵。

代码清单 4.41 显示了 Object3d 类的 GenerateMatrices()函数中的法线矩阵构造方式，相关步骤如下所示。

（1）将 Model 矩阵乘以 View 矩阵得到 ModelView 矩阵，该矩阵被置于 m_NormalMatrix 变量中。

（2）通过 Matrix.invertM()函数计算 ModelView 矩阵的逆矩阵。

（3）ModelView 矩阵的逆矩阵的转置矩阵被接收并被置于 m_NormalMatrix 中。

代码清单 4.41　构建 GenerateMatrices()函数中的法线矩阵

```
// Create Normal Matrix for lighting
Matrix.multiplyMM(m_NormalMatrix, 0, Cam.GetViewMatrix(), 0,
m_ModelMatrix, 0);
Matrix.invertM(m_NormalMatrixInvert, 0, m_NormalMatrix, 0);
Matrix.transposeM(m_NormalMatrix, 0, m_NormalMatrixInvert, 0);
```

随后，法线矩阵被发送至顶点着色器中，并被置于 NormalMatrix 着色器变量中，即一个 4×4 矩阵，如代码清单 4.42 所示。

代码清单 4.42　使用顶点着色器中的法线矩阵

```
uniform mat4 NormalMatrix; // Normal Matrix
attribute vec3 aNormal;
```

```
// Put Vertex Normal Into Eye Coords
vec3 EcNormal = normalize(vec3(NormalMatrix * vec4(aNormal,1)));
```

接下来，通过将输入的顶点法线 aNormal 乘以 NormalMatrix，可计算得到顶点法线的眼睛坐标，随后将其转换为一个 vec3 向量，并将这一结果向量标准化为长度 1。当前，EcNormal 变量包含了眼睛坐标系中的顶点法线，进而可用于计算漫反射和镜面光照。

4.8.4　顶点着色器中的光照

本节讨论顶点着色器中光照的实现方式。出于模拟目的，当前光照由环境光、漫反射光和镜面光构成。

1．环境光照

环境光照在所有对象间保持一致，因而在所有顶点上都相同。由于对象的所有顶点的光照都相同，因此可在片元着色器中进行处理环境光照。在顶点着色器中，针对环境光照的特定顶点，不需要计算唯一值。

2．漫反射光照

顶点的漫反射光照的值表示为 0 或顶点法线向量与光照向量间的点积值二者中的最大值。

回忆一下，两个向量的点积值被定义为模与二者夹角余弦值的乘积。如果向量被标准化为长度 1，则点积值等于两个向量夹角的余弦值。

如果法线向量和光照向量垂直，那么两个向量间的余弦值为 0，因此，点积值和漫反射光照也为 0，如图 4.22 所示。

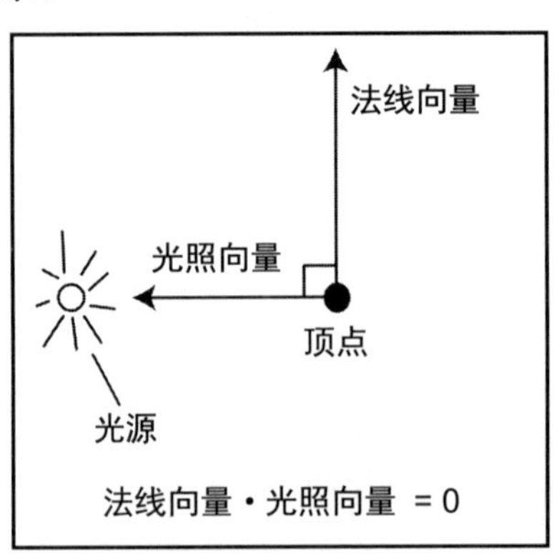

图 4.22　漫反射光照值为 0

如果法线向量和光照向量间的夹角为 0，则二者间的夹角的余弦值为 1，因而点积值和漫反射光照为最大值 1，如图 4.23 所示。

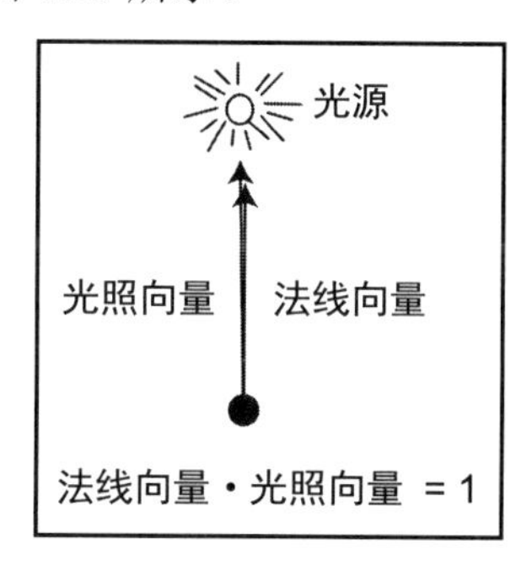

图 4.23　漫反射光照值为 1

在代码中，可通过下列方式计算漫反射光照。

（1）计算顶点位置的世界坐标，也就是说，将输入的顶点位置乘以 ModelMatrix，如下所示。

```
vec3 WcVertexPos = vec3(uModelMatrix * vec4(aPosition,1));
```

（2）计算光照向量（顶点至光源）的世界坐标。根据标准的向量数学，可将光源的世界坐标减去顶点的世界坐标，如下所示。

```
vec3 WcLightDir = uWorldLightPos - WcVertexPos;
```

（3）计算眼睛坐标系中的光照向量。具体来说，可将世界坐标系中的光照向量乘以 ViewMatrix，如下所示。

```
vec3 EcLightDir = normalize(vec3(uViewMatrix * vec4(WcLightDir,1)));
```

（4）计算漫反射光照，即计算眼睛坐标系中顶点法线与光照向量间的点积值，如下所示。

```
vDiffuse = max(dot(EcLightDir, EcNormal), 0.0);
```

完整的着色器代码如代码清单 4.43 所示。

代码清单 4.43　顶点着色器中的漫反射光照计算

```
// Calculate Diffuse Lighting for vertex
// maximum of ( N dot L, 0)
vec3 WcVertexPos = vec3(uModelMatrix * vec4(aPosition,1));
vec3 WcLightDir = uWorldLightPos - WcVertexPos;
```

```
vec3 EcLightDir = normalize(vec3(uViewMatrix * vec4(WcLightDir,1)));
vDiffuse = max(dot(EcLightDir, EcNormal), 0.0);
```

随后，vDiffuse 着色器变量将作为 varying 浮点变量传递至片元着色器中，如下所示。

```
varying float vDiffuse;
```

3. 镜面光照

镜面光照模拟从特定角度观察对象时的发光效果，如太阳光照射下的汽车保险杠。顶点镜面光照的计算方式如下所示。

（1）计算向量 ***S***，即光照向量和眼睛向量之和，如图 4.24 所示。

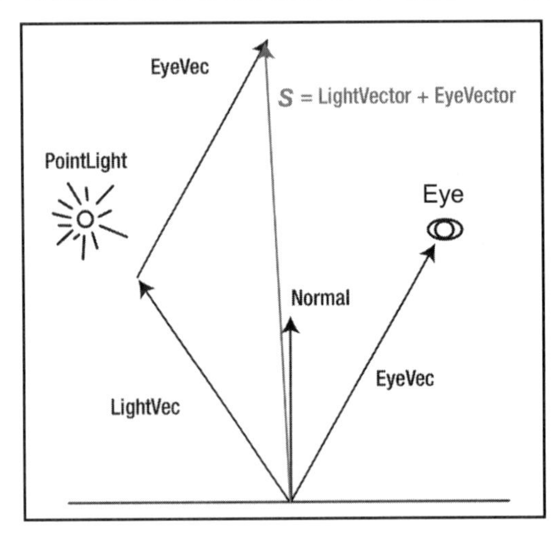

图 4.24　镜面光照

（2）计算向量 ***S*** 和顶点法线间的点积值。如果结果值小于或等于 0，则镜面颜色值为 0；否则，镜面光照值为光泽度的幂指数。

当计算顶点的镜面光照时，代码清单 4.44 实现了下列步骤。

（1）顶点至观察者（或眼睛位置）间的 EyeVec（或 EyeDir）的计算方式为：从世界坐标系的 Eye（或 Viewer）中减去世界坐标系中的顶点位置，如下所示。

```
vec3 EyeDir = uEyePosition - WcVertexPos;
```

（2）利用向量加法计算向量 ***S***，即光照向量（或 WcLightDir）加上眼睛向量（或 EyeDir），如下所示。

```
vec3 S = WcLightDir + EyeDir;
```

（3）向量 ***S*** 从世界坐标系中转换至眼睛坐标系，即将向量 ***S*** 乘以 ViewMatrix，如下所示。

```
vec3 EcS = normalize(vec3(uViewMatrix * vec4(S,1)));
```

（4）顶点的镜面光照通过向量 ***S*** 和顶点法线间的点积值计算，并取 0 和点积之间的较大值来滤除负结果，随后计算基于 uLightShininess 的幂指数。这里，uLightShininess 作为 uniform 浮点变量输入顶点着色器中，一般由程序员指定。

```
vSpecular = pow(max(dot(EcS, EcNormal), 0.0), uLightShininess);
```

代码清单 4.44　在顶点着色器中计算镜面光照

```
// S = LightVector + EyeVector
// N = Vertex Normal
// max (S dot N, 0) ^ Shininess
vec3 EyeDir = uEyePosition - WcVertexPos;
vec3 S = WcLightDir + EyeDir;
vec3 EcS = normalize(vec3(uViewMatrix * vec4(S,1)));
vSpecular = pow(max(dot(EcS, EcNormal), 0.0), uLightShininess);
```

随后，vSpecular 变量将作为 varyign 变量传递至片元着色器中。

```
varying float vSpecular;
```

4.8.5　片元着色器光照

本节将讨论片元着色器中的光照，其中涉及环境光、漫反射光和镜面光。

1．环境光照

通过 uniform 向量变量 uLightAmbient，环境光照被发送至片元着色器中，如下所示。

```
uniform vec3 uLightAmbient;
```

环境光照可直接被发送至 AmbientTerm 中，这也是确定从片元着色器中生成的片元的最终颜色的成分之一，如下所示。

```
vec3 AmbientTerm = uLightAmbient;
```

2．漫反射光照

光源的漫反射颜色可直接被发送至 uLightDiffuse uniform 向量变量中，如下所示。

```
uniform vec3 uLightDiffuse;
```

漫反射顶点值 vDiffuse 在顶点着色器中被接收，并通过 varying 限定符表示。注意，varying 变量提供了顶点着色器和片元着色器间的链接。

```
varying float vDiffuse;
```

最终片元颜色的漫反射成分的计算方式为，将顶点着色器计算的漫反射值乘以光源的漫反射值。需要注意的是，vDiffuse 的范围为 0～1。如果 vDiffuse 为 1，那么漫反射光照颜色将达到最大强度；如果 vDiffuse 为 0，那么漫反射光照颜色将为黑色，因而不会对片元的最终颜色做出任何贡献。

```
vec3 DiffuseTerm = vDiffuse * uLightDiffuse;
```

3．镜面光照

光源的镜面光照颜色作为 uniform 向量变量被输入，即 uLightSpecular。

```
uniform vec3 uLightSpecular;
```

变量 vSpecular 加载源自顶点着色器中的镜面光照值。

```
varying float vSpecular;
```

最终片元颜色的镜面光照项的计算方式为，将镜面光照量（位于当前顶点处，且从顶点着色器中计算）乘以光源的镜面光照颜色。

```
vec3 SpecularTerm = vSpecular * uLightSpecular;
```

4．最终的片元颜色

最终的片元颜色表示为 AmbientTerm、DiffuseTerm 和 SpecularTerm 之和。相应地，gl_FragColor 表示为片元着色器中的保留变量，并返回片元颜色。最终的颜色向量值表示为(r, g, b, alpha)格式，其中，alpha 表示为开启混合功能后的透明度。

```
vec4 tempColor = (vec4(DiffuseTerm,1) + vec4(SpecularTerm,1) +
vec4(AmbientTerm,1));
gl_FragColor = vec4(tempColor.r,tempColor.g, tempColor.b, 1);
```

4.9　材　　质

对象材质将会对反射颜色和发射颜色产生影响。本章主要介绍 Material 类，以及材质在片元着色器中的应用方式。

4.9.1　Material 类

对象可包含某种材质，并通过 Material 类予以表示。此类材质包含下列颜色成分。

- 发射光颜色：从对象处发出的光照颜色。
- 环境光颜色：材质反射的环境光颜色。
- 漫反射光颜色：材质反射的漫反射光颜色。
- 镜面光颜色：材质反射的镜面光颜色。
- Alpha：材质的不透明度。其中，1 表示完全不透明；0 则表示完全透明。

上述颜色成分列表的实现如代码清单 4.45 所示。

代码清单 4.45　Material 类的数据

```
private float[] m_Emissive = new float[3];
private float[] m_Ambient  = new float[3];
private float[] m_Diffuse  = new float[3];
private float[] m_Specular = new float[3];
private float m_Alpha      = 1.0f;
```

此外，Material 类还定义了相关函数，并可设置和检索 private 数据项，对应代码可参考第 3 章。

4.9.2　片元着色器中的材质

代码清单 4.46 显示了如何向片元着色器中添加对象的材质。其中，EmissiveTerm 用于推导最终的输出颜色。其间，材质的环境光、漫反射光和镜面光属性用于计算最终颜色中的环境光、漫反射光和镜面光成分，另外，材质的 Alpha 值用于最终颜色的 Alpha 值。

代码清单 4.46　添加了对象材质的片元着色器

```
uniform vec3 uMatEmissive;
uniform vec3 uMatAmbient;
uniform vec3 uMatDiffuse;
uniform vec3 uMatSpecular;
uniform float uMatAlpha;

vec3 EmissiveTerm = uMatEmissive;
vec3 AmbientTerm = uMatAmbient * uLightAmbient;
vec3 DiffuseTerm = vDiffuse * uLightDiffuse * uMatDiffuse;
vec3 SpecularTerm = vSpecular * uLightSpecular * uMatSpecular;
vec4 tempColor = vec4(DiffuseTerm,1) + vec4(SpecularTerm,1) +
```

```
vec4(AmbientTerm,1) + vec4(EmissiveTerm,1);
gl_FragColor = vec4(tempColor.r,tempColor.g, tempColor.b, uMatAlpha);
```

4.10　纹　　理

3D 对象可包含映射于其上的图像或纹理。纹理包含水平方向上的 *U*（或 ***S***）坐标，以及垂直方向的 *V*（或 ***T***）坐标。通过此类坐标，纹理可映射至某个对象上（对象的顶点与纹理匹配）。基本上讲，纹理根据顶点的 *UV* 纹理坐标被包裹在 3D 对象周围，如图 4.25 所示。

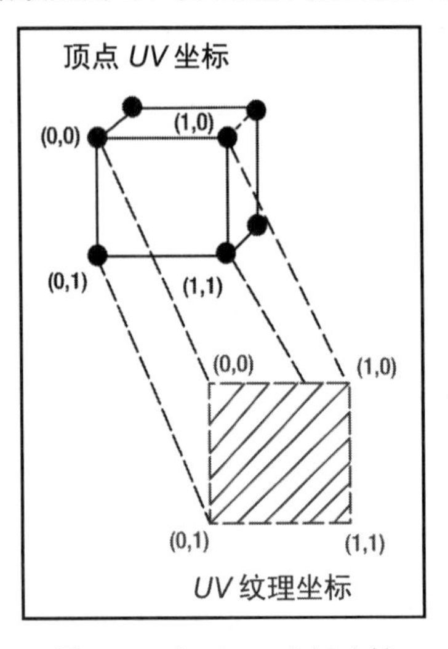

图 4.25　纹理 *UV* 坐标映射

4.10.1　纹理放大和缩小

固定尺寸纹理与 3D 对象间的映射需要将单个纹素（纹理的像素）映射至最终的显示屏幕上的单个像素。其间，3D 对象可被缩放、旋转和平移至源自观察者需要的不同的距离。

如果纹素在显示时被放大，则会出现纹理放大这一现象；如果纹素在屏幕显示时被缩小，则会出现纹理缩小这一行为，如图 4.26 所示。

在放大或缩小过程中必须过滤纹理，进而将颜色从纹理映射至屏幕上最终显示的颜色中。对此，存在两种过滤方法，如下所示。

- GLES20.GL_NEAREST：获取与屏幕上显示纹理像素最近的纹素。
- GLES20.GL_LINEAR：使用最近 2×2 纹素组（针对屏幕上显示的纹理像素）的加权平均值。

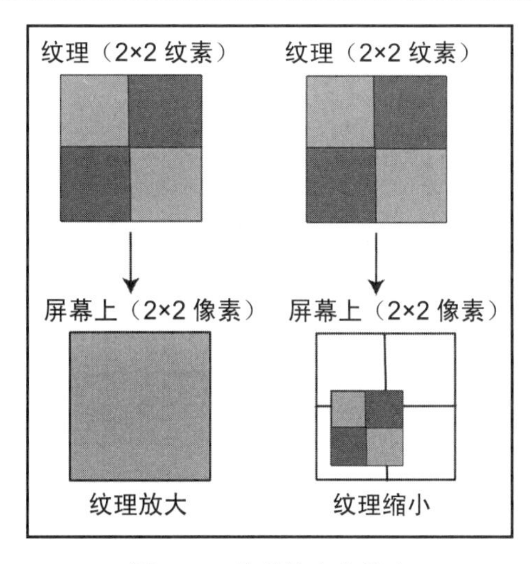

图 4.26　纹理放大和缩小

4.10.2　纹理剪裁和重复

纹理坐标的范围定义为 0～1（包含 1）。然而，还可将该范围外的纹理坐标赋予顶点，并剪裁或重复纹理，如图 4.27 所示。纹理剪裁针对大于 1 的纹理坐标使用 1.0，而对于小于 0 的纹理坐标则使用 0。纹理重复则尝试将纹理的多个副本置于大于 1 或小于 0 的纹理坐标中。

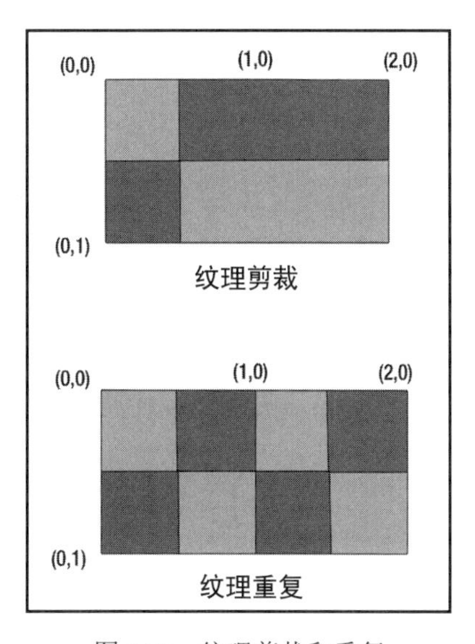

图 4.27　纹理剪裁和重复

4.10.3　Texture 类

在 Texture 类中，使用位图变量加载读取的实际纹理图像，如代码清单 4.47 所示。

代码清单 4.47　Texture 类数据

```
private Context m_Context;
private int m_TextureId;
Bitmap m_Bitmap;
```

代码清单 4.48 显示了 Texture 类构造函数。该构造函数通过下列方式创建和初始化 Texture 对象。

（1）调用 InitTexture()函数从资源中加载 Texture，即使用构造函数中输入参数提供的 ResourceId。

（2）设置纹理缩小的过滤器类型，即被设置为 GL_NEAREST。

（3）设置纹理放大的过滤器类型，即被设置为 GL_LINEAR。

（4）设置纹理被映射的方式为剪裁，包括在 *U* 或 ***S***（水平方向）以及 *V* 或 ***T***（垂直方向）中。

代码清单 4.48　Texture 类的构造函数

```
public Texture(Context context, int ResourceId)
{
    // Create new Texture resource from ResourceId
    m_Context = context;
    InitTexture(ResourceId);

    // Setup Default Texture Parameters
    SetTextureWRAP_MIN_FILTER(GLES20.GL_NEAREST);
    SetTextureWRAP_MAG_FILTER(GLES20.GL_LINEAR);
    SetTextureWRAP_S(GLES20.GL_CLAMP_TO_EDGE);
    SetTextureWRAP_T(GLES20.GL_CLAMP_TO_EDGE);
}
```

InitTexture()函数加载纹理，并将其初始化为 2D 纹理对象，如代码清单 4.49 所示。

代码清单 4.49　初始化 Texture

```
boolean InitTexture(int ResourceId)
{
    int[] textures = new int[1];
    GLES20.glGenTextures(1, textures, 0);
```

```
    m_TextureId = textures[0];
    GLES20.glBindTexture(GLES20.GL_TEXTURE_2D, m_TextureId);

    // Loads in Texture from Resource File
    LoadTexture(ResourceId);

    GLUtils.texImage2D(GLES20.GL_TEXTURE_2D, 0, m_Bitmap, 0);
    return true;
}
```

InitTexture()函数通过下列方式初始化纹理。

（1）调用 glGenTextures()函数获取 OpenGL 中未使用的纹理名称。

（2）调用 glBindTexture()函数创建包含长和宽尺寸的 2D 纹理对象。

（3）调用 LoadTexture()函数读取资源文件中的纹理，并将其存储在位图变量 m_Bitmap 中。

（4）调用 GLUtils.texImage2D()函数将 2D 纹理定义为 m_Bitmap 变量中的数据，该变量加载从 LoadTexture()函数中加载的纹理数据。

LoadTexture()函数从某个文件中加载纹理图像，该图像资源文件被打开以供读取并被绑定至 InputStream 上。随后使用 BitmapFactory.decodeStream()函数读取文件，并将数据转换为位图形式，如代码清单 4.50 所示。

代码清单 4.50　LoadTexture()函数

```
void LoadTexture(int ResourceId)
{
    InputStream is = m_Context.getResources()
                        .openRawResource(ResourceId);
    try
    {
        m_Bitmap = BitmapFactory.decodeStream(is);
    }
    finally
    {
        try
        {
            is.close();
        }
        catch(IOException e)
        {
```

```
            Log.e("ERROR - Texture ERROR", "Error in LoadTexture()! ");
        }
    }
}
```

除此之外，还必须设置活动纹理单元，进而使用所有与纹理相关的函数，这可通过SetActiveTextureUnit()函数中的 glActiveTexture()函数予以实现。这里，活动纹理单元将一直设置为 0，如代码清单 4.51 所示。

代码清单 4.51　设置活动纹理单元

```
static void SetActiveTextureUnit(int UnitNumber)
{
    GLES20.glActiveTexture(UnitNumber);
}
```

当选取当前纹理对象时，必须调用 ActivateTexture()函数将其激活。这将通过 m_TextureId 调用 glBindTexture()函数进而激活纹理对象，如代码清单 4.52 所示。

代码清单 4.52　激活纹理对象

```
void ActivateTexture()
{
    // Activate Texture
    if (m_TextureId != 0)
    {
        GLES20.glBindTexture (GLES20.GL_TEXTURE_2D, m_TextureId);
    }
    else
    {
        Log.e("ERROR - Texture ERROR- m_TextureId = 0", "Error in
ActivateTexture()! ");
    }
}
```

4.10.4　顶点着色器中的纹理

基本上讲，顶点着色器中的纹理信息将被传递至片元着色器中，以供光照方法使用。其间，aTextureCoord 接收输入的顶点纹理坐标。

```
attribute vec2 aTextureCoord;
```

vTextureCoord 变量将纹理坐标信息传递至片元着色器中。

```
varying vec2 vTextureCoord;
vTextureCoord = aTextureCoord;
```

4.10.5 片元着色器中的纹理

片元着色器中的纹理信息用于整合对象生成的漫反射光、镜面光、环境光和发射光，进而计算最终的颜色。当前活动纹理（匹配 vTextureCoord 中的纹理坐标）的颜色将通过 texture2D()函数被计算。随后，该颜色将通过顶点处的漫反射光、镜面光、环境光和发射光被调制。

```
uniform sampler2D sTexture;
varying vec2 vTextureCoord;
vec4 color = texture2D(sTexture, vTextureCoord);
vec4 tempColor = color * (vec4(DiffuseTerm,1) + vec4(SpecularTerm,1)
+ vec4(AmbientTerm,1) +
vec4(EmissiveTerm,1));
```

4.11 本 章 小 结

本章讨论了 Android OpenGL ES 中的图形编程的基本概念，包括 OpenGL 的工作方式、3D 数学、转换、顶点着色器和片元着色器。随后，本章简要介绍了顶点和片元着色器的着色器语言及其相关示例。最后，我们学习了与 OpenGL ES 相关的自定义类，这对于创建 3D 游戏和 OpenGL ES 图形应用程序十分重要。

第 5 章　运动和碰撞

本章将讨论运动和碰撞问题。针对运动行为，本章主要介绍与线性速度、线性加速度、角速度和角加速度相关的基本内容，其中涉及牛顿运动三定律，以及实现了运动定律的 Physics 类。接下来，本章将通过立方体的弹跳和旋转示例展示对象的线性和角加速度应用方式，并向 Physics 类中的添加碰撞检测和响应代码。最后，我们还向立方体示例中添加网格，进而创建重力网格机制。

5.1　运动行为概述

本节讨论线性速度、角速度、加速度和牛顿运动三定律，随后通过具体示例展示其应用方式。

5.1.1　线性速度和角加速度

线性速度是一个包含方向和量值的向量。例如，假设一辆启程以每小时 35mi（56.327km）的速度在街道上向北行驶，这可通过指向北方向的向量，且大小为 35mi/h 的向量表示。当驾驶员刹车时，将产生与速度方向相反的加速度，进而减慢车辆的行驶速度。在车辆停止后，驾驶员将继续反向行驶，此时速度和加速度方向保持一致，如图 5.1 所示。

图 5.1 显示了车辆正常行驶、减速行驶和反向行驶时的速度和加速向量。

平均速度通过距离变化除以时间变化计算得到，如图 5.2 所示。其中，变量 x 表示位置，t 表示时间。

如果车辆在全部时间间隔内保持恒定速度，那么平均速度是一种较好的表达方式。然而，如果车辆在不同的时间段内发生显著变化，平均速度则无法准确地表示车辆的运动行为。

相应地，瞬时速度表示当时间间隔趋近于 0 时，对象位置变化除以时间变化的结果值。如果定义一个函数 $x(t)$表示物体相对于时间的位置，那么该函数的一阶导数 $x'(t)$即表示为速度函数，如图 5.3 所示。

对象的平均加速度定义为速度变化除以时间变化，如图 5.4 所示。

瞬时加速度是指当时间区间趋于 0 时，速度变化除以时间变化，如图 5.5 所示。

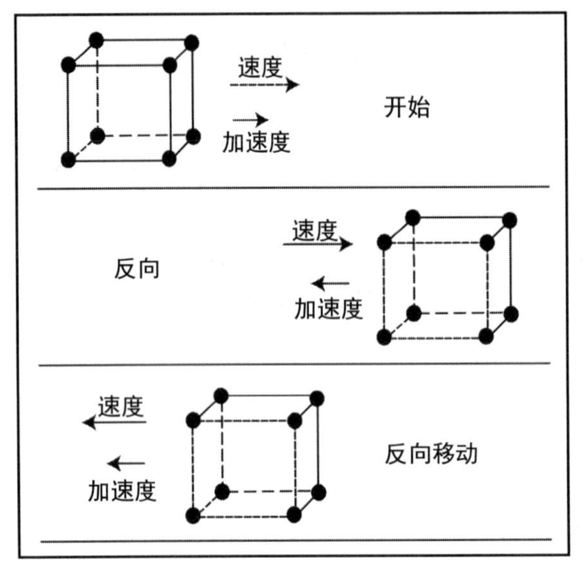

图 5.1　车辆反向行驶

$$v_{\text{Average}} = \frac{\Delta x}{\Delta t} = \frac{x_{\text{final}} - x_{\text{initial}}}{t_{\text{final}} - t_{\text{initial}}}$$

图 5.2　平均速度定义

$$v = \lim_{\Delta t \to 0} \frac{\Delta x}{\Delta t} = \frac{\mathrm{d}x}{\mathrm{d}t}$$

图 5.3　瞬时速度的定义

$$a_{\text{Average}} = \frac{\Delta v}{\Delta t} = \frac{v_{\text{final}} - v_{\text{initial}}}{t_{\text{final}} - t_{\text{initial}}}$$

图 5.4　平均加速度定义

$$a = \lim_{\Delta t \to 0} \frac{\Delta v}{\Delta t} = \frac{\mathrm{d}v}{\mathrm{d}t}$$

图 5.5　瞬时加速度定义

5.1.2　牛顿运动定律

为了使对象的速度发生变化，需要对其施加外部作用力。对此，牛顿运动定律通过质量和加速度定义作用力。具体来说，牛顿三定律如下所示。

- 牛顿第一定律：如果物体未受到任何作用力，该物体将保持静止或匀速运动。
- 牛顿第二定律：作用于物体上的外力之和等于对象的质量乘以其加速度。图 5.6 显示了牛顿第二定律的向量形式。图 5.7 显示了牛顿第二定律的标量版本，且作用力分解为 x、y、z 轴向。

$$\sum \vec{F} = m\vec{a}$$

图 5.6　牛顿第二定律的向量公式

$$\sum F_x = ma_x$$
$$\sum F_y = ma_y$$
$$\sum F_z = ma_z$$

图 5.7　牛顿第二定律的标量公式

- 牛顿第三定律：作用于物体上的外力成对出现。也就是说，如果物体 1 与物体 2 之间发生碰撞，则物体 1 将对物体 2 施加作用力；同时，物体 2 也对物体 1 施加相同的反向作用力，如图 5.8 所示。

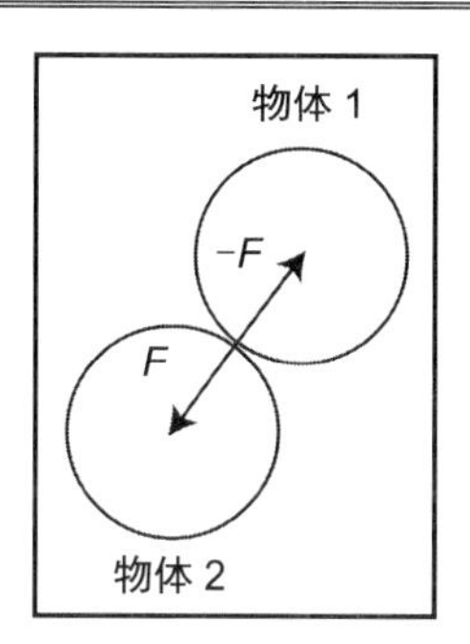

图 5.8　碰撞球体演示的牛顿第三定律

5.1.3　重力

地球上的重力也施加于物体上。例如，牛顿第二定律经适当调整后可引用地球的重力。地球上物体的重量实际上即是一种作用力，该作用力等于物体的质量乘以物体所处位置的重力加速度或自由落体加速度，如图 5.9 所示。

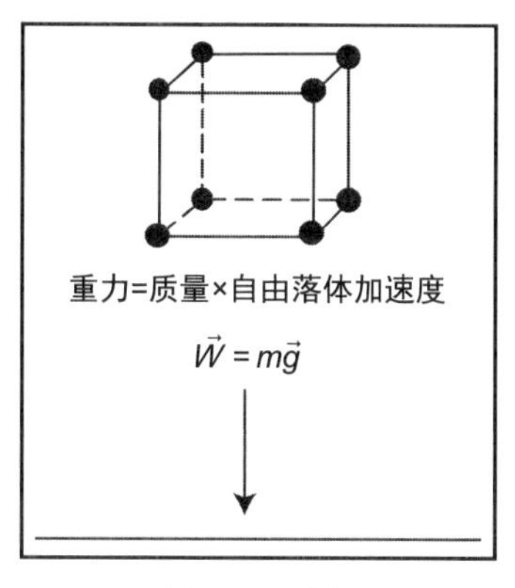

图 5.9　重力

5.1.4　角速度和角加速度

物体针对角运动同样存在速度和加速度。物体围绕其旋转轴的旋转距离通过弧度或角度进行测量。在图 5.10 中，可以看到对象围绕其旋转轴旋转。其中，初始位置为 θ_1，终止位置为 θ_2。相应地，$\Delta\theta = \theta_2 - \theta_1$。

平均角速度定义为角度位置变化除以时间变化。瞬时角速度则表示为角度位置与时间的一阶导数，如图 5.11 所示。

平均角加速度定义为角速度的变化除以时间的变化。瞬时角加速度则表示为角速度的一阶导数，如图 5.12 所示。

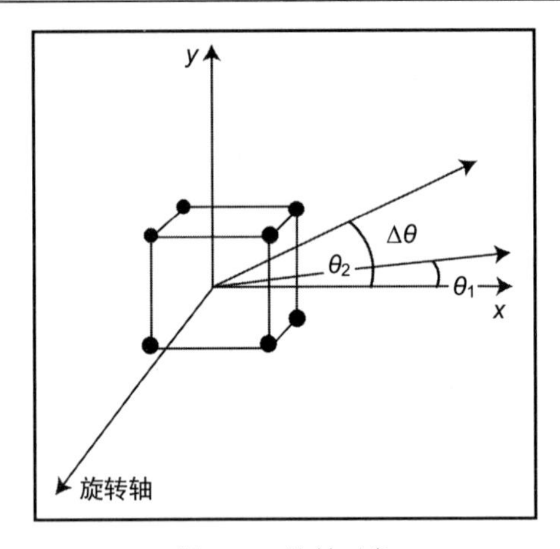

图 5.10　旋转对象

$$\omega_{\text{Average}} = \frac{\Delta\theta}{\Delta t} = \frac{\theta_2 - \theta_1}{t_2 - t_1}$$

$$\omega = \frac{\mathrm{d}\theta}{\mathrm{d}t}$$

图 5.11　角速度

$$\alpha_{\text{Average}} = \frac{\Delta\omega}{\Delta t} = \frac{\omega_2 - \omega_1}{t_2 - t_1}$$

$$\alpha = \frac{\mathrm{d}\omega}{\mathrm{d}t}$$

图 5.12　角加速度

5.1.5　旋转作用力

物体角速度的变化可描述为，施加在物体上的作用力改变了物体围绕其旋转轴的旋转速度。相应地，导致对象旋转变化的作用力称作转矩。转矩表示为转矩作用力与作用力和旋转轴垂直距离的乘积，如图 5.13 所示。

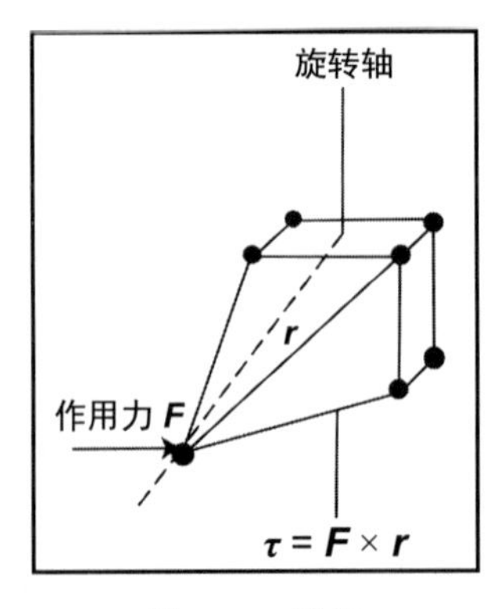

图 5.13　转矩

除此之外，还存在牛顿第二定律的角度对应公式，即应用于物体上的转矩作用力等于对象的旋转惯量乘以该对象的角加速度，如图 5.14 所示。

$$\tau = I\alpha$$

图 5.14　转矩公式

对象的惯量取决于对象的形状以及旋转轴的方向。例如，图 5.15 显示了通过圆环中心的旋转轴的转动惯量。

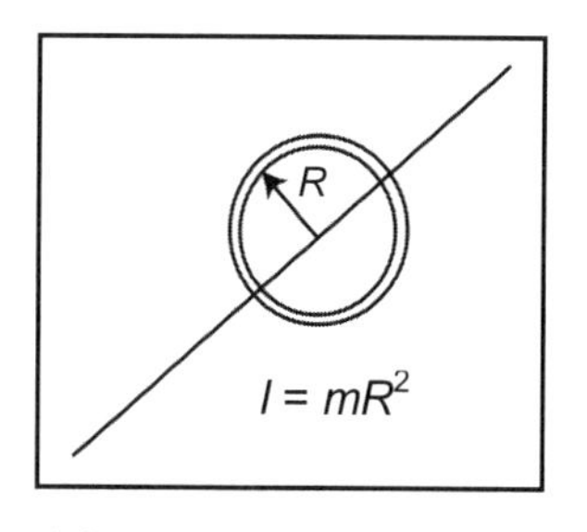

图 5.15　圆环的转动惯量

5.2　Physics 类

Physics 类涵盖了与更新对象的位置和旋转相关的代码，并与应用于对象上的线性和旋转作用力相关。Object3d 类定义了名为 m_Physics 的 Physics 类变量。所有与物理相关的数据，如重力、加速度、物理函数、作用于 3D 对象上的作用力，均包含于该变量中。

代码清单 5.1 显示了 Physics 类中所用的常量。其中，PI 表示为弧度且等价于 180°；TWO_PI 定义为 PI 值的两倍，即 360°（或一个完整的圆形）；HALF_PI 表示为 PI/2，即 90°（或直角）；最后，QUARTER_PI 定义为 PI/4，即 45°。

代码清单 5.1　静态物理常量

```
static float PI         =
(float)(3.14159265358979323846264338327950288419716939937511);
static float TWO_PI     = (float)(2.0*PI);
static float HALF_PI    = (float)(PI/2.0);
static float QUARTER_PI= (float)(PI/4.0);
```

代码清单 5.2 定义了与线性速度和加速度相关的变量。其中，变量 m_Velocity 加载对象在 x、y、z 方向上的线性速度，并被创建且初始化为(0,0,0)；m_Acceleration 则加载

对象在 x、y、z 方向上的加速度，并被创建且初始化为(0,0,0)；m_MaxVelocity 加载对象在 x、y、z 方向上可达到的最大绝对线性速度；变量 m_MaxAcceleration 则加载对象在 x、y、z 方向上可达到的最大绝对加速度。

代码清单 5.2　线性相关的物理变量

```
private Vector3 m_Velocity         = new Vector3(0,0,0);
private Vector3 m_Acceleration     = new Vector3(0,0,0);
private Vector3 m_MaxVelocity      = new Vector3(1.25f, 1.25f, 1.25f);
private Vector3 m_MaxAcceleration  = new Vector3(1.0f,1.0f,1.0f);
```

代码清单 5.3 处理角速度和加速度。其中，m_AngularVelocity 变量加载对象的角速度（围绕其旋转轴）；m_AngularAcceleration 变量加载对象的角加速度（围绕其旋转轴）；m_MaxAngularVelocity 加载角速度的最大绝对值；m_MaxAngularAcceleration 加载对象角加速度的最大绝对值。

代码清单 5.3　角速度和加速度变量

```
private float m_AngularVelocity        = 0;
private float m_AngularAcceleration    = 0;
private float m_MaxAngularVelocity     = 4 * PI;
private float m_MaxAngularAcceleration = HALF_PI;
```

代码清单 5.4 显示了 Physics 类中与重力相关的变量。如果重力作用于物体上，则变量 m_ApplyGravity 为 true，默认状态下该值为 false；m_Gravity 指定作用于物体上的重力加速度；m_GroundLevel 定义了地面的高度；如果物体与地面碰撞，则 m_JustHitGround 变量为 true；m_Mass 变量则加载物体的质量数据。

代码清单 5.4　与重力相关的变量

```
private boolean m_ApplyGravity  = false;
private float   m_Gravity       = 0.010f;
private float   m_GroundLevel   = 0;
private boolean m_JustHitGround = false;
private float   m_Mass          = 100.0f;
```

ApplyTranslationalForce()函数接收作用力向量作为输入内容，并将该作用力转换为线性加速度值，并添加至对象的整体线性加速度中。基本上讲，该函数向当前对象添加平移作用力。加速度值则通过牛顿第二定律计算，即 $\boldsymbol{F}=m\boldsymbol{a}$。基于该公式的加速度表示为 $\boldsymbol{a}=\boldsymbol{F}/m$；或者加速度等于作用于对象上的作用力除以该对象的质量，如代码清单 5.5 所示。

代码清单 5.5　应用平移作用力

```
void ApplyTranslationalForce(Vector3 Force)
{
    // Apply a force to the object
    // F = ma
    // F/m = a
    // 1. Calculate translational acceleration on object due to new
    // force and add this to the current acceleration for this object.
    Vector3 a = new Vector3(Force);
    if (m_Mass != 0)
    {
        a.Divide(m_Mass);
    }
    m_Acceleration.Add(a);
}
```

ApplyRotationalForce()函数将新的旋转作用力应用于当前对象上，该函数接收作用力及其与对象旋转轴间的垂直长度作为输入内容。

随后，该作用力通过下列公式转换为角加速度：

$$角加速度 = (作用力\times \boldsymbol{r}) / 转动惯量$$

接下来，上述角加速度将被添加至整体角加速度中，并应用于当前对象上。这里，转动惯量被简化为半径为 1 的圆环，以便转动惯量刚好等于对象的质量，如代码清单 5.6 所示。

代码清单 5.6　将旋转作用力应用于对象上

```
void ApplyRotationalForce(float Force, float r)
{
    // 1. Torque = r X F;
    //    T = I * AngularAcceleration;
    //    T/I = AngularAccleration;
    //
    //    I = mr^2 = approximate with hoop inertia with r = 1 so that
    //    I = mass;
    float Torque   = r * Force;
    float aangular = 0;
    float I        = m_Mass;

    if (I != 0)
    {
        aangular = Torque/I;
```

```
    }
    m_AngularAcceleration += aangular;
}
```

UpdateValueWithinLimit()函数根据 limit 参数并按照递增方式更新输入值。也就是说，该函数在-limit～limit 范围返回递增后的数值，如代码清单 5.7 所示。

代码清单 5.7　UpdateValueWithinLimit()函数

```
float UpdateValueWithinLimit(float value, float increment, float limit)
{
    float retvalue = 0;

    // Increments the value by the increment if the result
    // is within +- limit value
    float tempv = value + increment;
    if (tempv > limit)
    {
        retvalue = limit;
    }
    else if (tempv < -limit)
    {
        retvalue = -limit;
    }
    else
    {
        retvalue += increment;
    }
    return retvalue;
}
```

TestSetLimitValue()函数将输入参数值 Value 剪裁至-limit～limit，如代码清单 5.8 所示。

代码清单 5.8　TestSetLimitValue()函数

```
float TestSetLimitValue(float value, float limit)
{
    float retvalue = value;

    // If value is greater than limit then set value = limit
    // If value is less than -limit then set value = -limit
    if (value > limit)
    {
        retvalue = limit;
```

```
    }
    else if (value < -limit)
    {
        retvalue = -limit;
    }
    return retvalue;
}
```

ApplyGravityToObject()函数在对象加速度的 y 分量上施加重力加速度作用力，如代码清单 5.9 所示。

代码清单 5.9　向对象施加重力

```
void ApplyGravityToObject()
{
    // Apply gravity to object - Assume standard OpenGL axis orientation
    // of positive y being up
    m_Acceleration.y = m_Acceleration.y - m_Gravity;
}
```

UpdatePhysicsObject()函数被定义为主更新函数，其中，根据外力导致的对象的线性和角加速度，对象的位置、速度和加速度均将被更新，如代码清单 5.10 所示。

代码清单 5.10　更新对象的物理数据

```
void UpdatePhysicsObject(Orientation orientation)
{
    // 0. Apply Gravity if needed
    if (m_ApplyGravity)
    {
        ApplyGravityToObject();
    }

    // 1. Update Linear Velocity
    ///////////////////////////////////////////////////////////////////////
    m_Acceleration.x = TestSetLimitValue(m_Acceleration.x,
m_MaxAcceleration.x);
    m_Acceleration.y = TestSetLimitValue(m_Acceleration.y,
m_MaxAcceleration.y);
    m_Acceleration.z = TestSetLimitValue(m_Acceleration.z,
m_MaxAcceleration.z);

    m_Velocity.Add(m_Acceleration);
    m_Velocity.x = TestSetLimitValue(m_Velocity.x, m_MaxVelocity.x);
```

```
    m_Velocity.y = TestSetLimitValue(m_Velocity.y, m_MaxVelocity.y);
    m_Velocity.z = TestSetLimitValue(m_Velocity.z, m_MaxVelocity.z);

    // 2. Update Angular Velocity
    ///////////////////////////////////////////////////////////////////
    m_AngularAcceleration = TestSetLimitValue(m_AngularAcceleration,
m_MaxAngularAcceleration);

    m_AngularVelocity += m_AngularAcceleration;
    m_AngularVelocity = TestSetLimitValue(m_AngularVelocity,
m_MaxAngularVelocity);

    // 3. Reset Forces acting on Object
    // Rebuild forces acting on object for each update
    ///////////////////////////////////////////////////////////////////
    m_Acceleration.Clear();
    m_AngularAcceleration = 0;

    //4. Update Object Linear Position
    ///////////////////////////////////////////////////////////////////
    Vector3 pos = orientation.GetPosition();
    pos.Add(m_Velocity);

    // Check for object hitting ground if gravity is on.
    if (m_ApplyGravity)
    {
        if ((pos.y < m_GroundLevel)&& (m_Velocity.y < 0))
        {
            if (Math.abs(m_Velocity.y) > Math.abs(m_Gravity))
            {
                m_JustHitGround = true;
            }
            pos.y = m_GroundLevel;
            m_Velocity.y = 0;
        }
    }

    //5. Update Object Angular Position
    ///////////////////////////////////////////////////////////////////
    // Add Rotation to Rotation Matrix
    orientation.AddRotation(m_AngularVelocity);
}
```

UpdatePhysicsObject()函数执行下列操作。

（1）如果 m_ApplyGravity 为 true，则向对象添加由重力导致的加速度。

（2）更新对象的线性加速度，并将对应值剪裁至-m_MaxAcceleration～m_MaxAcceleration 范围。根据线性加速度，更新对象的线性速度，并将对应值剪裁至-m_MaxAngularVelocity～m_MaxAngularVelocity 范围。

（3）更新角加速度并将对应值剪裁至-m_MaxAngularAcceleration～m_MaxAngularAcceleration 范围。根据角加速度更新角速度，并将对应值剪裁至-m_MaxAngularVelocity～m_MaxAngularVelocity 范围。

（4）将线性和角加速度设置为 0。由作用在该对象上的外力导致的线性和角加速度均已被考虑和处理。

（5）更新线性位置并考查重力和地面的高度。如果物体与地面碰撞，则 m_JustHitGround 将被设置为 true。对象速度的 *y* 分量将被设置为 0，且对象的位置将被设置为 m_GroundLevel 指定的地面高度（如果对象位于地面下方并处于下落状态）。

（6）更新对象的角度位置。

5.3　基于作用力的线性运动和角运动示例

本节展示作用力的应用示例，并尝试创建 3D 对象的线性和角运动。对此，较好的做法是在开发系统中创建一个新的工作空间，访问 www.apress.com 下载本章代码，随后将项目导入新的工作空间中。

5.3.1　创建 4 面纹理立方体

前述示例曾使用了一个两面纹理立方体。考虑到本节将展示角运动，因而朝向观察者的 4 面纹理立方体将有助于观察最终的效果。代码清单 5.11 被添加至 Cube 类中，进而生成包含 4 面纹理的立方体。

代码清单 5.11　Cube 类中包含 4 面纹理的立方体

```
static float CubeData4Sided[] =
{
    // x,      y,      z,     u,      v   nx, ny, nz
    -0.5f,  0.5f,  0.5f, 0.0f, 0.0f, -1,  1,  1, //front top left     0
    -0.5f, -0.5f,  0.5f, 0.0f, 1.0f, -1, -1,  1, //front bottom left  1
```

```
    0.5f, -0.5f,  0.5f, 1.0f, 1.0f,  1, -1,  1, //front bottom right 2
    0.5f,  0.5f,  0.5f, 1.0f, 0.0f,  1,  1,  1, //front top right    3
   -0.5f,  0.5f, -0.5f, 1.0f, 0.0f, -1,  1, -1, //back top left      4

   -0.5f, -0.5f, -0.5f, 1.0f, 1.0f, -1, -1, -1, //back bottom left   5
    0.5f, -0.5f, -0.5f, 0.0f, 1.0f,  1, -1, -1, //back bottom right  6
    0.5f,  0.5f, -0.5f, 0.0f, 0.0f,  1,  1, -1  //back top right 7
};
```

5.3.2 调整 Object3d 类

本节将调整 Object3d 类，进而添加源自 Physics 类中的新功能。首先必须定义两个新变量，其中，变量 m_Physics 表示为对象物理属性接口，如下所示。

```
private Physics m_Physics;
```

另一个必须被添加的变量则是 m_Visible，如果希望对象可见并因此绘制到屏幕上，那么该变量为 true。

```
private boolean m_Visible = true;
```

在 Object3d 类的构造函数中，必须创建新的 Physics 对象，如下所示。

```
m_Physics = new Physics(iContext);
```

随后必须定义相关函数以设置和测试可见性。具体来说，SetVisibility()函数负责设置对象是否可见。

```
void SetVisibility(boolean value) { m_Visible = value; }
```

如果对象可见，则 IsVisible()函数将返回 true；否则，返回 false。

```
boolean IsVisible() { return m_Visible; }
```

此外还应添加 GetObjectPhysics()函数，进而可从类外部访问 m_Physics 对象。

```
Physics GetObjectPhysics() { return m_Physics; }
```

UpdateObjectPhysics()函数利用对象的方向调用 UpdatePhysicsObject()函数，以执行实际的物理更新操作。

UpdateObject3d()函数被定义为更新对象物理内容的主要入口点，如果对象处于可见状态，则该对象的物理数据将被更新，如代码清单 5.12 所示。

代码清单 5.12　Object3d 类中物理更新的入口点

```
void UpdateObjectPhysics()
{
    m_Physics.UpdatePhysicsObject(m_Orientation);
}

void UpdateObject3d()
{
    if (m_Visible)
    {
        UpdateObjectPhysics();
    }
}
```

最后，如果对象处于可见状态，DrawObject()函数负责绘制该对象，如代码清单 5.13 所示。其中，粗体部分显示了代码清单 5.12 中对该函数的添加。

代码清单 5.13　如果对象处于可见状态则绘制该对象

```
void DrawObject(Camera Cam, PointLight light)
{
    if (m_Visible)
    {
        DrawObject(Cam,
            light,
            m_Orientation.GetPosition(),
            m_Orientation.GetRotationAxis(),
            m_Orientation.GetScale());
    }
}
```

5.3.3　调整 MyGLRenderer 类

除此之外，由于最终程序由受重力影响的立方体构成，因此也必须对 MyGLRenderer 类进行适当的调整。其间，线性作用力（方向向上）作用于立方体上，当该立方体与地面碰撞时向其施加旋转作用力。最终，整体结果可描述为，当与地面碰撞并开始快速旋转时，立方体将呈现弹跳行为。

相应地，当立方体与地面碰撞时，变量 m_Force1 被定义为作用于立方体上的线性作用力。

```
private Vector3 m_Force1 = new Vector3(0,20,0);
```

当立方体每次碰撞地面时，变量 m_RotationalForce 表示为作用于立方体上的旋转作用力。

```
private float m_RotationalForce = 3;
```

在 CreateCube()函数中，Cube.CubeData4Sided 用于提供立方体 4 面（而非两个面）纹理映射。

```
MeshEx CubeMesh = new MeshEx(8,0,3,5,Cube.CubeData4Sided,
Cube.CubeDrawOrder);
```

这里，m_Cube 的重力被设置为 true，以便立方体下落直至碰撞至地面。

```
m_Cube.GetObjectPhysics().SetGravity(true);
```

onDrawFrame()函数（见代码清单 5.14）中，添加了以粗体显示的新代码，并负责执行下列各项操作。

（1）调用 UpdateObject3d()函数更新立方体的物理行为。

（2）调用 GetHitGroundStatus()函数测试立方体是否与地面刚好碰撞。

（3）如果立方体与地面刚好碰撞，则向立方体施加向上的平移作用力 m_Force1 和旋转作用力 m_RotationalForce。

（4）重置刚好碰撞地面状态。

这可被视为立方体弹跳/旋转效果的核心代码，完整代码参见代码清单 5.14。

代码清单 5.14　调整 onDrawFrame()函数

```
@Override
public void onDrawFrame(GL10 unused)
{
    GLES20.glClearColor(0.0f, 0.0f, 0.0f, 1.0f);
    GLES20.glClear(GLES20.GL_DEPTH_BUFFER_BIT | GLES20.GL_COLOR_BUFFER_BIT);
    m_Camera.UpdateCamera();
    /////////////////////////// Update Object Physics
    // Cube1
    m_Cube.UpdateObject3d();
    boolean HitGround =
    m_Cube.GetObjectPhysics().GetHitGroundStatus();
    if (HitGround)
    {
        m_Cube.GetObjectPhysics().ApplyTranslationalForce(m_Force1);
        m_Cube.GetObjectPhysics().ApplyRotationalForce
(m_RotationalForce, 10.0f);
```

```
        m_Cube.GetObjectPhysics().ClearHitGroundStatus();
    }
    ////////////////////////////// Draw Object
    m_Cube.DrawObject(m_Camera, m_PointLight);
}
```

对应结果如图 5.16 所示。

图 5.16　立方体弹跳-旋转效果

5.4　碰撞行为概述

本节将讨论碰撞问题，主要涉及碰撞检测、应用程序和碰撞对象上的反作用力。

5.4.1　碰撞检测

本书采用的碰撞检测类型为球体，其中，3D 对象整体与碰撞球体边界适配。碰撞过程中所涉及的两个对象包含初始速度 $\boldsymbol{V}_{1\text{Initial}}$ 和 $\boldsymbol{V}_{2\text{Initial}}$，以及碰撞后的最终速度 $\boldsymbol{V}_{1\text{Final}}$ 和 $\boldsymbol{V}_{2\text{Final}}$。另外，Body1 和 Body2 的质心均被假设为位于包围体或碰撞球体中心位置处。碰撞法线表示为一个穿越两个对象质心的向量，这对于确定对象的碰撞速度和方向十分重要。当对象发生碰撞时，施加在对象的作用力位于碰撞法线上，且大小相等方向相反（根据牛顿第三定律），如图 5.17 所示。

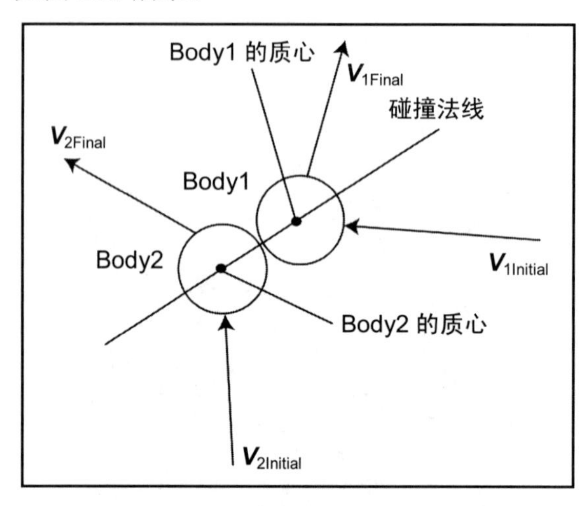

图 5.17　包围球表示的两个 3D 对象间的碰撞

5.4.2　调整 MeshEx 类

首先需要计算 3D 对象碰撞球体的半径。对此，需要向 MeshEx 类添加相关代码。其中，变量 m_Size 用于计算 *x*、*y*、*z* 方向上 3D 对象网格的最大尺寸，如下所示。

```
private Vector3 m_Size = new Vector3(0,0,0);
```

变量 m_Radius 加载全部对象碰撞球体的半径。

```
private float m_Radius = 0;
```

变量 m_RadiusAverage 加载对象在 *x*、*y*、*z* 方向上的最大部分的平均值。在稍后所介绍的方法中，该半径可能并不会包含全部对象，因而不会用于碰撞检测中。

```
private float m_RadiusAverage = 0;
```

在 MeshEx 构造函数中，可调用 CalculateRadius()函数计算包围球，如代码清单 5.15 所示。

代码清单 5.15　计算对象网格的半径

```
void CalculateRadius()
{
```

```
float XMin = 100000000;
float YMin = 100000000;
float ZMin = 100000000;

float XMax = -100000000;
float YMax = -100000000;
float ZMax = -100000000;

int ElementPos = m_MeshVerticesDataPosOffset;

// Loop through all vertices and find min and max values of x,y,z
for (int i = 0; i < m_VertexCount; i++)
{
    float x = m_VertexBuffer.get(ElementPos);
    float y = m_VertexBuffer.get(ElementPos+1);
    float z = m_VertexBuffer.get(ElementPos+2);

    // Test for Min
    if (x < XMin)
    {
        XMin = x;
    }

    if (y < YMin)
    {
        YMin = y;
    }

    if (z < ZMin)
    {
        ZMin = z;
    }

    // Test for Max
    if (x > XMax)
    {
        XMax = x;
    }

    if (y > YMax)
    {
```

```
            YMax = y;
        }

        if (z > ZMax)
        {
            ZMax = z;
        }
        ElementPos = ElementPos + m_CoordsPerVertex;
    }

    // Calculate Size of Mesh in the x,y,z directions
    m_Size.x = Math.abs(XMax - XMin);
    m_Size.y = Math.abs(YMax - YMin);
    m_Size.z = Math.abs(ZMax - ZMin);

    // Calculate Radius
    float LargestSize = -1;
    if (m_Size.x > LargestSize)
    {
        LargestSize = m_Size.x;
    }

    if (m_Size.y > LargestSize)
    {
        LargestSize = m_Size.y;
    }

    if (m_Size.z > LargestSize)
    {
        LargestSize = m_Size.z;
    }

    m_Radius = LargestSize/2.0f;

    // Calculate Average Radius;
    m_RadiusAverage = (m_Size.x + m_Size.y + m_Size.z) / 3.0f;
    m_RadiusAverage = m_RadiusAverage/2.0f;
}
```

CalculateRadius()函数计算 3D 对象的包围球半径，如下所示。

（1）搜索对象的所有顶点，并确定最小和最大 x、y、z 坐标。

（2）根据步骤（1）中的最小和最大 x、y、z 坐标值，计算 x、y、z 轴上的对象尺寸。

（3）根据对象在 x、y、z 轴向上的最大部分计算碰撞半径。假设当前对象中心位于原点位置，那么，x、y、z 方向上的最大尺寸值代表对象的直径，而碰撞半径则表示为该直径的 1/2。

（4）根据对象 x、y、z 长度（作为直径）的平均值计算平均半径，最终的半径则为该直径的 1/2。

5.4.3　调整 Object3d 类

GetRadius()函数将被添加至 Object3d 类中，该函数返回对象网格的碰撞半径，如代码清单 5.16 所示。

代码清单 5.16　GetRadius()函数

```
float GetRadius()
{
    if (m_MeshEx != null)
    {
        return m_MeshEx.GetRadius();
    }
    return -1;
}
```

GetScaledRadius()函数返回经对象缩放系数缩放后的、对象的包围/碰撞球体的半径，如代码清单 5.17 所示。因此，被放大原始网络两倍后的对象，其半径将为原始网格半径的两倍。

代码清单 5.17　获取缩放后的 Object3d 网格半径

```
float GetScaledRadius()
{
    float LargestScaleFactor = 0;
    float ScaledRadius = 0;
    float RawRadius = GetRadius();

    Vector3 ObjectScale = m_Orientation.GetScale();

    if (ObjectScale.x > LargestScaleFactor)
    {
        LargestScaleFactor = ObjectScale.x;
    }
```

```
    if (ObjectScale.y > LargestScaleFactor)
    {
        LargestScaleFactor = ObjectScale.y;
    }

    if (ObjectScale.z > LargestScaleFactor)
    {
        LargestScaleFactor = ObjectScale.z;
    }
    ScaledRadius = RawRadius * LargestScaleFactor;
    return ScaledRadius;
}
```

5.4.4　碰撞类型

本节考查两种类型的碰撞，即法线方向的碰撞和穿透碰撞。其中，法线方向的碰撞是指，两个对象的包围球在碰撞阈值范围内以及边界处产生碰撞，如图 5.18 所示。

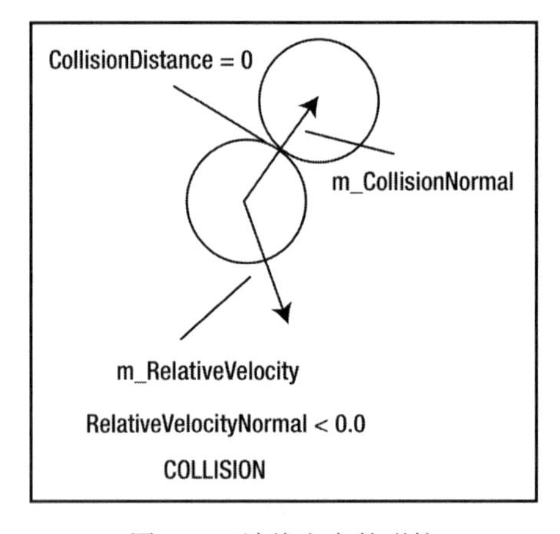

图 5.18　法线方向的碰撞

穿透碰撞是指，两个对象的包围球彼此重叠，且两个球体均向对方运动。由于碰撞法线和相对速度指向不同的方向，因此两个球体彼此相向运动，也就是说，点积小于 0，如图 5.19 所示。

另一种需要考查的情形是，两个包围球重叠，但彼此背向运动。当对象彼此背向运动时，碰撞法线和相对速度间的点积大于或等于 0。该情形并未被视为一种碰撞行为，其原因在于，对象间背向运动，如图 5.20 所示。稍后将对此加以讨论。

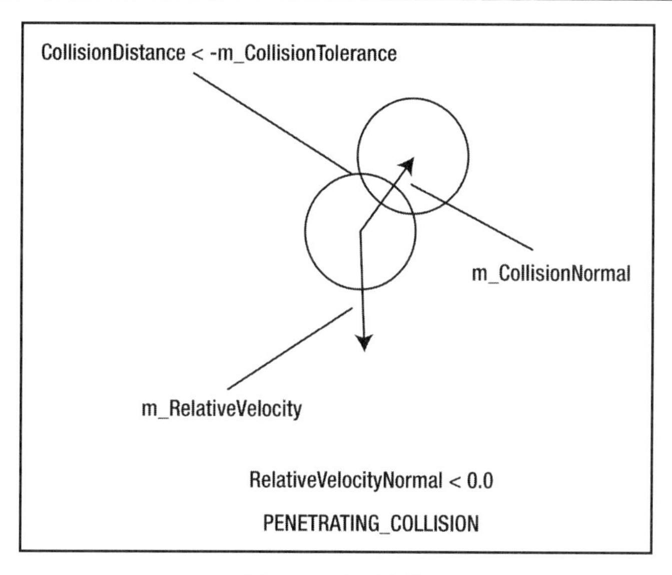

图 5.19　穿透碰撞

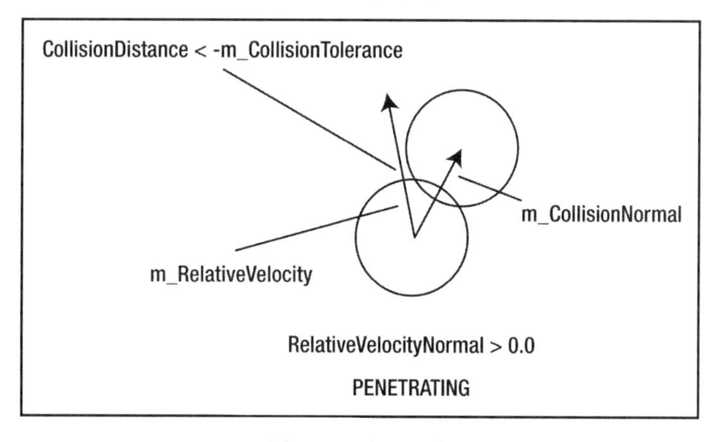

图 5.20　穿透行为

5.4.5　调整 Physics 类

Physics 类涵盖了碰撞检测的主要实现过程，对此，需要向其中添加相关变量和函数。具体来说，Physics 类中加入了 CollisionStatus 枚举值，其中包含碰撞检测的测试结果，对应值如下所示。

- COLLISION：发生碰撞。
- NOCOLLISION：测试对象未产生接触。

- PENETRATING：测试对象彼此穿透，但彼此背向运动，因而被视为未碰撞。
- PENETRATING_COLLISION：测试对象彼此穿透且相向运动，因而被视为碰撞。

对应代码如下所示。

```
enum CollisionStatus
{
    COLLISION,
    NOCOLLISION,
    PENETRATING,
    PENETRATING_COLLISION
}
```

接下来，可针对碰撞阈值添加相应的变量。如果碰撞距离位于-COLLISIONTOLERANCE～COLLISIONTOLERANCE 范围，那么两个对象可被视为彼此碰撞，并返回 COLLISION 值。对应代码如下所示。

```
private float COLLISIONTOLERANCE = 0.1f;
private float m_CollisionTolerance = COLLISIONTOLERANCE;
```

向量 m_CollisionNormal 被定义为某个对象质心和另一个对象质心间的向量，如下所示。

```
private Vector3 m_CollisionNormal;
```

向量 m_RelativeVelocity 表示某个对象与另一个碰撞测试对象间的相对速度的向量，如下所示。

```
private Vector3 m_RelativeVelocity;
```

CheckForCollisionSphereBounding()函数针对两个 3D 对象执行碰撞检测任务，该函数接收两个对象作为输入内容，并返回 CollisionStatus 类型值。CheckForCollisionSphereBounding()函数执行下列步骤以确定碰撞状态。

（1）计算两个对象间的碰撞距离。

（2）计算两个对象间的碰撞法线。

（3）计算沿碰撞法线的两个对象的相对速度。

（4）根据碰撞距离和相对速度（沿碰撞法线）确定碰撞状态。

ImpactRadiusSum 变量表示为 object1 半径和 object2 半径之和。如果碰撞发生于碰撞球体的边界处，则两个对象间的 CollisionDistance 等于 0，且对象质心间的距离为 ImpactRadiusSum，如图 5.21 所示。

CollisionDistance 测量两个对象的碰撞球体边界间的距离，即对象质心间的距离减去 ImpactRadiusSum，如图 5.22 所示。

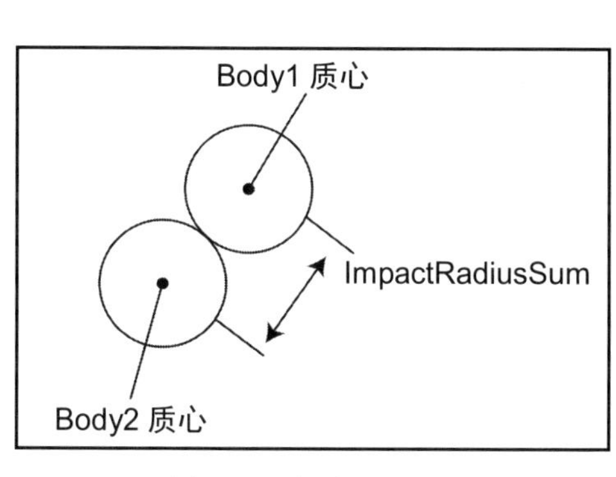

图 5.21　完美碰撞行为

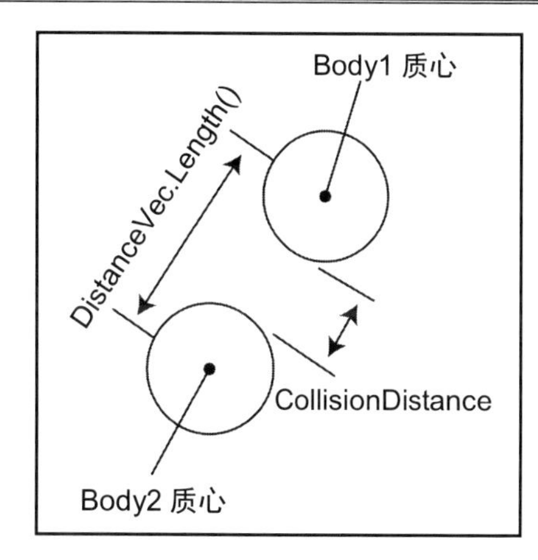

图 5.22　碰撞距离

CollisionNormal 的计算方式可描述为，标准化两个质心间的距离向量。除此之外，还可计算两个对象间的相对速度。通过相对速度向量和碰撞法线向量间的点积，即可计算沿碰撞法线方向上的相对速度值，如图 5.23 所示。

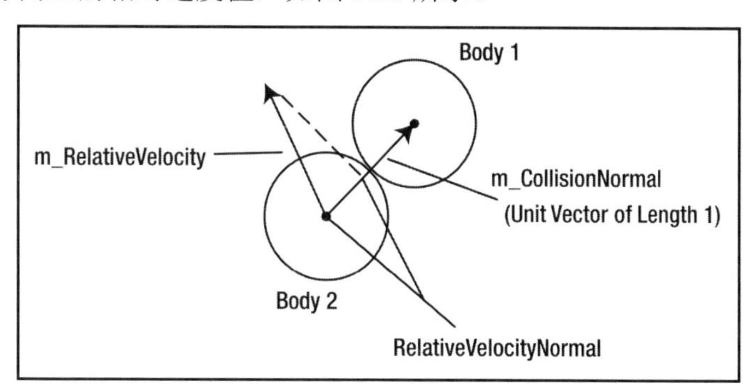

图 5.23　计算碰撞方向

前述内容讨论了碰撞距离和相对速度（沿碰撞法线方向），并得到了所需的全部信息（如果对象碰撞）。具体来说，根据对象距离可知二者是否彼此接触；根据对象沿碰撞法线上的相对速度可知二者彼此间相向运动，如代码清单 5.18 所示。

代码清单 5.18　碰撞检测函数

```
CollisionStatus CheckForCollisionSphereBounding(Object3d body1, Object3d
body2)
{
    Float   ImpactRadiusSum          = 0;
    float   RelativeVelocityNormal = 0;
```

```
    float   CollisionDistance        = 0;
    Vector3 Body1Velocity;
    Vector3 Body2Velocity;
    CollisionStatus retval;

    // 1. Calculate Separation
    ImpactRadiusSum = body1.GetScaledRadius() + body2.GetScaledRadius();

    Vector3 Position1 = body1.m_Orientation.GetPosition();
    Vector3 Position2 =body2.m_Orientation.GetPosition();

    Vector3 DistanceVec = Vector3.Subtract(Position1, Position2);
    CollisionDistance = DistanceVec.Length() - ImpactRadiusSum;

    // 2. Set Collision Normal Vector
    DistanceVec.Normalize();
    m_CollisionNormal = DistanceVec;

    // 3. Calculate Relative Normal Velocity:
    Body1Velocity = body1.GetObjectPhysics().GetVelocity();
    Body2Velocity = body2.GetObjectPhysics().GetVelocity();

    m_RelativeVelocity = Vector3.Subtract(Body1Velocity, Body2Velocity);
    RelativeVelocityNormal = m_RelativeVelocity.DotProduct
(m_CollisionNormal);

    // 4. Test for collision
    if((Math.abs(CollisionDistance) <= m_CollisionTolerance) &&
(RelativeVelocityNormal < 0.0))
    {
        retval = CollisionStatus.COLLISION;
    }
    else
    if ((CollisionDistance < -m_CollisionTolerance) &&
(RelativeVelocityNormal < 0.0))
    {
        retval = CollisionStatus.PENETRATING_COLLISION;
    }
    else
    if (CollisionDistance < -m_CollisionTolerance)
    {
        retval = CollisionStatus.PENETRATING;
    }
```

```
    else
    {
        retval = CollisionStatus.NOCOLLISION;
    }

    return retval;
}
```

5.4.6　碰撞计算

前述内容讨论了两个碰撞对象接触后的作用力计算，根据牛顿第三定律，作用于对象上的作用力大小相等，方向相反。

下列内容展示了所需的 3 个公式。其中，前两个公式表示应用于两个对象上的牛顿第二定律，并使用了反向作用力；第三个公式表示弹力系数或 *e*，表示碰撞的弹性程度。在完全弹性碰撞中，动能将保持守恒且 e=1；而在完全非弹性碰撞中，动能则完全丢失且 e=0。当前，*e* 表示一个比率，即对象碰撞后的最终相对速度与碰撞前的相对速度的比值。这是一种计算碰撞后动能大小的较好方式。

```
Force = mass1 * acceleration1
-Force = mass2 * acceleration2
E = -(V1Final - V2Final) / (V1Initial - V2Initial);
```

利用速度变化变量替代加速度，可得到 3 个方程和 3 个未知项。其中，未知项表示两个对象碰撞后生成的 V1Final、V2Final 和 Force。

```
Force = mass1 * ( V1Final - V1Initial )
-Force = mass2 * ( V2Final - V2Initial )
e = -(V1Final - V2Final) / (V1Initial - V2Initial);
```

针对 V1Final 求解第一个方程，如下所示。

```
Force/mass1 = mass1 * ( V1Final - V1Initial )/mass1
Force/mass1 = V1Final - V1Initial
Force/mass1 + V1Initial = V1Final
```

针对 V2Final 求解第二个方程，如下所示。

```
-Force/mass2 = mass2 * ( V2Final - V2Initial ) / mass2
-Force/mass2 = V2Final - V2Initial
-Force/mass2 + V2Initial = V2Final
```

针对弹力系数或 *e*，将 V1Final 和 V2Final 代入方程中，如下所示。

```
e = -(V1Final-V2Final)/(V1Initial-V2Initial);
-e(V1Initial-V2Initial)=V1Final-V2Final
-e(V1Initial-V2Initial)=Force/mass1+V1Initial-(-Force/mass2+V2Initial )
-e(V1Initial-V2Initial) - V1Initial = Force/mass1 + Force/mass2 - V2Initial
-e(V1Initial-V2Initial) - V1Initial + V2Initial = Force/mass1 + Force/mass2
-e(V1Initial-V2Initial) - V1Initial + V2Initial =(1/mass1 + 1/mass2) Force
```

替代 VRelative = V1initial − V2Initial，如下所示。

```
-e(VRelative) - VRelative = (1/mass1 + 1/mass2) Force
VRelative( -e -1 ) = (1/mass1 + 1/mass2) Force
-VRelative( e + 1 ) = (1/mass1 + 1/mass2) Force
-VRelative( e + 1 ) / (1/mass1 + 1/mass2) = Force
```

因此，作用于对象上的最终作用力如下所示。

```
ForceAction = -VRelative( e + 1 ) / (1/mass1 + 1/mass2)
ForceReaction = - ForceAction
```

5.4.7　最终的 Physics 类

本节将添加相关代码并处理碰撞问题。

Physics 类中的 ApplyLinearImpulse()函数（见代码清单 5.19）负责实现碰撞操作和反作用力计算，该函数包含 3 部分内容，如下所示。

（1）计算沿两个对象碰撞法线方向上的、由碰撞生成的作用力。

（2）计算作用力的向量形式。对此，可使用步骤（1）中计算得到的碰撞作用力，并将其沿着两个对象间的碰撞法线方向上放置。另外，还可通过作用力的逆置结果计算反作用力。

（3）通过 ApplyTranslationalForce()函数，将作用于两个对象上的作用力添加至每个对象上。

代码清单 5.19　ApplyLinearImpulse()函数

```
void ApplyLinearImpulse(Object3d body1, Object3d body2)
{
    float m_Impulse;

    // 1. Calculate the impulse along the line of action of the Collision
    // Normal
    m_Impulse = (-(1+m_CoefficientOfRestitution) * (m_RelativeVelocity.
DotProduct(m_CollisionNormal))) / ((1/body1.GetObjectPhysics().GetMass()
```

```
+ 1/body2.GetObjectPhysics().GetMass()));

    // 2. Apply Translational Force to bodies
    // f = ma;
    // f/m = a;
    Vector3 Force1 = Vector3.Multiply( m_Impulse, m_CollisionNormal);
    Vector3 Force2 = Vector3.Multiply(-m_Impulse, m_CollisionNormal);

    body1.GetObjectPhysics().ApplyTranslationalForce(Force1);
    body2.GetObjectPhysics().ApplyTranslationalForce(Force2);
}
```

5.5　碰撞计算示例

本节将在前述立方体示例的基础上创建另一个立方体，该立方体下落后将与第一个立方体碰撞。最终结果可描述为，两个立方体之间不断地相互碰撞。

5.5.1　调整 MyGLRenderer 类

下面将修改项目中的 MyGLRenderer 类，其中涉及添加相关代码以创建第二个立方体，以及处理两个立方体（即新立方体和前述示例中的立方体）间的碰撞问题。

针对于此，首先必须添加新立方体变量 m_Cube2，如下所示。

```
private Cube m_Cube2;
```

接下来必须创建新立方体，新立方体的创建过程与第一个立方体类似，如代码清单 5.20 所示。

代码清单 5.20　创建新的立方体

```
void CreateCube2(Context iContext)
{
    //Create Cube Shader
    Shader Shader = new Shader(iContext, R.raw.vsonelight, R.raw.
fsonelight); // ok

    MeshEx CubeMesh = new MeshEx(8,0,3,5,Cube.CubeData4Sided, Cube.
CubeDrawOrder);
```

```
    // Create Material for this object
    Material Material1 = new Material();

    // Create Texture
    Texture TexAndroid = new Texture(iContext,R.drawable.ic_launcher);
    Texture[] CubeTex = new Texture[1];
    CubeTex[0] = TexAndroid;

    m_Cube2 = new Cube(iContext,
                        CubeMesh,
                              CubeTex,
                              Material1,
                              Shader);

    // Set Intial Position and Orientation
    Vector3 Axis = new Vector3(0,1,0);
    Vector3 Position = new Vector3(0.0f, 4.0f, 0.0f);
    Vector3 Scale = new Vector3(1.0f,1.0f,1.0f);

    m_Cube2.m_Orientation.SetPosition(Position);
    m_Cube2.m_Orientation.SetRotationAxis(Axis);
    m_Cube2.m_Orientation.SetScale(Scale);

    // Gravity
    m_Cube2.GetObjectPhysics().SetGravity(true);
}
```

另外，onSurfaceCreated()函数也必须被适当调整以生成新的立方体，如代码清单 5.21 所示。

代码清单 5.21　调整 onSurfaceCreated()函数

```
@Override
public void onSurfaceCreated(GL10 unused, EGLConfig config)
{
    m_PointLight = new PointLight(m_Context);
    SetupLights();

    // Create a 3d Cube
    CreateCube(m_Context);

    // Create a Second Cube
```

```
    CreateCube2(m_Context);
}
```

在 onDrawFrame()函数中，第二个立方体的物理属性通过 UpdateObject3d()函数被更新，其中将针对有效的碰撞类型检测两个球体。如果结果为 true，则针对每个对象应用相应的线性作用力，如代码清单 5.22 所示。

代码清单 5.22　修改 onDrawFrame()函数

```
@Override
public void onDrawFrame(GL10 unused)
{
    GLES20.glClearColor(0.0f, 0.0f, 0.0f, 1.0f);
    GLES20.glClear(GLES20.GL_DEPTH_BUFFER_BIT | GLES20.GL_COLOR_BUFFER_BIT);

    m_Camera.UpdateCamera();

     //////////////////////////// Update Object Physics
    // Cube1
    m_Cube.UpdateObject3d();
    boolean HitGround = m_Cube.GetObjectPhysics().GetHitGroundStatus();
    if (HitGround)
    {
        m_Cube.GetObjectPhysics().ApplyTranslationalForce(m_Force1;
        m_Cube.GetObjectPhysics().ApplyRotationalForce(m_Rotational
Force, 10.0f);
        m_Cube.GetObjectPhysics().ClearHitGroundStatus();
    }

     // Cube2
    m_Cube2.UpdateObject3d();

    // Process Collisions
    Physics.CollisionStatus TypeCollision = m_Cube.GetObjectPhysics().
CheckForCollisionSphereBounding(m_Cube, m_Cube2);

    if ((TypeCollision == Physics.CollisionStatus.COLLISION) ||
    (TypeCollision == Physics.CollisionStatus.PENETRATING_COLLISION))
    {
        m_Cube.GetObjectPhysics().ApplyLinearImpulse(m_Cube, m_Cube2);
    }
```

```
    ///////////////////////////////// Draw Objects
    m_Cube.DrawObject(m_Camera, m_PointLight);
    m_Cube2.DrawObject(m_Camera, m_PointLight);
}
```

图 5.24 显示了最终的效果。其中，两个立方体沿垂直 y 轴方向持续碰撞。

图 5.24　两个处于碰撞状态的立方体

5.5.2　牛顿万有引力定律

牛顿万有引力定律认为，宇宙间的万物彼此吸引。例如，假设两个质体之间的距离为 R，Mass2 将向 Mass1 施加作用力 Force；同时，Mass1 也向 Mass2 施加大小相同但方向相反的作用力-Force，如图 5.25 所示。

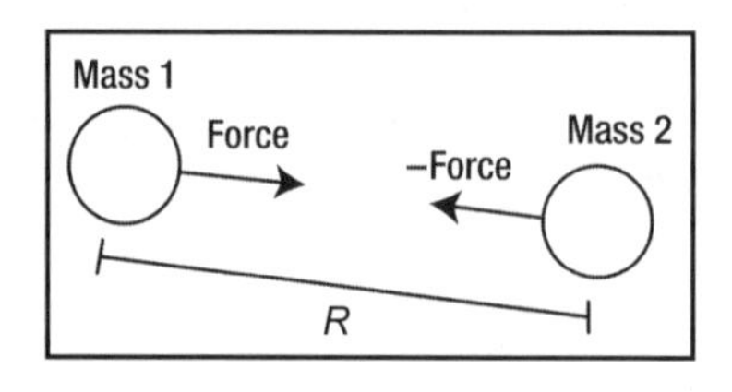

图 5.25　两个质体间彼此吸引

其中，作用力为两个质体的乘积，除以二者间距离的平方，再乘以引力常数，如图 5.26 所示。

$$\text{Force} = G\frac{\text{Mass1} \times \text{Mass2}}{R^2}$$

图 5.26　牛顿万有引力定律

本书将针对图 5.26 中的公式进行适当调整，并采用一种通用形式，即重力网格。重力网格是一种基于牛顿万有引力定律的类似处理方式。重力网格的主要目的将生成一些视觉上令人印象深刻的影响。

5.6　使用顶点着色器创建重力网格

本节将在 5.5 节示例的基础上添加重力网格。重力网格由点格构成，其行为遵循牛顿万有引力定律。也就是说，网格点模拟置于网格中的、互相吸引的质体。重力网格旨在展示立方体运动如何改变重力网格的形状，进而生成某种视觉效果。除此之外，还将向网格中的质体下方放置聚光灯，以强调重力网格质体所导致的变形效果。

5.6.1　修改 Physics 类

当设置聚光灯（该聚光灯位于网格中的对象下方）半径时，需要相应地调整 Physics 类。相应地，变量 m_MassEffectiveRadius 被定义为网格上的对象的半径，如下所示。

```
private float m_MassEffectiveRadius = 10;
// Radius for mass effect on gravity grid
```

函数 GetMassEffectiveRadius()和 SetMassEffectiveRadius()负责检索并设置聚光灯半径，如下所示。

```
float GetMassEffectiveRadius() {return m_MassEffectiveRadius;}
void SetMassEffectiveRadius(float value) { m_MassEffectiveRadius = value;}
```

5.6.2　修改 MeshEx 类

接下来必须向 MeshEx 类中新增加一些代码，以用于绘制直线，而非三角形。

MeshType 是一个新的枚举类型，其中包含了 Triangles 和 Lines 值，如下所示。

```
enum MeshType
{
    Triangles,
    Lines
}
```

此外，我们还定义了一个名为 m_MeshType 的 MeshType 类型的新变量，如下所示。

```
private MeshType m_MeshType;
```

在 MeshEx()构造函数中，默认状态下，绘制的网格类型表示为三角形，如下所示。

```
m_MeshType = MeshType.Triangles;
```

同时，我们还添加了设置和检索绘制的网格类型的相关函数，如下所示。

```
void SetMeshType(MeshType Type){m_MeshType = Type;}
MeshType GetMeshType() {return m_MeshType;}
```

在 DrawMesh()函数中，我们还新增加和更改了实际绘制网格的相关代码，并根据 m_MeshType 值绘制三角形或直线，如代码清单 5.23 所示。

代码清单 5.23　绘制三角形或直线

```
if (m_MeshType == MeshType.Triangles)
{
    GLES20.glDrawElements(GLES20.GL_TRIANGLES,
                          m_DrawListBuffer.capacity(),
                          GLES20.GL_UNSIGNED_SHORT,
                          m_DrawListBuffer);
}
else
if (m_MeshType == MeshType.Lines)
{
    GLES20.glDrawElements(GLES20.GL_LINES,
                          m_DrawListBuffer.capacity(),
                          GLES20.GL_UNSIGNED_SHORT,
                          m_DrawListBuffer);
}
```

5.6.3　GravityGridEx 类

接下来定义新的 GravityGridEx 类，该类表示放置对象的重力网格。

实际的网格对象表示为 MeshEx 类型且定义为 m_LineMeshGrid，如下所示。

```
private MeshEx m_LineMeshGrid;
```

相应地，还必须定义网格的顶点数据。这里，每个顶点的坐标数量为 3，即网格点位置的 *x*、*y*、*z* 值，如下所示。

```
private int m_CoordsPerVertex = 3;
```

在顶点数组中，顶点位置数据的偏移为 0，如下所示。

```
private int m_MeshVerticesDataPosOffset = 0;
```

在顶点数组中，*UV* 坐标的偏移为-1，也就是说，网格未设置纹理，如下所示。

```
private int m_MeshVerticesUVOffset = -1;
```

在顶点数组中，顶点法线的偏移为-1，这意味着，网格未设置顶点法线，如下所示。

```
private int m_MeshVerticesNormalOffset = -1;
```

m_Vertices 数组加载网格的顶点数据，如下所示。

```
private float[] m_Vertices;
```

m_DrawOrder 数组存储 m_Vertices 中加载的顶点的渲染顺序，如下所示。

```
private short[] m_DrawOrder;
```

变量 m_NumberMasses 中加载网格上的质点数量，如下所示。

```
private int m_NumberMasses = 0;
```

变量 MassesIndex 中加载质点数组数据的索引，如下所示。

```
private int MassesIndex = 0;
```

变量 MAX_MASSES 中加载网格上所允许的最大质点数量，如下所示。

```
private int MAX_MASSES = 30;
```

数组 m_MassValues 中加载网格上每个质点的数值，如下所示。

```
private float[] m_MassValues = new float[MAX_MASSES];
```

数组 m_MassLocations 中加载网格上质点的位置值。针对每个质点，对应格式为 *x*、*y*、*z*。因此，数组中每 3 个浮点元素表示一个质点，如下所示。

```
private float[] m_MassLocations = new float[MAX_MASSES*3];
```

数组 m_MassEffectiveRadius 中存储绘制聚光灯的半径值，如下所示。

```
private float[] m_MassEffectiveRadius = new float[MAX_MASSES];
```

针对每个质点，置于网格上的聚光灯颜色以 r、g、b 格式被存储于 m_MassSpotLightColor 数组中。因此，每 3 个浮点数组元素表示为某单个质点的数据，如下所示。

```
private float[] m_MassSpotLightColor = new float[MAX_MASSES*3];
// 3 r,g,b values per mass
```

变量 m_Shader 中加载网格的着色器，如下所示。

```
private Shader m_Shader;
```

变量 m_PositionHandle 中加载着色器中顶点位置变量的链接，如下所示。

```
private int m_PositionHandle;
```

变量 m_GridColor 中加载网格颜色，如下所示。

```
private Vector3 m_GridColor;
```

数组 m_MVPMatrix 中加载着色器中发送至模型-视图-投影矩阵的数值，如下所示。

```
private float[] m_MVPMatrix = new float[16];
```

沿 x 轴向的网格位置边界存储于下列变量中：

```
private float m_XMinBoundary;
private float m_XMaxBoundary;
```

沿 z 轴向的网格位置边界存储于下列变量中：

```
private float m_ZMinBoundary;
private float m_ZMaxBoundary;
```

GravityGridEx()构造函数根据构造函数的输入参数创建网格，具体步骤如下所示。

（1）初始化加载顶点数据的 m_Vertices 数组，即分配足够的内存空间并加载全部顶点数据。

（2）两个嵌套的 for 循环创建网格点，并将其置于 m_Vertices 数组中。其中，外部循环运行网格 z 轴的长度值；内部循环运行网格 x 轴的长度值。

（3）针对实际的网格绘制方法，数组 m_DrawOrder 将索引加载到 m_Vertices 中。该数组的初始化方式可描述为，分配足够的内存空间并加载绘制的每条直线。

（4）数组 m_DrawOrder 通过顶点索引（在它们之间需要有绘制的直线）被填充。考虑到当前将绘制直线，因而两个 m_DrawOrder 项表示为一条直线。这一过程可通过两个循环完成，分别用于网格的水平直线和垂直直线。

（5）利用前述步骤中创建的 m_Vertices 和 m_DrawOrder 数组即可生成实际的网格，并被存储于 m_LineMeshGrid 变量中。

（6）将所绘制的网格类型设置为直线。

（7）调用 ClearMasses()函数将把网格上所有对象的质量值设置为 0。

代码清单 5.24 显示了执行上述步骤的详细代码。

代码清单 5.24　GravityGridEx()构造函数

```
// Creates a grid of lines on the XZ plane at GridHeight height
// of size GridSizeZ by GridSizeX in number of grid points
GravityGridEx(Context iContext,
    Vector3 GridColor,
    float GridHeight,
    float GridStartZValue, float GridStartXValue,
    float GridSpacing,
    int GridSizeZ, int GridSizeX,
    Shader iShader)
{
    m_Context = iContext;
    m_Shader = iShader;
    m_GridColor = GridColor;

    // Set Grid Boundaries
    float NumberCellsX = GridSizeX - 1;
    float NumberCellsZ = GridSizeZ - 1;

    m_XMinBoundary = GridStartXValue;
    m_XMaxBoundary = GridStartXValue + (NumberCellsX * GridSpacing);

    m_ZMinBoundary = GridStartZValue;
    m_ZMaxBoundary = GridStartZValue + (NumberCellsZ * GridSpacing);
    int NumberVertices = GridSizeZ * GridSizeX;
    int TotalNumberCoords = m_CoordsPerVertex * NumberVertices;

    Log.e("GRAVITYGRIDEX" , "TotalNumberCoords = " + TotalNumberCoords);
    m_Vertices = new float[TotalNumberCoords];

    // Create Vertices for Grid
    int index = 0;
    for (float z = 0; z < GridSizeZ; z++)
```

```
{
    for (float x = 0; x < GridSizeX; x++)
    {
        // Determine World Position of Vertex
        float xpos = GridStartXValue + (x * GridSpacing);
        float zpos = GridStartZValue + (z * GridSpacing);

        if (index >= TotalNumberCoords)
        {
            Log.e("GRAVITYGRIDEX" , "Array Out of Bounds ERRROR, Index
>= TotalNumberCoords");
        }
        // Assign Vertex to array
        m_Vertices[index] = xpos; //x coord
        m_Vertices[index + 1] = GridHeight; // y coord
        m_Vertices[index + 2] = zpos;
        // z coord
        // Increment index counter for next vertex
        index = index + 3;
    }
}

// Create DrawList for Grid
int DrawListEntriesX = (GridSizeX-1) * 2;
int TotalDrawListEntriesX = GridSizeZ * DrawListEntriesX;

int DrawListEntriesZ = (GridSizeZ-1) * 2;
int TotalDrawListEntriesZ = GridSizeX * DrawListEntriesZ;

int TotalDrawListEntries = TotalDrawListEntriesX + TotalDrawListEntriesZ;

Log.e("GRAVITYGRIDEX" , "TotalDrawListEntries = " + TotalDrawListEntries);
m_DrawOrder = new short[TotalDrawListEntries];

index = 0;
for (int z = 0; z < GridSizeZ; z++)
{
    // Create Draw List for Horizontal Lines
    for (int x = 0; x < (GridSizeX-1);x++)
    {
        if (index >= TotalDrawListEntries)
        {
```

```
                Log.e("GRAVITYGRIDEX" , "Array Out of Bounds ERRROR-
Horizontal,Index >= TotalDrawListEntries");
            }

            int CurrentVertexIndex = (z*GridSizeX) + x;
            m_DrawOrder[index] = (short)CurrentVertexIndex;
            m_DrawOrder[index + 1]= (short)(CurrentVertexIndex + 1);

            index = index + 2;
        }
    }

    for (int z = 0; z < (GridSizeZ-1); z++)
    {
        // Create Draw List for Vertical Lines
        for (int x = 0; x < (GridSizeX);x++)
        {
            if (index >= TotalDrawListEntries)
            {
                Log.e("GRAVITYGRIDEX" , "Array Out of Bounds ERRROR-
Vertical, Index >= TotalDrawListEntries");
            }

            int CurrentVertexIndex     = (z*GridSizeX) + x;
            int VertexIndexBelowCurrent= CurrentVertexIndex + GridSizeX;

            m_DrawOrder[index]         = (short)CurrentVertexIndex;
            m_DrawOrder[index + 1]     = (short)VertexIndexBelowCurrent;

            index = index + 2;
        }
    }
    // Create Mesh
    m_LineMeshGrid = new MeshEx(m_CoordsPerVertex,
m_MeshVerticesDataPosOffset, m_MeshVerticesUVOffset,
m_MeshVerticesNormalOffset, m_Vertices,m_DrawOrder);
    m_LineMeshGrid.SetMeshType(MeshType.Lines);

    // Clear Value of Masses
    ClearMasses();
}
```

ClearMasses()函数将执行清除 m_MassValues 数组中全部质点构成的网格。考虑到敌方角色这一类质点可能会被摧毁，并从重力网格中移除，因而网格中所有质点的实际清除工作必须针对每一帧更新的操作来执行。针对每一帧更新的操作，仅处于存活状态的质点被加入重力网格中，如代码清单 5.25 所示。

代码清单 5.25　清除网格

```
void ClearMasses()
{
    for (int i = 0; i < MAX_MASSES; i++)
    {
        m_MassValues[i] = 0;
    }
}
```

ResetGrid()函数清除全部质点网格以及其他相关变量（这一类变量用于记录质点数量），如代码清单 5.26 所示。

代码清单 5.26　重置网格

```
void ResetGrid()
{
    // Clears Grid of All Masses
    MassesIndex = 0;
    m_NumberMasses = 0;
    ClearMasses();
}
```

代码清单 5.27 提供了关键网格数据的访问操作，如下所示。

（1）重力网格所允许的最大质点数量。

（2）重力网格中当前质点数量。

（3）重力网格的 *x* 边界。

（4）重力网格的 *z* 边界。

代码清单 5.27　访问关键的网格数据

```
int GetMaxMasses(){return MAX_MASSES;}
int GetNumberMassesOnGrid(){return m_NumberMasses;}
float GetXMinBoundary(){return m_XMinBoundary;}
float GetXMaxBoundary() {return m_XMaxBoundary;}
float GetZMinBoundary(){return m_ZMinBoundary;}
float GetZMaxBoundary(){return m_ZMaxBoundary;}
```

代码清单 5.28 中的 AddMass()函数将向重力网格中添加对象，该函数必须与

ClearMasses()函数结合使用，以确保更新当前重力网格中的全部质点。

代码清单 5.28　向重力网格中添加质点

```
boolean AddMass(Object3d Mass)
{
    boolean result = true;

    int MassLocationIndex       = MassesIndex * 3;
    // each mass has 3 components x,y,z
    int SpotLightLocationIndex = MassesIndex * 3;
    // each spotlight has 3 components r,g,b

    if (m_NumberMasses >= MAX_MASSES)
    {
        result = false;
        return result;
    }

    float[] Color;

    // Add Value of the Mass
    m_MassValues[MassesIndex] = Mass.GetObjectPhysics().GetMass();

    // Add the x,y,z location of the Mass
    m_MassLocations[MassLocationIndex] = Mass.m_Orientation.
GetPosition().x;
    m_MassLocations[MassLocationIndex + 1]= Mass.m_Orientation.
GetPosition().y;
    m_MassLocations[MassLocationIndex + 2]= Mass.m_Orientation.
GetPosition().z;
    MassLocationIndex = MassLocationIndex + 3;

    // Add the Radius of the Spotlight for the Mass
    m_MassEffectiveRadius[MassesIndex] = Mass.GetObjectPhysics().
GetMassEffectiveRadius();

    // Add the SpotLight Color for the mass
    Color = Mass.GetGridSpotLightColor();
    m_MassSpotLightColor[SpotLightLocationIndex] = Color[0];
    m_MassSpotLightColor[SpotLightLocationIndex + 1] = Color[1];
    m_MassSpotLightColor[SpotLightLocationIndex + 2] = Color[2];
    SpotLightLocationIndex = SpotLightLocationIndex + 3;
```

```
    MassesIndex++;
    m_NumberMasses++;

    return result;
}
```

AddMass()函数执行下列操作。

（1）针对新对象计算位置和聚光灯数组索引。

（2）检查重力网格是否已满。若是，则返回 false 值。

（3）将新对象的质量值置于 m_MassValues 数组中。

（4）利用步骤（1）计算得到的索引，将新对象的 *x*、*y*、*z* 位置置于 m_MassLocations 数组中。

（5）将对象的聚光灯半径置于 m_MassEffectiveRadius 数组中。

（6）利用步骤（1）计算得到的索引，将新对象的聚光灯颜色置于 m_MassSpotLightColor 数组中。

代码清单 5.29 中的 AddMasses()函数将 Masses 数组中的 iNumberMasses 对象添加至重力网格中。该函数与代码清单 5.28 中的函数基本相同，只是不是读取一个对象中的数据，而是从数组中读取多个对象。

代码清单 5.29　添加数组中的多个质点

```
boolean AddMasses(int iNumberMasses, Object3d[] Masses)
{
    boolean result = true;

    int MassLocationIndex = MassesIndex * 3;
    // each mass has 3 components x,y,z
    int SpotLightLocationIndex = MassesIndex * 3;
    // each spotlight has 3 components r,g,b

    float[] Color;
    for (int i = 0; i < iNumberMasses; i++)
    {
        if (m_NumberMasses >= MAX_MASSES)
        {
            return false;
        }

        // Add Value of the Mass
```

```
        m_MassValues[MassesIndex] = Masses[i].GetObjectPhysics().
GetMass();

        // Add the x,y,z location of the Mass
        m_MassLocations[MassLocationIndex] = Masses[i].m_Orientation.
GetPosition().x;
        m_MassLocations[MassLocationIndex + 1]= Masses[i].m_Orientation.
GetPosition().y;
        m_MassLocations[MassLocationIndex + 2]= Masses[i].m_Orientation.
GetPosition().z;
        MassLocationIndex = MassLocationIndex + 3;

        // Add the Radius of the Spotlight for the Mass
        m_MassEffectiveRadius[MassesIndex] = Masses[i].GetObjectPhysics().
GetMassEffectiveRadius();

        // Add the SpotLight Color for the mass
        Color = Masses[i].GetGridSpotLightColor();
        m_MassSpotLightColor[SpotLightLocationIndex] = Color[0];
        m_MassSpotLightColor[SpotLightLocationIndex + 1] = Color[1];
        m_MassSpotLightColor[SpotLightLocationIndex + 2] = Color[2];
        SpotLightLocationIndex = SpotLightLocationIndex + 3;

        MassesIndex++;
        m_NumberMasses++;
    }

    return result;
}
```

SetUpShader()函数负责准备顶点着色器以渲染重力网格。该函数执行下列步骤。

（1）激活着色器。

（2）获取位置句柄，该句柄将着色器中的顶点位置变量链接至将顶点数据发送至着色器的主程序中。

（3）设置网格上质点的特定值，如质量、聚光灯半径、质点位置和聚光灯的颜色。

（4）在着色器中设置重力网格的颜色。

（5）在着色器中设置模型-视图-投影矩阵。

代码清单 5.30 显示了上述步骤的详细代码。

代码清单 5.30　针对重力网格设置顶点着色器

```
void SetUpShader()
{
    // Add program to OpenGL environment
    m_Shader.ActivateShader();

    // get handle to vertex shader' s vPosition member
    m_PositionHandle = m_Shader.GetShaderVertexAttributeVariableLocation
("aPosition");

    // Set Gravity Line Variables
    m_Shader.SetShaderUniformVariableValueInt("NumberMasses",
m_NumberMasses);
    m_Shader.SetShaderVariableValueFloatVector1Array("MassValues", MAX_
MASSES, m_MassValues, 0);
    m_Shader.SetShaderVariableValueFloatVector3Array("MassLocations",MAX_
MASSES,m_MassLocations, 0);
    m_Shader.SetShaderVariableValueFloatVector1Array("MassEffectiveRadius",
MAX_MASSES, m_MassEffectiveRadius, 0);
    m_Shader.SetShaderVariableValueFloatVector3Array("SpotLightColor",
MAX_MASSES, m_MassSpotLightColor, 0);

    // Set Color of Line
    m_Shader.SetShaderUniformVariableValue("vColor", m_GridColor);

    // Set View Proj Matrix
    m_Shader.SetShaderVariableValueFloatMatrix4Array("uMVPMatrix", 1,
false, m_MVPMatrix, 0);
}
```

GenerateMatrices()函数根据视图矩阵和投影矩阵构建模型-视图-投影矩阵。考虑到网格无须移动或旋转，因而可省略将模型平移、旋转至场景空间这一步骤，如代码清单 5.31 所示。

代码清单 5.31　生成模型-视图-投影矩阵

```
void GenerateMatrices(Camera Cam)
{
    Matrix.multiplyMM(m_MVPMatrix, 0, Cam.GetProjectionMatrix(), 0,
am.GetViewMatrix(), 0);
}
```

DrawGrid()函数负责生成所需的矩阵、设置渲染所用的顶点着色器，随后绘制重力网格，如代码清单 5.32 所示。

代码清单 5.32　绘制重力网格

```
void DrawGrid(Camera Cam)
{
    // Set up Shader
    GenerateMatrices(Cam);
    SetUpShader();

    // Draw Mesh
    m_LineMeshGrid.DrawMesh(m_PositionHandle, -1, -1);
}
```

5.6.4　创建新的顶点着色器

针对网格对象，需要创建新的顶点着色器，进而调整顶点与 3D 场景间的置入方式。基本上，每个顶点或重力网格点均包含重力（根据网格上的全部质点计算得到），此类作用力的合力将有助于确定每个网格点的最终位置。此外，还将针对每个网格点计算源自全部对象的聚光灯颜色的贡献值，并添加至原始颜色中，如图 5.27 所示。

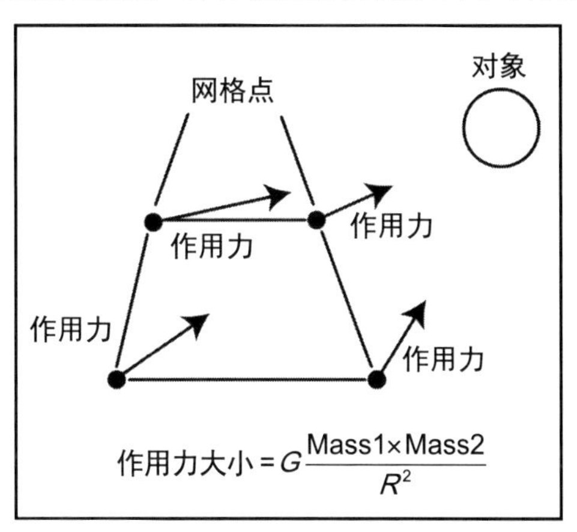

图 5.27　重力网格

接下来将考查实际的重力网格顶点着色器的代码。其中，uMVPMatrix 中加载了模型-视图-投影矩阵，如下所示。

```
uniform mat4 uMVPMatrix;
```

网格顶点位置将从主程序中被发送至 aPosition 变量中，如下所示。

```
attribute vec3 aPosition;
```

代码清单 5.33 中的代码创建了执行下列操作的着色器变量。

（1）网格上当前质点的数量。

（2）网格上的最大质点数量。

（3）网格上全部对象的质量值。

（4）网格上全部对象的位置。

（5）对象下方网格聚光灯的半径。

（6）网格上显示的相关对象的聚光灯颜色。

代码清单 5.33　网格对象信息

```
uniform int NumberMasses;
const int MAX_MASSES = 30;
uniform float MassValues[MAX_MASSES];
uniform vec3 MassLocations[MAX_MASSES];
uniform float MassEffectiveRadius[MAX_MASSES];
uniform vec3 SpotLightColor[MAX_MASSES];
```

vColor 中加载输入着色器中的顶点颜色，如下所示。

```
uniform vec3 vColor;
```

顶点的最终颜色（包括源自聚光灯的颜色）通过 Color 变量被发送至片元着色器中。

```
varying vec3 Color;
```

IntensityCircle()函数返回 0～1 的强度值。其中，圆心处为最大强度值 1；Radius = MaxRadius 处为最小强度值 0，如代码清单 5.34 所示。

代码清单 5.34　聚光灯的强度值

```
float IntensityCircle(float Radius, float MaxRadius)
{
    float retval;
    retval = 1.0 - (Radius/MaxRadius);
    return retval;
}
```

着色器的 main()函数负责执行真实的着色器代码，首先需要创建 NewPos 向量变量，以加载输入的顶点位置，如下所示。

```
vec3 NewPos;
NewPos = aPosition;
```

在代码清单 5.35 的着色器代码中，主循环处理网格上的全部对象，并通过网格上的所有对象确定作用于当前网格顶点上的合力。除此之外，还将根据原始颜色和源自对象的聚光灯颜色的总和来计算顶点的最终颜色。

代码清单 5.35 执行下列各项操作。

（1）通过 ForceMax 变量设置最大作用力。

（2）将网格上全部对象的累计聚光灯颜色初始化为黑色(0,0,0)。

（3）针对网格上的每个处于活动状态的对象（Mass >0），初始化累计聚光灯颜色。

（4）针对顶点的对象计算其方向。

（5）计算对象与顶点间的距离。

（6）利用公式 Force = (MassValues[i] ^ (2.0)) / (R * R)计算引力，该公式近似等于牛顿万有引力定律。其中，两个对象的质量相等且引力常数为 1。

（7）如果顶点与对象间的距离位于对象的聚光灯距离范围内，则通过 IntensityCircle()函数确定顶点的聚光灯颜色。

（8）根据牛顿万有引力定律和 ForceMax，从计算得到的当前作用力中选择最小的作用力。

（9）将该作用力加入当前顶点位置中，进而添加该作用力导致的网格顶点位移。

代码清单 5.35　计算网格点的作用力和颜色

```
// F = G *( M1 * M2)/ (R*R)
// F = m * a
// F/m = a
// Force = (MassOnGravityGrid * MassVertex) / (RadiusBetweenMasses *
// RadiusBetweenMasses);
float Force;
float ForceMax = 0.6; //0.5;
vec3 VertexPos = NewPos;

vec3 MassSpotLightColor = vec3(0,0,0);

for (int i = 0; i < MAX_MASSES; i++)
{
    // If mass value is valid then process this mass for the grid
    if (MassValues[i] > 0.0)
    {
```

```
        vec3 Mass2Vertex = VertexPos - MassLocations[i];
        vec3 DirectionToVertex = normalize(Mass2Vertex);
        vec3 DirectionToMass = -DirectionToVertex;

        float R = length(Mass2Vertex);

        Force = (MassValues[i] * MassValues[i]) / (R * R);

        if (R < MassEffectiveRadius[i])
        {
            float Intensity = IntensityCircle(R, MassEffectiveRadius[i]);
            MassSpotLightColor = MassSpotLightColor + (SpotLightColor[i]
* Intensity);
        }

        Force = min(Force, ForceMax);

        VertexPos = VertexPos + (Force * DirectionToMass);
    }
}
```

通过将模型-视图-投影矩阵乘以 VertexPos 中的顶点位置，可计算保存于 gl_Position 中的最终顶点位置，如下所示。

```
gl_Position = uMVPMatrix * vec4(VertexPos,1);
```

顶点最终颜色 Color 源自顶点的原始颜色 vColor，并加入了重力网格上全部对象的聚光灯颜色累计结果，如下所示。

```
Color = vColor + MassSpotLightColor;
```

5.6.5 调整 MyGLRenderer 类

为了创建并更新重力网格，需要进一步丰富 MyGLRenderer 类中的代码。

最终的重力网格位于 m_Grid 变量中，该变量被定义为一个 GravityGridEx 类，如下所示。

```
private GravityGridEx m_Grid;
```

CreateGrid()函数将实际创建一个 33×33 大小的重力网格，其中的网格直线采用深蓝色表示，如代码清单 5.36 所示。

代码清单 5.36 创建重力网格

```
void CreateGrid(Context iContext)
{
    Vector3 GridColor      = new Vector3(0,0.0f,0.3f);
    float GridHeight       = -0.5f;
    float GridStartZValue = -15;
    float GridStartXValue = -15;
    float GridSpacing      = 1.0f;
    int   GridSizeZ        = 33; // grid vertex points in the z direction
    int   GridSizeX        = 33; // grid vertex point in the x direction

    Shader iShader = new Shader(iContext, R.raw.vsgrid,
    R.raw.fslocalaxis);

    m_Grid = new GravityGridEx(iContext,
                               GridColor,
                               GridHeight,
                               GridStartZValue,
                               GridStartXValue,
                               GridSpacing,
                               GridSizeZ,
                               GridSizeX,
                               iShader);
}
```

在 CreateCube()函数中，必须设置对象生成的网格聚光灯颜色，并设置聚光灯的半径或质量有效半径。在第一个立方体中，聚光灯的颜色为红色且聚光灯的半径为 6，如代码清单 5.37 所示。

代码清单 5.37 在 CreateCube()函数中设置聚光灯

```
Vector3 GridColor = new Vector3(1,0,0);
m_Cube.SetGridSpotLightColor(GridColor);
m_Cube.GetObjectPhysics().SetMassEffectiveRadius(6);
```

在 CreateCube2()函数中，将对象 m_Cube2 的网格聚光灯的颜色设置为绿色，并将聚光灯的半径设置为 6，如代码清单 5.38 所示。

代码清单 5.38 在 CreateCube2()函数中设置另一个对象的聚光灯

```
Vector3 GridColor = new Vector3(0,1,0);
m_Cube2.SetGridSpotLightColor(GridColor);
m_Cube2.GetObjectPhysics().SetMassEffectiveRadius(6);
```

新增一个 UpdateGravityGrid()函数，该函数负责更新重力网格，即重置网格并清除全部质点，随后添加在网格上需要显示的质点。下面添加包含红色聚光灯的第一个立方体对象，如代码清单 5.39 所示。

代码清单 5.39　更新重力网格

```
void UpdateGravityGrid()
{
    // Clear Masses from Grid from Previous Update
    m_Grid.ResetGrid();

    // Add Cubes to Grid
    m_Grid.AddMass(m_Cube);
}
```

在 onSurfaceCreated()函数中，我们加入了 CreateGrid()函数调用，以便在创建 GL 表面时生成新的重力网格，如代码清单 5.40 所示。

代码清单 5.40　修改 onSurfaceCreated()函数

```
@Override
public void onSurfaceCreated(GL10 unused, EGLConfig config)
{
    m_PointLight = new PointLight(m_Context);
    SetupLights();

    // Create a 3d Cube
    CreateCube(m_Context);

    // Create a Second Cube
    CreateCube2(m_Context);

    // Create a new gravity grid
    CreateGrid(m_Context);
}
```

另外，还需必须调整 onDrawFrame()函数，进而更新和绘制重力网格，如代码清单 5.41 所示。

代码清单 5.41　修改 onDrawFrame()函数

```
@Override
public void onDrawFrame(GL10 unused)
{
```

```
    GLES20.glClearColor(0.0f, 0.0f, 0.0f, 1.0f);
    GLES20.glClear( GLES20.GL_DEPTH_BUFFER_BIT | GLES20.GL_COLOR_
BUFFER_BIT);

    m_Camera.UpdateCamera();

    //////////////////////////// Update Object Physics
    // Cube1
    m_Cube.UpdateObject3d();
    boolean HitGround = m_Cube.GetObjectPhysics().GetHitGroundStatus();
    if (HitGround)
    {
        m_Cube.GetObjectPhysics().ApplyTranslationalForce(m_Force1);
        m_Cube.GetObjectPhysics().ApplyRotationalForce
(m_RotationalForce, 10.0f);
        m_Cube.GetObjectPhysics().ClearHitGroundStatus();
    }
    // Cube2
    m_Cube2.UpdateObject3d();

    // Process Collisions
    Physics.CollisionStatus TypeCollision = m_Cube.GetObjectPhysics().
CheckForCollisionSphereBounding(m_Cube, m_Cube2);

    if ((TypeCollision == Physics.CollisionStatus.COLLISION) ||
    (TypeCollision == Physics.CollisionStatus.PENETRATING_COLLISION))
    {
        m_Cube.GetObjectPhysics().ApplyLinearImpulse(m_Cube, m_Cube2);
    }

    ////////////////////////////// Draw Objects
    m_Cube.DrawObject(m_Camera, m_PointLight);
    m_Cube2.DrawObject(m_Camera, m_PointLight);

    //////////////////////////// Update and Draw Grid
    UpdateGravityGrid();
    m_Grid.DrawGrid(m_Camera);
}
```

运行当前程序，对应效果如图 5.28 所示。

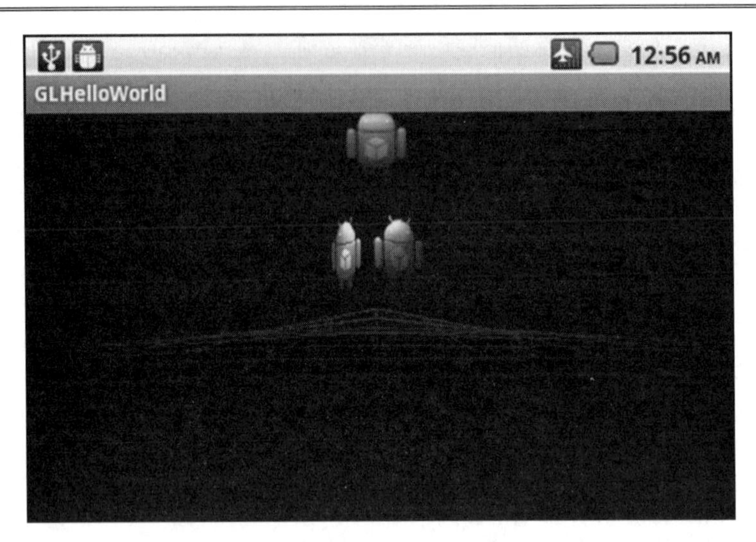

图 5.28　加入一个立方体对象后的重力网格

接下来向重力网格中添加第二个立方体对象。对此，可在 UpdateGravityGrid()函数中添加下列代码行：

```
m_Grid.AddMass(m_Cube2);
```

这将在重力网格中添加第二个立方体对象，如图 5.29 所示。需要注意的是，网格下方的聚光灯颜色发生了变化。由于添加了新的质体，因而网格总体呈现为上升势态。

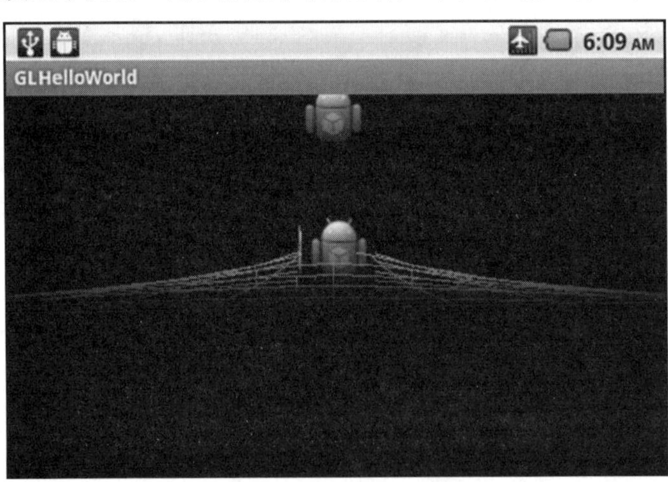

图 5.29　加入两个立方体对象后的重力网格

5.7 本章小结

本章讨论了运动和碰撞行为。首先介绍了线性和角速度、加速度和牛顿运动三定律。随后分别解释了实现对象运动行为的 Physics 类，并通过示例展示了对象上的线性和角作用力。接下来，本章还考查了碰撞检测和碰撞响应。在现有示例的基础上，还添加了另一个立方体对象，以实现两个立方体对象间的持续碰撞。最后，我们设计了遵循牛顿万有引力定律的重力网格，并通过示例对其予以实现和展示。

第 6 章 游 戏 环 境

本章将讨论游戏环境。首先介绍 Android 中声音的创建过程。其间，将自定义 Sound 类，经适当调整后，其他类将与声音对象实现整合，并通过相关示例播放两个立方体相互碰撞时发出的爆炸声音。接下来，本章将探讨如何创建 HUD 及其具体实现所需的新类。相应地，我们还将创建游戏中的头部显示功能。同时，本章还将讨论数据的保存和加载方式，并展示如何向相关类中添加代码以保存和加载类数据。最后，本章通过示例保存 HUD 条目数据，以及两个相互碰撞的立方体对象的方向和物理状态。

6.1 Android 中的声音

本节将讨论 Sound 类，以及 Object3d 类中的变化内容，进而向 3D 对象中添加音效。

6.1.1 Sound 类

Sound 类使用 Android 已有的 SoundPool 类播放和管理声音。m_SoundPool 加载指向现有 SoundPool 对象的引用，该对象加载主声音池，如下所示。

```
private SoundPool m_SoundPool;
```

m_SoundIndex 加载声音池中特定的声音索引，如下所示。

```
private int m_SoundIndex = -1;
```

Sound()构造函数创建一个新的声音对象。声音通过资源 ID 被加载至 SoundPool 对象池中。随后，索引将被返回声音池内新创建的声音中，如代码清单 6.1 所示。

代码清单 6.1 Sound()构造函数

```
Sound(Context iContext, SoundPool Pool, int ResourceID)
{
    m_SoundPool = Pool;
    m_SoundIndex = m_SoundPool.load(iContext, ResourceID, 1);
}
```

当播放一个声音时，左扬声器音量级别 m_LeftVolume 接收 0～1 值，如下所示。

```
float   m_LeftVolume = 1;
```

同样，右扬声器音量级别 m_RightVolume 也接收 0～1 值，如下所示。

```
float   m_RightVolume = 1;
```

对于回放优先级别 m_Priority（在资源有限时十分重要），该数值越大，则优先级更高。

```
int     m_Priority = 1;
```

变量 m_Loop 负责确定声音是否循环播放。其中，负值意味着声音将处于无限循环状态；相应地，正值则指定了声音循环的次数；而 0 值则表示声音不循环播放，如下所示。

```
int     m_Loop = 0;
```

变量 m_Rate 负责确定声音的播放速度。具体来说，1.0 表示正常播放声音，2.0 表示以正常情况下两倍速度播放声音。该变量的值范围为 0.5～2.0。

```
float   m_Rate = 1;
```

PlaySound()函数的声音播放可描述为，调用所关联的声音池的 play()函数，其间需要提供声音索引 m_SoundIndex，以及描述声音播放方式的相关参数。默认状态下，声音将以全部音量（左、右扬声器）和正常速度进行播放，且不会循环播放声音，如代码清单 6.2 所示。

代码清单 6.2　播放声音

```
void PlaySound()
{
    /*
     *  soundID     a soundID returned by the load() function
        leftVolume  left volume value (range = 0.0 to 1.0)
        rightVolume right volume value (range = 0.0 to 1.0)
        priority    stream priority (0 = lowest priority)
        loop        loop mode (0 = no loop, -1 = loop forever)
        rate        playback rate (1.0 = normal playback, range 0.5 to 2.0)
     *
     */
    m_SoundPool.play(m_SoundIndex, m_LeftVolume, m_RightVolume, m_Priority,
m_Loop, m_Rate);
}
```

6.1.2　调整 Object3d 类

Object3d 类必须进行适当的调整以使用新的 Sound 类。

首先必须添加与声音相关的新变量。

变量 MAX_SOUNDS 中加载针对单个 Object3d 类的最大声音数量，如下所示。

```
private int MAX_SOUNDS = 5;
```

变量 m_NumberSounds 中加载当前有效的声音数量，如下所示。

```
private int m_NumberSounds = 0;
```

音效实际上被加载至 m_SoundEffects 数组中，且每个元素均表示为 Sound 类型。关于 Sound 类的更多细节，读者可参考 6.1.1 节。

```
private Sound[] m_SoundEffects = new Sound[MAX_SOUNDS];
```

m_SoundEffectsOn 数组加载布尔值，以使用户可开启或关闭音效，如下所示。

```
private boolean[] m_SoundEffectsOn = new boolean[MAX_SOUNDS];
```

AddSound()函数将 Sound 对象添加至下一个有效槽（slot）处的 m_SoundEffects 数组中。如果操作成功，则返回存储对象的槽号；如果不存在有效的槽，则返回-1，如代码清单 6.3 所示。

代码清单 6.3　添加 Sound 对象

```
int AddSound(Sound iSound)
{
    int Index = m_NumberSounds;

    if (m_NumberSounds >= MAX_SOUNDS)
    {
        return -1;
    }

    m_SoundEffects[Index] = iSound;
    m_NumberSounds++;

    return Index;
}
```

SetSFXOnOff()函数开启或关闭所有与 Object3d 类关联的声音，如代码清单 6.4 所示。

代码清单 6.4　开启或关闭 SFX

```
void SetSFXOnOff(boolean Value)
{
    for (int i = 0; i < m_NumberSounds;i++)
    {
```

```
        m_SoundEffectsOn[i] = Value;
    }
}
```

AddSound()函数从资源 ResourceID 和声音池 Pool 中创建新的 Sound 类对象，并将其添加至加载该类音效的 m_SoundEffects 数组中，如代码清单 6.5 所示。

代码清单 6.5　从资源中创建新的声音

```
int AddSound(SoundPool Pool, int ResourceID)
{
    int SoundIndex = -1;
    Sound SFX = new Sound(m_Context, Pool, ResourceID);
    SoundIndex = AddSound(SFX);

    return SoundIndex;
}
```

PlaySound()函数播放与该类输入参数 SoundIndex 关联的音效。回忆一下，每次将新声音添加至 Object3d 类中时，将返回一个索引句柄，且在播放该声音时，需要将该索引句柄用作 PlaySound()函数的输入内容，如代码清单 6.6 所示。

代码清单 6.6　播放声音

```
void PlaySound(int SoundIndex)
{
    if ((SoundIndex < m_NumberSounds) &&
    (m_SoundEffectsOn[SoundIndex]))
    {
        // Play Sound
        m_SoundEffects[SoundIndex].PlaySound();
    }
    else
    {
        Log.e("OBJECT3D", "ERROR IN PLAYING SOUND, SOUNDINDEX = " +
SoundIndex);
    }
}
```

6.2　音效示例

本节将展示两个立方体对象碰撞时如何添加爆炸音效。其中，每个立方体将包含自身的爆炸音效，并在每次立方体发生碰撞时播放。对于当前示例，读者需要访问 apress.com 的 Source Code/Download 部分下载源代码，并在开发系统中将其安装至新的工作区内。另外，还需要将两个.wav 格式的音效文件添加至项目的 res/raw 目录中。

在当前示例中，需要向 MyGLRenderer 类中添加相关代码。

m_SoundPool 中加载用于存储和播放声音的声音池，如下所示。

```
private SoundPool m_SoundPool;
```

第一个立方体的爆炸音效的声音索引位于 m_SoundIndex1 中，如下所示。

```
private int m_SoundIndex1;
```

相应地，第二个立方体的爆炸音效的声音索引位于 m_SoundIndex2 中，如下所示。

```
private int m_SoundIndex2;
```

m_SFXOn 变量负责确定是否将音效设置为开启/关闭状态，如下所示。

```
private boolean m_SFXOn = true;
```

CreateSoundPool()函数创建声音池，该声音池被用于生成和存储立方体碰撞的声音，如代码清单 6.7 所示。

代码清单 6.7　创建声音池

```
void CreateSoundPool()
{
    int maxStreams = 10;
    int streamType = AudioManager.STREAM_MUSIC;
    int srcQuality = 0;

    m_SoundPool = new SoundPool(maxStreams, streamType, srcQuality);

    if (m_SoundPool == null)
    {
        Log.e("RENDERER " , "m_SoundPool creation
failure!!!!!!!!!!!!!!!!!!!!!!!!!!!!!!!!!!!!!!!!!!!!!!!!!!");
    }
}
```

SoundPool()构造函数接收下列参数。

- maxStreams：表示 SoundPool 对象同步流的最大数量，此处将其设置为 10。
- streamType：表示音频流类型，对于游戏来说通常将其设置为 STREAM_MUSIC。
- srcQuality：表示采样率转换器的质量，当前示例中并未使用该参数，且默认状态下被设置为 0。

CreateSound()函数向立方体中创建和添加一个声音，并使用声音池和特定音效的资源 ID 作为输入内容，如代码清单 6.8 所示。

代码清单 6.8　针对立方体创建声音

```
void CreateSound(Context iContext)
{
    m_SoundIndex1 = m_Cube.AddSound(m_SoundPool, R.raw.explosion2);
    m_Cube.SetSFXOnOff(m_SFXOn);

    m_SoundIndex2 = m_Cube2.AddSound(m_SoundPool, R.raw.explosion5);
    m_Cube2.SetSFXOnOff(m_SFXOn);
}
```

当创建 OpenGL 表面时，通过调用 onSurfaceCreated()函数中的 CreateSoundPool()和 CreateSound()函数，将针对每个立方体生成声音池和音效，如代码清单 6.9 所示。

代码清单 6.9　针对立方体创建声音池和音效

```
@Override
public void onSurfaceCreated(GL10 unused, EGLConfig config)
{
    m_PointLight = new PointLight(m_Context);
    SetupLights();

    // Create a 3d Cube
    CreateCube(m_Context);

    // Create a Second Cube
    CreateCube2(m_Context);

    // Create a new gravity grid
    CreateGrid(m_Context);

    // Create SFX
    CreateSoundPool();
    CreateSound(m_Context);
}
```

接下来必须调整 onDrawFrame()函数，进而播放与每个立方体关联的碰撞声音。其中，每个立方体使用与声音关联的声音索引，并通过 PlaySound()函数播放自身的爆炸音效，如代码清单 6.10 所示。

代码清单 6.10 调整 onDrawFrame()函数

```
@Override
public void onDrawFrame(GL10 unused)
{
    GLES20.glClearColor(0.0f, 0.0f, 0.0f, 1.0f);
    GLES20.glClear(GLES20.GL_DEPTH_BUFFER_BIT | GLES20.GL_COLOR_
BUFFER_BIT);

    m_Camera.UpdateCamera();

    //////////////////////////// Update Object Physics
    // Cube1
    m_Cube.UpdateObject3d();
    boolean HitGround = m_Cube.GetObjectPhysics().GetHitGroundStatus();
    if (HitGround)
    {
        m_Cube.GetObjectPhysics().ApplyTranslationalForce(m_Force1);
        m_Cube.GetObjectPhysics().ApplyRotationalForce
(m_RotationalForce, 10.0f);
        m_Cube.GetObjectPhysics().ClearHitGroundStatus();
    }

    // Cube2
    m_Cube2.UpdateObject3d();

    // Process Collisions
    Physics.CollisionStatus TypeCollision =
    m_Cube.GetObjectPhysics().CheckForCollisionSphereBounding(m_Cube,
m_Cube2);

    if ((TypeCollision == Physics.CollisionStatus.COLLISION)||
        (TypeCollision == Physics.CollisionStatus.PENETRATING_COLLISION))
    {
        m_Cube.GetObjectPhysics().ApplyLinearImpulse(m_Cube, m_Cube2);
        // SFX
        m_Cube.PlaySound(m_SoundIndex1);
        m_Cube2.PlaySound(m_SoundIndex2);
    }

    //////////////////////////////// Draw Objects
    m_Cube.DrawObject(m_Camera, m_PointLight);
    m_Cube2.DrawObject(m_Camera, m_PointLight);
```

```
    ///////////////////////////// Update and Draw Grid
    UpdateGravityGrid();
    m_Grid.DrawGrid(m_Camera);
}
```

最后，运行当前项目程序，当每次立方体彼此发生碰撞时，可听到碰撞声音的播放效果。

6.3　HUD 概述

本节讨论基本的 HUD 特性，以及实现 HUD 的相关类。

6.3.1　HUD

HUD 由 HUDItem 类组件构成。针对每个 HUD 条目，实际的图形则表示为实现了 2D 广告牌系统的 BillBoard 类。在广告牌机制中，包含 HUD 中显示的图像的矩形（如积分榜和玩家的健康状态）置于相机前方并朝向相机，以使图形呈现为扁平状态，如图 6.1 所示。通过直接将新的图形数据复制至与 HUD 关联的纹理，即可更新 HUD 条目。

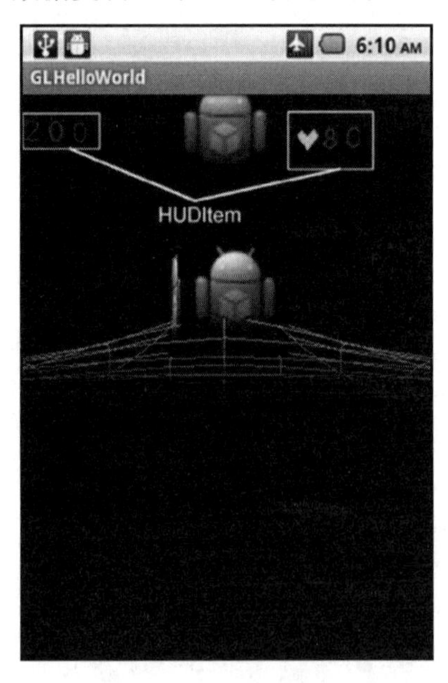

图 6.1　HUD 示意图

6.3.2 创建 BillBoard 类

在广告牌机制中，基本操作包括使用 2D 矩形图像并翻转该图像，以使其朝向相机。总体来说，这是一种 2D 图像模拟三维效果的“廉价”方式。BillBoard 类实现了广告牌机制，稍后将对此加以讨论。

BillBoard 类继承自 Cube 类，后者则继承自 Object3d 类。

```
public class BillBoard extends Cube
```

代码清单 6.11 显示了 BillBoard 类的构造函数，该构造函数首先调用超类 Cube 的构造函数。随后，广告牌的缩放效果在 *x*、*y* 轴上被设置为正常状态，而在 *z* 轴上则被设置为最小化状态，进而最小化广告牌的厚度。

代码清单 6.11　BillBoard 类的构造函数

```
BillBoard(Context iContext,
     MeshEx iMeshEx,
    Texture[] iTextures,
    Material iMaterial,
    Shader iShader )
{
    super(iContext, iMeshEx, iTextures, iMaterial, iShader );
    Vector3 Scale = new Vector3(1.0f,1.0f,0.1f);
    m_Orientation.SetScale(Scale);
}
```

在 SetBillBoardTowardCamera()函数中，广告牌将朝向相机或观察者。

实现广告牌机制的具体步骤如下所示。

（1）获取广告牌对象的前向向量 ForwardVecProj，并将其置于 *xz* 平面上。

（2）获取广告牌位置 BillBoardPositionProj，并将其置于 *xz* 平面上。

（3）获取相机位置 CameraPositionProj，并将其置于 *xz* 平面上。

（4）计算广告牌和相机间的向量 Bill2CameraVecProj。

（5）计算广告牌前向向量和相机间的角度 Theta。

（6）计算旋转轴，即计算广告牌前向向量与广告牌-相机向量间的叉积进而形成旋转轴。

（7）将广告牌旋转至相机。

图 6.2 显示了上述各项步骤图形效果，代码清单 6.12 则实现了广告牌机制。

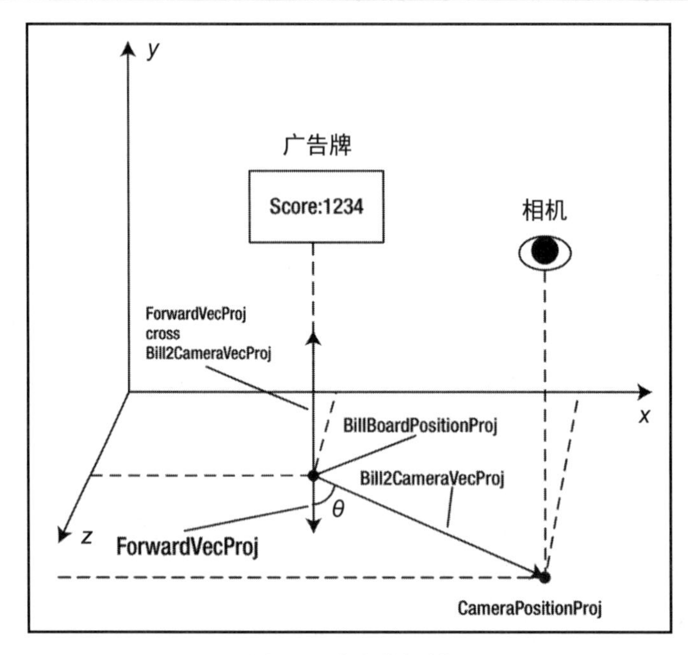

图 6.2　广告牌机制

代码清单 6.12　实现广告牌机制

```
void SetBillBoardTowardCamera(Camera Cam)
{
    // 1. Get Front Vector of Billboard Object projected on xz plane
    Vector3 ForwardVecProj = new Vector3(m_Orientation.
GetForwardWorldCoords().x, 0, m_Orientation.GetForwardWorldCoords().z);
    // 2. Get The BillBoard Position projected on xz plane
    Vector3 BillBoardPositionProj = new Vector3(m_Orientation.
GetPosition().x, 0, m_Orientation.GetPosition().z);
    // 3. Get Position of Camera on 2d XZ Plane
    Vector3 CameraPositionProj = new Vector3(Cam.GetCameraEye().x, 0,
Cam.GetCameraEye().z);

    // 4. Calculate Vector from Billboard to Camera
    Vector3 Bill2CameraVecProj = Vector3.Subtract(CameraPositionProj,
BillBoardPositionProj);
    Bill2CameraVecProj.Normalize();

    // 5. Find Angle between forward of Billboard object and camera
    // P = forwardxy
```

```
    // Q = Vec_Bill_Camera
    // P and Q are normalized Vectors
    // P.Q = P*Q*cos(theta)
    // P.Q/P*Q = cos(theta)
    // acos(P.Q/P*Q) = theta;

    // P.Q > 0 then angle between vectors is less than 90 deg
    // P.Q < 0 then angle between vectors is greater than 90 deg.
    // P.Q = 0 then angle between vector is exactly 90 degs.
    // Get current theta
    // returns 0-PI radians
    float Theta = (float)Math.acos(ForwardVecProj.DotProduct
(Bill2CameraVecProj));
    float DegreeTheta = Theta * 180.0f/Physics.PI;

    // 6. Cross Product to form rotation axis
    Vector3 RotAxis = Vector3.CrossProduct(ForwardVecProj,
Bill2CameraVecProj);

    // 7. Rotate BillBoard Toward Camera
    // cos in radians
    if ((Math.cos(Theta) < 0.9999) && (Math.cos(Theta) > -0.9999))
    {
        m_Orientation.SetRotationAxis(RotAxis);
        m_Orientation.AddRotation(DegreeTheta);
    }
    else
    {
        // Log.e("BILLBOARD","No Cylindrical Rotation!!,Theta =" + Theta);
    }
}
```

最后，持续调用 UpdateObject3d()函数以更新广告牌的方向，其中调用了代码清单 6.13 中的 SetBillBoardTowardCamera()函数。

代码清单 6.13　更新广告牌

```
void UpdateObject3d(Camera Cam)
{
    super.UpdateObject3d();
    SetBillBoardTowardCamera(Cam);
}
```

6.3.3　创建 BillBoardFont 类

BillBoardFont 类用于将特定的字符关联至广告牌纹理图像中。

BillBoardFont 类继承自 BillBoard 类，如下所示。

```
public class BillBoardFont extends BillBoard
```

变量 m_Character 用于加载表示广告牌纹理的字符数字值。

```
private char m_Character;
```

代码清单 6.14 显示了 BillBoardFont()构造函数。其间首先调用超类的构造函数，即 BillBoard 类的构造函数；随后，广告牌显示的字符在变量 m_Character 中被设置。

代码清单 6.14　BillBoardFont()构造函数

```
BillBoardFont(Context iContext, MeshEx iMeshEx, Texture[] iTextures,
Material iMaterial, Shader iShader, char Character)
{
     super(iContext, iMeshEx, iTextures, iMaterial, iShader );
    m_Character = Character;
}
```

GetCharacter()函数返回广告牌关联的字符，如下所示。

```
char GetCharacter() {return m_Character;}
```

SetCharacter()函数设置与当前广告牌关联的字符，如下所示。

```
void SetCharacter(char value) { m_Character = value;}
```

如果输入参数值为广告牌纹理显示的字母、数字字符，则 IsFontCharacter()函数返回 true；否则返回 false，如代码清单 6.15 所示。

代码清单 6.15　测试字符值

```
boolean IsFontCharacter(char value)
{
    if (m_Character == value)
    {
        return true;
    }
    else
    {
```

```
        return false;
    }
}
```

6.3.4　调整 Texture 类

接下来将调整 Texture 类并添加新的函数。

CopySubTextureToTexture()函数将输入参数 BitmapImage 中的纹理复制至与 Texture 对象关联的位图中，旨在更新 HUD 上的数据，如积分榜、健康状态值等。其中，每个在 HUD 上显示的字母和数字均包含与其关联的单独图形位图。例如，积分榜的 HUD 条目包含了与其关联的广告牌纹理。当积分榜更新时，其位图将通过 CopySubTextureToTexture()函数被复制至广告牌纹理中，并被置于位图的 XOffset、YOffset 位置处，如代码清单 6.16 所示。

代码清单 6.16　复制纹理

```
void CopySubTextureToTexture(int Level, int XOffset, int YOffset, Bitmap
BitmapImage)
{
    // Copies the texture in BitmapImage to the bitmap associated with this
    // Texture object
    /*
    public static void texSubImage2D (int target, int level, int xoffset,
int yoffset,Bitmap bitmap)
    Added in API level 1
    Calls glTexSubImage2D() on the current OpenGL context. If no context
is current the behavior is the same as calling glTexSubImage2D() with no
current context, that is, eglGetError() will return the appropriate error.
Unlike glTexSubImage2D() bitmap cannot be null and will raise an exception
in that case. All other parameters are identical to those used for
glTexSubImage2D().
    */
    ActivateTexture();
    GLUtils.texSubImage2D(GLES20.GL_TEXTURE_2D, Level, XOffset, YOffset,
BitmapImage);
    CheckGLError("GLUtils.texSubImage2D");
}
```

6.3.5　创建 BillBoardCharacterSet 类

BillBoardCharacterSet 类加载 HUD 所用字符的字体。其中，Settext()函数负责设置要显示的文本，随后可通过 RenderToBillBoard()函数将该文本置于 BillBoard 输入对象的纹理中。

在当前字符集中，最大字符数量由 MAX_CHARACTERS 指定，如下所示。

```
static int MAX_CHARACTERS = 50;
```

m_NumberCharacters 加载字符集中实际的字符数量，如下所示。

```
private int m_NumberCharacters = 0;
// Number characters in the character set
```

字符集自身由 BillBoardFont 数组构成，如下所示。

```
private BillBoardFont[] m_CharacterSet = new BillBoardFont
[MAX_CHARACTERS];
```

当调用 Settext()函数时，置于广告牌上的文本将被存储于 m_Text 中，即长度为 MAX_CHARACTERS_TEXT 的字符数组，如下所示。

```
private int MAX_CHARACTERS_TEXT = 100;
private char[] m_Text = new char[MAX_CHARACTERS_TEXT];
```

BillBoardFont 对象（对应于 m_Text 中的字符）被存储于 m_TextBillBoard 中，如下所示。

```
private BillBoardFont[] m_TextBillBoard = new BillBoardFont
[MAX_CHARACTERS_TEXT];
```

GetNumberCharactersInSet()函数返回字符集中的当前字符数量，如下所示。

```
int GetNumberCharactersInSet() {return m_NumberCharacters;}
```

GetCharacter()函数返回与字符集（位于 index 处）关联的 BillBoardFont 对象，如代码清单 6.17 所示。

代码清单 6.17　GetCharacter()函数

```
BillBoardFont GetCharacter(int index)
{
    BillBoardFont Font = null;

    if (index < m_NumberCharacters)
    {
        Font = m_CharacterSet[index];
    }

    return Font;
}
```

GetFontWidth()函数获取表示字符集字符的位图宽度，如代码清单 6.18 所示。

代码清单 6.18　获取字体宽度

```
int GetFontWidth()
{
    int Width = 0;
    if (m_NumberCharacters > 0)
    {
        BillBoardFont Character = m_CharacterSet[0];
        Texture Tex = Character.GetTexture(0);
        Bitmap Image = Tex.GetTextureBitMap();
        Width = Image.getWidth();
    }

    return Width;
}
```

GetFontHeight()函数返回字符集的字符位图的高度，如代码清单 6.19 所示。

代码清单 6.19　获取字体高度

```
int GetFontHeight()
{
    int Height = 0;
    if (m_NumberCharacters > 0)
    {
        BillBoardFont Character = m_CharacterSet[0];
        Texture Tex = Character.GetTexture(0);
        Bitmap Image = Tex.GetTextureBitMap();
        Height = Image.getHeight();
    }

    return Height;
}
```

AddToCharacterSet()函数向字符集中添加 BillBoardFont 对象。如果添加成功，该函数返回 true；如果空间不足，则该函数返回 false，如代码清单 6.20 所示。

代码清单 6.20　向字符集中添加 BillBoardFont 对象

```
boolean AddToCharacterSet(BillBoardFont Character)
{
    if (m_NumberCharacters < MAX_CHARACTERS)
    {
```

```
        m_CharacterSet[m_NumberCharacters] = Character;
        m_NumberCharacters++;
        return true;
    }
    else
    {
        Log.e("BILLBOARD CHARACTER SET" , "NOT ENOUGH ROOM TO ADD ANOTHER
CHARACTER TO CHARACTER SET");
        return false;
    }
}
```

FindBillBoardCharacter()函数在字符集中查找输入字符。如果找到相应的字符，则返回对应的 BillBoardFont 对象；否则返回 null，如代码清单 6.21 所示。

代码清单 6.21　搜索字符集

```
BillBoardFont FindBillBoardCharacter(char character)
{
    BillBoardFont Font = null;
    for (int i = 0; i < m_NumberCharacters; i++)
    {
        if (m_CharacterSet[i].IsFontCharacter(character))
        {
            Font = m_CharacterSet[i];
        }
    }
    return Font;
}
```

SetText()函数将字符数组转换为对应的 BillBoardFont 对象数组（存储于 m_TextBillBoard 数组中），如代码清单 6.22 所示。

代码清单 6.22　设置渲染文本

```
void SetText(char[] Text)
{
    String TextStr = new String(Text);
    TextStr = TextStr.toLowerCase();
    m_Text = TextStr.toCharArray();

    for (int i = 0; i < m_Text.length; i++)
    {
        BillBoardFont Character = FindBillBoardCharacter(m_Text[i]);
```

```
        if (Character != null)
        {
            m_TextBillBoard[i] = Character;
        }
        else
        {
            Log.e("CHARACTER SET ERROR" , "SETTEXT ERROR , " + m_Text[i]
+ "NOT FOUND!!!!!");
        }
    }
}
```

DrawFontToComposite()函数将 BillBoardFont 对象 Obj 中的位图图像复制至 BillBoard 对象 Composite 的位图图像中，对应的起始位置为 *X* 和 *Y*。此外，还将对 Composite 变量中的目标纹理的宽度进行测试，以确保源纹理与目标纹理匹配，如代码清单 6.23 所示。

代码清单 6.23　将字符集中的字体绘制至 BillBoard 对象中

```
void DrawFontToComposite(BillBoardFont Obj, int X, int Y, BillBoard
Composite)
{
    Texture TexSource = Obj.GetTexture(0);
    Bitmap BitmapSource = TexSource.GetTextureBitMap();
    int BitmapSourceWidth = BitmapSource.getWidth();

    Texture TexDest = Composite.GetTexture(0);
    Bitmap BitmapDest = TexDest.GetTextureBitMap();
    int BitmapDestWidth = BitmapDest.getWidth();

    // Put Sub Image on Composite
    int XEndTexture = X + BitmapSourceWidth;
    if (XEndTexture >= BitmapDestWidth)
    {
        Log.e("BillBoardCharacterSet::DrawFontToComposite", "ERROR
Overwriting Dest Texture, Last X Position To Write = " + XEndTexture + ",
Max Destination Width = " + BitmapDestWidth);
    }
    else
    {
        TexDest.CopySubTextureToTexture(0, X, Y, BitmapSource);
    }
}
```

RenderToBillBoard()函数将 SetText()函数设置的文本渲染至 Composite 输入变量中的

位图纹理中，对应位置为位图上的 XOffset 和 YOffset。其中，(0,0)表示纹理的左上角位置。通过 DrawFontToComposite()函数，每个字符图形将在 Composite 上被绘制，如代码清单 6.24 所示。

代码清单 6.24　将文本渲染至广告牌上

```
void RenderToBillBoard(BillBoard Composite, int XOffset, int YOffset)
{
    int Length = m_Text.length;
    for (int i = 0; i < Length; i++)
    {
        BillBoardFont Character = m_TextBillBoard[i];
        if (Character != null)
        {
            // Draw this font to the composite by copying the bitmap image data
            Texture Tex = Character.GetTexture(0);
            Bitmap Image = Tex.GetTextureBitMap();
            int Width = Image.getWidth();
            int XCompositeOffset = XOffset + (Width * i);

            DrawFontToComposite(Character, XCompositeOffset, YOffset,
Composite);
        }
    }
}
```

6.3.6　创建 HUDItem 类

HUDItem 类加载单个 HUD 条目数据，如积分榜或健康统计值。如果 HUDItem 处于使用状态且有效，则 m_ItemValid 被定义为 true；否则，m_ItemValid 将被定义为 false。

```
private boolean m_ItemValid;
```

m_ItemName 中加载用于引用 HUD 条目的名称。

```
private String m_ItemName;
```

m_NumericalValue 中加载与 HUD 条目关联的数字值（如果存在）。

```
private int m_NumericalValue;
```

m_TextValue 中加载与 HUD 条目关联的文本值（如果存在）。

```
private String m_TextValue = null;
```

局部 HUD 坐标中的 HUD 条目位置对应于相机视图中心位置 x=0 和 y=0。

```
private Vector3 m_ScreenPosition;
```

m_Text 变量加载与 HUD 条目关联的文本和文本字符图形（如果存在）。

```
private BillBoardCharacterSet m_Text;
```

m_Icon 变量加载与 HUD 条目关联的图标（如果存在）。例如，健康统计值采用了心形图标。

```
private Texture m_Icon;
```

m_HUDImage 变量存储 HUD 条目的实际的完整图形图像。针对 HUD 上的最终显示，字母-数字字符和图形图标将被复制至广告牌上。

```
private BillBoard m_HUDImage;
```

如果 m_Dirty 为 true，则必须更新 m_HUDImage 广告牌，此时相关条目的值已发生变化。例如，玩家的积分榜已发生变化。

```
private boolean m_Dirty = false;
```

如果 HUD 条目处于可见状态，则 m_IsVisible 为 true；否则，m_IsVisible 将为 false。

```
private boolean m_IsVisible = true;
```

除此之外，还存在一些函数提供了可从类外部访问 private 变量。对此，读者可访问 apress.com 的 Source Code/Download 部分中的实际代码以了解更多信息。

代码清单 6.25 显示了 HUDItem 类的构造函数。

代码清单 6.25　HUDItem 类的构造函数

```
HUDItem(String ItemName,
        int NumericalValue,
        Vector3 ScreenPosition,
        BillBoardCharacterSet Text,
        Texture Icon,
        BillBoard HUDImage)
{
        m_ItemName = ItemName;
        m_NumericalValue= NumericalValue;
        m_ScreenPosition= ScreenPosition;
        m_Text = Text;
        m_Icon = Icon;
        m_HUDImage= HUDImage;
}
```

6.3.7　创建 HUD 类

本节将创建实际的 HUD 类进而显示 HUD。

变量 MAX_HUDITEMS 加载 HUD 中的最大条目数量，此处该条目数量被设置为 10，如下所示。

```
private int MAX_HUDITEMS = 10;
```

m_HUDItems 数组用于加载 HUD 的条目，如下所示。

```
private HUDItem[] m_HUDItems = new HUDItem[MAX_HUDITEMS];
```

m_BlankTexture 中加载由黑色背景构成的空纹理，如下所示。

```
private Texture m_BlankTexture;
```

代码清单 6.26 显示了 HUD()构造函数，该构造函数创建并加载源自 R.drawable.blankhud 资源的空纹理，并将其赋予 m_BlankTexture。所有的 HUD 条目槽（slot）通过空条目被初始化并被设置为无效状态。

代码清单 6.26　HUD()构造函数

```
HUD(Context iContext)
{
    m_BlankTexture = new Texture(iContext, R.drawable.blankhud);

    String  ItemName = "NONE";
    int     NumericalValue= 0;
    Vector3 ScreenPosition= null;

    BillBoardCharacterSet CharacterSet = null;
    Texture Icon = null;
    BillBoard HUDImage = null;

    // Initialize m_HUDItems
    for (int i = 0; i < MAX_HUDITEMS; i++)
    {
       m_HUDItems[i] = new HUDItem(ItemName, NumericalValue, ScreenPosition,
CharacterSet,Icon, HUDImage);
       m_HUDItems[i].SetItemValidState(false);
    }
}
```

FindEmptyHUDItemSlot()函数查找并返回空 HUD 条目槽的索引，如果查找没有可用的槽，则返回-1，如代码清单 6.27 所示。

代码清单 6.27　查找空 HUD 条目槽

```
int FindEmptyHUDItemSlot()
{
    int EmptySlot = -1;
    for (int i = 0; i < MAX_HUDITEMS; i++)
    {
        if (m_HUDItems[i].IsValid() == false)
        {
            return i;
        }
    }
    return EmptySlot;
}
```

AddHUDItem()函数向 HUD 中添加新的条目，该条目被设置为有效的 HUD 条目，同时还被设置为“脏”状态，其原因在于，该新条目在被添加后必须在 HUD 上对其进行渲染，如代码清单 6.28 所示。

代码清单 6.28　添加新的 HUD 条目

```
boolean AddHUDItem(HUDItem Item)
{
    boolean result = false;

    int EmptySlot = FindEmptyHUDItemSlot();
    if (EmptySlot >= 0)
    {
        m_HUDItems[EmptySlot] = Item;
        m_HUDItems[EmptySlot].SetItemValidState(true);
        m_HUDItems[EmptySlot].SetDirty(true);
        result = true;
    }
    return result;
}
```

FindHUDItem()函数返回以 ID 作为名称的 HUD 条目的索引，如果此类条目不存在，则返回-1，如代码清单 6.29 所示。

代码清单 6.29　利用 ID 查找 HUD 上的条目

```
int FindHUDItem(String ID)
{
    int Slot = -1;
    for (int i = 0; i < MAX_HUDITEMS; i++)
    {
        if ((m_HUDItems[i].GetName() == ID) &&
            (m_HUDItems[i].IsValid()))
        {
            Slot = i;
        }
    }
    return Slot;
}
```

如果 HUD 中存在包含名称 ItemID 的条目，则 GetHUDItem()函数返回一个 HUDItem 对象；如果 HUD 中不存在此类条目，则返回空指针，如代码清单 6.30 所示。

代码清单 6.30　通过条目 ID 检索一个 HUD 条目

```
HUDItem GetHUDItem(String ItemID)
{
    HUDItem Item = null;
    int Slot = FindHUDItem(ItemID);
    if (Slot >= 0)
    {
        Item = m_HUDItems[Slot];
    }
    return Item;
}
```

DeleteHUDItem()函数从 HUD 中删除名为 ItemName 的 HUD 条目。如果 HUD 条目存在，则可将其状态设置为无效，随后返回 true；如果 HUD 条目不存在，则该函数将返回 false，如代码清单 6.31 所示。

代码清单 6.31　删除 HUD 中的条目

```
boolean DeleteHUDItem(String ItemName)
{
    boolean result = false;
    int Slot = FindHUDItem(ItemName);
    if (Slot >= 0)
    {
```

```
        m_HUDItems[Slot].SetItemValidState(false);
        result = true;
    }
    return result;
}
```

UpdateHUDItemNumericalValue()函数查找并更新与ID匹配的HUD条目的数字值，此外还将“脏”状态设置为true，以便更新后的图形数据将被复制至与HUD条目关联的m_HUDImage广告牌纹理中，如代码清单6.32所示。

代码清单6.32 更新数字化的HUD条目

```
void UpdateHUDItemNumericalValue(String ID, int NumericalValue)
{
    int Slot = FindHUDItem(ID);
    HUDItem HItem = m_HUDItems[Slot];
    if (HItem != null)
    {
        // Update Key fields in HUDItem
        HItem.SetNumericalValue(NumericalValue);
        HItem.SetDirty(true);
    }
}
```

UpdateHUDItem()函数利用相机Cam更新HUD条目Item，如下所示。

（1）HUD条目的场景位置根据相机的位置、方向和HUD条目的局部HUD坐标计算。在局部坐标系中，$x = 0$ 和 $y = 0$ 表示相机视点的中心位置。因此，局部坐标(1,2)意味着HUD条目被置于中心右侧1个单位位置处，以及中心上方2个单位位置处。$z = 0$ 则表示HUD条目被置于近投影平面位置处，这可能使得条目处于不可见状态，因而需要设置一个正值，如0.5。

（2）如果HUD条目处于“脏”状态，其广告牌纹理将被更新，即与HUDItem对象关联的广告牌纹理（更新后的m_HUDImage）。

（3）通过在其上复制空纹理，m_HUDImage将被清除。

（4）如果存在与HUD条目关联的图标，则该图标被复制至m_HUDImage中。

（5）HUD条目的数字值被渲染至m_HUDImage中。

（6）如果存在与HUD条目关联的字符串值，则该字符串值将被渲染至m_HUDImage中。

（7）HUD条目已被更新为“清除”，因此，它不再被设置为“脏”状态。

（8）通过步骤（1）中计算的位置，HUD条目将被置于当前场景中。

（9）m_HUDImage 的 UpdateObject3d()函数将被调用，以便广告牌被翻转并朝向相机。对应的源代码如代码清单 6.33 所示。

代码清单 6.33　更新 HUD 条目

```
void UpdateHUDItem(Camera Cam, HUDItem Item)
{
    // Update HUDItem position and rotation in the 3d world
    // to face the camera.
    Vector3 PositionLocal = Item.GetLocalScreenPosition();
    Vector3 PositionWorld = new Vector3(0,0,0);

    Vector3 CamPos = new Vector3(Cam.GetCameraEye().x,
Cam.GetCameraEye(). y, Cam.GetCameraEye().z);
    Vector3 CameraForward = Cam.GetOrientation().
GetForwardWorldCoords();
    Vector3 CameraUp = Cam.GetOrientation().GetUpWorldCoords();
    Vector3 CameraRight = Cam.GetOrientation().GetRightWorldCoords();

    // Local Camera Offsets
    Vector3 CamHorizontalOffset = Vector3.Multiply(PositionLocal.x,
CameraRight);
    Vector3 CamVerticalOffset = Vector3.Multiply(PositionLocal.y,
CameraUp);

    float ZOffset = Cam.GetProjNear() + PositionLocal.z;
    Vector3 CamDepthOffset = Vector3.Multiply(ZOffset, CameraForward);

    // Create Final PositionWorld Vector
    PositionWorld = Vector3.Add(CamPos, CamHorizontalOffset);
    PositionWorld = Vector3.Add(PositionWorld, CamVerticalOffset);
    PositionWorld = Vector3.Add(PositionWorld, CamDepthOffset);

    // Put images from icon and numerical data onto the composite hud texture
    BillBoard HUDComposite = Item.GetHUDImage();
    Texture HUDCompositeTexture = HUDComposite.GetTexture(0);
    Bitmap HUDCompositeBitmap = HUDCompositeTexture.GetTextureBitMap();

    BillBoardCharacterSet Text = Item.GetText();

    int FontWidth = Text.GetFontWidth();
    Texture Icon = Item.GetIcon();
    int IconWidth = 0;
```

```
    if (Item.IsDirty())
    {
        // Clear Composite Texture;
        Bitmap BlankBitmap = m_BlankTexture.GetTextureBitMap();
        HUDCompositeTexture.CopySubTextureToTexture(0, 0, 0, BlankBitmap);

        if (Icon != null)
        {
            // Draw Icon on composite
            Bitmap HealthBitmap = Icon.GetTextureBitMap();
            IconWidth = HealthBitmap.getWidth();
            HUDCompositeTexture.CopySubTextureToTexture
(0,0,0, HealthBitmap);
        }

        // Update Numerical Value and render to composite billboard
        String text = String.valueOf(Item.GetNumbericalValue());
        Text.SetText(text.toCharArray());
        Text.RenderToBillBoard(HUDComposite, IconWidth, 0);

        // Update Text Value and render to composite billboard
        String TextValue = Item.GetTextValue();
        if (TextValue != null)
        {
            int XPosText = IconWidth + (text.length() * FontWidth);
            Text.SetText(TextValue.toCharArray());
            Text.RenderToBillBoard(HUDComposite, XPosText, 0);
        }
            Item.SetDirty(false);
    }

    HUDComposite.m_Orientation.GetPosition().Set(PositionWorld.x,
PositionWorld.y, PositionWorld.z);

        // Update BillBoard orientation
    HUDComposite.UpdateObject3d(Cam);
}
```

通过调用 UpdateHUDItem()函数，UpdateHUD()函数更新处于可见和有效状态的每个 HUD 条目，如代码清单 6.34 所示。

代码清单 6.34　更新 HUD

```
void UpdateHUD(Camera Cam)
{
    for (int i = 0; i < MAX_HUDITEMS; i++)
    {
        if (m_HUDItems[i].IsValid() && m_HUDItems[i].IsVisible())
        {
            UpdateHUDItem(Cam,m_HUDItems[i]);
        }
    }
}
```

RenderHUD()函数针对每个处于可见和有效状态的 HUD 条目渲染 m_HUDImage BillBoard 对象，如代码清单 6.35 所示。

代码清单 6.35　渲染 HUD

```
void RenderHUD(Camera Cam, PointLight light)
{
    for (int i = 0; i < MAX_HUDITEMS; i++)
    {
        if (m_HUDItems[i].IsValid()&& m_HUDItems[i].IsVisible())
        {
            HUDItem Item = m_HUDItems[i];
            BillBoard HUDComposite = Item.GetHUDImage();
            HUDComposite.DrawObject(Cam, light);
        }
    }
}
```

6.3.8　调整 Object3d 类

本节将向 Object3d 类中添加相关代码，以便在屏幕上和其他对象共同显示时，HUD 条目的黑色部分呈现为透明状态。

如果打算将渲染对象的颜色与背景中的颜色合成，可将 m_Blend 变量设置为 true；否则将其设置为 false，如下所示。

```
private boolean m_Blend = false;
```

GetMaterial()函数返回指向对象材质的引用，如下所示。

```
Material GetMaterial() {return m_Material;}
```

SetBlend()函数负责设置 m_Blend 变量，如下所示。

```
void SetBlend(boolean value) { m_Blend = value; }
```

如果 m_Blend 被设置为 true，则 DrawObject()函数代码将被添加以启用混合功能，并在对象被渲染完毕后禁用混合功能，如代码清单 6.36 所示。

代码清单 6.36 调整 DrawObject()函数

```
void DrawObject(Camera Cam, PointLight light)
{
    if (m_Blend)
    {
        GLES20.glEnable(GLES20.GL_BLEND);
        GLES20.glBlendFunc(GLES20.GL_SRC_ALPHA, GLES20.GL_ONE);
    }

    if (m_Visible)
    {
        DrawObject(Cam, light, m_Orientation.GetPosition(), m_Orientation.
GetRotationAxis(),m_Orientation.GetScale());
    }

    if (m_Blend)
    {
        GLES20.glDisable(GLES20.GL_BLEND);
    }
}
```

6.4 HUD 创建示例

本节将针对 Drone Grid 游戏生成 HUD。其中，HUD 由两个 HUD 条目构成：一个条目为玩家的积分榜；另一个条目为玩家的健康值状态。对此，可下载本章的 Android 项目（如果还没有下载），并将其安装至新的工作区中。该项目包含了字体图形和玩家健康值图标。

对此，需要在前述声音处理示例的基础上调整 MyGLRenderer 类。

m_CharacterSetTextures 数组加载 HUD 的字符集纹理，其中由字母、数值和附加字符构成，如下所示。

```
private Texture[] m_CharacterSetTextures = new Texture
[BillBoardCharacterSet.MAX_CHARACTERS];
```

m_CharacterSet 变量加载 HUD 所使用的字符集，如下所示。

```
private BillBoardCharacterSet m_CharacterSet = null;
```

m_HUDTexture 加载 HUD 条目所使用的纹理，如下所示。

```
private Texture m_HUDTexture = null;
```

m_HUDComposite 加载指向 HUD 条目所使用的 BillBoard 的引用，如下所示。

```
private BillBoard m_HUDComposite = null;
```

这里，将 HUD 定义为 m_HUD，如下所示。

```
private HUD m_HUD = null;
```

玩家的健康值则被存储于 m_Health 中，如下所示。

```
private int m_Health = 100;
```

玩家的积分值则被存储于 m_Score 中，如下所示。

```
private int m_Score = 0;
```

m_CharacterSet 所需纹理在 CreateCharacterSetTextures()函数中被初始化，并被置于 m_CharacterSetTextures 中，如代码清单 6.37 所示。

代码清单 6.37　创建字符集的纹理

```
void CreateCharacterSetTextures(Context iContext)
{
  // Numeric
  m_CharacterSetTextures[0] = new Texture(iContext, R.drawable.charset1);
  m_CharacterSetTextures[1] = new Texture(iContext, R.drawable.charset2);
  m_CharacterSetTextures[2] = new Texture(iContext, R.drawable.charset3);
  m_CharacterSetTextures[3] = new Texture(iContext, R.drawable.charset4);
  m_CharacterSetTextures[4] = new Texture(iContext, R.drawable.charset5);
  m_CharacterSetTextures[5] = new Texture(iContext, R.drawable.charset6);
  m_CharacterSetTextures[6] = new Texture(iContext, R.drawable.charset7);
  m_CharacterSetTextures[7] = new Texture(iContext, R.drawable.charset8);
  m_CharacterSetTextures[8] = new Texture(iContext, R.drawable.charset9);
  m_CharacterSetTextures[9] = new Texture(iContext, R.drawable.charset0);

  // Alphabet
```

```
  m_CharacterSetTextures[10] = new Texture(iContext, R.drawable.charseta);
  m_CharacterSetTextures[11] = new Texture(iContext, R.drawable.charsetb);
  m_CharacterSetTextures[12] = new Texture(iContext, R.drawable.charsetc);
  m_CharacterSetTextures[13] = new Texture(iContext, R.drawable.charsetd);
  m_CharacterSetTextures[14] = new Texture(iContext, R.drawable.charsete);
  m_CharacterSetTextures[15] = new Texture(iContext, R.drawable.charsetf);
  m_CharacterSetTextures[16] = new Texture(iContext, R.drawable.charsetg);

  m_CharacterSetTextures[17] = new Texture(iContext, R.drawable.charseth);
  m_CharacterSetTextures[18] = new Texture(iContext, R.drawable.charseti);
  m_CharacterSetTextures[19] = new Texture(iContext, R.drawable.charsetj);
  m_CharacterSetTextures[20] = new Texture(iContext, R.drawable.charsetk);
  m_CharacterSetTextures[21] = new Texture(iContext, R.drawable.charsetl);
  m_CharacterSetTextures[22] = new Texture(iContext, R.drawable.charsetm);
  m_CharacterSetTextures[23] = new Texture(iContext, R.drawable.charsetn);
  m_CharacterSetTextures[24] = new Texture(iContext, R.drawable.charseto);
  m_CharacterSetTextures[25] = new Texture(iContext, R.drawable.charsetp);
  m_CharacterSetTextures[26] = new Texture(iContext, R.drawable.charsetq);
  m_CharacterSetTextures[27] = new Texture(iContext, R.drawable.charsetr);
  m_CharacterSetTextures[28] = new Texture(iContext, R.drawable.charsets);
  m_CharacterSetTextures[29] = new Texture(iContext, R.drawable.charsett);
  m_CharacterSetTextures[30] = new Texture(iContext, R.drawable.charsetu);
  m_CharacterSetTextures[31] = new Texture(iContext, R.drawable.charsetv);
  m_CharacterSetTextures[32] = new Texture(iContext, R.drawable.charsetw);
  m_CharacterSetTextures[33] = new Texture(iContext, R.drawable.charsetx);
  m_CharacterSetTextures[34] = new Texture(iContext, R.drawable.charsety);
  m_CharacterSetTextures[35] = new Texture(iContext, R.drawable.charsetz);

  // Debug Symbols
  m_CharacterSetTextures[36] = new Texture(iContext, R.drawable.
charsetcolon);
  m_CharacterSetTextures[37] = new Texture(iContext, R.drawable.
charsetsemicolon);
  m_CharacterSetTextures[38] = new Texture(iContext, R.drawable.
charsetcomma);
  m_CharacterSetTextures[39] = new Texture(iContext, R.drawable.
charsetequals);
  m_CharacterSetTextures[40] = new Texture(iContext, R.drawable.
charsetleftparen);
  m_CharacterSetTextures[41] = new Texture(iContext, R.drawable.
charsetrightparen);
  m_CharacterSetTextures[42] = new Texture(iContext, R.drawable.
```

```
charsetdot);
}
```

SetUpHUDComposite()函数将 m_HUDComposite 初始化为 BillBoard 对象，并将该对象用于 HUD 条目的创建过程中。m_HUDComposite 将显示玩家的实际积分值或健康值，如代码清单 6.38 所示。

代码清单 6.38　设置 BillBoard 对象以供 HUD 条目使用

```
void SetUpHUDComposite(Context iContext)
{
    m_HUDTexture = new Texture(iContext, R.drawable.hud);

    Shader Shader = new Shader(iContext, R.raw.vsonelight, R.raw.
fsonelight); // ok
    MeshEx Mesh = new MeshEx(8,0,3,5,Cube.CubeData, Cube.CubeDrawOrder);

    // Create Material for this object
    Material Material1 = new Material();
    Material1.SetEmissive(1.0f, 1.0f, 1.0f);

    Texture[] Tex = new Texture[1];
    Tex[0] = m_HUDTexture;

    m_HUDComposite = new BillBoard(iContext, Mesh, Tex, Material1, Shader);

    // Set Intial Position and Orientation
    Vector3 Position = new Vector3(0.0f, 3.0f, 0.0f);
    Vector3 Scale = new Vector3(1.0f,0.1f,0.01f);

    m_HUDComposite.m_Orientation.SetPosition(Position);
    m_HUDComposite.m_Orientation.SetScale(Scale);
    m_HUDComposite.GetObjectPhysics().SetGravity(false);

    // Set black portion of HUD to transparent
    m_HUDComposite.GetMaterial().SetAlpha(1.0f);
    m_HUDComposite.SetBlend(true);
}
```

CreateCharacterSet()函数创建新的 BillBoardCharacterSet 对象以供 HUD 使用。针对要添加至字符集中的每个字符、数字或其他符号，可创建一个新的 BillBoardFont 对象，并利用与其关联的纹理和文本值进行初始化。随后，利用新生成的字体调用 AddToCharacterSet()函数，进而将该字体添加至字符集中。需要注意的是，这里采用了不同的片元着色器 R.raw.fsonelightnodiffuse，该片元着色器仅使用纹理颜色确定片元的最终颜色，如代码清单 6.39 所示。

代码清单 6.39　创建字符集

```
void CreateCharacterSet(Context iContext)
{
    // Create Shader
    Shader Shader = new Shader(iContext, R.raw.vsonelight, R.raw.
fsonelightnodiffuse);
    // ok

    // Create Debug Local Axis Shader
    MeshEx Mesh = new MeshEx(8,0,3,5,Cube.CubeData, Cube.CubeDrawOrder);

    // Create Material for this object
    Material Material1 = new Material();
    Material1.SetEmissive(1.0f, 1.0f, 1.0f);

    // Create Texture
    CreateCharacterSetTextures(iContext);

    // Setup HUD
    SetUpHUDComposite(iContext);

    m_CharacterSet = new BillBoardCharacterSet();

    int NumberCharacters = 43;
    char[] Characters = new char[BillBoardCharacterSet. MAX_CHARACTERS];
    Characters[0] = '1';
    Characters[1] = '2';
    Characters[2] = '3';
    Characters[3] = '4';
    Characters[4] = '5';
    Characters[5] = '6';
    Characters[6] = '7';
    Characters[7] = '8';
    Characters[8] = '9';
    Characters[9] = '0';

    // AlphaBets
```

```
Characters[10] = 'a';
Characters[11] = 'b';
Characters[12] = 'c';
Characters[13] = 'd';
Characters[14] = 'e';
Characters[15] = 'f';
Characters[16] = 'g';
Characters[17] = 'h';
Characters[18] = 'i';
Characters[19] = 'j';
Characters[20] = 'k';
Characters[21] = 'l';
Characters[22] = 'm';
Characters[23] = 'n';
Characters[24] = 'o';
Characters[25] = 'p';
Characters[26] = 'q';
Characters[27] = 'r';
Characters[28] = 's';
Characters[29] = 't';
Characters[30] = 'u';
Characters[31] = 'v';
Characters[32] = 'w';
Characters[33] = 'x';
Characters[34] = 'y';
Characters[35] = 'z';

// Debug
Characters[36] = ':';
Characters[37] = ';';
Characters[38] = ',';
Characters[39] = '=';
Characters[40] = '(';
Characters[41] = ')';
Characters[42] = '.';

for (int i = 0; i < NumberCharacters; i++)
{
    Texture[] Tex = new Texture[1];
        Tex[0] = m_CharacterSetTextures[i];

        BillBoardFont Font = new BillBoardFont(iContext, Mesh, Tex,
```

```
Material1,Shader, Characters[i]);
            Font.GetObjectPhysics().SetGravity(false);
            m_CharacterSet.AddToCharacterSet(Font);
        }
}
```

CreateHealthItem()函数针对玩家的健康值创建新的HUDItem，并将其添加至HUD中，如代码清单6.40所示。

代码清单6.40 创建健康值条目并将其添加至HUD中

```
void CreateHealthItem()
{
    Texture HUDTexture = new Texture(m_Context, R.drawable.hud);

    Shader Shader = new Shader(m_Context, R.raw.vsonelight, R.raw.
fsonelightnodiffuse);
    // ok
    MeshEx Mesh = new MeshEx(8,0,3,5,Cube.CubeData, Cube.CubeDrawOrder);

    // Create Material for this object
    Material Material1 = new Material();
    Material1.SetEmissive(1.0f, 1.0f, 1.0f);

    Texture[] Tex = new Texture[1];
    Tex[0] = HUDTexture;

    BillBoard HUDHealthComposite = new BillBoard(m_Context, Mesh, Tex,
Material1, Shader);

    Vector3 Scale = new Vector3(1.0f,0.1f,0.01f);
    HUDHealthComposite.m_Orientation.SetScale(Scale);
    HUDHealthComposite.GetObjectPhysics().SetGravity(false);

    // Set Black portion of HUD to transparent
    HUDHealthComposite.GetMaterial().SetAlpha(1.0f);
    HUDHealthComposite.SetBlend(true);

    // Create Health HUD
    Texture HealthTexture = new Texture(m_Context, R.drawable.health);
    Vector3 ScreenPosition = new Vector3(0.8f, m_Camera.
GetCameraViewportHeight()/2, 0.5f);
```

```
    HUDItem HUDHealth = new HUDItem("health", m_Health, ScreenPosition,
m_CharacterSet,HealthTexture, HUDHealthComposite);

    if (m_HUD.AddHUDItem(HUDHealth) == false)
    {
        Log.e("ADDHUDITEM" , "CANNOT ADD IN NEW HUD HEALTH ITEM");
    }
}
```

CreateHUD()函数创建 HUD 以及 HUD 中的两个条目，即玩家的健康值和玩家的积分榜，如代码清单 6.41 所示。

代码清单 6.41　创建 HUD

```
void CreateHUD()
{
    // Create HUD
    m_HUD = new HUD(m_Context);

    // Create Score HUD
    Vector3 ScreenPosition = new Vector3(-m_Camera.
GetCameraViewportWidth()/2 + 0.3f,m_Camera.GetCameraViewportHeight()/2, 0.5f);

    // Create Score Item for HUD
    HUDItem HUDScore = new HUDItem("score", 0, ScreenPosition,
m_CharacterSet,null,m_HUDComposite);
    if (m_HUD.AddHUDItem(HUDScore) == false)
    {
        Log.e("ADDHUDITEM" , "CANNOT ADD IN NEW HUD ITEM");
    }
    CreateHealthItem();
}
```

UpdateHUD()函数更新 HUD 中玩家的健康值和积分榜，如代码清单 6.42 所示。

代码清单 6.42　更新 HUD 中玩家的健康值和积分榜

```
void UpdateHUD()
{
    m_HUD.UpdateHUDItemNumericalValue("health", m_Health);
    m_HUD.UpdateHUDItemNumericalValue("score",m_Score);
}
```

需要对 onSurfaceCreated()函数进行适当调整以初始化 HUD。对此，首先需要检索

Android 设备上的视见高度和宽度，随后据此调整相机。

接下来，与 HUD 结合使用的字符集将被初始化，最后创建 HUD，如代码清单 6.43 所示。

代码清单 6.43　调整 onSurfaceCreated()函数

```
@Override
public void onSurfaceCreated(GL10 unused, EGLConfig config)
{
    m_PointLight = new PointLight(m_Context);
    SetupLights();

    // Create a 3d Cube
    CreateCube(m_Context);

    // Create a Second Cube
    CreateCube2(m_Context);

    // Create a new gravity grid
    CreateGrid(m_Context);

    // Create SFX
    CreateSoundPool();
    CreateSound(m_Context);

    // Create HUD
    // Get Width and Height of surface
        m_ViewPortHeight = m_Context.getResources().getDisplayMetrics().
heightPixels;
        m_ViewPortWidth = m_Context.getResources().getDisplayMetrics().
widthPixels;

    SetupCamera();

    // Create Character Set
    CreateCharacterSet(m_Context);

    CreateHUD
}
```

相应地，还必须调整 onDrawFrame()函数以适应 HUD。这里已添加了相关代码，当两个立方体每次发生相互碰撞时，这些代码将会减少 HUD 上的健康值，并增加 HUD 中的积分值。除此之外，还添加了代码以更新 HUD 上的数字值和 HUD 本身，并将 HUD

渲染至屏幕上，如代码清单 6.44 所示。

代码清单 6.44　调整 onDrawFrame()函数

```
if ((TypeCollision == Physics.CollisionStatus.COLLISION) || (TypeCollision
==Physics.CollisionStatus.PENETRATING_COLLISION))
{
    m_Cube.GetObjectPhysics().ApplyLinearImpulse(m_Cube, m_Cube2);
    // SFX
    m_Cube.PlaySound(m_SoundIndex1);
    m_Cube2.PlaySound(m_SoundIndex2);

    // HUD
    m_Health = m_Health - 1;
    if (m_Health < 0)
    {
        m_Health = 0;
    }
    m_Score = m_Score + 10;
}
/////////////////////////// HUD
UpdateHUD();
m_HUD.UpdateHUD(m_Camera);
m_HUD.RenderHUD(m_Camera, m_PointLight);
```

运行当前程序。当两个立方体发生碰撞时，HUD 中的积分值将增加，而健康值则减少，如图 6.1 所示。

6.5　数据持久化

读者可能已经注意到，当改变 Android 设备的方向时，前述示例中的程序将重新启动，之前两个立方体的方向和物理数据将会丢失。同样，HUD 中的积分值和健康值也将丢失并被重置。在 Android 系统中，可使用 SharedPreferences 保存和加载数据，进而实现游戏环境的持久化操作。

当保存类对象的状态时，可定义一个 SaveState()函数，如代码清单 6.45 所示。该函数执行下列操作。

（1）利用需要其中保存数据的记录名称，在上下文中调用 getSharedPreferences()函数，进而创建 SharedPreferences 变量。

（2）创建 SharedPreferences.Editor 编辑器变量，用于存储类对象中的数据。

（3）通过调用编辑器变量中的 putXXXX("name", value)函数以将 value 与"name"关联，进而将数据置入记录中。其中，XXXX 表示相应的数据类型，如 Float、Int 等。

（4）调用编辑器上的 commit()函数保存数据。

代码清单 6.45　保存对象的状态

```
void SaveState(String handle)
{
    SharedPreferences settings = m_Context.getSharedPreferences(handle,0);
    SharedPreferences.Editor editor = settings.edit();

    editor.putFloat("x", m_Position.x);

    // Commit the edits!
    editor.commit();
}
```

当加载类对象的状态时，可定义一个 LoadState()函数，如代码清单 6.46 所示。该函数执行下列操作。

（1）利用载入数据的记录名称，在上下文中调用 getSharedPreferences()函数，进而创建 SharedPreferences 变量。

（2）调用 getXXXX("name", defaultvalue)函数获取记录数据。其中，XXXX 表示相应的数据类型，如 Float 和 Int 等。如果"name"不存在，则返回默认值。

代码清单 6.46　加载对象的状态

```
void LoadState(String handle)
{
    // Restore preferences
    SharedPreferences settings = m_Context.getSharedPreferences(handle, 0);
    float x = settings.getFloat("x", 0);
}
```

6.5.1　调整 Orientation 类

前述内容向 Orientation 类中添加了 SaveState()和 LoadState()函数，且与代码清单 6.45 和代码清单 6.46 类似。限于篇幅，此处并不打算显示其具体内容，读者可访问 apress.com 下载本章的源代码。

6.5.2　调整 Physics 类

前述内容向 Physics 类中添加了 SaveState()和 LoadState()函数，且与代码清单 6.45 和代码清单 6.46 类似。同样，限于篇幅，此处并不打算显示其具体内容，读者可访问 apress.com 下载本章的源代码。

6.5.3　调整 Object3d 类

前述内容向 Object3d 类中添加了 SaveObjectState()和 LoadObjectState()函数，且与代码清单 6.45 和代码清单 6.46 类似。同样，限于篇幅，此处并不打算显示其具体内容，读者可访问 apress.com 下载本章的源代码。

6.6　保存持久化数据

本节将尝试保存两个立方体的方向和物理状态。此外，还将保存 HUD 上的积分值和健康值条目。对此，需要添加相关代码，以便健康值到达 0 时返回至 100。这使得在程序退出或屏幕方向改变时更容易看到该值被保存。

6.6.1　调整 MyGLRenderer 类

这里将尝试调整 MyGLRenderer 类。

通过 SaveCubes()函数，两个碰撞立方体的状态将被保存，如代码清单 6.47 所示。

代码清单 6.47　保存两个立方体的状态

```
void SaveCubes()
{
    m_Cube.SaveObjectState("Cube1Data");
    m_Cube2.SaveObjectState("Cube2Data");
}
```

通过 LoadCubes()函数，两个碰撞立方体的状态将再次被载入，如代码清单 6.48 所示。

代码清单 6.48　加载两个对象的状态

```
void LoadCubes()
{
    m_Cube.LoadObjectState("Cube1Data");
```

```
    m_Cube2.LoadObjectState("Cube2Data");
}
```

如果相关状态已被保存，LoadGameState()函数负责加载积分值、健康值 HUD 条目，以及两个立方体的状态，如代码清单 6.49 所示。

代码清单 6.49 加载游戏状态

```
void LoadGameState()
{
    SharedPreferences settings = m_Context.getSharedPreferences
("gamestate", 0);
    int StatePreviouslySaved = settings.getInt("previouslysaved", 0);
    if (StatePreviouslySaved != 0)
    {
        // Load in previously saved state
        m_Score = settings.getInt("score", 0);
        m_Health = settings.getInt("health", 100);
        LoadCubes();
    }
}
```

SaveGameState()函数保存积分值、健康值和立方体状态，并将 1 保存至 previouslysaved 中，如代码清单 6.50 所示。

代码清单 6.50 保存游戏状态

```
void SaveGameState()
{
    // We need an Editor object to make preference changes.
    SharedPreferences settings = m_Context.getSharedPreferences
("gamestate", 0);
    SharedPreferences.Editor editor = settings.edit();

    editor.putInt("score", m_Score);
    editor.putInt("health", m_Health);

    SaveCubes();
    editor.putInt("previouslysaved", 1);

     editor.commit();
}
```

在 onSurfaceCreated()函数中，我们添加了下列代码以加载保存后的游戏状态（如果存在）：

```
LoadGameState();
```

接下来需要调整代码，以便在健康值到达 0 时将其回滚至 100，如代码清单 6.51 所示。

代码清单 6.51　回滚健康值

```
if ((TypeCollision == Physics.CollisionStatus.COLLISION) ||
(TypeCollision ==Physics.CollisionStatus.PENETRATING_COLLISION))
{
    m_Cube.GetObjectPhysics().ApplyLinearImpulse(m_Cube, m_Cube2);

    // SFX
    m_Cube.PlaySound(m_SoundIndex1);
    m_Cube2.PlaySound(m_SoundIndex2);

    // HUD
    m_Health = m_Health - 1;
    if (m_Health < 0)
    {
        m_Health = 100;
    }
    m_Score = m_Score + 10;
}
```

6.6.2　调整 MyGLSurfaceView 类

相应地，还需要对 MyGLSurfaceView 类进行适当调整。

对此，可添加一行代码，其中加载指向 CustomGLRenderer 的引用，如下所示。

```
public MyGLRenderer CustomGLRenderer = null;
```

接下来修改构造函数，如代码清单 6.52 所示。

代码清单 6.52　调整 MyGLSurfaceView 类的构造函数

```
public MyGLSurfaceView(Context context)
{
    super(context);

    // Create an OpenGL ES 2.0 context.
    setEGLContextClientVersion(2);

    // Set the Renderer for drawing on the GLSurfaceView
```

```
    //setRenderer(new MyGLRenderer(context));

    CustomGLRenderer = new MyGLRenderer(context);
    setRenderer(CustomGLRenderer);
}
```

6.6.3　调整 MainActivity 类

最后，还需要进一步调整 MainActivity 类。

m_GLView 需要被修改如下：

```
private MyGLSurfaceView m_GLView;
```

随后，必须调整 onPause()函数，以便在调用 onPause()函数时保存游戏状态，如代码清单 6.53 所示。

代码清单 6.53　调整 onPause()函数

```
@Override
protected void onPause()
{
    super.onPause();
    m_GLView.onPause();

    // Save State
    m_GLView.CustomGLRenderer.SaveGameState();
}
```

最后，运行当前项目、调整方向、反复退出并重新进入程序。相应地，当退出程序或改变方向时，积分值和健康值将被保存。此外，两个立方体的方向和物理数据也将被保存。

6.7　本 章 小 结

本章主要讨论了游戏环境，其中包括声音的创建和播放。随后，本章通过示例展示了如何添加音效，并将其应用至两个碰撞立方体上。此外，本章还介绍了 HUD 的实现方式。最后，我们学习了如何保存游戏环境的状态，还通过相关示例展示了如何保存 HUD 的状态，以及游戏中的对象状态。

第 7 章　创建玩家角色

本章讨论如何实现 3D 游戏 Drone Grid。该游戏的目标是保存金字塔免受敌方角色的攻击。对此，玩家可触控屏幕并向敌方角色发出炮弹以摧毁敌人。另外，玩家位于场景边缘处的固定位置，并可向左或右旋转 90°。具体来说，首先创建表示游戏中玩家图形的类，接着创建与玩家视点和输入相关的类，然后创建处理玩家武器和弹药相关的类，再创建处理爆炸的类和处理游戏对象属性的类。最后，我们将通过具体示例展示新类的应用方式，并通过武器向立方体开火。

7.1　创建玩家图形

金字塔是 Drone Grid 游戏的玩家图形。当创建该金字塔时，需要构建多个类，包括新的 Mesh 类，该类采用了与之前 MeshEx 类稍显不同的方式绘制对象顶点。还需要对其他类（包括 Object3d 类）进行适当调整。

7.1.1　创建 Mesh 类

Mesh 类与第 4 章讨论的 MeshEx 类较为类似，唯一差别在于对象顶点的定义和绘制方式。在 MeshEx 类中，对象顶点位于单一数组中，而绘制数据项和直线的顶点列表则位于另一个数组中。相比之下，Mesh 类仅定义了一个数组，该数组由组成要绘制的三角形的顶点构成。代码清单 7.1 显示了单一三角形的顶点数据，该三角形包含 3 个顶点并与 Mesh 类结合使用。如果需要绘制额外的三角形，则需要对其添加另外 3 个顶点数据项。考虑到复杂的图形由多个三角形构成，因而需要向顶点数据中加入更多的三角形。

代码清单 7.1　针对 Mesh 类定义的三角形

```
// Left Side            u   v  nx, ny, nz
-1.5f, -1.5f, -1.5f,    0,  1, -1, -1, -1, // v0 = left, bottom, back
-1.5f, -1.5f,  1.5f,    1,  1, -1, -1,  1, // v1 = left, bottom, front
 0.0f,  3.2f,  0.0f, 0.5f,  0,  0,  1,  0, // v2 = top point
```

DrawMesh()函数绘制网格，且该函数与 MeshEx 类中的对应函数类似，唯一差别在于，OpenGL 函数 glDrawArrays()被用于绘制网格，而非 glDrawElements()函数，如代码清单 7.2 所示。

代码清单 7.2　DrawMesh()函数

```
void DrawMesh(int PosHandle, int TexHandle, int NormalHandle)
{
    SetUpMeshArrays(PosHandle, TexHandle, NormalHandle);

    // Draw the triangle
    // glDrawArrays (int mode, int first, int count)
    GLES20.glDrawArrays(GLES20.GL_TRIANGLES, 0, m_VertexCount);

    // Disable vertex array
    GLES20.glDisableVertexAttribArray(PosHandle);
    if (m_MeshHasUV)
    {
        GLES20.glDisableVertexAttribArray(TexHandle);
    }
    if (m_MeshHasNormals)
    {
            GLES20.glDisableVertexAttribArray(NormalHandle);
    }
}
```

glDrawArrays()函数使用下列序列参数。

（1）绘制的图元，此处为 GL_TRIANGLES。

（2）绘制的起始顶点的数量。

（3）绘制的顶点数量。

7.1.2　调整 Object3d 类

接下来，必须对 Object3d 类进行适当调整，以正确地使用 Mesh 类。相应地，新的 Mesh 类变量定义如下：

```
private Mesh m_Mesh = null;
```

随后，还必须调整 Object3d 类的构造函数，以考虑添加新的 Mesh 变量，如代码清单 7.3 所示。

代码清单 7.3　Object3d 类的构造函数

```
Object3d(Context iContext, Mesh iMesh, MeshEx iMeshEx, Texture[]
iTextures, Material iMaterial,Shader iShader)
```

```
{
    m_Context          = iContext;
    m_Mesh             = iMesh;

    // REst of Code
}
```

修改 GetRadius()函数以返回对象的 m_Mesh 变量的半径（如果存在），如代码清单 7.4 所示。此时，Mesh 或 MeshEX 加载了对象的网格。

代码清单 7.4　修改 GetRadius()函数

```
float GetRadius()
{
    if (m_Mesh != null)
    {
        return m_Mesh.GetRadius();
    }

    if (m_MeshEx != null)
    {
        return m_MeshEx.GetRadius();
    }
    return -1;
}
```

修改后的 DrawObject()函数（该函数绘制实际的对象网格）负责测试 m_Mesh 变量是否包含有效的对象。若是，则调用 Mesh 的 DrawMesh()函数以执行对象实际的渲染工作，如代码清单 7.5 所示。

代码清单 7.5　调整 DrawObject()函数

```
void DrawObject(Camera Cam,PointLight light,Vector3 iPosition,Vector3
iRotationAxis,Vector3 iScale)
{
    // Activate and set up the Shader and Draw Object' s mesh

    // Generate Needed Matrices for Object
    GenerateMatrices(Cam, iPosition,iRotationAxis,iScale);

    // Add program to OpenGL environment
    m_Shader.ActivateShader();
```

```
    // Get Vertex Attribute Info in preparation for drawing the mesh
    GetVertexAttribInfo();

    // Sets up the lighting parameters for this object
    SetLighting(Cam, light, m_ModelMatrix, Cam.GetViewMatrix(),
m_ModelViewMatrix, m_NormalMatrix);

    // Apply the projection and view transformation matrix to the shader
    m_Shader.SetShaderVariableValueFloatMatrix4Array("uMVPMatrix", 1,
false, m_MVPMatrix, 0);

    // Activates texture for this object
    ActivateTexture();

    // Enable Hidden surface removal
    GLES20.glEnable(GLES20.GL_DEPTH_TEST);

    // Draw Mesh for this Object
    if (m_Mesh != null)
    {
        m_Mesh.DrawMesh(m_PositionHandle, m_TextureHandle,
m_NormalHandle);
    }
    else
    if (m_MeshEx != null)
    {
        m_MeshEx.DrawMesh(m_PositionHandle, m_TextureHandle,
m_NormalHandle);
    }
    else
    {
        Log.d("class Object3d :", "No MESH in Object3d");
    }
}
```

7.1.3　调整使用 Object3d 类的其他类

相应地，使用 Object3d 类的其他类也必须被调整。例如，应修改继承自 Object3d 类的 Cube 类，进而向构造函数中添加 Mesh 输入参数，以及 Object3d 类的构造函数的调用，如代码清单 7.6 所示。

代码清单 7.6　调整 Cube 类

```
public class Cube extends Object3d
Cube(Context iContext, Mesh iMesh, MeshEx iMeshEx, Texture[] iTextures,
Material iMaterial,Shader iShader)
{
    super(iContext, iMesh, iMeshEx, iTextures, iMaterial, iShader);
}
```

除此之外，读者还可访问 apress.com 的 Source Code/Download 部分下载本章的项目示例，进而查看其他类中的变化内容。

7.1.4　创建 Pyramid 类

Pyramid 类包含了玩家图形的实际顶点数据，即金字塔形状中的 3D 对象。Pyramid 类顶点数据包含于 PyramidVertices 数组中，旨在与 Mesh 类结合使用，如代码清单 7.7 所示。

代码清单 7.7　Pyramid 类

```
public class Pyramid extends Object3d
{
  static float[] PyramidVertices =
  {
    // Triangle Shape
    // Left Side            u  v   nx, ny, nz
    -1.5f, -1.5f, -1.5f,    0, 1, -1, -1, -1,  // v0=left,bottom,back
    -1.5f, -1.5f,  1.5f,    1, 1, -1, -1,  1,  // v1=left,bottom,front
     0.0f,  3.2f,  0.0f,  .5f, 0,  0,  1,  0,  // v2=top point

    // Right Side
     1.5f, -1.5f,  1.5f,    0, 1,  1, -1,  1,  // v3=right,bottom,front
     1.5f, -1.5f, -1.5f,    1, 1,  1, -1, -1,  // v4=right,bottom,back
     0.0f,  3.2f,  0.0f, 0.5f, 0,  0,  1,  0,  // v2=top point

    // Front
    -1.5f, -1.5f,  1.5f,    1, 1, -1, -1,  1,  // v1=left,bottom,front
     1.5f, -1.5f,  1.5f,    0, 1,  1, -1,  1,  // v3=right,bottom,front
     0.0f,  3.2f,  0.0f, 0.5f, 0,  0,  1,  0,  // v2=top point

    // Back
    -1.5f, -1.5f, -1.5f,    0, 1, -1, -1, -1,  // v0=left,bottom,back
     1.5f, -1.5f, -1.5f,    1, 1,  1, -1, -1,  // v4=right,bottom,back
     0.0f,  3.2f,  0.0f, 0.5f, 0,  0,  1,  0,  // v2=top point
```

```
    // Bottom
    -1.5f, -1.5f, -1.5f, 0, 0, -1, -1, -1,      // v0=left,bottom,back
     1.5f, -1.5f, -1.5f, 0, 1,  1, -1, -1,      // v4=right,bottom,back
     1.5f, -1.5f,  1.5f, 1, 1,  1, -1,  1,      // v3=right,bottom,front

    // Bottom 2
    -1.5f, -1.5f, -1.5f, 0, 0, -1, -1, -1,      // v0=left,bottom,back
    -1.5f, -1.5f,  1.5f, 1, 0, -1, -1,  1,      // v1=left,bottom,front
     1.5f, -1.5f,  1.5f, 1, 1,  1, -1,  1       // v3=right,bottom,front
  };
  Pyramid(Context iContext, Mesh iMesh, MeshEx iMeshEx, Texture[]
  iTextures, Material iMaterial, Shader iShader, Shader LocalAxisShader)
  {
      super(iContext, iMesh, iMeshEx, iTextures, iMaterial, iShader);
  }
}
```

7.1.5　创建 PowerPyramid 类

PowerPyramid 类用于体现玩家在游戏中的物理实际存在。

m_ExplosionSFXIndex 变量加载金字塔被击中后播放的爆炸声音的索引。

CreateExplosionSFX()函数针对金字塔创建爆炸音效，并将索引保存至该声音的 m_ExplosionSFXIndex 变量中。

PlayExplosionSFX()函数播放 CreateExplosionSFX()函数创建的爆炸音效，如代码清单 7.8 所示。

代码清单 7.8　玩家的 PowerPyramid 类

```
public class PowerPyramid extends Object3d
{
    private int m_ExplosionSFXIndex = -1;

    PowerPyramid(Context iContext, Mesh iMesh, MeshEx iMeshEx,
Texture[] iTextures, Material iMaterial, Shader iShader)
    {
        super(iContext, iMesh, iMeshEx, iTextures, iMaterial, iShader);
    }

    // Sound Effects
    void CreateExplosionSFX(SoundPool Pool, int ResourceID)
```

```
    {
        m_ExplosionSFXIndex = AddSound(Pool, ResourceID);
    }

    void PlayExplosionSFX()
    {
        if (m_ExplosionSFXIndex >= 0)
        {
            PlaySound(m_ExplosionSFXIndex);
        }
    }
}
```

图 7.1 显示了 PowerPyramid 类实例表示的玩家金字塔。

图 7.1　玩家金字塔

7.2　创建玩家的视点和输入

游戏中玩家的视点被定义为第一视点，其中，玩家可左、右旋转 90°。通过触控屏幕，玩家还可发射 3D 炮弹对象。当创建玩家的视点和输入时，需要修改 MyGLRenderer 类和 MyGLSurfaceview 类。

7.2.1　调整 MyGLRenderer 类

必须调整 MyGLRenderer 类以添加相关代码，进而计算玩家的视点和输入。

CameraMoved()函数接收将玩家视图围绕 x、y 轴的旋转角度变化值作为输入内容或增量。其间，角度位置的 x、y 变化值通过 ScaleFactor 变量被调整，据此，可增加或减少旋转量，如代码清单 7.9 所示。

代码清单 7.9　计算相机运动

```
void CameraMoved(float DeltaXAxisRotation , float DeltaYAxisRotation)
{
    m_CameraMoved = true;
    float ScaleFactor = 3;
    m_DeltaXAxisRotation = DeltaXAxisRotation/ScaleFactor;
    m_DeltaYAxisRotation = DeltaYAxisRotation/ScaleFactor;
}
```

ProcessCameraMove()函数根据 m_DeltaYAxisRotation 中的值更新相机围绕 y 轴的左、右旋转状态，并通过 m_MaxCameraAngle 和 m_MinCameraAngle 值予以限制，如代码清单 7.10 所示。

代码清单 7.10　处理玩家的相机运动行为

```
void ProcessCameraMove()
{
    Vector3 Axis = new Vector3(0,1,0);

    // Test Limits
    float CameraRotation = m_Camera.GetOrientation().GetRotationAngle();
    float NextRotationAngle = CameraRotation + m_DeltaYAxisRotation;
    if (NextRotationAngle > m_MaxCameraAngle)
    {
        m_DeltaYAxisRotation = m_MaxCameraAngle - CameraRotation;
    }
    else
    if (NextRotationAngle < m_MinCameraAngle)
    {
    m_DeltaYAxisRotation = m_MinCameraAngle - CameraRotation;
    }

    // Camera Test
```

```
    // Rotate Camera Around Y Axis
    m_Camera.GetOrientation().SetRotationAxis(Axis);
    m_Camera.GetOrientation().AddRotation(m_DeltaYAxisRotation);
    m_CameraMoved = false;
}
```

onDrawFrame()函数必须被适当调整以处理玩家视见内容的变化。也就是说，如果 m_CameraMoved 被设置为 true，则调用 ProcessCameraMove()函数，如代码清单 7.11 所示。

代码清单 7.11　调整 onDrawFrame()函数

```
@Override
public void onDrawFrame(GL10 unused)
{
    GLES20.glClearColor(0.0f, 0.0f, 0.0f, 1.0f);
    GLES20.glClear(GLES20.GL_DEPTH_BUFFER_BIT|GLES20.GL_COLOR_BUFFER_BIT);

    // Player Update
    if (m_CameraMoved)
    {
        ProcessCameraMove();
    }
    m_Camera.UpdateCamera();
    // Rest of code
}
```

ProcessTouch()函数处理用户的触控行为。其中，开始点(Startx, Starty)（用户的触摸屏幕位置）和结束点（用户从(x,y)位置处抬起手指）表示为输入参数。

ProcessTouch()函数（见代码清单 7.12）执行下列操作。

（1）计算用户触摸屏幕点和手指抬起点间的距离。

（2）如果步骤（1）的距离值小于 10（意味着用户频繁地触摸屏幕发射某种武器，而非移动视点），则设置记录屏幕触摸的变量，同时设置触摸位置的 x、y 屏幕坐标。

代码清单 7.12　处理用户的触摸行为

```
void ProcessTouch(float Startx, float Starty, float x, float y)
{
   Vector3 DiffVec = new Vector3(Startx - x, Starty - y, 0);
   float length = DiffVec.Length();
   if (length < 10)
   {
       // Player weapon has been fired
       m_ScreenTouched = true;
```

```
        m_TouchX = x;
        m_TouchY = y;
    }
}
```

7.2.2　调整 MyGLSurfaceView 类

MyGLSurfaceView 类经调整后将支持玩家的视见和触控输入行为。

其中，m_PreviousX 和 m_PreviousY 变量记录最近一次在 onTouchEvent()函数中所触摸的 x、y 屏幕位置，如下所示。

```
private float m_PreviousX = 0;
private float m_PreviousY = 0;
```

m_dx 和 m_dy 变量加载用户触摸屏幕时 x、y 屏幕位置发生的变化，如下所示。

```
private float m_dx = 0;
private float m_dy = 0;
```

m_Startx 和 m_Starty 变量加载用户首次触摸屏幕时的 x、y 屏幕位置，如下所示。

```
private float m_Startx = 0;
private float m_Starty = 0;
```

onTouchEvent()函数（见代码清单 7.13）用于更新玩家的视角和输入，且执行下列各项操作。

（1）获取 x、y 屏幕位置并将其存储至变量 x 和 y 中。

（2）根据用户的具体行为执行下列各项操作。

- ❑ 如果用户开始了一次新的触摸行为，x、y 起始位置将被保存于 m_Startx 和 m_Starty 中。
- ❑ 如果用户抬起手指并结束了一次触摸行为，则调用 MyGLRenderer 类中的 ProcessTouch()函数。
- ❑ 如果用户在屏幕中移动手指，则调用 MyGLRenderer 类中的 CameraMoved()函数来更新玩家视角。
- ❑ 当前的 x、y 屏幕位置被保存为前一个位置，以等待下一次 onTouchEvent()函数调用。

代码清单 7.13　定义和修改 onTouchEvent()函数

```
@Override
public boolean onTouchEvent(MotionEvent e)
```

```
{
    // MotionEvent reports input details from the touch screen
        // and other input controls. In this case, you are only
        // interested in events where the touch position changed.

        float x = e.getX();
        float y = e.getY();

        switch (e.getAction())
        {
            case MotionEvent.ACTION_DOWN:
                m_Startx = x;
                m_Starty = y;
            break;

            case MotionEvent.ACTION_UP:
                CustomGLRenderer.ProcessTouch(m_Startx, m_Starty, x, y);
            break;

              case MotionEvent.ACTION_MOVE:
                m_dx = x - m_PreviousX;
                m_dy = y - m_PreviousY;

                CustomGLRenderer.CameraMoved(m_dy, m_dx);
            break;
        }
        m_PreviousX = x;
    m_PreviousY = y;
        return true;
}
```

7.3　创建玩家的武器和弹药

本节将针对玩家的武器和武器使用的弹药创建一个新类。

其中，Ammunition 类继承自 Object3d 类，如下所示。

```
public class Ammunition extends Object3d
```

如果弹药已被发射，则 m_FireStatus 变量被设置为 true，如下所示。

```
private boolean     m_FireStatus = false;
```

如果弹药量已用尽，则 m_AmmunitionSpent 变量用于跟踪这一情况，如下所示。

```
private boolean     m_AmmunitionSpent = false;
```

m_AmmunitionRange 变量加载弹药的最大值。默认情况下，在 OpenGL 场景中该值被设置为 50 个单位，如下所示。

```
private float       m_AmmunitionRange = 50;
```

m_AmmunitionStartPosition 变量加载发射位置，并被初始化为(0,0,0)，如下所示。

```
private Vector3 m_AmmunitionStartPosition = new Vector3(0,0,0);
```

在 OpenGL 场景中，变量 m_AmmoSpeed 加载子弹的发射速度。默认状态下，该值被设置为 0.5，如下所示。

```
private float m_AmmoSpeed = 0.5f;
```

与子弹关联的音效 SFX 索引（如果存在）被定义为 m_FireSFXIndex。默认状态下，该值被设置为-1。这意味着，此时并不存在与弹药关联的音效。

```
private int m_FireSFXIndex = -1;
```

Ammunition 类的构造函数通过调用其基构造函数，并设置弹药射程、范围、速度和质量（默认值为 1），以初始化对象，如代码清单 7.14 所示。

代码清单 7.14　Ammunition 类的构造函数

```
Ammunition(Context iContext, Mesh iMesh, MeshEx iMeshEx, Texture[]
iTextures, Material iMaterial,Shader iShader, float AmmunitionRange,
float AmmunitionSpeed)
{
    super(iContext, iMesh, iMeshEx, iTextures, iMaterial, iShader );
    m_AmmunitionRange = AmmunitionRange;
    m_AmmoSpeed = AmmunitionSpeed;
    GetObjectPhysics().SetMass(1.0f);
}
```

CreateFiringSFX()函数创建与 Ammunition 对象关联的新音效，如代码清单 7.15 所示。

代码清单 7.15　创建音效

```
void CreateFiringSFX(SoundPool Pool, int ResourceID)
{
    m_FireSFXIndex = AddSound(Pool, ResourceID);
}
```

PlayFiringSFX()函数播放 CreateFiringSFX()函数创建的音效，如代码清单 7.16 所示。

代码清单 7.16　播放 Ammunition 音效

```
void PlayFiringSFX()
{
    if (m_FireSFXIndex >= 0)
    {
        PlaySound(m_FireSFXIndex);
    }
}
```

Reset()函数将弹药的发射状态和消耗状态均设置为 false，以表明弹药尚未被发射且处于可用状态。除此之外，该函数还将弹药的速度设置为 0，如代码清单 7.17 所示。

代码清单 7.17　重置弹药对象

```
void Reset()
{
    m_FireStatus = false;
    m_AmmunitionSpent = false;
    GetObjectPhysics().GetVelocity().Set(0, 0, 0);
}
```

RenderAmmunition()函数通过调用 Object3d 父类中的 DrawObject()函数将弹药对象绘制至屏幕上，如代码清单 7.18 所示。

代码清单 7.18　渲染弹药对象

```
void RenderAmmunition(Camera Cam, PointLight light, boolean DebugOn)
{
    DrawObject(Cam, light);
}
```

UpdateAmmunition()函数通过调用超类中的 UpdateObject3d()函数更新弹药对象，如代码清单 7.19 所示。

代码清单 7.19　更新弹药对象

```
void UpdateAmmunition()
{
    // 1. Update Ammunition Physics, Position, Rotation
    UpdateObject3d();
}
```

对于当前类涉及的弹药实际发射行为，Fire()函数表示为一个核心函数，如代码清单 7.20 所示。该函数执行下列各项操作。

（1）将 m_FireStatus 设置为 true，表明弹药对象已被发射，且在 3D 场景中处于运动状态。

（2）根据输入的 Direction 向量计算弹药的速度。相应地，弹药速度 m_AmmoSpeed 和向量 OffsetVelocity 体现了弹药对象的运动行为。

（3）根据输入参数 AmmoPosition 设置弹药的位置。

（4）设置 m_AmmunitionStartPosition 类成员变量。

代码清单 7.20　发射弹药对象

```
void Fire(Vector3 Direction,
    Vector3 AmmoPosition,
    Vector3 OffSetVelocity)
{
    // 1. Set Fire Status to true
    m_FireStatus = true;

    // 2. Set direction and speed of Ammunition
    // Velocity of Ammo
    Vector3 DirectionAmmo = new Vector3(Direction.x, Direction.y,
Direction.z);
    DirectionAmmo.Normalize();

    Vector3 VelocityAmmo = Vector3.Multiply(m_AmmoSpeed, DirectionAmmo);

    // Velocity of Object with Weapon that has fired Ammo
    // Total Velocity
    Vector3 VelocityTotal = Vector3.Add(OffSetVelocity , VelocityAmmo);

    GetObjectPhysics().SetVelocity(VelocityTotal);
    m_Orientation.GetPosition().Set(AmmoPosition.x, AmmoPosition.y,
AmmoPosition.z);

    // 3. Set Ammunition Initial World Position
    m_AmmunitionStartPosition.Set(AmmoPosition.x, AmmoPosition.y,
AmmoPosition.z);
}
```

接下来需要创建玩家的 Weapon 类，并使用之前讨论的弹药对象。这里，Weapon 类继承自 Object3d 类，如下所示。

```
public class Weapon extends Object3d
```

MAX_DEFAULTAMMO 变量表示武器一次可加载的最大弹药数量。

```
private int MAX_DEFAULTAMMO = 20;
```

m_WeaponClip 变量数组加载实际的武器弹药。

```
private Ammunition[] m_WeaponClip = new Ammunition[MAX_DEFAULTAMMO];
```

m_TimeLastFired 变量加载武器最近一次发射的时间（以 ms 为单位）。

```
private long m_TimeLastFired = 0;
```

m_TimeReadyToFire 变量表示武器下一次发射弹药的时间（以 ms 为单位）。

```
private long m_TimeReadyToFire = 0;
```

m_FireDelay 变量表示弹药发射间最小的时间值（以 ms 为单位）。

```
private long m_FireDelay = 500;
```

Weapon 构造函数调用 Object3d 的构造函数，如代码清单 7.21 所示。

代码清单 7.21　Weapon 类构造函数

```
Weapon(Context iContext, Mesh iMesh, MeshEx iMeshEx, Texture[]
iTextures, Material iMaterial,Shader iShader)
{
    super(iContext, iMesh, iMeshEx, iTextures, iMaterial, iShader );
}
```

TurnOnOffSFX()函数开启或关闭与武器弹药关联的音效，如代码清单 7.22 所示。

代码清单 7.22　开启/关闭弹药的音效

```
void TurnOnOffSFX(boolean value)
{
    for (int i = 0; i < MAX_DEFAULTAMMO; i++)
    {
        m_WeaponClip[i].SetSFXOnOff(value);
    }
}
```

ResetWeapon()函数重置全部武器弹药，如代码清单 7.23 所示。

代码清单 7.23　重置武器弹药

```
void ResetWeapon()
{
    // Reset All the Ammunition in the Weapon' s Magazine
    for (int i = 0; i < MAX_DEFAULTAMMO; i++)
    {
```

```
        m_WeaponClip[i].Reset();
    }
}
```

LoadAmmunition()函数将槽 AmmoSlot 中的 Ammunition Ammo 置于 m_WeaponClip 数组中，如代码清单 7.24 所示。

代码清单 7.24　将 Ammunition 对象加载至 Weapon 对象中

```
void LoadAmmunition(Ammunition Ammo, int AmmoSlot)
{
    if (AmmoSlot >= MAX_DEFAULTAMMO)
    {
        AmmoSlot = MAX_DEFAULTAMMO - 1;
    }
    m_WeaponClip[AmmoSlot] = Ammo;
}
```

FindReadyAmmo()函数返回首个有效弹药对象的索引号；否则，该函数将返回-1，如代码清单 7.25 所示。

代码清单 7.25　获取备用弹药

```
int FindReadyAmmo()
{
    for (int i = 0; i < MAX_DEFAULTAMMO; i++)
    {
        // If Ammo is not Fired
        if (m_WeaponClip[i].IsFired() == false)
        {
            return i;
        }
    }
    return -1; // No More Ammo Available
}
```

CheckAmmoCollision()函数测试输入对象 obj 是否与武器发射弹药产生碰撞。如果发生碰撞，则 CheckAmmoCollision()函数返回指向该对象的引用；否则，它将返回 null，如代码清单 7.26 所示。

代码清单 7.26　检测武器弹药与对象间的碰撞行为

```
Object3d CheckAmmoCollision(Object3d obj)
{
    Object3d ObjectCollided = null;
```

```
    for (int i = 0; i < MAX_DEFAULTAMMO; i++)
    {
        if (m_WeaponClip[i].IsFired() == true)
        {
            //Check Collision
            Physics.CollisionStatus result = m_WeaponClip[i].
CheckCollision(obj);
            if ((result == Physics.CollisionStatus.COLLISION) ||
(result == Physics.CollisionStatus.PENETRATING_COLLISION))
            {
                ObjectCollided = m_WeaponClip[i];
            }
        }
    }
    return ObjectCollided;
}
```

GetActiveAmmo()函数将全部处于活动状态的、已发射的武器弹药的引用置于输入的 ActiveAmmo 数组中，并返回处于活动状态的弹药的数量，如代码清单 7.27 所示。

代码清单 7.27　获取全部处于活动状态的弹药对象

```
int GetActiveAmmo(int StartIndex, Object3d[] ActiveAmmo)
{
    // Put all active fired ammunition in ActiveAmmo array
    // and return the number of fired ammunition
    int AmmoNumber = StartIndex;
    for (int i = 0; i < MAX_DEFAULTAMMO; i++)
    {
        if (m_WeaponClip[i].IsFired() == true)
        {
            ActiveAmmo[AmmoNumber] = m_WeaponClip[i];
            AmmoNumber++;
        }
    }
    return (AmmoNumber - StartIndex);
}
```

Fire()函数发射与武器关联的弹药。其中，输入参数 Direction 加载了对应的方向，起始点为位置 WeaponPosition。

Fire()函数（见代码清单 7.28）执行下列各项操作。

（1）如果武器处于发射就绪状态，则根据发射间的最小延迟值继续执行后续操作；否则，武器将从 Fire()函数中返回。

（2）查找尚未被发射的弹药。

（3）调用弹药对象（如果存在）的 Fire()函数，并播放与其关联的音效。

（4）计算武器再次发射的时间，并将其置于 m_TimeReadyToFire 变量中。

（5）如果武器可正常发射，则 Fire()函数返回 true；否则，将返回 false。

代码清单 7.28　武器的发射行为

```
boolean Fire(Vector3 Direction, Vector3 WeaponPosition)
{
    boolean WeaponFired = false;

    // 0. Test if this weapon is ready to fire
    long CurrentTime = System.currentTimeMillis();
    if (CurrentTime < m_TimeReadyToFire)
    {
        return false;
    }

    // 1. Find Ammo That is not spent
    int AmmoSlot = FindReadyAmmo();

    // 2. If Ammo Found then Fire Ammunition
    if (AmmoSlot >= 0)
    {
        WeaponFired = true;
        m_WeaponClip[AmmoSlot].Fire(Direction,WeaponPosition,
        GetObjectPhysics().GetVelocity());

        // Play SFX if available
        m_WeaponClip[AmmoSlot].PlayFiringSFX();
    }
    else
    {
        Log.e("AMMUNITION ", "AMMUNITION NOT FOUND");
        WeaponFired = false;
    }

    // 3. Firing Delay
    m_TimeLastFired = System.currentTimeMillis();
    m_TimeReadyToFire = m_TimeLastFired + m_FireDelay;

    return WeaponFired;
}
```

RenderWeapon()函数渲染处于发射状态和活动状态的全部武器弹药，如代码清单 7.29 所示。

代码清单 7.29　渲染武器弹药

```
void RenderWeapon(Camera Cam, PointLight light, boolean DebugOn)
{
    // 1. Render Each Fired Ammunition in Weapon
    for (int i = 0; i < MAX_DEFAULTAMMO; i++)
    {
        if (m_WeaponClip[i].IsFired() == true)
        {
            m_WeaponClip[i].RenderAmmunition(Cam, light, DebugOn);
        }
    }
}
```

UpdateWeapon()函数更新武器弹药，如代码清单 7.30 所示。

代码清单 7.30　更新武器系统

```
void UpdateWeapon()
{
    // 1. Update Each Ammunition in Weapon
    for (int i = 0; i < MAX_DEFAULTAMMO; i++)
    {
        // If Ammunition is fired then Update Ammunition and Emit More
        // AmmoDust Trail particles
        if (m_WeaponClip[i].IsFired() == true)
        {
            // Add Spin to Ammunition
            m_WeaponClip[i].GetObjectPhysics().ApplyRotationalForce(30, 1);
            m_WeaponClip[i].UpdateAmmunition();

            // 2. Check if Ammunition is spent
            float AmmoRange          = m_WeaponClip[i].
GetAmmunitionRange();
            Vector3 AmmoCurrentPos = m_WeaponClip[i].m_Orientation.
GetPosition();
            Vector3 AmmoInitPos     = m_WeaponClip[i].
GetAmmunitionStartPosition();
            Vector3 DistanceVector = Vector3.Subtract(AmmoCurrentPos,
AmmoInitPos);
```

```
            float DistanceMag = DistanceVector.Length();

            if (DistanceMag > AmmoRange)
            {
                // Ammo is Spent so Reset Ammunition to ready to use status.
                m_WeaponClip[i].Reset();
            }
        }
    }
}
```

针对武器中的每枚弹药，UpdateWeapon()函数执行下列各项操作。

（1）如果弹药已被发射，则 UpdateWeapon()函数持续对其进行更新；否则，UpdateWeapon()函数将检查下一枚弹药是否已被发射。

（2）向弹药添加旋转作用力并更新该对象的物理数据。

（3）如果弹药的行进距离大于其有效范围，则调用弹药的 Reset()函数摧毁该弹药对象。

图 7.2 显示了处于发射状态的玩家武器。其中，图像中心处的绿色立方体表示为玩家的武器弹药。

图 7.2　玩家发射的武器

7.4　创建爆炸效果

游戏的爆炸效果由多个三角形多边形构成，其核心类是 PolyParticleEx 类（表现为多个粒子）和 SphericalPolygonExplosion 类（包含了爆炸效果的多个粒子）。

7.4.1　创建 PolyParticleEx 类

PolyParticleEx 类涵盖了需要生成的爆炸粒子，以及管理和操控粒子的相关功能。

PolyParticleEx 类继承自 Object3d 类，如下所示。

```
public class PolyParticleEx extends Object3d
```

PolyParticleVertices 变量数组加载 PolyParticleEx 粒子的网格数据。其中，粒子表示为一个不包含纹理坐标的三角形，但包含顶点法线形式的光照数据，如代码清单 7.31 所示。

代码清单 7.31　粒子网格定义

```
static float[] PolyParticleVertices =
{
    // Triangle Shape
    // Left Side           nx, ny, nz
     0.0f, 0.0f, -0.5f,  0,  0, -1,     // v0 = bottom, back
     0.0f, 0.0f,  0.5f,  0,  0,  1,     // v1 = bottom, front
     0.0f, 0.5f,  0.0f,  0,  1,  0,     // v2 = top point
};
```

m_Color 变量加载多边形粒子的当前颜色。

```
private Vector3 m_Color = new Vector3(0,0,0);
```

m_TimeStamp 变量加载粒子被创建的时间（以 ms 为单位）。

```
private long    m_TimeStamp; // Time in milliseconds that Particle is created
```

m_TimeDelay 变量加载粒子的生命周期（以 ms 为单位）。

```
private float   m_TimeDelay; // LifeSpan of Particle in milliseconds
```

如果将粒子设置为发射状态或处于使用状态，则 m_Locked 变量被设置为 true；如果粒子可用，则该变量被设置为 false。

```
private boolean     m_Locked;
// true if set to launch or in use, false if available for use
```

如果粒子位于屏幕上或需要被渲染，则变量 m_Active 被设置为 true；否则，变量 m_Active 将被设置为 false。

```
private boolean     m_Active; // Onscreen = Render particle if Active
```

变量 m_ColorBrightness 加载粒子颜色的当前亮度级别。

```
private float       m_ColorBrightness;
```

变量 m_FadeDelta 表示粒子的淡出速率。

```
private float       m_FadeDelta;
```

变量 m_OriginalColor 表示为粒子被创建时其原始颜色。

```
private Vector3     m_OriginalColor = new Vector3(0,0,0);
```

PolyParticleEx()构造函数调用 Object3d()构造函数，随后初始化类成员变量，如代码清单 7.32 所示。

代码清单 7.32　PolyParticleEx()构造函数

```
public PolyParticleEx(Context iContext, Mesh iMesh, MeshEx iMeshEx, Texture[]
iTextures, Material iMaterial, Shader iShader)
{
    super(iContext, iMesh, iMeshEx, iTextures, iMaterial, iShader);
    m_Color.Clear();
    m_TimeStamp                 = 0;
    m_TimeDelay                 = 1000;
    m_Locked                    = false;
    m_Active                    = false;
    m_ColorBrightness           = 1;
    m_OriginalColor.Clear();
    m_FadeDelta                 = 0.0000f;
}
```

SetColor()函数设置粒子的颜色，包括粒子的材质，即材质的环境光、漫反射光和发射光属性，如代码清单 7.33 所示。

代码清单 7.33　设置粒子的颜色

```
void SetColor(Vector3 value)
{
```

```
    m_Color.x = value.x;
    m_Color.y = value.y;
    m_Color.z = value.z;

    GetMaterial().SetAmbient(value.x, value.y, value.z);
    GetMaterial().SetDiffuse(value.x, value.y, value.z);
    GetMaterial().SetEmissive(value.x, value.y, value.z);
}
```

SetActiveStatus()函数负责设置粒子的活动状态，同时还将粒子的亮度级别重置为 100%，如代码清单 7.34 所示。

代码清单 7.34　设置粒子的活动状态

```
void SetActiveStatus(boolean value)
{
    m_Active          = value;

    // Reset Brightness Level
    m_ColorBrightness= 1;
}
```

Destroy()函数将粒子重置为其初始状态，如代码清单 7.35 所示。

代码清单 7.35　销毁粒子

```
void Destroy()
{
    GetObjectPhysics().GetVelocity().Clear();

    m_Locked = false;
    // Particle is now free to be used again by the Particle Manager.
    m_Active = false;   // Do not draw on screen
    m_TimeStamp = 0;

    // Restore Particle to Original Color
    m_Color.x = m_OriginalColor.x;
    m_Color.y = m_OriginalColor.y;
    m_Color.z = m_OriginalColor.z;
}
```

Create()函数将粒子的颜色设置为 Color，同时将 m_OriginalColor 变量也设置为 Color，如代码清单 7.36 所示。

代码清单 7.36　创建新的粒子

```
void Create(Vector3 Color)
{
    m_Color.x = Color.x;
    m_Color.y = Color.y;
    m_Color.z = Color.z;

    m_OriginalColor.x = m_Color.x;
    m_OriginalColor.y = m_Color.y;
    m_OriginalColor.z = m_Color.z;
}
```

LockParticle()函数可被用于设置粒子以供使用，如代码清单 7.37 所示。

代码清单 7.37　使粒子处于就绪状态以供使用

```
void LockParticle(float Force, Vector3 DirectionNormalized, long
CurrentTime)
{
    // 1. Setup particle for use
    m_Active = false;
    m_Locked = true;

    // 2. Apply Initial Force
    Vector3 FVector = new Vector3(DirectionNormalized.x,
DirectionNormalized.y,DirectionNormalized.z);
    FVector.Multiply(Force);
    GetObjectPhysics().ApplyTranslationalForce(FVector);

    // 3. Apply Time
    m_TimeStamp = CurrentTime;

    // 4. Calculate Color for Fade
    m_Color.x = m_OriginalColor.x;
    m_Color.y = m_OriginalColor.y;
    m_Color.z = m_OriginalColor.z;
}
```

LockParticle()函数主要执行下列各项操作。

（1）通过将 m_Active 设置为 false，并将 m_Locked 设置为 true，进而设置粒子以供使用。

（2）应用平移作用力，即沿 DirectionNormalized 方向上的输入参数 Force。

（3）将 m_TimeStamp 变量设置为 CurrentTime 输入参数。

（4）将粒子颜色设置为首次创建时粒子的原始颜色。

FadeColor()函数使用指向颜色的引用 ColorIn 作为输入内容，并通过 m_FadeDelta 减少亮度（m_ColorBrightness）。这里，m_ColorBrightness 的最小值为 0。随后，颜色通过 m_ColorBrightness 被缩放，如代码清单 7.38 所示。

代码清单 7.38　淡化粒子颜色（1）

```
void FadeColor(Vector3 ColorIn)
{
    // Fade Color to Black.

    // Adjust Brightness Level Down from full brightness = 1 to no
    // brightness = 0;
    m_ColorBrightness -= m_FadeDelta;

    if (m_ColorBrightness < 0)
    {
        m_ColorBrightness = 0;
    }

    // 1. Adjust Color so that everything is at the same Brightness Level
    ColorIn.x *= m_ColorBrightness;
    ColorIn.y *= m_ColorBrightness;
    ColorIn.z *= m_ColorBrightness;
}
```

FadeColor()函数通过调用代码清单 7.38 中的 FadeColor()函数，随后调用 SetColor()函数以设置粒子的颜色，进而淡化粒子的颜色，如代码清单 7.39 所示。

代码清单 7.39　淡化粒子的颜色（2）

```
void FadeColor(long ElapsedTime)
{
    FadeColor(m_Color);
    SetColor(m_Color);
}
```

UpdateParticle()函数（见代码清单 7.40）通过执行下列各项操作以更新粒子。

（1）如果粒子处于活动状态，即 m_Active = true，则 UpdateParticle()函数持续更新操作；否则，该函数将直接返回。

（2）向粒子应用旋转作用力。

（3）更新粒子的物理数据。

（4）如果自粒子被创建后的时间大于粒子的生命周期，即 m_TimeDelay，则 UpdateParticle()函数通过调用 Destroy()函数销毁粒子；否则该函数将调用 FadeColor()函数将粒子的颜色淡化至黑色。

代码清单 7.40　更新粒子

```
void UpdateParticle(long current_time)
{
    // If particle is Active (on the screen)
    if (m_Active)
    {
        // Update Particle Physics and position
        GetObjectPhysics().ApplyRotationalForce(40, 1);
        GetObjectPhysics().UpdatePhysicsObject(m_Orientation);

        long TimePassed = current_time - m_TimeStamp;
        if (TimePassed > m_TimeDelay)
        {
            // Destroy Particle
            Destroy();
        }
        else
        {
            FadeColor(TimePassed);
        }
    }
}
```

Render()函数通过调用 Object3d 类中的 DrawObject()函数将粒子绘制至屏幕上，如代码清单 7.41 所示。

代码清单 7.41　渲染粒子

```
void Render(Camera Cam, PointLight light)
{
    DrawObject(Cam, light);
}
```

7.4.2　创建 SphericalPolygonExplosion 类

本节将定义 SphericalPolygonExplosion 类并以此呈现爆炸效果。该类创建一组

PolyParticleEx，并以此生成爆炸效果。

MAX_POLYGONS 变量定义爆炸效果构成的多边形的最大数量，如下所示。

```
private int MAX_POLYGONS = 1000;
```

m_Particles 变量加载用于创建爆炸效果的 PolyParticleEx 多边形，如下所示。

```
private PolyParticleEx[] m_Particles = new PolyParticleEx[MAX_POLYGONS];
```

m_ExplosionDirection 变量加载 m_Particles 中每个粒子的速度，如下所示。

```
private Vector3[] m_ExplosionDirection = new Vector3[MAX_POLYGONS];
```

m_NumberParticles 变量加载构成爆炸效果的粒子数量，如下所示。

```
int m_NumberParticles;
```

m_ParticleColor 变量加载粒子的颜色，如下所示。

```
Vector3     m_ParticleColor;
```

m_ParticleSize 变量加载粒子的缩放因子。其中，1 表示粒子网格的正常缩放状态，如下所示。

```
Vector3     m_ParticleSize;
```

m_ParticleLifeSpan 变量加载粒子处于活动状态并在屏幕上显示的时间值（以 ms 为单位），如下所示。

```
long        m_ParticleLifeSpan;
```

m_ExplosionCenter 变量加载爆炸效果中全部粒子的开始位置，如下所示。

```
Vector3     m_ExplosionCenter;
```

如果粒子的颜色呈现为随机状态，则 m_RandomColors 变量被设置为 true，如下所示。

```
boolean     m_RandomColors; // true if Particles set to have Random colors
```

如果爆炸效果中的粒子颜色发生了变化，则 m_ParticleColorAnimation 变量被设置为 true，如下所示。

```
boolean     m_ParticleColorAnimation;
// true if Particles change colors during explosion
```

如果爆炸效果仍处于活动状态且必须被渲染至屏幕上并被更新，则 m_ExplosionActive 变量被设置为 true，如下所示。

```
boolean     m_ExplosionActive;
```

m_RandNumber 变量用于生成随机数，如下所示。

```
private Random m_RandNumber = new Random();
```

GenerateRandomColor()函数利用 m_RandNumber 变量生成并返回一个随机数。nextFloat()函数生成并返回 0～1 的一个随机颜色，如代码清单 7.42 所示。

代码清单 7.42　生成随机颜色

```
Vector3 GenerateRandomColor()
{
    Vector3 Color = new Vector3(0,0,0);

    // 1. Generate Random RGB Colors in Range of 0-1;
    Color.x = m_RandNumber.nextFloat();
    Color.y = m_RandNumber.nextFloat();
    Color.z = m_RandNumber.nextFloat();

    return Color;
}
```

GenerateRandomRotation()函数生成并返回 0～1 的随机旋转值，如代码清单 7.43 所示。

代码清单 7.43　生成随机旋转

```
float GenerateRandomRotation(float MaxValue)
{
    float Rotation;

    // 1. Generate Random Rotation in Range of 0-1 * MaxValue;
    Rotation = MaxValue * m_RandNumber.nextFloat();

    return Rotation;
}
```

GenerateRandomRotationAxis()函数生成并返回一个标准化的随机旋转轴，如代码清单 7.44 所示。

代码清单 7.44　生成随机旋转轴

```
Vector3 GenerateRandomRotationAxis()
{
    Vector3 RotationAxis = new Vector3(0,0,0);

    // 1. Generate Random Rotation in Range of 0-1
```

```
    RotationAxis.x = m_RandNumber.nextFloat();
    RotationAxis.y = m_RandNumber.nextFloat();
    RotationAxis.z = m_RandNumber.nextFloat();
    RotationAxis.Normalize();

    return RotationAxis;
}
```

SphericalPolygonExplosion()构造函数生成并创建新的爆炸效果。具体来说，该构造函数创建并初始化 m_NumberParticles 个新的粒子，当启动爆炸效果时，其方向随机，如代码清单 7.45 所示。

代码清单 7.45　SphericalPolygonExplosion()构造函数

```
SphericalPolygonExplosion(int NumberParticles, Vector3 Color,long
ParticleLifeSpan,boolean RandomColors, boolean ColorAnimation, float
FadeDelta,Vector3  ParticleSize,Context  iContext,  Mesh  iMesh,  MeshEx
iMeshEx, Texture[] iTextures, Material iMaterial, Shader iShader )
{
    m_NumberParticles          = NumberParticles;
    m_ParticleColor            = new Vector3(Color.x, Color.y, Color.z);
    m_ParticleLifeSpan         = ParticleLifeSpan;
    m_RandomColors             = RandomColors;
    // true if Particles set to have Random colors
    m_ParticleColorAnimation   = ColorAnimation;
    m_ExplosionActive          = false;
    m_ParticleSize             = new Vector3(ParticleSize.x,
ParticleSize.y, ParticleSize.z);

    if (NumberParticles > MAX_POLYGONS)
    {
        m_NumberParticles = MAX_POLYGONS;
    }

    // For each new Particle
    for (int i = 0; i < m_NumberParticles; i++)
    {
        int signx = 1;
        int signy = 1;
        int signz = 1;

        if (m_RandNumber.nextFloat() > 0.5f)
        {
```

```
            signx = -1;
        }
        if (m_RandNumber.nextFloat() > 0.5f)
        {
            signy = -1;
        }
        if (m_RandNumber.nextFloat() > 0.5f)
        {
            signz = -1;
        }

        // Find random direction for particle
        float randomx = (float)signx * m_RandNumber.nextFloat();
        float randomy = (float)signy * m_RandNumber.nextFloat();
        float randomz = (float)signz * m_RandNumber.nextFloat();

        // Generate random x,y,z coords
        Vector3        direction = new Vector3(0,0,0);
        direction.x = randomx;
        direction.y = randomy;
        direction.z = randomz;
        direction.Normalize();

        // Set Particle Explosion Direction Array
        m_ExplosionDirection[i]        =        direction;

        // Create New Particle
        m_Particles[i] = new PolyParticleEx(iContext, iMesh, iMeshEx,
iTextures, iMaterial, iShader);

        // Set Particle Array Information
        if (RandomColors)
        {
            m_Particles[i].SetColor(GenerateRandomColor());
        }
        else
        {
            m_Particles[i].Create(m_ParticleColor);
        }

        m_Particles[i].SetTimeDelay(ParticleLifeSpan);
```

```
        m_Particles[i].SetFadeDelta(FadeDelta);

        // Generate Random Rotations
        Vector3 Axis = GenerateRandomRotationAxis();
        m_Particles[i].m_Orientation.SetRotationAxis(Axis);

        float rot = GenerateRandomRotation(360);
        m_Particles[i].m_Orientation.SetRotationAngle(rot);
    }
}
```

根据创建爆炸效果时设置的粒子方向和随机速度，GetRandomParticleVelocity()函数创建并返回一个随机速度，如代码清单 7.46 所示。

代码清单 7.46　获取随机粒子速度

```
Vector3 GetRandomParticleVelocity(int ParticleNumber, float MaxVelocity,
float MinVelocity)
{
    Vector3 ExplosionDirection = m_ExplosionDirection[ParticleNumber];
    Vector3 ParticleVelocity= new Vector3(ExplosionDirection.x,
ExplosionDirection.y,ExplosionDirection.z);
    float RandomVelocityMagnitude = MinVelocity + (MaxVelocity -
MinVelocity)*m_RandNumber.nextFloat();
    ParticleVelocity.Multiply(RandomVelocityMagnitude);

    return ParticleVelocity;
}
```

GetRandomParticleVelocity()函数执行下列各项操作。

（1）从 m_ExplosionDirection 数组中获取粒子 ParticleNumber 的标准化方向。

（2）创建新的速度变量 ParticleVelocity 以加载最终的粒子速度，并利用步骤（1）中的爆炸方向对其进行初始化。

（3）针对 MinVelocity 和 MaxVelocity 输入参数间的粒子，生成随机速度。

（4）将加载粒子方向的 ParticleVelocity 变量乘以 RandomVelocityMagnitude 变量中的随机速度，计算最终新的随机粒子速度。

调用 StartExplosion()函数，并利用 Position 位置处的、速度为 MinVelocity～MaxVelocity 的粒子以启动实际爆炸效果。

StartExplosion()函数（见代码清单 7.47）执行下列操作。

（1）将 m_ExplosionActive 变量设置为 true，以表明爆炸效果正在进行中。

（2）将爆炸中的粒子设置为活动状态，这意味着此类粒子将被渲染和更新

（3）将全部粒子上的时间戳设置为当前系统时间，即爆炸的开始时间。

（4）将全部粒子的位置设置为输入参数 Position。

（5）针对全部粒子设置随机速度。

（6）将粒子的缩放因子设置为 m_ParticleSize。

（7）如果粒子选择了随机颜色，可将全部粒子的随机颜色设置为 m_RandomColors = true；否则，可将粒子颜色设置为 m_ParticleColor。

（8）将粒子的生命周期设置为 m_ParticleLifeSpan。

代码清单 7.47　启动爆炸效果

```
void StartExplosion(Vector3 Position,float MaxVelocity, float MinVelocity)
{
    // 1. Set Position of Particles
    m_ExplosionActive = true;
    for (int i = 0; i < m_NumberParticles; i++)
    {
        m_Particles[i].SetActiveStatus(true);
        m_Particles[i].SetTimeStamp(System.currentTimeMillis());

        m_ExplosionCenter = new Vector3(Position.x, Position.y,
Position.z);
        m_Particles[i].m_Orientation.SetPosition(m_ExplosionCenter);

        m_Particles[i].GetObjectPhysics().SetVelocity
(GetRandomParticleVelocity(i,MaxVelocity,MinVelocity));
        m_Particles[i].m_Orientation.SetScale(m_ParticleSize);

        if (m_RandomColors)
        {
            m_Particles[i].SetColor(GenerateRandomColor());
        }
        else
        {
            m_Particles[i].SetColor(m_ParticleColor);
        }
        m_Particles[i].SetTimeDelay(m_ParticleLifeSpan);
    }
}
```

RenderExplosion()函数绘制构成爆炸效果并在屏幕上处于活动状态的全部粒子，如代

码清单 7.48 所示。

代码清单 7.48　渲染爆炸效果

```
void RenderExplosion(Camera Cam, PointLight light)
{
    // Render Explosion
    for (int i = 0; i < m_NumberParticles; i++)
    {
        if (m_Particles[i].GetActiveStatus() == true)
        {
            m_Particles[i].Render(Cam, light);
        }
    }
}
```

UpdateExplosion()函数更新爆炸效果，如代码清单 7.49 所示。

代码清单 7.49　更新爆炸效果

```
void UpdateExplosion()
{
    if (!m_ExplosionActive)
    {
            return;
    }

    boolean ExplosionFinished = true;
    for (int i = 0; i < m_NumberParticles; i++)
    {
        // If all Particles are not active then explosion is finished.
        if (m_Particles[i].GetActiveStatus() == true)
        {
            // If Color Animation is on then set particle to random color
            if(m_ParticleColorAnimation)
            {
                m_Particles[i].SetColor(GenerateRandomColor());
            }

            // For each particle update particle
            m_Particles[i].UpdateParticle(System.currentTimeMillis());
            ExplosionFinished = false;
        }
    }
    if (ExplosionFinished)
```

```
    {
        m_ExplosionActive = false;
    }
}
```

UpdateExplosion()函数执行下列各项操作。

（1）如果爆炸效果未处于活动状态，则函数返回。

（2）对于活动粒子，如果开启了粒子颜色动画，则随机设置颜色。

（3）对于活动粒子，通过调用 UpdateParticle()函数更新粒子。

（4）如果粒子处于活动状态，则整体爆炸效果被设置为活动状态。

7.4.3　调整 Object3d 类

下面将向 Object3d 类中添加代码，以便应用爆炸效果。这里，MAX_EXPLOSIONS 变量加载与 Object3d 类对象关联的最大爆炸效果数量，如下所示。

```
private int MAX_EXPLOSIONS = 3;
```

m_NumberExplosions 变量加载与 Object3d 类对象关联的实际爆炸效果数量，如下所示。

```
private int m_NumberExplosions = 0;
```

m_Explosions 变量加载与 Object3d 类对象关联的 SphericalPolygonExplosion 对象的引用，如下所示。

```
private SphericalPolygonExplosion[] m_Explosions = new
SphericalPolygonExplosion[MAX_EXPLOSIONS];
```

除此之外，我们还添加了渲染爆炸效果的 RenderExplosions()函数、更新爆炸效果的 UpdateExplosions()函数，以及启动爆炸效果的 ExplodeObject()函数。此类函数均较为简单，限于篇幅，读者可访问 apress.com 的 Source Code/Download 部分查看代码的详细信息。

此外，必须对 DrawObject()函数进行适当调整，以渲染爆炸效果，即调用 RenderExplosions()函数，如代码清单 7.50 所示。

代码清单 7.50　调整 DrawObject()函数以渲染爆炸效果

```
void DrawObject(Camera Cam, PointLight light)
{
    RenderExplosions(Cam,light);
    // Rest of Code
}
```

还必须对 UpdateObject3d()函数进行适当调整，以更新爆炸效果，即调用 UpdateExplosions()函数，如代码清单 7.51 所示。

代码清单 7.51　调整 UpdateObject3d()函数

```
void UpdateObject3d()
{
    if (m_Visible)
    {
        // Update Object3d Physics
        UpdateObjectPhysics();
    }

    // Update Explosions associated with this object
    UpdateExplosions();
}
```

7.5　生成游戏对象的统计数据

当跟踪记录与游戏相关的属性时，需要定义新的类并加载统计数据。

7.5.1　创建 Stats 类

针对游戏对象，Stats 类加载与游戏相关的统计数据。具体来说，Drone Grid 示例程序使用的与游戏相关的属性包括健康值、死亡值和破坏值。

m_Health 变量加载游戏对象的健康值且默认值为 100，表示该对象处于完全健康的状态，如下所示。

```
private int m_Health = 100;
```

m_KillValue 变量表示对象的损害值，如下所示。

```
private int m_KillValue = 50;
```

m_DamageValue 变量表示对象与玩家金字塔碰撞后，玩家健康状态的减少值，如下所示。

```
private int m_DamageValue = 25;
```

SaveStats()函数保存与游戏相关的统计数据。针对当前游戏，可在必要时修改类中的统计数据。例如，对于角色扮演类游戏，可添加攻击值和角色的级别。对此，需要修改 SaveStats()函数以保存新的统计数据，如代码清单 7.52 所示。

代码清单 7.52　保存统计数据

```
void SaveStats(String Handle)
{
    SharedPreferences settings = m_Context.getSharedPreferences(Handle, 0);
    SharedPreferences.Editor editor = settings.edit();

    // Health
    String HealthHandle = Handle + "Health";
    editor.putInt(HealthHandle, m_Health);

    // Commit the edits!
    editor.commit();
}
```

LoadStats()函数负责加载与游戏相关的统计数据，如代码清单 7.53 所示。

代码清单 7.53　加载统计数据

```
void LoadStats(String Handle)
{
    // Restore preferences
    SharedPreferences settings = m_Context.getSharedPreferences(Handle, 0);

    // Health
    String HealthHandle = Handle + "Health";
    m_Health = settings.getInt(HealthHandle, 100);
}
```

代码清单 7.54 显示了检索和设置当前类中与游戏相关的、统计数据的函数，包括与破坏值、健康值和死亡值相关的函数。

代码清单 7.54　获取和设置与游戏相关的统计数据

```
int GetDamageValue(){return m_DamageValue;}
int GetHealth(){return m_Health;}
int GetKillValue(){return m_KillValue;}
void SetDamageValue(int value){m_DamageValue = value;}
void SetHealth(int health){m_Health = health;}
void SetKillValue(int value){m_KillValue = value;}
```

7.5.2　调整 Object3d 类

下面将对 Object3d 类进行适当调整，进而集成 Stats 类。

m_ObjectStats 变量加载对象与游戏相关的统计数据，如下所示。

```
private Stats m_ObjectStats;
```

必须修改 Object3d()构造函数以生成新的 Stats 对象，如下所示。

```
m_ObjectStats = new Stats(iContext);
```

m_ObjectStats 变量可通过 GetObjectStats()函数被访问，如下所示。

```
Stats GetObjectStats(){return m_ObjectStats;}
```

TakeDamage()函数通过输入对象 DamageObj 产生的破坏值来调整对象的健康状态统计值，如代码清单 7.55 所示。

代码清单 7.55　从另一个对象中获取破坏值

```
void TakeDamage(Object3d DamageObj)
{
    int DamageAmount = DamageObj.GetObjectStats().GetDamageValue();
    int Health = m_ObjectStats.GetHealth();

    Health = Health - DamageAmount;

    // Health can never be negative
    if (Health < 0)
    {
        Health = 0;
    }
    m_ObjectStats.SetHealth(Health);
}
```

SaveObjectState()函数的修改方式可描述为，首先添加一个 StatsHandle 变量，以加载要保存的游戏对象统计数据的句柄，如下所示。

```
String StatsHandle = Handle + "Stats";
```

随后添加代码并利用 StatsHandle 调用 SaveStats()函数，如下所示。

```
m_ObjectStats.SaveStats(StatsHandle);
```

接下来需要通过添加 StatsHandle 变量来加载游戏统计数据的句柄，进而修改

LoadObjectState()函数，如下所示。

```
String StatsHandle = Handle + "Stats";
```

最后，添加代码以加载之前保存的游戏统计数据。

```
m_ObjectStats.LoadStats(StatsHandle);
```

7.6　射击目标

本节将使用之前定义的类并在前述示例的基础上完成当前游戏，包括添加玩家金字塔、可移动和左右旋转的玩家视角，以及用户触屏后可发射弹药的武器系统。其中，一个立方体对象置于玩家的金字塔前方，而另一个立方体对象则置于金字塔的后方。

相应地，需要对 MyGLRenderer 类进行适当调整，以创建玩家金字塔和武器系统，并处理立方体与金字塔间的碰撞，以及玩家武器弹药与立方体间的碰撞。

当创建玩家的金字塔时，需要添加新的变量和函数。

玩家的金字塔被定义为 m_Pyramid，如下所示。

```
private PowerPyramid m_Pyramid;
```

m_TexPyramid1 和 m_TexPyramid2 中加载玩家金字塔所用的纹理，如下所示。

```
private Texture m_TexPyramid1;
private Texture m_TexPyramid2;
```

PyramidCreateTexture()函数负责生成玩家金字塔的纹理，并将这些纹理分别存储于 m_TexPyramid1 和 m_TexPyramid2 中，如代码清单 7.56 所示。

代码清单 7.56　生成玩家金字塔的纹理

```
public void PyramidCreateTexture(Context context)
{
    m_TexPyramid1 = new Texture(context,R.drawable.pyramid1);
    m_TexPyramid2 = new Texture(context,R.drawable.pyramid2);
}
```

CreatePyramid()函数负责创建玩家的金字塔图形，如代码清单 7.57 所示。

代码清单 7.57　创建玩家金字塔

```
void CreatePyramid(Context iContext)
{
```

```
    //Create Cube Shader
    Shader Shader = new Shader(iContext, R.raw.vsonelight, R.raw.
fsonelight); // ok

    // Create Debug Local Axis Shader
    Mesh PyramidMesh = new Mesh(8,0,3,5,Pyramid.PyramidVertices);

    // Create Material for this object
    Material Material1 = new Material();
    Material1.SetEmissive(0.0f, 0.0f, 0.5f);

    Material1.SetGlowAnimation(true);
    Material1.GetEmissiveMax().Set(0.45f, 0.45f, 0.25f);
    Material1.GetEmissiveMin().Set(0, 0, 0);

    // Create Texture
    PyramidCreateTexture(iContext);
    Texture[] PyramidTex = new Texture[2];
    PyramidTex[0] = m_TexPyramid1;
    PyramidTex[1] = m_TexPyramid2;

    m_Pyramid = new PowerPyramid(iContext, PyramidMesh, null, PyramidTex,
Material1, Shader );
    m_Pyramid.SetAnimateTextures(true, 0.3f, 0, 1);

    // Set Initial Position and Orientation
    Vector3 Axis     = new Vector3(0,1,0);
    Vector3 Position = new Vector3(0.0f, 0.0f, 0.0f);
    Vector3 Scale    = new Vector3(0.25f,0.30f,0.25f);

    m_Pyramid.m_Orientation.SetPosition(Position);
    m_Pyramid.m_Orientation.SetRotationAxis(Axis);
    m_Pyramid.m_Orientation.SetScale(Scale);
    m_Pyramid.m_Orientation.AddRotation(45);

    m_Pyramid.GetObjectPhysics().SetGravity(false);

    Vector3 ColorGrid = new Vector3(1.0f, 0.0f, 0.5f);
    m_Pyramid.SetGridSpotLightColor(ColorGrid);
    m_Pyramid.GetObjectPhysics().SetMassEffectiveRadius(7);

    m_Pyramid.GetObjectPhysics().SetMass(2000);
```

```
    //SFX
    m_Pyramid.CreateExplosionSFX(m_SoundPool, R.raw.explosion2);
    m_Pyramid.SetSFXOnOff(true);

    // Create Explosion
    int       NumberParticles     = 20;
    Vector3   Color               = new Vector3(1,1,0);
    long      ParticleLifeSpan    = 2000;
    boolean   RandomColors        = false;
    boolean   ColorAnimation      = true;
    float     FadeDelta           = 0.001f;
    Vector3   ParticleSize        = new Vector3(0.5f,0.5f,0.5f);

    // No textures
    Mesh PolyParticleMesh = new
    Mesh(6,0,-1,3,PolyParticleEx.PolyParticleVertices);

    // Create Material for this object
    Material Material2 = new Material();
    Material2.SetSpecular(0, 0, 0);

    //Create Cube Shader
Shader Shader2 = new Shader(iContext, R.raw.vsonelightnotexture, R.raw.
fsonelightnotexture); // ok

    SphericalPolygonExplosion explosion = new SphericalPolygonExplosion
(NumberParticles, Color, ParticleLifeSpan, RandomColors, ColorAnimation,
FadeDelta, ParticleSize, m_Context,PolyParticleMesh, null, null, Material2,
Shader2);
    m_Pyramid.AddExplosion(explosion);
}
```

CreatePyramid()函数执行下列各项操作。

（1）创建渲染金字塔所用的着色器。

（2）利用 Pyramid 类的 PyramidVertices 数组中的数据创建新的 Mesh 对象。

（3）定义新的 Material 对象，并将辉光动画设置为 true，以便更新材质时发光颜色属性在数值（由 GetEmissiveMin()和 GetEmissiveMax()函数设置）间循环呈现。

（4）通过调用 PyramidCreateTexture()函数创建金字塔纹理，并将其置于 PyramidTex 数组中，以供玩家金字塔使用。

（5）创建新的金字塔对象。

（6）针对金字塔设置纹理动画，以实现纹理间的循环操作。

（7）设置金字塔的初始位置、旋转状态和缩放效果。

（8）将金字塔的重力效果设置为 none。

（9）设置金字塔的网格聚光灯和聚光灯半径。

（10）将金字塔的质量设置为 2000，并以此表明与游戏中碰撞的其他对象相比，这将是一个较大的结构。当与游戏中的其他对象发生碰撞时，质量间的差异将由此得以体现。

（11）创建与金字塔关联的爆炸音效，并针对金字塔开启音效。

（12）创建 SphericalPolygonExplosion 爆炸效果，并通过 AddExplosion()函数将其添加至金字塔中。

最后，在 onSurfaceCreated()函数中，将添加并调用 CreatePyramid()函数，进而在创建 GL 表面时实际生成金字塔对象，如下所示。

```
CreatePyramid(m_Context);
```

7.6.1　创建玩家的武器系统

本节将创建玩家的武器系统，而该系统所用的弹药则需要在 MyGLRenderer 类中被创建。

将玩家的武器定义为 m_Weapon，如下所示。

```
private Weapon m_Weapon = null;
```

m_PlayerWeaponSFX 加载玩家武器的音效，如下所示。

```
private Sound m_PlayerWeaponSFX = null;
```

玩家的武器则在 CreateWeapon()函数中被创建。

CreateWeapon()函数（见代码清单 7.58）主要执行下列各项操作。

（1）创建新的着色器，其中将使用顶点着色器和片元着色器且不涉及纹理。对于弹药对象来说，纹理并非必需。

（2）创建一个立方体网格，用于武器弹药的 3D 模型。

（3）创建新的 Material 对象，并将其发光属性设置为绿色。

（4）创建新的武器并设置其弹药射程和速度。

（5）通过调用武器的 LoadAmmunition()函数，创建新的弹药并将其加载至武器中。这里，弹药表示为前述立方体网格中所创建的绿色立方体；而 Material 对象已经在前述步骤中被创建。

代码清单 7.58　创建武器系统

```
void CreateWeapon(Context iContext)
{
    //Create Cube Shader
    Shader Shader = new Shader(iContext, R.raw.vsonelightnotexture, R.raw.
fsonelightnotexture); // ok

    // Create
    MeshEx CubeMesh = new MeshEx(6,0,-1,3,Cube.CubeDataNoTexture, Cube.
CubeDrawOrder);

    // Create Material for this object
    Material Material1 = new Material();
    Material1.SetEmissive(0.0f, 1.0f, 0.0f);

    // Create Weapon
    m_Weapon = new Weapon(iContext, null, null, null, Material1, Shader);
    float AmmunitionRange = 100;
    float AmmunitionSpeed = 0.5f;

    for (int i = 0; i < m_Weapon.GetMaxAmmunition(); i++)
    {
        Ammunition Ammo = new Ammunition(iContext, null, CubeMesh, null,
Material1, Shader,AmmunitionRange,AmmunitionSpeed);

        // Set Intial Position and Orientation
        Vector3 Axis = new Vector3(1,0,1);
        Vector3 Scale = new Vector3(0.3f,0.3f,0.3f);

        Ammo.m_Orientation.SetRotationAxis(Axis);
        Ammo.m_Orientation.SetScale(Scale);

        Ammo.GetObjectPhysics().SetGravity(false);
        Ammo.GetObjectPhysics().SetGravityLevel(0.003f);

        Vector3 GridColor = new Vector3(1,0f,0);
        Ammo.SetGridSpotLightColor(GridColor);
        Ammo.GetObjectPhysics().SetMassEffectiveRadius(10);
        Ammo.GetObjectPhysics().SetMass(100);
        Ammo.GetObjectStats().SetDamageValue(25);
```

```
        m_Weapon.LoadAmmunition(Ammo, i);
    }
}
```

MapWindowCoordsToWorldCoords()函数使用 gluUnProject()函数将用户触摸生成的屏幕坐标转换为世界坐标，并将该世界坐标以浮点数组的形式返回。

MapWindowCoordsToWorldCoords()函数（见代码清单 7.59）执行下列各项操作。

（1）创建一个新的浮点数组 ObjectCoords，以齐次坐标的形式返回与屏幕坐标对应的 3D 世界坐标。

（2）*y* 屏幕位置从屏幕坐标中被转换至 OpenGL 所采用的 *y* 坐标系。也就是说，从 Android 的屏幕高度中减去屏幕坐标中的 *y* 位置。例如，输入为(0,0)的点当前将作为(0, screenheight)被发送至 gluUnProject()函数中，输入为(0, screenheight)的点将被转换为(0,0)。

（3）调用 GLU.gluUnProject()函数将屏幕触摸坐标转换为 3D 世界坐标。

（4）返回加载 3D 世界坐标的 ObjectCoords 浮点数组。

代码清单 7.59　将窗口坐标映射为 3D 世界坐标

```
float[] MapWindowCoordsToWorldCoords(int[] View, float WinX, float WinY,
float WinZ)
{
    // Set modelview matrix to just camera view to get world coordinates

    // Map window coordinates to object coordinates. gluUnProject maps
    // the specified window coordinates into object coordinates using
    // model, proj, and view. The result is stored in obj.
    // view the current view, {x, y, width, height}
    float[] ObjectCoords = new float[4];
    float realy = View[3] - WinY;
    int result = 0;

    // public static int gluUnProject (float winX,float winY,float winZ,
    //                               float[] model, int modelOffset,
    //                               float[] project, int projectOffset,
    //                               int[] view, int viewOffset,
    //                               float[] obj, int objOffset)
   result = GLU.gluUnProject (WinX, realy, WinZ, m_Camera.GetViewMatrix(),
0, m_Camera.GetProjectionMatrix(), 0, View, 0, ObjectCoords, 0);

    if (result == GLES20.GL_FALSE)
    {
        Log.e("class Object3d :", "ERROR = GLU.gluUnProject failed!!!");
```

```
        Log.e("View=",View[0]+","+View[1]+","+View[2]+","+View[3]);
    }
    return ObjectCoords;
}
```

CreatePlayerWeaponSound()函数针对玩家的武器系统创建新的音效，如代码清单 7.60 所示。

代码清单 7.60　创建玩家武器系统的音效

```
void CreatePlayerWeaponSound(Context iContext)
{
    m_PlayerWeaponSFX = new Sound(iContext, m_SoundPool, R.raw.playershoot2);
}
```

PlayPlayerWeaponSound()函数负责播放武器系统的音效，如代码清单 7.61 所示。

代码清单 7.61　播放武器系统的音效

```
void PlayPlayerWeaponSound()
{
    if (m_SFXOn)
    {
        m_PlayerWeaponSFX.PlaySound();
    }
}
```

当用户触摸屏幕并发射玩家的武器时，将调用 CheckTouch()函数，如代码清单 7.62 所示。

代码清单 7.62　检查用户的触摸行为进而发射武器

```
void CheckTouch()
{
    // Player Weapon Firing
    int[] View = new int[4];

    View[0] = 0;
    View[1] = 0;
    View[2] = m_ViewPortWidth;
    View[3] = m_ViewPortHeight;
    float[] WorldCoords = MapWindowCoordsToWorldCoords(View, m_TouchX,
m_TouchY, 1); // 1 = far clipping plane
    Vector3 TargetLocation = new Vector3(WorldCoords[0]/WorldCoords[3],
```

```
WorldCoords[1]/WorldCoords[3], WorldCoords[2]/WorldCoords[3]);
    Vector3 WeaponLocation = m_Camera.GetCameraEye();

    Vector3 Direction = Vector3.Subtract(TargetLocation, WeaponLocation);
    if ((Direction.x==0) && (Direction.y == 0) && (Direction.z == 0))
    {
        return;
    }
    if (m_Weapon.Fire(Direction, WeaponLocation) == true)
    {
        // WeaponFired
        PlayPlayerWeaponSound();
    }
}
```

CheckTouch()函数主要执行以下各项操作。

（1）创建一个整数数组 View，加载 Android 设备的当前屏幕视图参数。

（2）利用视图参数、用户触摸的 x 和 y 位置，以及 z 值 1 调用 MapWindowCoordsToWorldCoords()函数。3D 齐次世界坐标将在 WorldCoords 浮点数组中被返回。

（3）将齐次坐标转换为笛卡儿坐标，也就是说，将 WorldCoords 除以 w 值，或者 WorldCoords 数组中的第 4 个元素。最终结果存储于 TargetLocation 中。

（4）将 WeaponLocation 变量定义为相机或观察者的位置。

（5）定义 Direction 变量，将该变量表示为武器发射的方向，即从 WeaponLocation 到 TargetLocation 形成的向量。

（6）利用起始位置为 WeaponLocation、方向为 Direction 的弹药发射玩家的武器系统。

（7）播放玩家的武器音效。

最后，必须在 onSurfaceCreated()函数中添加新的代码，以创建玩家的武器系统，如下所示。

```
CreateWeapon(m_Context);
```

除此之外，还必须添加新的代码以创建武器系统的音效，如下所示。

```
CreatePlayerWeaponSound(m_Context);
```

7.6.2　处理碰撞问题

ProcessCollisions()函数处理游戏对象间的碰撞问题。

ProcessCollisions()函数（见代码清单 7.63）执行下列各项操作。

（1）检查玩家的弹药和 m_Cube2 之间的碰撞问题。如果存在碰撞，则向两个碰撞对象施加线性作用力，并通过 m_Cube2 的死亡值增加玩家的分值。

（2）检查玩家的弹药和 m_Cube 之间的碰撞问题。如果存在碰撞，则向两个碰撞对象施加线性作用力，并通过 m_Cube 的死亡值增加玩家的分值。

（3）检查玩家的金字塔和 m_Cube2（即金字塔前方的立方体）之间的碰撞。

（4）如果存在碰撞，则执行下列各项操作。

- 启动与金字塔关联的爆炸效果。
- 播放与金字塔关联的爆炸音效。
- 向两个对象施加线性作用力。
- 考虑到金字塔处于静止状态，重置金字塔状态以消除加速度。
- 计算金字塔的破坏值。

代码清单 7.63　处理游戏对象的碰撞问题

```
void ProcessCollisions()
{
    Object3d CollisionObj = m_Weapon.CheckAmmoCollision(m_Cube2);
        if (CollisionObj != null)
        {
            CollisionObj.ApplyLinearImpulse(m_Cube2);
            m_Score = m_Score + m_Cube2.GetObjectStats().GetKillValue();
        }

        CollisionObj = m_Weapon.CheckAmmoCollision(m_Cube);
        if (CollisionObj != null)
        {
            CollisionObj.ApplyLinearImpulse(m_Cube);
            m_Score = m_Score + m_Cube.GetObjectStats().GetKillValue();
        }

        float ExplosionMinVelocity = 0.02f;
        float ExplosionMaxVelocity = 0.4f;

        //Check Collision with Cube2
        Physics.CollisionStatus result = m_Pyramid.CheckCollision(m_Cube2);
        if ((result == Physics.CollisionStatus.COLLISION) ||
            (result == Physics.CollisionStatus.PENETRATING_COLLISION))
        {
            m_Pyramid.ExplodeObject(ExplosionMaxVelocity,
```

```
ExplosionMinVelocity);
            m_Pyramid.PlayExplosionSFX();
            m_Pyramid.ApplyLinearImpulse(m_Cube2);

            // Set Pyramid Velocity and Acceleration to 0
            m_Pyramid.GetObjectPhysics().ResetState();

            m_Pyramid.TakeDamage(m_Cube2);
        }
}
```

7.6.3　调整 onDrawFrame()函数

本节将调整 onDrawFrame()函数，进而渲染和更新玩家的视角、图形和武器系统，如代码清单 7.64 所示。

代码清单 7.64　调整 onDrawFrame()函数

```
@Override
public void onDrawFrame(GL10 unused)
{
    GLES20.glClearColor(0.0f, 0.0f, 0.0f, 1.0f);
    GLES20.glClear( GLES20.GL_DEPTH_BUFFER_BIT | GLES20.GL_COLOR_
BUFFER_BIT);

    // Player Update
    // Player' s Weapon
    ProcessCollisions();
    if (m_CameraMoved)
    {
        ProcessCameraMove();
    }
    m_Camera.UpdateCamera();
    /////////////////////////// Update Object Physics
    // Cube1
    m_Cube.UpdateObject3d();

    // Cube2
    m_Cube2.UpdateObject3d();

    // Process Collisions
```

```
    Physics.CollisionStatus TypeCollision = m_Cube.GetObjectPhysics().
CheckForCollisionSpher
    eBounding(m_Cube, m_Cube2);

    if ((TypeCollision == Physics.CollisionStatus.COLLISION) ||
    (TypeCollision == Physics.CollisionStatus.PENETRATING_COLLISION))
    {
        m_Cube.GetObjectPhysics().ApplyLinearImpulse(m_Cube, m_Cube2);

        // SFX
        m_Cube.PlaySound(m_SoundIndex1);
        m_Cube2.PlaySound(m_SoundIndex2);
    }

    ////////////////////////////// Draw Objects
    m_Cube.DrawObject(m_Camera, m_PointLight);
    m_Cube2.DrawObject(m_Camera, m_PointLight);

    //////////////////////////// Update and Draw Grid
    UpdateGravityGrid();
    m_Grid.DrawGrid(m_Camera);

    // Player's Pyramid
    m_Pyramid.UpdateObject3d();
    m_Pyramid.DrawObject(m_Camera, m_PointLight);

    // Did user touch screen
    if (m_ScreenTouched)
    {
        // Process Screen Touch
        CheckTouch();
        m_ScreenTouched = false;
    }

    m_Weapon.UpdateWeapon();
    m_Weapon.RenderWeapon(m_Camera, m_PointLight, false);

    /////////////////////////// HUD
    // Update HUD
    UpdateHUD();
    m_HUD.UpdateHUD(m_Camera);
```

```
    // Render HUD
    m_HUD.RenderHUD(m_Camera, m_PointLight);
}
```

具体修改内容如下所示。

（1）必须处理玩家弹药和两个立方体间的碰撞，以及立方体和玩家金字塔间的碰撞。

（2）如果相机移动，则必须处理其运动行为。

（3）更新并绘制玩家金字塔。

（4）如果用户触摸屏幕，则必须处理触摸行为并发射玩家的武器系统。

（5）更新并绘制玩家的武器和弹药。

运行当前程序，对应结果如图 7.3 所示。

图 7.3　初始屏幕

其间，用户可触摸屏幕发射武器系统。当弹药击中立方体时，积分值将会随之增加；当立方体击中金字塔时，玩家健康值将会减少，同时显示爆炸图形动画并播放音效，如图 7.4 所示。

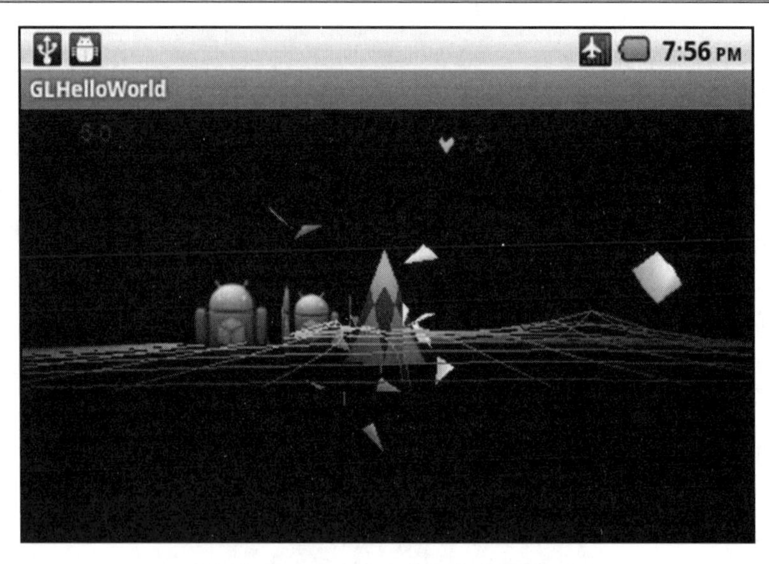

图 7.4　立方体击中玩家金字塔

7.7　本 章 小 结

本章讨论了如何针对 Drone Grid 游戏编写与玩家相关的代码。首先定义了构建玩家金字塔所需的相关类，随后探讨了实现玩家视角和输入所需的代码。接下来，我们学习了玩家的武器系统及其弹药对象、爆炸效果，以及如何管理游戏对象的相关属性。最后，我们通过示例展示了如何使用玩家的武器系统攻击 3D 对象，以及这些 3D 对象如何对玩家金字塔造成损害。

第 8 章　创建敌方角色

本章讨论 Drone Grid 游戏中敌方角色的创建，包括 Arena 对象和坦克角色，其复杂程度也随之上升。为了理解敌方角色的行为，我们需要考查与有限状态机相关的基本概念及其相关类（由计算机控制的坦克角色）。随后，本章将探讨实现坦克角色的其他类。最后，我们还将通过示例展示相关类的应用方式。

8.1　创建 Arena 对象

Arena 对象是一类简单的敌方角色对象，并可在重力网格区域内行进。此类角色在重力网格内以直线方式移动，直至到达网格边界或与玩家金字塔碰撞。在到达网格边界或与金字塔碰撞后，该对象将以相反的方向运动，并保持相同的速度。

ArenaObject3d 类继承自 Object3d 类，如下所示。

```
public class ArenaObject3d extends Object3d
```

m_ArenaObjectID 变量可加载一个字符串，用以标识游戏场景中的个体对象，如下所示。

```
private String m_ArenaObjectID = "None";
```

m_XmaxBoundary 和 m_XminBoundary 变量分别加载游戏网格或游戏场景中沿 x 轴的最大和最小边界值，如下所示。

```
private float m_XMaxBoundary = 1;
private float m_XMinBoundary = 0;
```

m_ZmaxBoundary 和 m_ZminBoundary 变量分别加载游戏场景中沿 z 轴的最大和最小边界值，如下所示。

```
private float m_ZMaxBoundary = 1;
private float m_ZMinBoundary = 0;
```

当 Arena 对象与地面碰撞时，m_HitGroundSFXIndex 变量加载播放音效的句柄（如果存在），如下所示。

```
private int m_HitGroundSFXIndex = -1;
```

当 Arena 对象爆炸时，m_ExplosionSFXIndex 变量加载播放音效的句柄，如下所示。

```
private int m_ExplosionSFXIndex = -1;
```

ArenaObject3d()构造函数调用 Object3d 类的构造函数，随后针对 Arena 对象设置游戏场景边界，如代码清单 8.1 所示。

代码清单 8.1　ArenaObject3d()构造函数

```
ArenaObject3d(Context iContext, Mesh iMesh, MeshEx iMeshEx, Texture[]
iTextures, Material iMaterial,Shader iShader, float XMaxBoundary,float
XMinBoundary,float ZMaxBoundary,float ZMinBoundary)
{
    super(iContext, iMesh, iMeshEx, iTextures, iMaterial, iShader);
    m_XMaxBoundary = XMaxBoundary;
    m_XMinBoundary = XMinBoundary;
    m_ZMaxBoundary = ZMaxBoundary;
    m_ZMinBoundary = ZMinBoundary;
}
```

通过创建声音的资源 ID 和加载该声音的声音池并调用 Object3d 类中的 AddSound()函数，CreateExplosionSFX()函数创建一个新的爆炸音效。相应地，m_ExplosionSFXIndex 变量加载新创建声音的索引，如代码清单 8.2 所示。

代码清单 8.2　创建爆炸音效

```
void CreateExplosionSFX(SoundPool Pool, int ResourceID)
{
    m_ExplosionSFXIndex = AddSound(Pool, ResourceID);
}
```

PlayExplosionSFX()函数播放爆炸的音效（如果存在），也就是说，利用爆炸音效索引调用 Object3d 类中的 PlaySound()函数，如代码清单 8.3 所示。

代码清单 8.3　播放爆炸音效

```
void PlayExplosionSFX()
{
    if (m_ExplosionSFXIndex >= 0)
    {
        PlaySound(m_ExplosionSFXIndex);
    }
}
```

通过音效的资源 ID 和该声音所存储的声音池并调用 Object3d 类中的 AddSound()函

数，CreateHitGroundSFX()函数创建一个新的音效。随后，新创建的声音索引被返回并被置于 m_HitGroundSFXIndex 中，如代码清单 8.4 所示。

代码清单 8.4　创建撞击地面的音效

```
void CreateHitGroundSFX(SoundPool Pool, int ResourceID)
{
    m_HitGroundSFXIndex = AddSound(Pool, ResourceID);
}
```

PlayHitGoundSFX()函数针对 Arena 对象撞击地面播放其音效，如代码清单 8.5 所示。

代码清单 8.5　播放撞击地面的音效

```
void PlayHitGoundSFX()
{
    if (m_HitGroundSFXIndex >= 0)
    {
        PlaySound(m_HitGroundSFXIndex);
    }
}
```

RenderArenaObject()函数负责将 Arena 对象绘制至屏幕上。此外还测试对象是否刚好撞击地面。若是，则播放撞击地面的音效，并重置 Physics 类中的撞击地面的状态，如代码清单 8.6 所示。

代码清单 8.6　渲染 Arena 对象

```
void RenderArenaObject(Camera Cam, PointLight light)
{
    // Object hits ground
    boolean ShakeCamera = GetObjectPhysics().GetHitGroundStatus();
    if (ShakeCamera)
    {
        GetObjectPhysics().ClearHitGroundStatus();
        PlayHitGoundSFX();
    }
    DrawObject(Cam, light);
}
```

UpdateArenaObject()函数负责更新 Arena 敌方角色对象，如代码清单 8.7 所示。

代码清单 8.7　更新 Arena 对象

```
void UpdateArenaObject()
{
```

```
    if (IsVisible() == true)
    {
        // Check Bounds for Z
        if (m_Orientation.GetPosition().z >= m_ZMaxBoundary)
        {
            Vector3 v = GetObjectPhysics().GetVelocity();
            if (v.z > 0)
            {
                v.z = -v.z;
            }
        }
        else
        if (m_Orientation.GetPosition().z <= m_ZMinBoundary)
        {
            Vector3 v = GetObjectPhysics().GetVelocity();
            if (v.z < 0)
            {
                v.z = -v.z;
            }
        }

        // Check bounds for X
        if (m_Orientation.GetPosition().x >= m_XMaxBoundary)
        {
            Vector3 v = GetObjectPhysics().GetVelocity();
            if (v.x > 0)
            {
                v.x = -v.x;
            }
        }
        if (m_Orientation.GetPosition().x <= m_XMinBoundary)
        {
            Vector3 v = GetObjectPhysics().GetVelocity();
            if (v.x < 0)
            {
                v.x = -v.x;
            }
        }
    }
    // Update Physics for this object
    UpdateObject3d();
}
```

UpdateArenaObject()函数执行下列各项操作。

（1）如果对象处于可见状态，则 UpdateArenaObject()函数持续更新操作；否则该函数将返回。

（2）检查最大 z 边界，以查看对象是否位于其外部，若是且远离边界，则逆置对象速度的 z 分量。随后检查最小 z 边界，以查看对象是否位于外部，若是且远离边界，则逆置对象速度的 z 分量。

（3）针对 x 边界，重复步骤（2），并逆置对象速度的 x 分量，而非 z 分量。

图 8.1 显示了当前 Arena 对象示例。另外，本章后续示例还将使用该对象。

图 8.1　Arena 对象示例

8.2　人工智能概述

视频游戏中复杂人工智能（AI）的实现方式通常采用了有限状态机。有限状态机由一组模拟的人物、敌人或车辆行为构成，每种状态包含了相关代码实现其行为，并检查是否存在导致状态变化的游戏条件的变化。如果存在状态变化，那么有限状态机将根据前一状态的转换规则将当前执行状态设置为由前一状态指定的状态。

例如，假设玩家控制一队机器人，并根据玩家向其发送的命令执行特定的任务。这里，玩家可选择的相关行为如下。

- 撤退。
- 巡逻。
- 攻击敌人。

当使用有限状态机时，每种行为将在单独的状态中实现。初始状态将处理玩家的当前命令，并转换至实现了该命令的对应状态中。当实现了每条命令后，有限状态机将转换回命令处理状态中。这一过程将重复执行，相应地，有限状态机将转换至实现了玩家当前命令的状态中，如图 8.2 所示。

对于有限状态机的代码实现，我们针对需要控制的敌方角色类型定义了有限状态机类，每种行为通过单独的类予以体现，并加载至有限状态机中以供处理。另外，有限状态机中的 UpdateMachine()函数负责更新状态机。关于有限状态机的代码实现，读者可参考如图 8.3 所示的通用类。

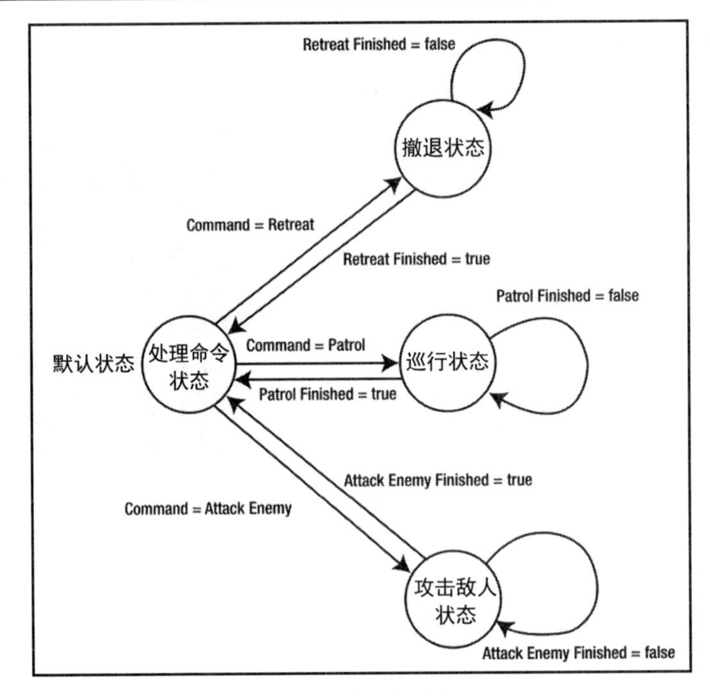

图 8.2　有限状态机

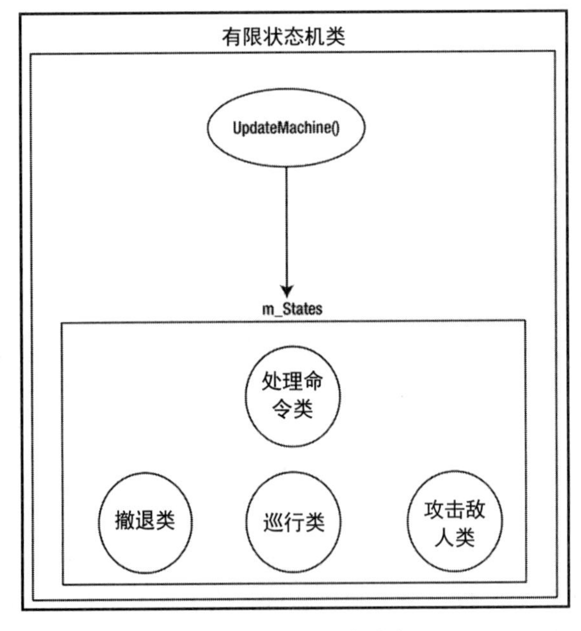

图 8.3　实现有限状态机

8.3　创建坦克敌方角色

坦克角色由坦克的图形及其人工智能行为构成。

8.3.1　创建坦克图形

坦克图形表示为两个金字塔形状的多边形，除尺寸不同外，表示坦克体的下方多边形基本等同于表示塔克炮塔的上方多边形。

Pyramid2 类将坦克体和塔克炮塔数据加载至 Pyramid2Vertices 数组中，如代码清单 8.8 所示。

代码清单 8.8　坦克图形

```
public class Pyramid2 extends Object3d
{
  static float[] Pyramid2Vertices =
  {
    // Triangle Shape
    // Left Side              u  v   nx, ny, nz

    -0.5f, -0.5f, -0.5f,    0, 1, -1, -1, -1, // v0 = left, bottom, back
     0.0f, -0.5f,  0.5f,    1, 1,  0,  0,  1, // v1 = left, bottom, front
     0.0f,  0.5f, -0.5f, 0.5f, 0,  0,  1,  0, // v2 = top point

    // Right Side
     0.5f, -0.5f, -0.5f,    0, 1, 1, -1, -1, // v3 = right, bottom, back
     0.0f, -0.5f,  0.5f,    1, 1, 0,  0,  1, // v4 = right, bottom, front
     0.0f,  0.5f, -0.5f, 0.5f, 0, 0,  1,  0, // v2 = top point

    // Back
    -0.5f, -0.5f, -0.5f,    0, 1, -1, -1, -1, // v0 = left, bottom, back
     0.5f, -0.5f, -0.5f,    1, 1,  1, -1, -1, // v3 = right, bottom, back
     0.0f,  0.5f, -0.5f, 0.5f, 0,  0,  1,  0, // v2 = top point

    // Bottom
    -0.5f, -0.5f, -0.5f,    0, 1, -1, -1, -1, // v0 = left, bottom, back
     0.5f, -0.5f, -0.5f,    1, 1,  1, -1, -1, // v3 = right, bottom, back
     0.0f, -0.5f,  0.5f, 0.5f, 0,  0,  0,  1, // v4 = right, bottom, front
  };
```

```
  Pyramid2(Context iContext, Mesh iMesh, MeshEx iMeshEx, Texture[] iTextures,
Material iMaterial,Shader iShader)
  {
    super(iContext, iMesh, iMeshEx, iTextures, iMaterial, iShader);
  }
}
```

图 8.4 显示了最终合成的敌方坦克对象，其中包含了坦克炮塔和坦克主体。

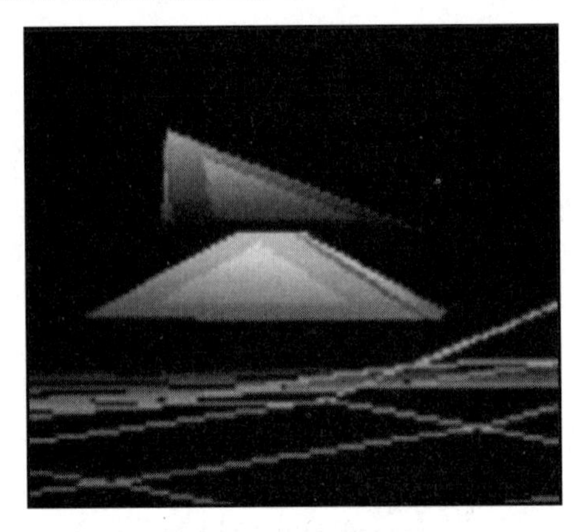

图 8.4　坦克 3D 对象

8.3.2　创建坦克状态

坦克对象的状态机由两个状态构成。其中，第一个状态处理命令状态，这将处理发送至坦克的命令，并选择实现了该命令的坦克行为；第二个状态表示为巡逻/攻击状态，这将驱动坦克根据路点在场景中行进，同时向玩家的金字塔射击。图 8.5 显示了坦克对象的有限状态机。

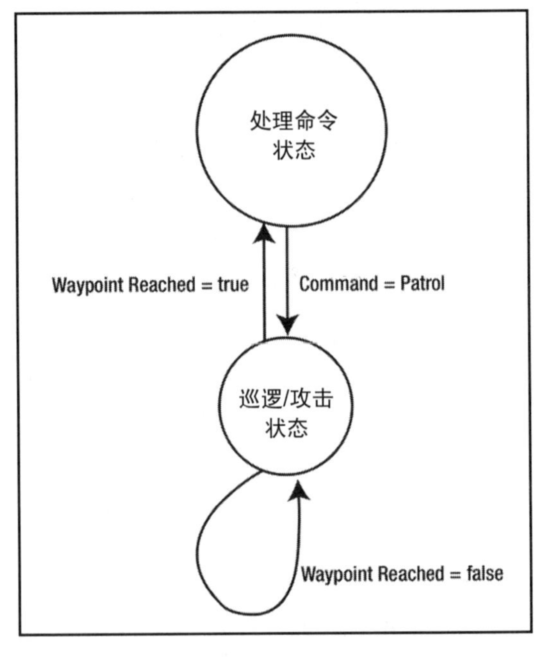

图 8.5　坦克对象的有限状态机

FSM_StatesTank 枚举值标识了坦克对象有限状态机内部使用的不同状态的 ID，以便状态机在必要时识别并转换至对应的状态中。

FSM_StatesTank 枚举值（见代码清单 8.9）如下。

- ❑ FSM_STATE_NONE：无任何状态。
- ❑ FSM_STATE_STEER_WAYPOINT：该状态 ID 对应于巡逻/攻击状态。
- ❑ FSM_STATE_PROCESS_COMMAND：该状态 ID 对应于命令处理状态。

代码清单 8.9　坦克对象的状态

```
enum FSM_StatesTank
{
    FSM_STATE_NONE,
    FSM_STATE_STEER_WAYPOINT,
    FSM_STATE_PROCESS_COMMAND,
};
```

StateTank 类加载基类，其中包含了坦克对象继承的全部状态。

m_Parent 变量加载指向坦克驱动行为的引用，并可访问赋予 AI 控制的车辆和坦克对象自身的命令和数据，如下所示。

```
private Driver m_Parent;
```

m_StateID 变量加载识别坦克状态的 ID（完整的代码清单见代码清单 8.9），如下所示。

```
private FSM_StatesTank m_StateID;
```

当首次创建并重置当前类对象所属的有限状态机时，将调用 Init()函数一次。

```
void Init() {}
```

当首次从不同的状态进入当前状态时，将调用 Enter()函数，如下所示。

```
void Enter() {}
```

在退出当前状态并进入不同的状态之前，将调用 Exit()函数，如下所示。

```
void Exit() {}
```

调用 Update()函数可更新当前状态，如下所示。

```
void Update() {}
```

CheckTransitions()函数根据游戏条件检查状态间的转换，且默认状态下不返回任何状态（除非被子类重载）。

代码清单 8.10 显示了完整的 StateTank 类。

代码清单 8.10　坦克状态的基类

```
public class StateTank
{
    private Driver m_Parent;
    private FSM_StatesTank m_StateID;

    StateTank(FSM_StatesTank ID, Driver Parent)
```

```
    {
        m_StateID = ID;
        m_Parent = Parent;
    }

    void Init() {}
    void Enter() {}
    void Exit() {}
    void Update() {}

    FSM_StatesTank CheckTransitions()
    {
        return FSM_StatesTank.FSM_STATE_NONE;
    }

    Driver GetParent() {return m_Parent;}
    FSM_StatesTank GetStateID() { return m_StateID;}
}
```

8.3.3 创建车辆命令

本节将定义一个类，用于加载坦克（车辆）执行的命令。对此，首先需要定义一组枚举值。

AIVehicleCommand 枚举值加载车辆执行的实际命令，如代码清单 8.11 所示。

代码清单 8.11　车辆命令

```
enum AIVehicleCommand
{
    None,
    Patrol,
};
```

车辆命令主要如下。

- None：未指定任何命令。
- Patrol：通知坦克对象向 VehicleCommand 类对象中指定的路点行进，同时向玩家的金字塔射击。

AIVehicleObjectsAffected 枚举值（见代码清单 8.12）加载受命令影响的相关条目，主要包括以下内容。

- None：不存在受命令影响的对象。

- WayPoints：受命令影响的路点。
- PrimaryWeapon：所使用的主要武器。
- SecondaryWeapon：所使用的第二类武器。

代码清单 8.12　受命令影响的对象

```
enum AIVehicleObjectsAffected
{
    None,
    WayPoints,
    PrimaryWeapon,
    SecondaryWeapon
};
```

VehicleCommand 类表示发送至坦克对象的命令。

m_Command 变量以前述 AIVehicleCommand 形式加载实际的车辆命令，如下所示。

```
private AIVehicleCommand m_Command;
```

m_ObjectsAffected 变量加载前述 AIVehicleObjectsAffected 枚举值中受命令影响的对象（如果存在），如下所示。

```
private AIVehicleObjectsAffected m_ObjectsAffected;
```

m_NumberObjectsAffected 变量加载受命令影响的对象数量（如果存在），如下所示。

```
private int m_NumberObjectsAffected;
```

m_DeltaAmount 变量加载一次射击中的子弹数，如下所示。

```
private float m_DeltaAmount;
```

m_DeltaIncrement 变量加载武器射击间的发射延迟时间（以 ms 为单位），如下所示。

```
private float m_DeltaIncrement;
```

m_MaxValue 变量加载与命令相关的最大值（如果存在），如下所示。

```
private float m_MaxValue;
```

m_MinValue 变量加载与命令相关的最小值（如果存在），如下所示。

```
private float m_MinValue;
```

MAX_WAYPOINTS 变量加载当前命令中持有的最大路点数量。这里，路点表示为一系列先后到达的位置序列，如下所示。

```
static int MAX_WAYPOINTS = 50;
```

m_NumberWayPoints 变量加载当前命令持有的实际路点数量，如下所示。

```
private int m_NumberWayPoints = 0;
```

m_CurrentWayPointIndex 变量加载车辆行进的当前路点的索引，如下所示。

```
private int m_CurrentWayPointIndex = 0;
```

m_WayPoints 数组加载车辆行进的位置值，如下所示。

```
private Vector3[] m_WayPoints = new Vector3[MAX_WAYPOINTS];
```

m_Target 变量加载坦克射击的位置（如果存在），如下所示。

```
private Vector3 m_Target;
```

m_TargetObject 变量加载坦克射击的对象（如果存在），如下所示。

```
private Object3d m_TargetObject;
```

VehicleCommand()构造函数通过设置之前讨论的变量创建车辆命令，如代码清单 8.13 所示。

代码清单 8.13　VehicleCommand()构造函数

```
VehicleCommand(Context iContext, AIVehicleCommand Command,
AIVehicleObjectsAffected ObjectsAffected, int NumberObjectsAffected, float
DeltaAmount, float DeltaIncrement, float MaxValue, float MinValue, int
NumberWayPoints, Vector3[] WayPoints, Vector3 Target, Object3d TargetObject)
{
    m_Context = iContext;
    m_Command = Command;
    m_ObjectsAffected       = ObjectsAffected;
    m_NumberObjectsAffected=   NumberObjectsAffected;
    m_DeltaAmount = DeltaAmount;
    m_DeltaIncrement = DeltaIncrement;
    m_MaxValue = MaxValue;
    m_MinValue = MinValue;

    m_NumberWayPoints = NumberWayPoints;
    m_WayPoints = WayPoints;
    m_Target =Target;
    m_TargetObject= TargetObject;
}
```

SaveState()函数使用输入 Handle 字符串作为主索引名保存 VehicleCommand 类成员数据，并在其中存储车辆命令数据。

SaveState()函数主要执行下列各项操作。

（1）获取与 Activity（由 m_Context 和输入 Handle 指定）关联的 SharedPreferences 对象。

（2）根据步骤（1）中的 SharedPreferences 对象设置编辑器变量，用于将类成员变量置于共享参数文件中。

（3）保存类成员变量值，主要过程如下所示。

- 通过将 Handle（函数的输入参数）和表示变量的字符串连接起来，创建类成员变量的句柄，如 Handle+"Command"。
- 必要时，可将变量转换为能够写入 SharedPreferences 对象中的某种形式，如字符串和整数。例如，通过添加空字符串""，一个枚举值可转换为字符串。语句 m_Command + ""将把枚举值转换为一个字符串。
- 使用特定于类成员变量的句柄作为键，类成员变量的值作为值，可将变量存储为键值对格式。

（4）通过调用步骤（2）创建的编辑器变量上的 commit()函数，可将全部数据产生的变化内容保存至共享参数文件中。

限于篇幅，代码清单 8.14 中的内容有所减少。读者可访问 apress.com 的 Source Code/Download 部分查看完整的源代码。

代码清单 8.14　保存车辆命令

```
void SaveState(String Handle)
{
    SharedPreferences settings = m_Context.getSharedPreferences(Handle, 0);
    SharedPreferences.Editor editor = settings.edit();

    // Command
    String CommandHandle = Handle + "Command";
    String CommandStr = m_Command + "";
    editor.putString(CommandHandle, CommandStr);

    // Code to save reset of class member variables

    // Commit the edits!
    editor.commit();
}
```

MatchCommand()函数将字符串值转换为 AIVehicleCommand 枚举值，并返回该值。

该函数被用于 LoadState()函数中，以加载保存后的 VehicleCommand 对象，如代码清单 8.15 所示。

代码清单 8.15　将字符串命令匹配于一个枚举值

```
static AIVehicleCommand MatchCommand(String CommandStr)
{
    AIVehicleCommand Command = AIVehicleCommand.None;

    if (CommandStr.equalsIgnoreCase("None"))
    {
        Command = AIVehicleCommand.None;
    }
    else
    if (CommandStr.equalsIgnoreCase("Patrol"))
    {
        Command = AIVehicleCommand.Patrol;
    }
    return Command;
}
```

MatchObjectsAffected()函数将一个字符串转换为 AIVehicleObjectsAffected 枚举值。该函数被用于 LoadState()函数中，以加载一个 VehicleCommand 对象，如代码清单 8.16 所示。

代码清单 8.16　将字符串转换为 AIVehicleObjectsAffected 枚举值

```
static AIVehicleObjectsAffected MatchObjectsAffected(String
ObjectsAffectedStr)
{
    AIVehicleObjectsAffected ObjectsAffected = AIVehicleObjectsAffected.
None;

    if (ObjectsAffectedStr.equalsIgnoreCase("None"))
    {
        ObjectsAffected = AIVehicleObjectsAffected.None;
    }
    else
    if (ObjectsAffectedStr.equalsIgnoreCase("WayPoints"))
    {
        ObjectsAffected = AIVehicleObjectsAffected.WayPoints;
    }
    else
    if (ObjectsAffectedStr.equalsIgnoreCase("PrimaryWeapon"))
```

```
    {
        ObjectsAffected = AIVehicleObjectsAffected.PrimaryWeapon;
    }
    else
    if (ObjectsAffectedStr.equalsIgnoreCase("SecondaryWeapon"))
    {
        ObjectsAffected = AIVehicleObjectsAffected.SecondaryWeapon;
    }
    return ObjectsAffected;
}
```

LoadState()函数将共享参数文件中的数据加载至类成员变量中。

LoadState()函数执行下列各项操作。

（1）获取与输入参数 Handle 关联的共享偏好对象。

（2）加载每个类成员变量的数据，如下所示。

- 通过连接 Handle 输入参数和该变量的字符串标识符，创建特定于类成员变量的句柄。
- 利用步骤（1）生成的新句柄读取数据。
- 必要时，将数据转换为可存储于类成员变量中的数据类型。

限于篇幅，代码清单 8.17 仅显示了部分内容。读者可访问 apress.com 的 Source Code/Download 部分查看完整的源代码。

代码清单 8.17　加载车辆命令

```
void LoadState(String Handle)
{
    SharedPreferences settings = m_Context.getSharedPreferences(Handle, 0);

    // Command
     String CommandHandle = Handle + "Command";
     String CommandStr = settings.getString(CommandHandle, "None");
     m_Command = MatchCommand(CommandStr);

    // Rest of Code
    ...
}
```

IncrementWayPointIndex()函数递增 m_CurrentWayPointIndex 变量，该变量加载车辆行进的当前路点的索引。如果已到达路点集中最后一个路点，则下一个路点为起始点，如代码清单 8.18 所示。

代码清单 8.18　递增路点索引

```
void IncrementWayPointIndex()
{
    int NextWayPointIndex = m_CurrentWayPointIndex + 1;
    if (NextWayPointIndex < m_NumberWayPoints)
    {
        m_CurrentWayPointIndex = NextWayPointIndex;
    }
    else
    {
        // Loop Waypoints
        m_CurrentWayPointIndex = 0;
    }
}
```

ClearCommand()函数清除车辆命令，并将 m_ObjectsAffected 变量设置为 None，如代码清单 8.19 所示。

代码清单 8.19　清除车辆命令

```
void ClearCommand()
{
    m_Command = AIVehicleCommand.None;
    m_ObjectsAffected = AIVehicleObjectsAffected.None;
}
```

8.3.4　创建坦克状态并处理命令

将处理坦克命令的状态定义为 StateTankProcessCommand 类，该类继承自 StateTank 类。

```
public class StateTankProcessCommand extends StateTank
```

ProcessAIVehicleCommand()函数根据坦克接收的命令设置下一个坦克状态，如代码清单 8.20 所示。

代码清单 8.20　处理基于 AI 的车辆命令

```
void ProcessAIVehicleCommand()
{
    VehicleCommand CurrentOrder = GetParent().GetCurrentOrder();

    if (CurrentOrder == null)
```

```
    {
        return;
    }
    if (CurrentOrder.GetCommand() == AIVehicleCommand.None)
    {
        return;
    }

    AIVehicleCommand Command = CurrentOrder.GetCommand();

    // Process Commands
    if (Command == AIVehicleCommand.Patrol)
    {
        m_NextState = FSM_StatesTank.FSM_STATE_STEER_WAYPOINT;
    }
    else
    {
        m_NextState = FSM_StatesTank.FSM_STATE_PROCESS_COMMAND;
    }
}
```

ProcessAIVehicleCommand()函数执行下列各项操作。

（1）获取车辆的当前命令。

（2）如果命令不存在或者为 None（如 AIVehicleCommand.None），则 ProcessAIVehicleCommand()函数返回。

（3）检索有效命令（如果存在有效命令）。如果该命令为巡逻 Arena（AIVehicleCommand.Patrol），则将坦克的状态设置为巡逻/攻击状态，对应的状态 ID 为 FSM_STATE_STEER_WAYPOINT；否则，将坦克状态设置为命令处理状态，以等待坦克可以执行的命令。

CheckTransitions()函数调用 ProcessAIVehicleCommand()函数，以设置返回的 m_NextState 变量中的下一个状态，如代码清单 8.21 所示。

代码清单 8.21　检查状态转换

```
FSM_StatesTank CheckTransitions()
{
    ProcessAIVehicleCommand();
    return m_NextState;
}
```

8.3.5　创建车辆的转向类

Steering 类定义了车辆的转向控制。

HorizontalSteeringValues 枚举值（见代码清单 8.22）加载车辆水平转向值，如下所示。

- None：表示不存在转向值。
- Right：通知车辆转向右侧。
- Left：通知车辆转向左侧。

代码清单 8.22　水平转向值

```
enum HorizontalSteeringValues
{
    None,
    Right,
    Left
}
```

VerticalSteeringValues 枚举值（见代码清单 8.23）加载车辆的垂直转向值，如下所示。

- None：表示不存在垂直转向值。
- Up：通知车辆向上移动。
- Down：通知车辆向下移动。

代码清单 8.23　垂直转向值

```
enum VerticalSteeringValues
{
    None,
    Up,
    Down
}
```

SpeedSteeringValues 枚举值（见代码清单 8.24）加载车辆的加速度控制值，如下所示。

- None：不存在加速度值，并通知车辆保持匀速运动。
- Accelerate：通知车辆增加其速度。
- Decelerate：通知车辆减少其速度。

代码清单 8.24　加速度值

```
enum SpeedSteeringValues
{
    None,
```

```
    Accelerate,
    Deccelerate
}
```

m_HoriontalSteering 变量加载车辆的左、右转向值，如下所示。

```
private HorizontalSteeringValues m_HoriontalSteering;
```

m_VerticalSteering 变量加载车辆的上、下转向值，如下所示。

```
private VerticalSteeringValues m_VerticalSteering;
```

m_SpeedSteering 变量加载车辆的加速转向值，如下所示。

```
private SpeedSteeringValues m_SpeedSteering;
```

m_MaxPitch 变量加载车辆向上或向下倾斜的最大角度（如果必要），如下所示。

```
private float m_MaxPitch = 45; // degrees
```

m_TurnDelta 变量加载车辆在一次更新中旋转的度数，如下所示。

```
private float m_TurnDelta = 1; // degrees
```

m_MaxSpeed 变量加载每次更新中最大速度或位置变化，如下所示。

```
private float m_MaxSpeed = 0.1f;
```

m_MinSpeed 变量加载每次更新中最小速度或位置变化，如下所示。

```
private float m_MinSpeed = 0.05f;
```

m_SpeedDelta 变量加载每次车辆更新中的速度变化量，如下所示。

```
private float m_SpeedDelta = 0.01f;
```

ClearSteering()函数将清除车辆的水平转向值、垂直转向值和速度输入值为 None。当首次构建转向对象时，该函数将被调用，如代码清单 8.25 所示。

代码清单 8.25　清除车辆的转向值

```
void ClearSteering()
{
    m_HoriontalSteering = HorizontalSteeringValues.None;
    m_VerticalSteering = VerticalSteeringValues.None;
    m_SpeedSteering = SpeedSteeringValues.None;
}
```

SetSteeringHorizontal()函数设置每次更新中车辆的水平转向输入值、转向速度和转向

Delta，如代码清单 8.26 所示。

代码清单 8.26　设置车辆的水平转向值

```
void SetSteeringHorizontal(HorizontalSteeringValues Horizontal, float
TurnDelta)
{
    m_HoriontalSteering = Horizontal;
    m_TurnDelta = TurnDelta;
}
```

SetSteeringVertical()函数设置车辆的垂直转向输入值，以及车辆的最大倾斜角度，如代码清单 8.27 所示。

代码清单 8.27　设置车辆的垂直转向值

```
void SetSteeringVertical(VerticalSteeringValues Vertical, float MaxPitch)
{
    m_VerticalSteering = Vertical;
    m_MaxPitch = MaxPitch;
}
```

SetSteeringSpeed()函数设置车辆的加速或减速输入、车辆的最大速度、车辆的最小速度，以及速度变化率（或速度 Delta），如代码清单 8.28 所示。

代码清单 8.28　设置车辆的速度

```
void SetSteeringSpeed(SpeedSteeringValues Speed, float MaxSpeed, float
MinSpeed, float SpeedDelta)
{
    m_SpeedSteering = Speed;
    m_MaxSpeed = MaxSpeed;
    m_MinSpeed = MinSpeed;
    m_SpeedDelta = SpeedDelta;
}
```

8.3.6　创建坦克的巡逻/攻击状态

坦克的主要状态是巡逻/攻击状态，其中，坦克根据路点在场景中行进，同时向玩家金字塔射击。特别地，坦克的底部朝向当前路点并向该路点行进；而坦克的上方则朝向金字塔并向其射击。

StateTankSteerWayPoint 类实现坦克的巡逻/攻击状态，且该类继承自之前讨论的

StateTank 类，如下所示。

```
public class StateTankSteerWayPoint extends StateTank
```

m_WayPoint 变量加载车辆行进的当前路点位置，如下所示。

```
private Vector3 m_WayPoint = new Vector3(0,0,0);
```

m_WayPointRadius 变量加载路点半径。如果坦克位于当前路点和路点半径表示的区域内，则坦克可被视为到达该路点，如下所示。

```
private float m_WayPointRadius = 0;
```

m_LastWayPoint 变量加载之前到达的路点（位于当前路点之前），如下所示。

```
private Vector3 m_LastWayPoint = new Vector3(5000,5000,5000);
```

如果坦克的炮塔指向目标（±m_TargetAngleTolerance），则坦克朝向目标射击，如下所示。

```
private float m_TargetAngleTolerance = Physics.PI/16.0f;
```

m_Target 变量加载射击的目标位置（如果存在），如下所示。

```
private Vector3 m_Target;
```

m_TargetObj 变量加载射击的目标对象（如果存在），如下所示。

```
private Object3d m_TargetObj;
```

m_WeaponType 变量加载射击目标对象的武器类型，即主要武器或第二武器，如下所示。

```
private AIVehicleObjectsAffected m_WeaponType;
```

m_RoundsToFire 变量加载一次射击过程中发射的弹药数量，如下所示。

```
private float m_RoundsToFire = 0;
```

m_NumberRoundsFired 变量记录每次射击过程中发射的弹药数量，如下所示。

```
private int m_NumberRoundsFired = 0;
```

m_TimeIntervalBetweenFiring 变量设置坦克武器连续射击间的时间间隔，如下所示。

```
private long m_TimeIntervalBetweenFiring = 0;
```

m_StartTimeFiring 变量加载坦克最近一次发射其武器的时间，如下所示。

```
private long m_StartTimeFiring = 0;
```

如果坦克武器可被发射，则 m_FireWeapon 变量加载为 true；否则，该变量将加载为 false，如下所示。

```
private boolean m_FireWeapon = false;
```

StateTankSteerWayPoint 类的构造函数利用 FSM_StatesTank 的 ID 调用超类 StateTank 的构造函数，该 ID 用于识别有限状态机的状态，以及包含车辆命令和坦克对象相关信息的 Driver 父对象，如代码清单 8.29 所示。

代码清单 8.29　StateTankSteerWayPoint()构造函数

```
StateTankSteerWayPoint(FSM_StatesTank ID, Driver Parent)
{
    super(ID, Parent);
}
```

当有限状态机首次进入某个状态时，将调用 Enter()函数，该函数初始化某些关键变量。其中，某些数据源自 Driver 父类对象，如当前路点、路点半径，或者是源自车辆命令的数据。另外，Enter()函数还使得 Driver 父类了解到，当前执行的命令为巡逻/攻击命令，如代码清单 8.30 所示。

代码清单 8.30　首次进入某个状态

```
void Enter()
{
    // Weapon is not firing when state is entered initially
    m_NumberRoundsFired = 0;
    m_FireWeapon = false;

    // Get WayPoint Data
    m_WayPoint = GetParent().GetWayPoint();
    m_WayPointRadius = GetParent().GetWayPointRadius();

    // Get Targeting and firing parameters
    m_Target = GetParent().GetCurrentOrder().GetTarget();
    m_TargetObj = GetParent().GetCurrentOrder().GetTargetObject();

    m_WeaponType = GetParent().GetCurrentOrder().GetObjectsAffected();
    m_RoundsToFire = GetParent().GetCurrentOrder().GetDeltaAmount();
    m_TimeIntervalBetweenFiring = (long)GetParent().GetCurrentOrder().
GetDeltaIncrement();

    // Tell the Pilot class what command is actually being executed
```

```
    // in the FSM
    GetParent().SetCommandExecuting(AIVehicleCommand.Patrol);
}
```

在状态退出之前，有限状态机将调用 Exit()函数。该函数将当前路点递增至下一个路点，表明已到达当前路点，且坦克对象需要移至列表中的下一个路点，如代码清单 8.31 所示。

代码清单 8.31　退出某个状态

```
void Exit()
{
    // Update Current Waypoint to next WayPoint
    GetParent().IncrementNextWayPoint();
}
```

TurnTurretTowardTarget()函数用于确定坦克对象的炮塔的水平或左、右转向方向，以便坦克对象的武器系统朝向目标，完整的源代码如代码清单 8.32 所示。

代码清单 8.32　将坦克对象的炮塔移向目标

```
void TurnTurretTowardTarget(Vector3 Target)
{
    // 1. Find vector from front of vehicle to target
    Vector3 ForwardXZPlane = new Vector3(0,0,0);
    ForwardXZPlane.x = GetParent().GetAIVehicle().GetTurret().
m_Orientation.GetForwardWorldCoords().x;
    ForwardXZPlane.z = GetParent().GetAIVehicle().GetTurret().
m_Orientation.GetForwardWorldCoords().z;

    Vector3 TurretPosition = new Vector3(0,0,0);
    TurretPosition.x = GetParent().GetAIVehicle().GetTurret().
m_Orientation.GetPosition().x;
    TurretPosition.z = GetParent().GetAIVehicle().GetTurret().
m_Orientation.GetPosition().z;

    Vector3 WayPointXZPlane = new Vector3(Target.x, 0, Target.z);
    Vector3 TurretToTarget = Vector3.Subtract(WayPointXZPlane,
TurretPosition);

    // 2. Normalize Vectors for Dot Product operation
    ForwardXZPlane.Normalize();
    TurretToTarget.Normalize();
```

```
    // P.Q = P*Q*cos(theta)
    // P.Q/P*Q = cos(theta)
    // acos(P.Q/P*Q) = theta;

    // 3. Get current theta
    double Theta = Math.acos(ForwardXZPlane.DotProduct(TurretToTarget));

    // 4. Get Theta if boat is turned to left by PI/16
    Orientation NewO = new Orientation(GetParent().GetAIVehicle().
GetTurret().m_Orientation);
    Vector3 Up = NewO.GetUp();
    NewO.SetRotationAxis(Up);
    NewO.AddRotation(Physics.PI/16);

    Vector3 NewForwardXZ = NewO.GetForwardWorldCoords();
    NewForwardXZ.y = 0;
    NewForwardXZ.Normalize();

    double Theta2 = Math.acos(NewForwardXZ.DotProduct(TurretToTarget));

    // Check if angle within tolerance for firing
    float Diff = Math.abs((float)(Theta));

    if (!m_FireWeapon)
    {
        if (Diff <= m_TargetAngleTolerance)
        {
            m_FireWeapon = true;
            m_StartTimeFiring = System.currentTimeMillis();
        }
    }

    // 5. Set Steering
    if (Theta2 > Theta)
    {
    GetParent().GetTurretSteering().SetSteeringHorizontal
(HorizontalSteeringValues.Right, 1);
    }
    else
    if (Theta2 < Theta)
    {
    GetParent().GetTurretSteering().SetSteeringHorizontal
(HorizontalSteeringValues.Left, 1);
```

```
    }
    else
    {
    GetParent().GetTurretSteering().SetSteeringHorizontal
(HorizontalSteeringValues.None,0);
    }
}
```

TurnTurretTowardTarget()函数执行下列各项操作。

（1）在世界坐标系中计算代表坦克武器发射方向的向量，即 ForwardXZPlane，如图 8.6 所示。

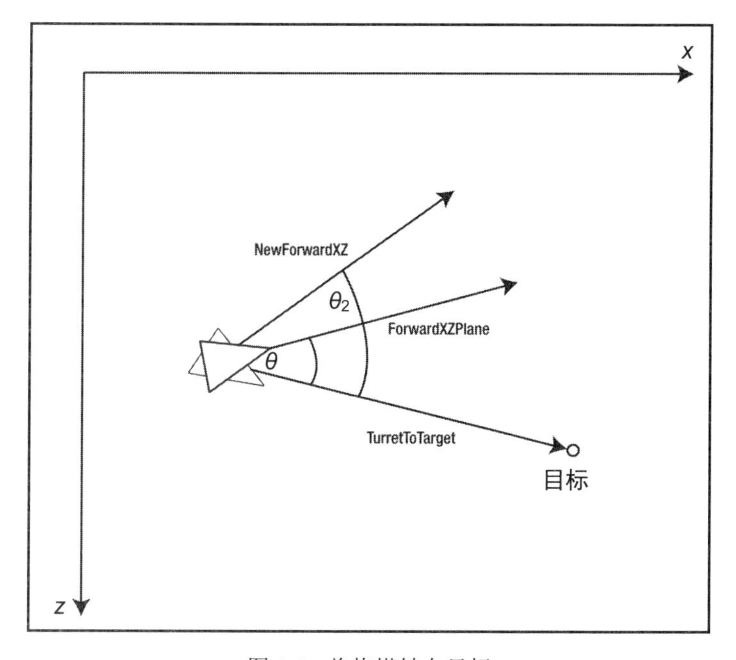

图 8.6　将炮塔转向目标

（2）计算坦克炮塔和射击目标间的方向的向量，即 TurretToTarget。

（3）标准化 ForwardXZPlane 和 TurretToTarget 向量，以使其长度为 1。

（4）计算 ForwardXZPlane 和 TurretToTarget 向量间的角度 Theta。

（5）创建一个新的 Orientation 类对象，即 NewO，该对象等同于坦克炮塔的方向，但以较小的角度 PI/16 旋转。

（6）计算坦克炮塔新方向的前向向量，即 NewForwardXZ，随后对其执行标准化操作。

（7）计算 NewForwardXZ 和 TurretToTarget 向量间的角度 Theta2。

（8）如果坦克的武器系统未处于发射状态，且坦克对象的炮塔直接朝向目标（±m_TargetAngleTolerance 值），则设置坦克的武器系统处于发射状态，同时将 m_StartTimeFiring 变量设置为当前时间。

（9）如果 Theta2 大于 Theta，则将坦克炮塔转向右侧。

（10）如果 Theta2 小于 Theta，则将坦克炮塔转向左侧。

取决于 AIVehicleObjectsAffected 值，FireTurretWeapon()函数启动坦克炮塔的主要武器系统或第二武器系统。如果武器系统被成功启动，则 m_NumberRoundsFired 变量递增 1，如代码清单 8.33 所示。

代码清单 8.33　启动坦克炮塔的武器系统

```
void FireTurretWeapon()
{
    Vector3 Direction = GetParent().GetAIVehicle().GetTurret().
m_Orientation.GetForwardWorldCoords();
    boolean IsFired = false;

    if (m_WeaponType == AIVehicleObjectsAffected.PrimaryWeapon)
    {
        IsFired = GetParent().GetAIVehicle().FireWeapon(0, Direction);
    }
    else
    if (m_WeaponType == AIVehicleObjectsAffected.SecondaryWeapon)
    {
        IsFired = GetParent().GetAIVehicle().FireWeapon(1, Direction);
    }
    if (IsFired)
    {
        m_NumberRoundsFired++;
    }
}
```

SteerVehicleToWayPointHorizontal()函数使得坦克对象主体相对于路点左或右转向，完整的源代码如代码清单 8.34 所示。

代码清单 8.34　将车辆转向至当前路点

```
void SteerVehicleToWayPointHorizontal(Vector3 WayPoint)
{
    // 1. Find vector from front of vehicle to target
    Vector3 ForwardXZPlane = new Vector3(0,0,0);
```

```
    ForwardXZPlane.x = GetParent().GetAIVehicle().GetMainBody().
m_Orientation.GetForwardWorldCoords().x;
    ForwardXZPlane.z = GetParent().GetAIVehicle().GetMainBody().
m_Orientation.GetForwardWorldCoords().z;

    Vector3 VehiclePosition = new Vector3(0,0,0);
    VehiclePosition.x = GetParent().GetAIVehicle().GetMainBody().
m_Orientation.GetPosition().x;
    VehiclePosition.z = GetParent().GetAIVehicle().GetMainBody().
m_Orientation.GetPosition().z;

    Vector3 WayPointXZPlane = new Vector3(WayPoint.x, 0, WayPoint.z);
    Vector3 VehicleToWayPoint = Vector3.Subtract(WayPointXZPlane,
VehiclePosition);

    // 2. Normalize Vectors for Dot Product operation
    ForwardXZPlane.Normalize();
    VehicleToWayPoint.Normalize();

    // P.Q = P*Q*cos(theta)
    // P.Q/P*Q = cos(theta)
    // acos(P.Q/P*Q) = theta;

    // 3. Get current theta
    double Theta = Math.acos(ForwardXZPlane.DotProduct(VehicleToWayPoint));

    // 4. Get Theta if boat is turned to left by PI/16
    Orientation NewO = new Orientation(GetParent().GetAIVehicle().
GetMainBody().m_Orientation);
    Vector3 Up = NewO.GetUp();
    NewO.SetRotationAxis(Up);
    NewO.AddRotation(Physics.PI/16);

    Vector3 NewForwardXZ = NewO.GetForwardWorldCoords();
    NewForwardXZ.y = 0;
    NewForwardXZ.Normalize();

    double Theta2 = Math.acos(NewForwardXZ.DotProduct
(VehicleToWayPoint));

    // 5. Set Steering
    if (Theta2 > Theta)
```

```
    {
    GetParent().GetAISteering().SetSteeringHorizontal(
HorizontalSteeringValues.Right, 1);
    }
    else
    if (Theta2 < Theta)
    {
    GetParent().GetAISteering().SetSteeringHorizontal(
HorizontalSteeringValues.Left, 1);
    }
    else
    {
    GetParent().GetAISteering().SetSteeringHorizontal(
HorizontalSteeringValues.None,0);
    }
}
```

SteerVehicleToWayPointHorizontal()函数执行下列各项操作。

（1）计算坦克对象主体的前向向量，即 ForwardXZPlane。

（2）计算坦克对象和路点间的向量 VehicleToWayPoint。

（3）标准化 ForwardXZPlane 和 VehicleToWayPoint 向量。

（4）计算 ForwardXZPlane 和 VehicleToWayPoint 向量间的角度 Theta。

（5）创建一个新的 Orientation 类对象，即 NewO，该对象等同于坦克对象的主体方向，但以较小的角度 PI/16 旋转。

（6）计算新的坦克主体方向的前向向量，即 NewForwardXZ，随后对其执行标准化操作。

（7）计算 NewForwardXZ 和 VehicleToWayPoint 向量间的角度 Theta2。

（8）如果 Theta2 大于 Theta，则将坦克对象的主体转向右侧。

（9）如果 Theta2 小于 Theta，则将坦克对象的主体转向左侧。

SteerVehicleWaypointSpeed()函数围绕路点减速坦克对象。如果坦克对象位于最近一个路点或当前路点的 TurnArea 半径内，则该函数将减速坦克对象；否则，该函数将加速坦克运动，如代码清单 8.35 所示。

代码清单 8.35　调整车辆围绕路点的速度

```
void SteerVehicleWaypointSpeed(Vector3 WayPoint)
{
    // If vehicle is close to waypoint then slow down vehicle
    // else accelerate vehicle
```

```
    Tank AIVehicle = GetParent().GetAIVehicle();

    Vector3 VehiclePos = AIVehicle.GetMainBody().m_Orientation.
GetPosition();
    Vector3 DistanceVecLastWayPoint = Vector3.Subtract(VehiclePos,
m_LastWayPoint);
    Vector3 DistanceVecCurrentWayPoint = Vector3.Subtract(VehiclePos,
m_WayPoint);

    float TurnArea = GetParent().GetTurnArea();
    float DLastWayPoint = DistanceVecLastWayPoint.Length();
    float DCurrentWayPoint = DistanceVecCurrentWayPoint.Length();

    if ((DLastWayPoint <= TurnArea) || (DCurrentWayPoint <= TurnArea))
    {
        // Decrease speed
     GetParent().GetAISteering().SetSteeringSpeed(SpeedSteeringValues.
Deccelerate, 0.04f,0.03f, 0.005f);
     GetParent().GetAISteering().SetTurnDelta(3.0f);
    }
    else
    {
     GetParent().GetAISteering().SetSteeringSpeed(SpeedSteeringValues.
Accelerate, 0.04f,0.03f, 0.005f);
    }
}
```

通过调用 SteerVehicleToWayPointHorizontal()函数，SteerVehicleToWayPoint()函数将车辆朝向路点位置左、右转向，并通过调用 SteerVehicleWaypointSpeed()函数调整坦克对象的速度，如代码清单 8.36 所示。

代码清单 8.36　使车辆转向路点

```
void SteerVehicleToWayPoint(Vector3 WayPoint)
{
    SteerVehicleToWayPointHorizontal(WayPoint);
    SteerVehicleWaypointSpeed(WayPoint);
}
```

Update()函数针对巡逻/攻击状态更新坦克对象的人工智能行为，如代码清单 8.37 所示。

代码清单 8.37　更新坦克对象的巡逻/攻击状态

```
void Update()
{
    // Steer Main Tank Body to Waypoint
    SteerVehicleToWayPoint(m_WayPoint);

    // Turn Tank Turret towards target and fire
    if (m_Target != null)
    {
        TurnTurretTowardTarget(m_Target);
    }
    else
    if (m_TargetObj != null)
    {
        TurnTurretTowardTarget(m_TargetObj.m_Orientation.GetPosition());
    }
    else
    {
        Log.e("STATETANKSTEERWAYPOINT", "NO TARGET FOR TANK TO SHOOT AT!!!!");
    }

    if (m_FireWeapon)
    {
        if (m_NumberRoundsFired >= m_RoundsToFire)
        {
            m_NumberRoundsFired = 0;
            m_FireWeapon = false;
        }
        else
        {
            // Find Time Elapsed Between firing sequences
            long ElapsedTime = System.currentTimeMillis() -
m_StartTimeFiring;
            if (ElapsedTime > m_TimeIntervalBetweenFiring)
            {
                FireTurretWeapon();
            }
        }
    }
}
```

Update()函数执行下列各项操作。

（1）通过调用基于目标路点的 SteerVehicleToWayPoint()函数，设置坦克对象的转向和加速状态。

（2）利用目标位置调用 TurnTurretTowardTarget()函数，如果目标位置位于 m_Target 中，这将把坦克对象的炮塔转向目标位置。

（3）使用 m_TargetObj 的位置调用 TurnTurretTowardTarget()函数，以使坦克对象的炮塔转向目标位置（如果 m_Target 中未包含任何位置，且 m_TargetObj 不为 null）。

（4）如果 m_FireWeapon 为 true，则执行以下两项操作。

- ❑ 如果发射的子弹数量等于发射所需的数量，则 m_FireWeapon 重置为 false。
- ❑ 自 m_FireWeapon 被设置为 true 起，如果已超出了延迟时间，则调用 FireTurretWeapon()函数发射武器。

CheckTransitions()函数根据游戏条件检查不同状态间的转换。如果坦克对象位于目标路点的 m_WayPointRadius 距离范围内，则当前路点被保存至 m_LastWayPoint 变量中，且该函数返回的状态为命令处理状态；如果坦克对象未处于目标路点的 m_WayPointRadius 距离范围内，则不存在状态变化，并返回巡逻/攻击状态，如代码清单 8.38 所示。

代码清单 8.38　检测状态转换

```
FSM_StatesTank CheckTransitions()
{
    Object3d AIVehicle = GetParent().GetAIVehicle().GetMainBody();

    Vector3 VehiclePos = AIVehicle.m_Orientation.GetPosition();
    Vector3 Distance = Vector3.Subtract(VehiclePos,m_WayPoint);
    float D = Distance.Length();

    if (D <= m_WayPointRadius)
    {
        m_LastWayPoint.Set(m_WayPoint.x, m_WayPoint.y, m_WayPoint.z);
        return FSM_StatesTank.FSM_STATE_PROCESS_COMMAND;
    }
    else
    {
        return FSM_StatesTank.FSM_STATE_STEER_WAYPOINT;
    }
}
```

8.3.7　创建坦克对象的有限状态机

将坦克对象的有限状态机定义为 FSMDriver 类，实际上，有限状态机通过调用每个坦克状态中的相应函数执行坦克 AI。

FSMDriver 类的应用方式如下所示。

（1）利用 AddState()函数添加新的坦克状态。

（2）利用 SetDefaultState()函数设置有限状态机的默认启动状态。

（3）调用 Reset()函数初始化有限状态机。

（4）调用 UpdateMachine()函数更新有限状态机。

MAX_STATES 变量加载有限状态机包含的最大状态数量，如下所示。

```
private int MAX_STATES = 20;
```

m_NumberStates 变量加载有限状态机中的状态数量，如下所示。

```
private int m_NumberStates = 0;
```

m_States 数组加载构成有限状态机的坦克状态，如下所示。

```
protected StateTank[] m_States = new StateTank[MAX_STATES];
```

m_CurrentState 变量加载指向当前执行坦克状态的引用，如下所示。

```
protected StateTank m_CurrentState = null;
```

m_DefaultState 变量加载指向有限状态机启动时默认状态的引用，如下所示。

```
protected StateTank m_DefaultState = null;
```

m_GoalState 变量表示为有限状态机将要转换的状态，如下所示。

```
protected StateTank m_GoalState = null;
```

m_GoalID 变量被定义为一个枚举值，用以标识转换为处理命令状态或巡逻/攻击状态的坦克状态类型，如下所示。

```
protected FSM_StatesTank m_GoalID;
```

Reset()函数初始化有限状态机，并执行下列各项操作（见代码清单 8.39）。

（1）如果存在当前被执行的状态，则 Reset()函数通过调用状态对象上的 Exit()函数退出当前状态。

（2）将当前状态设置为有限状态机的默认状态。

（3）针对有限状态机的全部状态，Reset()函数通过调用每个状态的 Init()函数对其进行初始化。

（4）如果存在当前状态，则 Reset()函数通过调用该状态上的 Enter()函数进入该状态。

代码清单 8.39　重置有限状态机

```
void Reset()
{
    if(m_CurrentState != null)
    {
        m_CurrentState.Exit();
    }

    m_CurrentState = m_DefaultState;

    for(int i = 0;i < m_NumberStates;i++)
    {
        m_States[i].Init();
    }

    if(m_CurrentState != null)
    {
        m_CurrentState.Enter();
    }
}
```

AddState()函数将坦克状态 State 添加至有限状态机中，该函数首先检查是否存在足够的状态空间。如果存在，则 AddState()函数将对应状态添加至 m_States 数组中，同时增加有限状态机中的状态数量并返回 true；否则，该函数将返回 false，如代码清单 8.40 所示。

代码清单 8.40　向有限状态机中添加一个状态

```
boolean AddState(StateTank State)
{
    boolean result = false;
    if (m_NumberStates < MAX_STATES)
    {
        m_States[m_NumberStates] = State;
        m_NumberStates++;
        result = true;
    }
    return result;
}
```

TransitionState()函数搜索有限状态机中的全部状态，并尝试在 Goal 输入状态 ID FSM_StatesTank 枚举值和每个状态中的 ID 间进行匹配。如果匹配成功，则 TransitionState()

函数将 m_GoalState 设置于对应状态中并返回 true；否则，该函数将返回 false，如代码清单 8.41 所示。

代码清单 8.41　在状态间转换

```
boolean TransitionState(FSM_StatesTank Goal)
{
    if(m_NumberStates == 0)
    {
        return false;
    }

    for(int i = 0; i < m_NumberStates;i++)
    {
        if(m_States[i].GetStateID() == Goal)
        {
            m_GoalState = m_States[i];
            return true;
        }
    }
    return false;
}
```

UpdateMachine()函数针对坦克对象更新有限状态机，如代码清单 8.42 所示。

代码清单 8.42　更新有限状态机

```
void UpdateMachine()
{
    if(m_NumberStates == 0)
    {
        return;
    }
    if(m_CurrentState == null)
    {
        m_CurrentState = m_DefaultState;
    }
    if(m_CurrentState == null)
    {
        return;
    }
    FSM_StatesTank OldStateID = m_CurrentState.GetStateID();
    m_GoalID = m_CurrentState.CheckTransitions();
    if(m_GoalID != OldStateID)
```

```
    {
        if(TransitionState(m_GoalID))
        {
            m_CurrentState.Exit();
            m_CurrentState = m_GoalState;
            m_CurrentState.Enter();
        }
    }
    m_CurrentState.Update();
}
```

UpdateMachine()函数执行下列各项操作。

（1）如果有限状态机中不包含任何状态，则 UpdateMachine()函数返回。

（2）如果不存在当前状态，则将当前状态设置为默认状态。

（3）如果当前状态仍不存在，则 UpdateMachine()函数返回。

（4）获取当前状态的 ID。

（5）通过调用 CheckTransitions()函数针对状态转换检查当前状态。

（6）如果返回的目标 ID 与当前状态 ID 不同，则转换至新状态。然后调用 TransitionState()函数，如果找到了目标状态，则对其进行处理。通过调用状态对象上的 Exit()函数，退出当前状态。随后，当前状态被设置为 m_GoalState 中的目标状态（在 TransitionState()函数中进行设置）。接下来，通过调用 Enter()函数进入当前状态。

（7）通过调用状态的 Update()函数更新当前状态。

8.3.7　创建坦克对象的 Driver 类

Driver 类加载类似于坦克对象“大脑”的有限状态机，此外还加载其他关键信息，如执行的车辆命令以及其他游戏信息。

m_CurrentOrder 变量加载指向坦克当前 VehicleCommand 命令的引用，该命令将在坦克的有限状态机中被执行，如下所示。

```
private VehicleCommand m_CurrentOrder = null;
// Order to be executed in the FSM
```

m_LastOrder 变量加载指向坦克对象执行的最后一条命令的引用，如下所示。

```
private VehicleCommand m_LastOrder = null;
```

m_CommandExecuting 变量引用实际的车辆命令，即 None 或 Patrol，该命令当前在有限状态机中被执行，如下所示。

```
private AIVehicleCommand m_CommandExecuting = null;
// Command that is currently being executed in the Finite State Machine
```

针对实现人工智能的坦克对象，m_FiniteStateMachine 变量引用有限状态机，如下所示。

```
private FSMDriver m_FiniteStateMachine = null;
```

针对有限状态机生成的坦克对象，m_AISteer 变量加载转向输入值，如下所示。

```
private Steering m_AISteer = new Steering();
```

针对有限状态机生成的坦克炮塔，m_TurretSteering 变量加载转向输入值，如下所示。

```
private Steering m_TurretSteering = new Steering();
```

m_TurnArea 变量表示为路点附近区域。其中，车辆将减速行驶并转向下一个路点，如下所示。

```
private float m_TurnArea = 2.0f;
```

m_WayPoint 变量加载当前路点，如下所示。

```
private Vector3 m_WayPoint = new Vector3(0,0,0);
```

m_WayPointRadius 变量加载路点的半径，如下所示。

```
private float m_WayPointRadius = 1.0f;
```

m_AITank 变量加载 Driver 类控制的坦克对象，如下所示。

```
private Tank m_AITank = null;
```

Driver()构造函数（见代码清单 8.43）通过下列各项步骤初始化类对象。

（1）设置坦克对象的引用并被存储于 m_AITank 中。

（2）通过生成新的 FSMDriver 对象创建坦克的有限状态机。

（3）创建新的坦克状态 StateTankSteerWayPoint 和 StateTankProcessCommand，并通过调用 AddState()函数将其添加至有限状态机中。

（4）将有限状态机的默认状态设置为处理命令状态。

（5）调用 Reset()函数重置有限状态机。

代码清单 8.43　Driver()构造函数

```
Driver(Tank Vehicle)
{
    // Set Vehicle that is to be controlled
```

```
    m_AITank = Vehicle;

    //construct the state machine and add the necessary states
    m_FiniteStateMachine = new FSMDriver();

    StateTankSteerWayPoint SteerWayPoint = new StateTankSteerWayPoint
(FSM_StatesTank.FSM_STATE_STEER_WAYPOINT, this);
    StateTankProcessCommand ProcessCommand =new StateTankProcessCommand
(FSM_StatesTank.FSM_STATE_PROCESS_COMMAND,this);

    m_FiniteStateMachine.AddState(SteerWayPoint);
    m_FiniteStateMachine.AddState(ProcessCommand);

    m_FiniteStateMachine.SetDefaultState(ProcessCommand);
    m_FiniteStateMachine.Reset();
}
```

SaveDriverState()函数保存 Driver 类中的关键类数据成员。由于篇幅所限，代码清单 8.44 并未显示全部内容，读者可访问 apress.com 的 Source Code/Download 部分查看完整的源代码。

代码清单 8.44　保存 Driver 类

```
void SaveDriverState(String Handle)
{
    SharedPreferences settings = m_AITank.GetMainBody().GetContext().
getSharedPreferences(Handle, 0);
    SharedPreferences.Editor editor = settings.edit();

    // Turn Area
    String TurnAreaKey = Handle + "TurnArea";
    editor.putFloat(TurnAreaKey, m_TurnArea);

    // Rest of code
}
```

LoadDriverState()函数加载 Driver 类中的关键数据。由于篇幅所限，代码清单 8.45 并未显示完整内容，读者可访问 apress.com 的 Source Code/Download 部分查看完整的源代码。

代码清单 8.45　加载 Driver 类的状态

```
void LoadDriverState(String Handle)
{
    SharedPreferences settings =
```

```
m_AITank.GetMainBody().GetContext().getSharedPreferences(Handle, 0);

    // Turn Area
    String TurnAreaKey = Handle + "TurnArea";
    m_TurnArea = settings.getFloat(TurnAreaKey, 4.0f);

    // Rest of code
}
```

如果当前命令为巡逻命令，则 IncrementNextWayPoint()函数将 m_WayPoint 设置为坦克对象的下一个路点，如代码清单 8.46 所示。

代码清单 8.46　查找下一个路点

```
void IncrementNextWayPoint()
{
    AIVehicleCommand Command = m_CurrentOrder.GetCommand();

    if (Command == AIVehicleCommand.Patrol)
    {
        m_CurrentOrder.IncrementWayPointIndex();
        m_WayPoint = m_CurrentOrder.GetCurrentWayPoint();
    }
}
```

SetOrder()函数将当前命令保存至 m_LastOrder 变量中，并将当前命令设置为车辆 Command 输入参数。如果当前命令为巡逻命令，将把当前路点变量 m_WayPoint 设置为第一个路点，如代码清单 8.47 所示。

代码清单 8.47　针对坦克对象设置新的命令

```
void SetOrder(VehicleCommand Command)
{
    m_LastOrder = m_CurrentOrder;
    m_CurrentOrder = Command;

    if (m_CurrentOrder.GetCommand() == AIVehicleCommand.Patrol)
    {
        // Set Inital WayPoint
        Vector3[] WayPoints = m_CurrentOrder.GetWayPoints();
        m_WayPoint = WayPoints[0];
    }
}
```

Update()函数清除坦克对象的转向输入数据，并更新控制坦克对象的有限状态机，如代码清单 8.48 所示。

代码清单 8.48　更新 Driver 类

```
void Update()
{
    // Clear AISteering
    m_AISteer.ClearSteering();

    // Update FSM Machine
    m_FiniteStateMachine.UpdateMachine();
}
```

8.3.9　调整 Physics 类

本节将对 Physics 类进行适当调整以支持新的坦克对象。

对此，必须向 Physics 类（见代码清单 8.49）中添加 UpdatePhysicsObjectHeading()函数，该函数主要执行下列各项操作。

（1）如果开启重力功能，则向对象施加重力。

（2）更新对象的线性速度。

（3）更新对象的角速度。

（4）通过将线性和角加速度设置为 0，将作用于对象上的作用力重置为 0。

（5）调整速度以便沿行进方向重定向对象的速度。如果对象的速度大于 m_MaxSpeed，则将该速度设置为 m_MaxSpeed；如果开启了重力功能，则通过步骤（1）得到的速度的 y 分量计算对象的新速度。

（6）更新对象的线性位置，在调整对象的垂直位置时还需要考虑重力和地面设置。

（7）更新对象的角度位置。

代码清单 8.49　更新坦克对象的物理数据

```
void UpdatePhysicsObjectHeading(Vector3 Heading, Orientation orientation)
{
    // Adjust for Gravity
    if (m_ApplyGravity)
    {
        ApplyGravityToObject();
    }
```

```
    // 1. Update Linear Velocity
    ////////////////////////////////////////////////////////////////////////
    m_Acceleration.x = TestSetLimitValue(m_Acceleration.x,
m_MaxAcceleration.x);
    m_Acceleration.y = TestSetLimitValue(m_Acceleration.y,
m_MaxAcceleration.y);
    m_Acceleration.z = TestSetLimitValue(m_Acceleration.z,
m_MaxAcceleration.z);

    m_Velocity.Add(m_Acceleration);
    m_Velocity.x = TestSetLimitValue(m_Velocity.x, m_MaxVelocity.x);
    m_Velocity.y = TestSetLimitValue(m_Velocity.y, m_MaxVelocity.y);
    m_Velocity.z = TestSetLimitValue(m_Velocity.z, m_MaxVelocity.z);

    // 2. Update Angular Velocity
    ////////////////////////////////////////////////////////////////////////
    m_AngularAcceleration = TestSetLimitValue(m_AngularAcceleration,
m_MaxAngularAcceleration);

    m_AngularVelocity += m_AngularAcceleration;
    m_AngularVelocity = TestSetLimitValue(m_AngularVelocity,
m_MaxAngularVelocity);

    // 3. Reset Forces acting on Object
    //    Rebuild forces acting on object for each update
    ////////////////////////////////////////////////////////////////////////
    m_Acceleration.Clear();
    m_AngularAcceleration = 0;

    // 4. Adjust Velocity so that all the velocity is redirected along the
    // heading.
    ////////////////////////////////////////////////////////////////////////
    float VelocityMagnitude        = m_Velocity.Length();

    if (VelocityMagnitude > m_MaxSpeed)
    {
        VelocityMagnitude = m_MaxSpeed;
    }

    Vector3 NewVelocity = new Vector3(Heading);
    NewVelocity.Normalize();
    NewVelocity.Multiply(VelocityMagnitude);
```

```
    Vector3 OldVelocity = new Vector3(m_Velocity);

    if (m_ApplyGravity)
    {
        m_Velocity.Set(NewVelocity.x, OldVelocity.y, NewVelocity.z);
    }
    else
    {
        m_Velocity.Set(NewVelocity.x, NewVelocity.y, NewVelocity.z);
    }

    //5. Update Object Linear Position
    ///////////////////////////////////////////////////////////////////
    Vector3 pos = orientation.GetPosition();
    pos.Add(m_Velocity);
    orientation.SetPosition(pos);

    // Check for object hitting ground if gravity is on.
    if (m_ApplyGravity)
    {
        if ((pos.y < m_GroundLevel)&& (m_Velocity.y < 0))
        {
            if (Math.abs(m_Velocity.y) > Math.abs(m_Gravity))
            {
                m_JustHitGround = true;
            }
            pos.y = m_GroundLevel;
            m_Velocity.y = 0;
        }
    }

    //6. Update Object Angular Position
    ///////////////////////////////////////////////////////////////////
    // Add Rotation to Rotation Matrix
    orientation.AddRotation(m_AngularVelocity);
}
```

8.3.10 调整 Object3d 类

本节将向 Object3d 类中添加 UpdateObject3dToHeading()函数，该函数利用物理模型更新 Object3d 对象。其中，对象沿 Heading 向量方向运动。代码清单 8.50 显示了坦克对象的运动物理模型。

代码清单 8.50　沿 Heading 向量更新对象

```
void UpdateObject3dToHeading(Vector3 Heading)
{
    if (m_Visible)
    {
        // Update Object3d Physics
        m_Physics.UpdatePhysicsObjectHeading(Heading, m_Orientation);
    }

    // Update Explosions associated with this object
    UpdateExplosions();
}
```

8.3.11　创建坦克对象

Tank 类表示为游戏中的坦克敌方角色。

m_VehicleID 变量加载一个标识特定车辆或车辆类的唯一 ID，如 lasertank03，如下所示。

```
private String m_VehicleID = "None";
```

m_Driver 变量加载坦克的 Driver 类对象，其中包含了实现坦克对象人工智能的有限状态机，如下所示。

```
private Driver m_Driver;
```

m_MainBody 变量加载坦克对象底部 3D 网格部分，用于控制坦克上方炮塔部分的运动行为，并使坦克对象转向路点，如下所示。

```
private Object3d m_MainBody;
```

m_Turret 变量加载坦克对象的上方 3D 网格部分，使其转向目标同时执行射击任务，如下所示。

```
private Object3d m_Turret;
```

m_Heading 变量加载坦克对象的行进方向，如下所示。

```
private Vector3 m_Heading = new Vector3(0,0,0);
```

MAX_WEAPONS 变量加载坦克对象携带的最大武器数量，如下所示。

```
private int MAX_WEAPONS = 5;
```

m_NumberWeapons 变量加载坦克对象当前携带的武器数量，如下所示。

```
private int m_NumberWeapons = 0;
```

m_Weapons 数组加载坦克对象的武器系统，如下所示。

```
private Weapon[] m_Weapons = new Weapon[MAX_WEAPONS];
```

m_TurretOffset 变量加载坦克炮塔相对于坦克主体中心的偏移位置，如下所示。

```
private Vector3 m_TurretOffset = new Vector3(0,0,0);
```

当坦克对象撞击地面时，m_HitGroundSFXIndex 变量加载播放的音效索引，如下所示。

```
private int m_HitGroundSFXIndex = -1;
```

当坦克爆炸或被玩家的弹药击中时，m_ExplosionSFXIndex 变量加载播放的音效索引，如下所示。

```
private int m_ExplosionSFXIndex = -1;
```

Tank()构造函数针对坦克对象的主体和炮塔设置 3D 网格、设置炮塔的偏移值并生成新的 Driver 类对象，进而初始化坦克对象，如代码清单 8.51 所示。

代码清单 8.51　Tank()构造函数

```
Tank(Object3d MainBody, Object3d Turret, Vector3 TurretOffset)
{
    m_MainBody = MainBody;
    m_Turret = Turret;
    m_TurretOffset = TurretOffset;

    // Create new Pilot for this vehicle
    m_Driver = new Driver(this);
}
```

SaveTankState()函数保存坦克对象的状态。具体来说，该函数保存坦克主体、炮塔和 Driver 对象的状态，如代码清单 8.52 所示。

代码清单 8.52　保存坦克对象的状态

```
void SaveTankState(String Handle)
{
    // Main Body
    String MainBodyHandle = Handle + "MainBody";
    m_MainBody.SaveObjectState(MainBodyHandle);
```

```
    // Turret
    String TurretHandle = Handle + "Turret";
    m_Turret.SaveObjectState(TurretHandle);

    // Driver
    String DriverHandle = Handle + "Driver";
    m_Driver.SaveDriverState(DriverHandle);
}
```

LoadTankState()函数针对坦克对象的 Driver 对象、主体和炮塔加载之前保存的数据，如代码清单 8.53 所示。

代码清单 8.53　加载坦克对象的状态

```
void LoadTankState(String Handle)
{
    // Driver
    String DriverHandle = Handle + "Driver";
    m_Driver.LoadDriverState(DriverHandle);

    // Main Body
    String MainBodyHandle = Handle + "MainBody";
    m_MainBody.LoadObjectState(MainBodyHandle);

    // Turret
    String TurretHandle = Handle + "Turret";
    m_Turret.LoadObjectState(TurretHandle);
}
```

Reset()函数重置坦克对象的 Driver 对象和武器系统，如代码清单 8.54 所示。

代码清单 8.54　重置坦克对象

```
void Reset()
{
    // Reset Driver
    if (m_Driver != null)
    {
        m_Driver.DriverReset();
    }

    // Reset Weapons
    for (int i = 0; i < m_NumberWeapons; i++)
    {
        Weapon TempWeapon = m_Weapons[i];
```

```
        TempWeapon.ResetWeapon();
    }
}
```

AddWeapon()函数向坦克对象的武器库中添加武器 iWeapon（如果存在足够的空间）。如果添加成功，则该函数返回 true；否则该函数将返回 false，如代码清单 8.55 所示。

代码清单 8.55　向坦克对象添加武器

```
boolean AddWeapon(Weapon iWeapon)
{
    boolean result = false;
    if (m_NumberWeapons < MAX_WEAPONS)
    {
        m_Weapons[m_NumberWeapons] = iWeapon;
        m_NumberWeapons++;
        result = true;
    }
    return result;
}
```

FireWeapon()函数的功能是，在坦克的炮塔位置处沿 Direction 方向发射 WeaponNumber 枚武器弹药。如果武器被发射成功，则该函数返回 true；否则，该函数将返回 false，如代码清单 8.56 所示。

代码清单 8.56　发射坦克武器

```
boolean FireWeapon(int WeaponNumber, Vector3 Direction)
{
    boolean result = false;
    if (WeaponNumber < m_NumberWeapons)
    {
        result = m_Weapons[WeaponNumber].Fire(Direction,m_Turret.
m_Orientation.GetPosition());
    }
    return result;
}
```

RenderVehicle()函数向屏幕上绘制坦克主体、炮塔和武器弹药；如果坦克对象与地面碰撞，RenderVehicle()函数还将播放相应的音效，如代码清单 8.57 所示。

代码清单 8.57　渲染坦克对象

```
void RenderVehicle(Camera Cam, PointLight Light, boolean DebugOn)
{
```

```
    // Render Vehicle
    m_MainBody.DrawObject(Cam, Light);
    m_Turret.DrawObject(Cam, Light);

    // Render Vehicles Weapons and Ammunition if any
    for (int i = 0 ; i < m_NumberWeapons; i++)
    {
        m_Weapons[i].RenderWeapon(Cam, Light, DebugOn);
    }

    // Shake Camera if Tank hits ground
    boolean ShakeCamera = m_MainBody.GetObjectPhysics().
GetHitGroundStatus();
    if (ShakeCamera)
    {
        m_MainBody.GetObjectPhysics().ClearHitGroundStatus();
        PlayHitGoundSFX();
    }
}
```

TurnTank()函数将坦克对象主体转向 TurnDelta 度，如代码清单 8.58 所示。

代码清单 8.58　坦克对象的转向

```
void TurnTank(float TurnDelta)
{
    Vector3 Axis = new Vector3(0,1,0);
    m_MainBody.m_Orientation.SetRotationAxis(Axis);
    m_MainBody.m_Orientation.AddRotation(TurnDelta);
}
```

ProcessSteering()函数（见代码清单 8.59）处理坦克对象的转向输入值，该函数主要执行下列各项操作。

（1）ProcessSteering()函数通过调用 TurnTank()函数实际转动坦克对象主体，进而处理坦克的水平或左、右转向行为。

（2）ProcessSteering()函数通过设置与坦克对象转向输入关联的最大速度，并向坦克主体施加平移作用力，进而处理坦克对象的加速度。

（3）计算坦克对象的较低速度，并设置该速度的最大速度，进而计算坦克对象的减速行为。

代码清单 8.59　处理坦克对象的转向

```
void ProcessSteering()
{
    Steering DriverSteering = m_Driver.GetAISteering();

    HorizontalSteeringValues HorizontalTurn = DriverSteering.
GetHorizontalSteering();
    SpeedSteeringValues Acceleration = DriverSteering.GetSpeedSteering();

    float TurnDelta = DriverSteering.GetTurnDelta();
    float MaxSpeed = DriverSteering.GetMaxSpeed();
    float MinSpeed = DriverSteering.GetMinSpeed();
    float SpeedDelta = DriverSteering.GetSpeedDelta();

    // Process Tank Steering

    // Process Right/Left Turn
    if (HorizontalTurn == HorizontalSteeringValues.Left)
    {
        TurnTank(TurnDelta);
    }
    else if (HorizontalTurn == HorizontalSteeringValues.Right)
    {
        TurnTank(-TurnDelta);
    }

    // Process Acceleration
    if (Acceleration == SpeedSteeringValues.Accelerate)
    {
        m_MainBody.GetObjectPhysics().SetMaxSpeed(MaxSpeed);

        Vector3 Force = new Vector3(0,0,30.0f);
        m_MainBody.GetObjectPhysics().ApplyTranslationalForce(Force);
    }
    else
    if (Acceleration == SpeedSteeringValues.Deccelerate)
    {
        float Speed = m_MainBody.GetObjectPhysics().GetVelocity().Length();
        if (Speed > MinSpeed)
        {
            float NewSpeed = Speed - SpeedDelta;
```

```
            m_MainBody.GetObjectPhysics().SetMaxSpeed(NewSpeed);
        }
    }
}
```

TurnTurret()函数根据 TurnDelta 输入参数调整坦克对象炮塔的方向，如代码清单 8.60 所示。

代码清单 8.60　调整坦克对象的炮塔方向

```
void TurnTurret(float TurnDelta)
{
    Vector3 Axis = new Vector3(0,1,0);
    m_Turret.m_Orientation.SetRotationAxis(Axis);
    m_Turret.m_Orientation.AddRotation(TurnDelta);
}
```

ProcessTurret()函数根据炮塔的转向输入值左、右调整坦克对象的炮塔方向，如代码清单 8.61 所示。

代码清单 8.61　处理坦克对象的炮塔转向

```
void ProcessTurret()
{
    Steering TurretSteering = m_Driver.GetTurretSteering();
    HorizontalSteeringValues HorizontalTurn = TurretSteering.
GetHorizontalSteering();

    float TurnDelta = TurretSteering.GetTurnDelta();

    // Process Right/Left Turn
    if (HorizontalTurn == HorizontalSteeringValues.Left)
    {
        TurnTurret(TurnDelta);
    }
    else if (HorizontalTurn == HorizontalSteeringValues.Right)
    {
        TurnTurret(-TurnDelta);
    }
}
```

UpdateVehicle()函数（见代码清单 8.62）更新 Tank 对象，该函数执行下列各项操作。

（1）如果坦克对象主体可见，则 UpdateVehicle()函数更新坦克对象的 Driver 对象、处理坦克对象的转向以及炮塔的运动行为。

（2）UpdateVehicle()函数通过调用 UpdateObject3dToHeading()函数、使用世界坐标系中坦克主体的前向向量作为行进方向，进而更新坦克对象的物理数据。

（3）如果坦克主体可见，则 UpdateVehicle()函数根据坦克主体位置和炮塔偏移量计算并设置炮塔的最终位置。

（4）UpdateVehicle()函数更新坦克对象的武器系统以及其中处于活动状态的弹药对象。

代码清单 8.62　更新坦克对象

```
void UpdateVehicle()
{
    if (m_MainBody.IsVisible())
    {
        // Update AIPilot
        m_Driver.Update();

        // Update Right/Left and Up/Down Rotation of Vehicle based on
        // AIPilot' s Steering
        ProcessSteering();

        // Process Turret Steering
        ProcessTurret();
    }

    // Update Vehicle Physics, Position, Rotation, and attached emitters
    // and explosions
    m_Heading = m_MainBody.m_Orientation.GetForwardWorldCoords();
    m_MainBody.UpdateObject3dToHeading(m_Heading);

    if (m_MainBody.IsVisible())
    {
        // Tie Turret to Main Body
        Vector3 Pos = m_MainBody.m_Orientation.GetPosition();
        Vector3 ZOffset = Vector3.Multiply(m_TurretOffset.z,m_MainBody.
m_Orientation.GetForwardWorldCoords());
        Vector3 XOffset = Vector3.Multiply(m_TurretOffset.x,m_MainBody.
m_Orientation.GetRightWorldCoords());
        Vector3 YOffset = Vector3.Multiply(m_TurretOffset.y,m_MainBody.
m_Orientation.GetUpWorldCoords());

        Vector3 OffsetPos = new Vector3(Pos);
        OffsetPos.Add(XOffset);
        OffsetPos.Add(YOffset);
```

```
        OffsetPos.Add(ZOffset);

        m_Turret.m_Orientation.GetPosition().Set(OffsetPos.x, OffsetPos.y,
OffsetPos.z);
    }

    // Update Weapons and Ammunition
    for (int i = 0 ; i < m_NumberWeapons; i++)
    {
        m_Weapons[i].UpdateWeapon();
    }
}
```

8.4　ArenaObject3d 类和 Tank 类

本节将在具体示例中使用 ArenaObject3d 类和 Tank 类。对此，需要在第 7 章示例的基础上修改相关代码。另外，读者还可访问 apress.com 的 Source Code/Download 部分查看本节示例的完整源代码。

下面首先调整 MyGLRenderer 类。

m_Cube 变量类型被调整为 ArenaObject3d 类，如下所示。

```
private ArenaObject3d m_Cube;
```

在 CreateCube()函数中，创建新的 ArenaObject，而非 Cube 对象，如下所示。

```
m_Cube = new ArenaObject3d(iContext, null,CubeMesh, CubeTex, Material1,
Shader,XMaxBoundary,XMinBoundary,ZMaxBoundary,ZMinBoundary);
```

onDrawFrame()函数利用 UpdateArenaObject()函数（而非 UpdateObject3d()函数）更新 m_Cube。

```
m_Cube.UpdateArenaObject();
```

接下来将针对新的坦克对象添加相关代码，并对某些核心函数加以讨论。

添加 m_Tank 变量并以此表示敌方坦克对象，如下所示。

```
private Tank m_Tank;
```

CreateTankType1()函数（见代码清单 8.63）创建坦克对象，该函数主要执行下列各项操作。

（1）创建坦克对象的武器系统和弹药。

（2）针对坦克对象主体创建材质。

（3）创建坦克对象的主体纹理。

（4）利用 Pyramid2.Pyramid2Vertices 中的数据创建坦克对象主体网格。

（5）创建坦克对象炮塔的材质。

（6）创建坦克对象炮塔的纹理。

（7）利用 Pyramid2.Pyramid2Vertices 中的数据创建坦克炮塔的网格。

（8）创建坦克对象炮塔的偏移量。

（9）创建坦克对象的着色器。

（10）初始化坦克对象的属性，如坦克的位置、缩放、音效、网格颜色等。

（11）当坦克对象被玩家的武器弹药击中时，创建爆炸效果。

（12）创建 Tank 对象、将与该对象关联的音效设置为 true 并返回该 Tank 对象。

代码清单 8.63 创建 Tank 对象

```
Tank CreateTankType1(Context iContext)
{
    // Weapon
    Weapon TankWeapon = CreateTankWeaponType1(iContext);

    // Material
    Material MainBodyMaterial = new Material();
    MainBodyMaterial.SetEmissive(0.0f, 0.4f, 0.0f);

    // Texture
    Texture TexTankMainBody = new Texture(iContext,R.drawable.ship1);
    int NumberMainBodyTextures = 1;
    Texture[] MainBodyTexture = new Texture[NumberMainBodyTextures];
    MainBodyTexture[0] = TexTankMainBody;
    boolean AnimateMainBodyTex = false;
    float MainBodyAnimationDelay = 0;

    // Mesh
    Mesh MainBodyMesh = new Mesh(8,0,3,5,Pyramid2.Pyramid2Vertices);
    MeshEx MainBodyMeshEx= null;

    // Turret
    // Material
    Material TurretMaterial=new Material();
    TurretMaterial.SetEmissive(0.4f, 0.0f, 0.0f);
```

```
    // Texture
    Texture TexTankTurret = new Texture(iContext,R.drawable.ship1);
    int NumberTurretTextures = 1;
    Texture[] TurretTexture = new Texture[NumberTurretTextures];
    TurretTexture[0] = TexTankTurret;
    boolean AnimateTurretTex = false;
    float TurretAnimationDelay = 0;

    // Mesh
    Mesh TurretMesh= new Mesh(8,0,3,5,Pyramid2.Pyramid2Vertices);
    MeshEx TurretMeshEx = null;

    // Turret Offset
    Vector3 TurretOffset = new Vector3(0, 0.2f, -0.3f);

    // Shaders
    Shader iShader = new Shader(iContext, R.raw.vsonelight, R.raw.
fsonelight); // ok

    // Initilization
    Vector3 Position = new Vector3(-2.0f, 7.0f, 2.0f);
    Vector3 ScaleTurret = new Vector3(1.5f/2.0f, 0.5f/2.0f, 1.3f/2.0f);
    Vector3 ScaleMainBody = new Vector3(1, 0.5f/2.0f, 1);

    float GroundLevel = 0.0f;
    Vector3 GridColor= new Vector3(0.0f,1.0f,0.0f);
    float MassEffectiveRadius = 7.0f;
    int HitGroundSFX =R.raw.explosion2;
    int ExplosionSFX=R.raw.explosion1;

    // Create Explosion
    int NumberParticles = 20;
    Vector3 Color = new Vector3(0,0,1);
    long ParticleLifeSpan= 3000;
    boolean RandomColors = false;
    boolean ColorAnimation = true;
    float FadeDelta = 0.001f;
    Vector3 ParticleSize= new Vector3(0.5f,0.5f,0.5f);

    SphericalPolygonExplosion Explosion = CreateExplosion(iContext,
NumberParticles,Color,ParticleSize,ParticleLifeSpan,RandomColors,Color
Animation,FadeDelta);
   Tank TankType1 = CreateInitTank(iContext,TankWeapon,MainBodyMaterial,
```

```
NumberMainBodyTextures,MainBodyTexture,AnimateMainBodyTex,
MainBodyAnimationDelay,MainBodyMesh, MainBodyMeshEx,TurretMaterial,
NumberTurretTextures, TurretTexture, AnimateTurretTex,
TurretAnimationDelay,TurretMesh,TurretMeshEx, TurretOffset, iShader,
Explosion,Position,ScaleMainBody,ScaleTurret,GroundLevel, GridColor,
MassEffectiveRadius,HitGroundSFX, ExplosionSFX);
    TankType1.GetMainBody().SetSFXOnOff(true);
    TankType1.GetTurret().SetSFXOnOff(true);
    return TankType1;
}
```

GenerateTankWayPoints()函数针对坦克对象创建 4 个路点，并返回生成的路点数量，如代码清单 8.64 所示。

代码清单 8.64　生成坦克对象的路点

```
int GenerateTankWayPoints(Vector3[] WayPoints)
{
    int NumberWayPoints = 4;

    WayPoints[0] = new Vector3( 5, 0, 10);
    WayPoints[1] = new Vector3( 10, 0,-10);
    WayPoints[2] = new Vector3(-10, 0,-10);
    WayPoints[3] = new Vector3(-5, 0, 10);

    return NumberWayPoints;
}
```

CreatePatrolAttackTankCommand()函数创建发送至敌方坦克的巡逻/攻击车辆命令，如代码清单 8.65 所示。

代码清单 8.65　创建巡逻/攻击命令

```
VehicleCommand CreatePatrolAttackTankCommand(AIVehicleObjectsAffected
ObjectsAffected,int NumberWayPoints,Vector3[] WayPoints, Vector3 Target,
Object3d TargetObj, int NumberRoundToFire,int FiringDelay)
{
    VehicleCommand TankCommand = null;
    AIVehicleCommand Command = AIVehicleCommand.Patrol;

    Int     NumberObjectsAffected = 0;
    Int     DeltaAmount = NumberRoundToFire;
    Int     DeltaIncrement = FiringDelay;
```

```
    Int      MaxValue = 0;
    Int      MinValue = 0;

    TankCommand = new VehicleCommand(m_Context,Command,ObjectsAffected,
NumberObjectsAffected,DeltaAmount,DeltaIncrement,MaxValue,MinValue,
NumberWayPoints,WayPoints,Target,TargetObj);
    return TankCommand;
}
```

CreateTanks()函数（见代码清单 8.66）通过下列各项操作创建敌方坦克对象。

（1）创建坦克对象并将其赋予 m_Tank 中。

（2）设置坦克的主体材质以使其发出绿色辉光。

（3）设置坦克的炮塔材质以使其发出红色辉光。

（4）将坦克对象 ID 设置为 tank1。

（5）通过调用 CreatePatrolAttackTankCommand()函数创建巡逻/攻击坦克命令，该坦克对象被命令向玩家的金字塔射击 3 次，暂停 5s 后重复射击过程。

（6）调用 SetOrder()函数，将巡逻/攻击命令发送至坦克对象的 Driver 对象中。

代码清单 8.66　创建 Tank 对象

```
void CreateTanks()
{
    m_Tank= CreateTankType1(m_Context);

    // Set Material
    m_Tank.GetMainBody().GetMaterial().SetEmissive(0.0f, 0.5f, 0f);
    m_Tank.GetTurret().GetMaterial().SetEmissive(0.5f, 0, 0.0f);

    // Tank ID
    m_Tank.SetVehicleID("tank1");

    // Set Patrol Order
    int MAX_WAYPOINTS = 10;
    Vector3[] WayPoints = new Vector3[MAX_WAYPOINTS];
    int NumberWayPoints = GenerateTankWayPoints(WayPoints);
    AIVehicleObjectsAffected ObjectsAffected = AIVehicleObjectsAffected.
PrimaryWeapon;
    Vector3 Target = new Vector3(0,0,0);
    Object3d TargetObj = null;
    int NumberRoundToFire = 3;
    int FiringDelay = 5000;
    VehicleCommand Command = CreatePatrolAttackTankCommand(ObjectsAffected,
```

```
NumberWayPoints,WayPoints, Target,TargetObj,NumberRoundToFire,FiringDelay);

    m_Tank.GetDriver().SetOrder(Command);
}
```

ProcessTankCollisions()函数分别处理坦克和玩家弹药间的碰撞，以及坦克武器弹药和玩家的金字塔间的碰撞，如代码清单 8.67 所示。

代码清单 8.67　处理坦克对象的碰撞行为

```
void ProcessTankCollisions()
{
    float ExplosionMinVelocity = 0.02f;
    float ExplosionMaxVelocity = 0.4f;

    if (!m_Tank.GetMainBody().IsVisible())
    {
        return;
    }

    // Check Collisions between Tank and Player' s Ammunition
    Object3d CollisionObj = m_Weapon.CheckAmmoCollision(m_Tank.
GetMainBody());
    if (CollisionObj != null)
    {
        CollisionObj.ApplyLinearImpulse(m_Tank.GetMainBody());

        m_Tank.GetMainBody().ExplodeObject(ExplosionMaxVelocity,
ExplosionMinVelocity);
        m_Tank.PlayExplosionSFX();

        // Process Damage
        m_Tank.GetMainBody().TakeDamage(CollisionObj);
        int Health = m_Tank.GetMainBody().GetObjectStats().GetHealth();
        if (Health <= 0)
        {
            int KillValue = m_Tank.GetMainBody().GetObjectStats()
.GetKillValue();
            m_Score = m_Score + KillValue;

            m_Tank.GetMainBody().SetVisibility(false);
            m_Tank.GetTurret().SetVisibility(false);
        }
    }
```

```
    // Tank Weapons and Pyramid
    int NumberWeapons = m_Tank.GetNumberWeapons();
    for (int j=0; j < NumberWeapons; j++)
    {
        CollisionObj = m_Tank.GetWeapon(j).CheckAmmoCollision(m_Pyramid);
        if (CollisionObj != null)
        {
            CollisionObj.ApplyLinearImpulse(m_Pyramid);

            //Process Damage
            m_Pyramid.TakeDamage(CollisionObj);

            // Obj Explosion
            m_Pyramid.ExplodeObject(ExplosionMaxVelocity,
ExplosionMinVelocity);
            m_Pyramid.PlayExplosionSFX();

            // Set Pyramid Velocity and Acceleration to 0
            m_Pyramid.GetObjectPhysics().ResetState();
        }
    }
}
```

ProcessTankCollisions()函数执行下列各项操作。

（1）如果坦克对象主体不可见，则 ProcessTankCollisions()函数返回。

（2）检查玩家弹药和敌方坦克主体间的碰撞。

（3）如果发生碰撞，则 ProcessTankCollisions()函数执行下列各项操作。

- 将作用力施加于玩家弹药和坦克对象上。
- 针对坦克对象启动爆炸序列。
- 播放爆炸音效。
- 处理玩家弹药对坦克对象主体造成的破坏。
- 如果坦克主体健康值小于或等于 0，则函数将坦克的分值添加至玩家的积分中。此外，该函数还将坦克主体和炮塔的可见性设置为 false。

（4）针对坦克对象携带的每种武器，检查武器弹药和金字塔间的碰撞。

（5）如果发生碰撞，则执行下列各项操作。

- 向弹药和金字塔施加作用力。
- 处理金字塔遭受的破坏。

- ❑ 启用金字塔的爆炸效果。
- ❑ 播放金字塔的爆炸音效。
- ❑ 重置金字塔的物理数据，以便其在坦克弹药的碰撞作用下保持静止。

随后必须对 UpdateGravityGrid()函数进行调整。如果坦克对象的主体可见，则必须向重力网格中添加坦克对象主体和坦克弹药（处于活动状态），如代码清单 8.68 所示。

代码清单 8.68　调整 UpdateGravityGrid()函数

```
if (m_Tank.GetMainBody().IsVisible())
{
    m_Grid.AddMass(m_Tank.GetMainBody());
    NumberMasses = m_Tank.GetWeapon(0).GetActiveAmmo(0, Masses);
    m_Grid.AddMasses(NumberMasses, Masses);
}
```

此外，onDrawFrame()函数也必须通过添加额外的代码被调整。

坦克对象必须通过调用 UpdateVehicle()函数被更新，如下所示。

```
m_Tank.UpdateVehicle();
```

另外，坦克对象还必须通过调用 RenderVehicle()函数被渲染，如下所示。

```
m_Tank.RenderVehicle(m_Camera, m_PointLight, false);
```

运行当前项目，对应效果如图 8.7 和图 8.8 所示。

图 8.7　Arena 对象

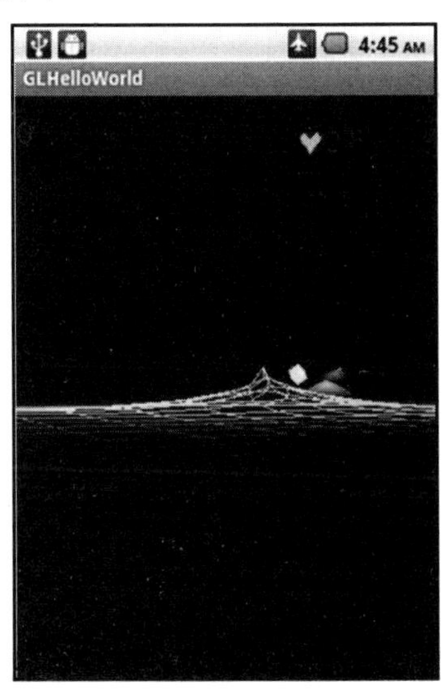

图 8.8　坦克对象

8.5 本章小结

本章讨论了 Drone Grid 游戏中的敌方角色，分别介绍了 Arena 对象、有限状态机及其针对坦克对象的功能。随后解释了实现有限状态机的相关类和坦克对象的状态。相应地，我们还对其他类进行了适当调整。最后，我们在游戏示例中创建并实现了这一类敌方角色。

第9章 用户界面

本章讨论 Drone Grid 游戏的用户界面。首先介绍主菜单系统，据此，玩家可选取新的游戏、继续体验之前保存的游戏，或者查看玩家的高分榜。随后，本章将创建高分榜及其实现类。接下来，本章利用实现了菜单系统的相关类创建高分条目菜单。最后，我们将通过具体示例展示此类用户界面。

9.1 创建主菜单系统

游戏的菜单系统由 MainMenu 类表示的主菜单构成，主菜单中的每个条目通过 MenuItem 类对其予以显示。

9.1.1 MenuItem 类

MenuItem 类加载包含 3D 图形的菜单条目。

MenuItem 类继承自 BillBoard 类，如下所示。

```
public class MenuItem extends BillBoard
```

MenuItem()构造函数调用其父类 BillBoard 的构造函数，如代码清单 9.1 所示。

代码清单 9.1 MenuItem()构造函数

```
MenuItem(Context iContext, Mesh iMesh, MeshEx iMeshEx, Texture[] iTextures,
Material iMaterial,Shader iShader)
{
    super(iContext, iMesh, iMeshEx, iTextures, iMaterial, iShader);
}
```

GetObject3dWindowCoords()函数获取菜单条目对象上一个点的窗口坐标，该对象可以通过 ObjOffset 被偏移，并被显示在 ViewPortWidth 和 ViewPortHeight 输入参数定义的视口中，如代码清单 9.2 所示。

代码清单 9.2 获取 MenuItem 对象的窗口坐标

```
float[] GetObject3dWindowCoords(int ViewPortWidth,int ViewPortHeight,
Vector3 ObjOffset)
```

```
{
    float[] WindowCoords;
    int[] View = new int[4];

    View[0] = 0;
    View[1] = 0;
    View[2] = ViewPortWidth;
    View[3] = ViewPortHeight;

    WindowCoords = MapObjectCoordsToWindowCoords(View, 0, ObjOffset);

    // Flip Y starting point so that 0 is at top of window
    WindowCoords[1] = ViewPortHeight - WindowCoords[1];

    return WindowCoords;
}
```

GetObject3dWindowCoords()函数执行下列各项操作。

（1）创建 View 变量，该变量表示为坐标(0,0)和(ViewPortWidth, ViewPortHeight)定义的视口窗口。

（2）通过调用 MapObjectCoordsToWindowCoords()函数，获取 ObjOffset 偏移量位置处的菜单条目对象的窗口坐标。

（3）将窗口坐标的 *y* 分量转换至 OpenGL 空间的屏幕空间中。

（4）返回窗口坐标。

如果输入的屏幕触摸坐标 TouchX 和 TouchY 映射至菜单条目中，则 Touched()函数返回 true，如代码清单 9.3 所示。

代码清单 9.3　测试用户的触摸输入

```
boolean Touched(float TouchX, float TouchY,int ViewPortWidth,int
ViewPortHeight)
{
    boolean result = false;

    float Radius = GetRadius();
    Vector3 ObjCoordsUpperLeft  = new Vector3(-Radius,  Radius, 0);
    Vector3 ObjCoordsUpperRight = new Vector3( Radius,  Radius, 0);
    Vector3 ObjCoordsLowerLeft  = new Vector3(-Radius, -Radius, 0);

    float[] UpperLeft = GetObject3dWindowCoords(ViewPortWidth,
ViewPortHeight, ObjCoordsUpperLeft);
```

```
    float[] UpperRight = GetObject3dWindowCoords(ViewPortWidth,
ViewPortHeight, ObjCoordsUpperRight);
    float[] LowerLeft = GetObject3dWindowCoords(ViewPortWidth,
ViewPortHeight, ObjCoordsLowerLeft);

    if ((TouchX >= UpperLeft[0]) && (TouchX <= UpperRight[0]) &&
        (TouchY >= UpperLeft[1]) && (TouchY <= LowerLeft[1]))
    {
            result = true;
    }

    return result;
}
```

Touched()函数涉及下列各项属性。

（1）对于菜单条目，我们将使用各边相等的 Cube 类对象。通过调用 GetRadius()函数可获得该立方体的半径，并将其存储于 Radius 变量中。

（2）通过 Radius 值，可创建对象的左上角、右上角和左下角对象坐标。随后，可将此类值分别存储于 ObjCoordsUpperLeft、ObjCoordsUpperRight 和 ObjCoordsLowerLeft 变量中。

（3）通过步骤（2）生成的对象的左上角、右上角和左下角坐标调用 GetObject3dWindowCoords()函数，Touched()函数检索菜单条目对象的左上角、右上角和左下角的窗口坐标。

（4）Touched()函数测试屏幕坐标(TouchX, TouchY)是否位于菜单条目的屏幕坐标边界范围内。若是，则该函数返回 true；否则，该函数将返回 false。

9.1.2 MainMenu 类

对于 Drone Grid 游戏，MainMenu 代表实际的主菜单界面。

其中，MenuStates 枚举值（见代码清单 9.4）表示菜单的有效菜单选项，例如：

- None：未选择任何菜单项。
- NewGame：玩家将体验全新的游戏。
- ContinueCurrentGame：玩家继续体验上次保存的游戏。
- HighScoreTable：玩家查看高分榜。
- Copyright：用于调试模式，以测试高分条目系统。

代码清单 9.4　菜单状态

```
enum MenuStates
{
    None,
    NewGame,
    ContinueCurrentGame,
    HighScoreTable,
    Copyright
}
```

当开始新游戏时，m_NewGameItem 变量加载指向用户触摸的菜单条目的引用，如下所示。

```
MenuItem m_NewGameItem;
```

如果玩家希望继续体验上一次保存的游戏，m_ContinueGameItem 变量则加载指向用户触摸的菜单条目的引用，如下所示。

```
MenuItem m_ContinueGameItem;
```

如果玩家希望查看高分榜，m_HighScoresItem 变量则加载指向用户触摸的菜单条目的引用，如下所示。

```
MenuItem m_HighScoresItem;
```

m_CopyRightItem 变量加载指向菜单条目的引用，该菜单条目可用于调试高分榜系统，如下所示。

```
MenuItem m_CopyRightItem;
```

通过将对象赋予主菜单中的每个菜单条目，MainMenu()构造函数初始化 MainMenu 类，如代码清单 9.5 所示。

代码清单 9.5　MainMenu()构造函数

```
MainMenu(MenuItem NewGameItem,MenuItem ContinueGameItem,MenuItem
HighScoresItem,MenuItem CopyRightItem)
{
    m_NewGameItem       = NewGameItem;
    m_ContinueGameItem  = ContinueGameItem;
    m_HighScoresItem    = HighScoresItem;
    m_CopyRightItem     = CopyRightItem;
}
```

GetMainMenuStatus()函数测试主菜单条目，以检测菜单条目是否在(TouchX, TouchY)

屏幕位置处被触摸。其间将测试每个菜单条目按钮，并调用该按钮上的 Touched()函数检测菜单条目是否被触摸。随后将返回被触摸的按钮类型，如果菜单按钮未被触摸，则 GetMainMenuStatus()函数返回 None，如代码清单 9.6 所示。

代码清单 9.6　获取主菜单状态

```
MenuStates GetMainMenuStatus(float TouchX, float TouchY,int ViewPortWidth,
int ViewPortHeight)
{
    MenuStates Selection = MenuStates.None;

    boolean Touched = false;

    // New Game Menu Item
    Touched = m_NewGameItem.Touched(TouchX, TouchY, ViewPortWidth,
ViewPortHeight);
    if (Touched)
    {
        Selection = MenuStates.NewGame;
    }

    // New ContinueGame Menu Item
    Touched = m_ContinueGameItem.Touched(TouchX, TouchY, ViewPortWidth,
ViewPortHeight);
    if (Touched)
    {
        Selection = MenuStates.ContinueCurrentGame;
    }

    // New HighScoreTable Menu Item
    Touched = m_HighScoresItem.Touched(TouchX, TouchY, ViewPortWidth,
ViewPortHeight);
    if (Touched)
    {
        Selection = MenuStates.HighScoreTable;
    }

    // CopyRight Menu Item
    Touched = m_CopyRightItem.Touched(TouchX, TouchY, ViewPortWidth,
ViewPortHeight);
    if (Touched)
    {
        Selection = MenuStates.Copyright;
```

```
    }
    return Selection;
}
```

RenderMenu()函数将主菜单条目绘制至屏幕上，如代码清单 9.7 所示。

代码清单 9.7　渲染主菜单

```
void RenderMenu(Camera Cam, PointLight Light, boolean DebugOn)
{
    m_NewGameItem.DrawObject(Cam, Light);
    m_ContinueGameItem.DrawObject(Cam, Light);
    m_HighScoresItem.DrawObject(Cam, Light);
    m_CopyRightItem.DrawObject(Cam, Light);
}
```

UpdateMenu()函数更新每个主菜单条目，并通过调用 UpdateObject3d()函数将每个条目（即广告牌）朝向相机。全部菜单条目均在此处被处理，包括“新游戏”按钮、“继续游戏”按钮、“显示高分榜”按钮以及版权图像，如代码清单 9.8 所示。

代码清单 9.8　更新主菜单

```
void UpdateMenu(Camera Cam)
{
    m_NewGameItem.UpdateObject3d(Cam);
    m_ContinueGameItem.UpdateObject3d(Cam);
    m_HighScoresItem.UpdateObject3d(Cam);
    m_CopyRightItem.UpdateObject3d(Cam);
}
```

9.2　创建高分榜

高分榜加载玩家最高游戏积分，并由两个类构成，即 HighScoreEntry 类和 HighScoreTable 类。

9.2.1　HighScoreEntry 类

HighScoreEntry 类加载高分输入数据，该类实现了 Comparable 公共接口，并定义了一个函数以比较、排序高分输入数据，如下所示。

```
public class HighScoreEntry implements Comparable<HighScoreEntry>
```

如果高分输入数据有效，则 m_ItemValid 变量被设置为 true，并在高分榜中对其予以显示，如下所示。

```
private boolean m_ItemValid;
```

m_Initials 变量加载玩家的初始数据，如下所示。

```
private String m_Initials;
```

m_Score 变量加载玩家的分值，如下所示。

```
private int m_Score;
```

HighScoreEntry()构造函数通过设置初始数据和分值初始化高分输入数据，如代码清单 9.9 所示。

代码清单 9.9　HighScoreEntry()构造函数

```
HighScoreEntry(String Initials,int Score)
{
    m_Initials  = Initials;
    m_Score     = Score;
}
```

compareTo()函数与 Collections.sort()函数结合使用，并以降序方式对高分榜进行排序。其中，高分值排名靠前，如代码清单 9.10 所示。正常情况下，compareTo()函数以升序方式排名数据项。考虑到当前降序操作，因而需要进行下列调整。

- 如果数据项实例的分值大于输入参数变量 Another 的分值，则 compareTo()函数返回负整数。
- 如果数据项实例的分值小于输入参数变量 Another 的分值，则 compareTo()函数返回正整数。

代码清单 9.10　比较和排序数据项

```
public int compareTo(HighScoreEntry Another)
{
    /*
    Normally ascending sorting - Returns
    a negative integer if this instance is less than another; a positive
integer if this instance is greater than another; 0 if this instance has
the same order as another.
    */
    int result = 0;
    if (m_Score > Another.m_Score)
```

```
    {
        result = -1;
    }
    else
    if (m_Score < Another.m_Score)
    {
        result = 1;
    }
    return result;
}
```

9.2.2 HighScoreTable 类

HighScoreTable 类表示包含所有玩家高分输入数据的高分榜。

HIGH_SCORES 字符串变量加载用于载入和保存高分榜的句柄，如下所示。

```
private String HIGH_SCORES = "HighScores";
```

MAX_RANK 变量加载所显示的最大数量的高分值，如下所示。

```
private int MAX_RANK = 10;
```

MAX_SCORES 变量加载内部存储的最大数量的分值，以供处理和计算使用，如下所示。

```
private int MAX_SCORES = 11;
```

m_HighScoreTable 数组加载实际的高分输入数据，如下所示。

```
private HighScoreEntry[] m_HighScoreTable = new HighScoreEntry[MAX_SCORES];
```

m_Text 变量加载字符集，用于输出高分榜图像的文本内容，如下所示。

```
private BillBoardCharacterSet m_Text;
```

m_FontWidth 变量加载字符集中每个字符的宽度，用于输出高分榜的文本内容，如下所示。

```
private int m_FontWidth;
```

m_FontHeight 变量加载字符集中每个字符的高度，用于输出高分榜的文本内容，如下所示。

```
private int m_FontHeight;
```

m_BackGroundTexture 变量加载纹理，用于清除高分榜的纹理，如下所示。

```
private Texture m_BackGroundTexture;
```

m_HighScoreTableImage 变量加载指向 BillBoard 对象的引用，该对象包含了玩家高分纹理，如下所示。

```
private BillBoard m_HighScoreTableImage;
```

如果高分榜自上次更新后发生了变化，则 m_Dirty 变量为 true; 否则，该变量将为 false，如下所示。

```
private boolean m_Dirty = false;
```

HighScoreTable()构造函数（见代码清单 9.11）通过下列方式创建新的高分榜。

（1）针对高分榜创建新的背景纹理。

（2）在 m_HighScoreTable 数组中生成空的高分输入数据，进而初始化高分榜。

（3）初始化其他类成员函数。

（4）加载玩家之前保存的高分榜（如果存在）

代码清单 9.11 HighScoreTable()构造函数

```
HighScoreTable(Context iContext,BillBoardCharacterSet CharacterSet,
BillBoard HighScoreTableImage)
{
    m_Context = iContext;
    m_BackGroundTexture = new Texture(iContext, R.drawable.background);

    String Initials = "AAA";
    int Score = 0;

    // Initialize High Score Entries
    for (int i = 0; i < MAX_SCORES; i++)
    {
        m_HighScoreTable[i] = new HighScoreEntry(Initials,Score);
        m_HighScoreTable[i].SetItemValidState(false);
    }

    m_Text = CharacterSet;
    m_FontWidth = m_Text.GetFontWidth();
    m_FontHeight = m_Text.GetFontHeight();

    m_HighScoreTableImage = HighScoreTableImage;
```

```
    // Load In Saved high Scores
    LoadHighScoreTable(HIGH_SCORES);
    m_Dirty = true;
}
```

SaveHighScoreTable()函数保存玩家的前 MAX_RANK 名高分输入数据（由玩家的初始值和分值构成），如代码清单 9.12 所示。

代码清单 9.12　保存高分榜

```
void SaveHighScoreTable(String Handle)
{
    // We need an Editor object to make preference changes.
    // All objects are from android.context.Context
    SharedPreferences settings = m_Context.getSharedPreferences(Handle, 0);
    SharedPreferences.Editor editor = settings.edit();
    for (int i = 0; i < MAX_RANK; i++)
    {
        editor.putString("Name" + i, m_HighScoreTable[i].GetInitials());
        editor.putInt("Score" + i, m_HighScoreTable[i].GetScore());
    }
    // Commit the edits!
    editor.commit();
}
```

LoadHighScoreTable()函数加载玩家的高分数据（由玩家的名称或初始值以及玩家的分值构成）。如果玩家的分值大于 0，则数据项有效，如代码清单 9.13 所示。

代码清单 9.13　加载高分榜

```
void LoadHighScoreTable(String Handle)
{
    // Restore preferences
    SharedPreferences settings = m_Context.getSharedPreferences(Handle, 0);

    for (int i = 0; i < MAX_RANK; i++)
    {
        String Name = settings.getString("Name" + i, "...");
        int Score = settings.getInt("Score" + i, 0);

        m_HighScoreTable[i].SetName(Name);
        m_HighScoreTable[i].SetScore(Score);
```

```
        if (Score > 0)
        {
            m_HighScoreTable[i].SetItemValidState(true);
        }
    }
}
```

NumberValidHighScores()函数查找高分榜中有效高分输入数据的数量，如代码清单 9.14 所示。

代码清单 9.14 查找有效高分输入数据的数量

```
int NumberValidHighScores()
{
    int NumberValidScores = 0;
    for (int i = 0; i < MAX_RANK; i++)
    {
        if (m_HighScoreTable[i].IsValid())
        {
            NumberValidScores++;
        }
    }
    return NumberValidScores;
}
```

GetLowestScore()函数检索从高分榜 m_HighScoreTable 中查找最低有效玩家分值，如代码清单 9.15 所示。

代码清单 9.15 获取最低有效玩家分值

```
int GetLowestScore()
{
    // Get Lowest valid score
    int LowestScore = 0;
    int ValidScores = 0;

    for (int i = 0; i < MAX_RANK; i++)
    {
        if (m_HighScoreTable[i].IsValid())
        {
            ValidScores++;
        }
    }
```

```
    if (ValidScores > 0)
    {
        LowestScore = m_HighScoreTable[ValidScores-1].GetScore();
    }
    return LowestScore;
}
```

FindEmptySlot()函数检索 m_HighScoreTable 中空（即无效）高分输入数据项的索引，如代码清单 9.16 所示。

代码清单 9.16　查找空高分输入数据项

```
int FindEmptySlot()
{
    int EmptySlot = -1;
    for (int i = 0; i < MAX_SCORES; i++)
    {
        if (m_HighScoreTable[i].IsValid() == false)
        {
            return i;
        }
    }
    return EmptySlot;
}
```

AddItem()函数向高分榜的空项（如果存在）中添加高分输入数据。特别地，如果存在空项，则将高分输入数据赋予 m_HighScoreTable 数组中的该空项，将该项的有效状态设置为 true，并将 m_Dirty 值设置为 true，以表明需要对高分榜进行排序和渲染，如代码清单 9.17 所示。

代码清单 9.17　向高分榜添加一个数据项

```
boolean AddItem(HighScoreEntry Item)
{
    boolean result = false;

    int EmptySlot = FindEmptySlot();
    if (EmptySlot >= 0)
    {
        m_HighScoreTable[EmptySlot] = Item;
        m_HighScoreTable[EmptySlot].SetItemValidState(true);
        result = true;
        m_Dirty = true;
```

```
    }
    return result;
}
```

SortHighScoreTable()函数以降序方式排序高分榜。在以降序排序了前 10 项数据后，函数将接收第 11 项内容，并将其状态设置为无效，以便新的数据项在必要时可置于高分榜的尾部，如代码清单 9.18 所示。

代码清单 9.18 排序高分榜

```
void SortHighScoreTable()
{
    Collections.sort(Arrays.asList(m_HighScoreTable));

    // Only keep top 10 and make room for another to be added to end of array
    m_HighScoreTable[MAX_SCORES-1].SetItemValidState(false);
}
```

ClearHighScoreTable()函数清除 m_HighScoreTableImage 中的高分榜纹理图像，即通过 CopySubTextureToTexture()函数向其上复制空纹理 m_BackGroundTexture，如代码清单 9.19 所示。

代码清单 9.19 清除高分榜

```
void ClearHighScoreTable()
{
    Texture HighScoreTableTexture = m_HighScoreTableImage.GetTexture(0);

    // Clear Composite Texture;
    Bitmap BackGroundBitmap = m_BackGroundTexture.GetTextureBitMap();
    HighScoreTableTexture.CopySubTextureToTexture(0, 0, 0, BackGroundBitmap);
}
```

RenderTitle()函数将文本 High Scores 渲染至 m_HighScoreTableImage 中，即加载了高分榜最终合成纹理的广告牌，如代码清单 9.20 所示。

代码清单 9.20 渲染高分榜的标题

```
void RenderTitle()
{
    m_Text.SetText("High".toCharArray());
    m_Text.RenderToBillBoard(m_HighScoreTableImage, 0 , 0);

    m_Text.SetText("Scores".toCharArray());
```

```
    m_Text.RenderToBillBoard(m_HighScoreTableImage, 5*m_FontWidth, 0);
}
```

CopyHighScoreEntryToHighScoreTable()函数将高分输入数据复制至最终合成m_HighScoreTableImage高分榜广告牌中，该广告牌被用于显示最终的玩家高分榜，如代码清单9.21所示。

代码清单9.21　将高分输入数据复制至最终的合成广告牌纹理对象中

```
void CopyHighScoreEntryToHighScoreTable(int Rank, Camera Cam,
HighScoreEntry Item)
{
    // Put HighScore Entry onto Final Composite Bitmap

    // CharacterPosition
    int HeightOffset = 10;
    int CharPosX = 0;
    int CharPosY = m_FontHeight + (Rank * (m_FontHeight + HeightOffset));

    // Render Rank
    String RankStr = Rank + ".";
    m_Text.SetText(RankStr.toCharArray());
    m_Text.RenderToBillBoard(m_HighScoreTableImage, CharPosX, CharPosY);

    // Render Player Name/Initials and render to composite billboard
    String Name = Item.GetInitials();
    m_Text.SetText(Name.toCharArray());

    CharPosX = CharPosX + m_FontWidth * 3;
    m_Text.RenderToBillBoard(m_HighScoreTableImage, CharPosX, CharPosY);

    // Render Numerical Value and render to composite billboard
    String Score = String.valucOf(Item.GetScore());
    m_Text.SetText(Score.toCharArray());

    int BlankSpace = 4 * m_FontWidth;
    CharPosX = CharPosX + Name.length() + BlankSpace;
    m_Text.RenderToBillBoard(m_HighScoreTableImage, CharPosX, CharPosY);
}
```

CopyHighScoreEntryToHighScoreTable()函数执行下列各项操作。

（1）根据所用字符字体高度、分值排名（第1名、第2名、第3名等）和HeightOffset变量计算高分输入数据的x、y起始位置。

（2）将高分输入数据的排名渲染至 m_HighScoreTableImage 广告牌中。

（3）将高分输入数据的玩家初始数据渲染至 m_HighScoreTableImage 广告牌中。

（4）将高分输入数据的玩家分值渲染至 m_HighScoreTableImage 广告牌中。

UpdateHighScoreTable()函数更新高分榜，如代码清单 9.22 所示。

代码清单 9.22 更新高分榜

```
void UpdateHighScoreTable(Camera Cam)
{
    if (m_Dirty)
    {
        // Sort High Score Table in descending order for score
        SortHighScoreTable();

        // Clear High Score Table and set background texture
        ClearHighScoreTable();

        // Render Title
        RenderTitle();

        // For the Top Ranked entries copy these to the HighScore Table BillBoard
        for (int i = 0; i < MAX_RANK; i++)
        {
            if (m_HighScoreTable[i].IsValid())
            {
                CopyHighScoreEntryToHighScoreTable(i+1, Cam,
m_HighScoreTable[i]);
            }
        }

        // Save High Scores
        SaveHighScoreTable(HIGH_SCORES);

        m_Dirty = false;
    }

    // Update BillBoard orientation for Score
    m_HighScoreTableImage.UpdateObject3d(Cam);
}
```

UpdateHighScoreTable()函数执行下列各项操作。

（1）如果 m_Dirty 变量为 true，则 UpdateHighScoreTable()函数添加新的高分输入数

据，经处理后将其渲染至高分榜广告牌上。

（2）如果 m_Dirty 变量为 true，则 UpdateHighScoreTable()函数执行下列操作。

- 调用 SortHighScoreTable()函数以降序方式排序高分榜，即最高分值排列在最前。
- 调用 ClearHighScoreTable()函数清除高分榜。
- 调用 RenderTitle()函数渲染高分榜的标题。
- 调用 CopyHighScoreEntryToHighScoreTable()函数渲染高分榜的前 10 项内容。
- 调用 SaveHighScoreTable()函数保存高分榜。
- 将 m_Dirty 变量设置为 false，表明高分榜已被更新。

（3）调用 UpdateObject3d()函数更新高分榜广告牌，并使广告牌朝向相机。

RenderHighScoreTable()函数将高分榜广告牌和包含玩家高分输入数据的纹理渲染至屏幕上，如代码清单 9.23 所示。

代码清单 9.23　渲染高分榜

```
void RenderHighScoreTable(Camera Cam, PointLight Light, boolean DebugOn)
{
    // Render Final High Score Table Composite Image
    m_HighScoreTableImage.DrawObject(Cam, Light);
}
```

9.3　创建高分输入系统

当输入玩家高分榜时，HighScoreEntryMenu 类负责控制菜单。

EntryMenuStates 枚举值加载单击的菜单按钮类型（见代码清单 9.24），主要包括以下内容。

- None：不存在单击的按钮。
- NextCharacterPressed：按下 Next 字符按钮可将选中的字符更改为供用户选择的字符集中的下一个字符。
- PreviousCharacterPressed：按下上一个字符按钮可将选项中的字符调整为字符集中的上一个字符。
- Enter：将显示的当前字符作为此位置的字符输入。

代码清单 9.24　高分输入菜单按钮

```
enum EntryMenuStates
{
```

```
    None,
    NextCharacterPressed,
    PreviousCharacterPressed,
    Enter
}
```

MAX_ENTRY_CHARACTERS 变量针对玩家的名称或首字母，加载输入的最大字符数量，如下所示。

```
private int MAX_ENTRY_CHARACTERS = 3;
```

m_EntryIndex 变量加载玩家的名称/首字母选项输入中的当前字符位置。例如，0 表示玩家选择第一个输入的首字母，如下所示。

```
private int m_EntryIndex = 0;
```

m_Entry 变量加载玩家的名称/首字母，如下所示。

```
private char[] m_Entry = new char[MAX_ENTRY_CHARACTERS];
```

m_NextCharacterButton 按钮针对输入的玩家名称/首字母，前向循环遍历有效字符集，如下所示。

```
private MenuItem m_NextCharacterButton;
```

m_PreviousCharacterButton 按钮针对输入的玩家名称/首字母，反向循环遍历有效字符集，如下所示。

```
private MenuItem m_PreviousCharacterButton;
```

m_EnterButton 按钮被按下后将针对当前玩家的名称/首字母输入位置选择字符，如下所示。

```
private MenuItem m_EnterButton;
```

m_Text 变量加载将用于玩家名称/首字母的字符集，如下所示。

```
private BillBoardCharacterSet m_Text;
```

m_NumberCharactersInSet 变量加载 m_Text 字符集中字符的数量，如下所示。

```
private int m_NumberCharactersInSet = 0;
```

针对名称/首字母输入，m_CharacterSetIndex 变量用于记录当前用户选择的字符，如下所示。

```
private int m_CharacterSetIndex = 0;
```

m_FontWidth 变量表示字符集 m_Text 中所用字符字体的宽度，如下所示。

```
private int m_FontWidth;
```

m_FontHeight 变量表示字符集 m_Text 中所用字符字体的高度，如下所示。

```
private int m_FontHeight;
```

m_HighScoreEntryMenuImage 变量针对高分输入菜单加载广告牌，如下所示。

```
private BillBoard m_HighScoreEntryMenuImage;
```

如果 m_HighScoreEntryMenuImage 变量被更新，则 m_Dirty 变量为 true，如下所示。

```
private boolean m_Dirty = true;
```

m_StartingEntryPositionX 变量加载玩家名称/首字母输入框的起始 *x* 位置，如下所示。

```
private int m_StartingEntryPositionX;
```

m_StartingEntryPositionY 变量加载玩家名称/首字母输入框的起始 *y* 位置，如下所示。

```
private int m_StartingEntryPositionY;
```

m_CurrentEntryPositionX 变量加载玩家名称/首字母位置的当前 *x* 位置，如下所示。

```
private int m_CurrentEntryPositionX;
```

m_CurrentEntryPositionY 变量加载玩家名称/首字母位置的当前 *y* 位置，如下所示。

```
private int m_CurrentEntryPositionY;
```

如果用户的名称/首字母输入结束，则 m_EntryFinished 变量为 true，如下所示。

```
private boolean m_EntryFinished = true;
```

HighScoreEntryMenu()构造函数初始化并重置高分输入菜单，如代码清单 9.25 所示。

代码清单 9.25　HighScoreEntryMenu()构造函数

```
HighScoreEntryMenu(MenuItem NextCharacterButton,MenuItem
PreviousCharacterButton,MenuItem EnterButton,BillBoardCharacterSet
Text,BillBoard HighScoreEntryMenuImage,int StartingEntryXPos,int
StartingEntryYPos)
{
    m_NextCharacterButton = NextCharacterButton;
    m_PreviousCharacterButton = PreviousCharacterButton;
    m_EnterButton = EnterButton;
    m_Text = Text;
```

```
    m_HighScoreEntryMenuImage = HighScoreEntryMenuImage;

    m_FontWidth = m_Text.GetFontWidth();
    m_FontHeight = m_Text.GetFontHeight();

    m_NumberCharactersInSet = m_Text.GetNumberCharactersInSet();

    m_CurrentEntryPositionX = StartingEntryXPos;
    m_CurrentEntryPositionY = StartingEntryYPos;

    m_StartingEntryPositionX = StartingEntryXPos;
    m_StartingEntryPositionY = StartingEntryYPos;

    ResetMenu();
}
```

ResetMenu()函数将菜单重置为初始状态。其中，用户可在首字母起始位置进行输入。相应地，默认的首字母被重置为"..."，如代码清单 9.26 所示。

代码清单 9.26　重置高分输入菜单

```
void ResetMenu()
{
    m_CharacterSetIndex = 10;

    m_EntryIndex = 0;

    m_CurrentEntryPositionX = m_StartingEntryPositionX;
    m_CurrentEntryPositionY = m_StartingEntryPositionY;

    m_Text.SetText("...".toCharArray());
    m_Text.RenderToBillBoard(m_HighScoreEntryMenuImage,
m_CurrentEntryPositionX,m_CurrentEntryPositionY);

    m_EntryFinished = false;
}
```

FindCurrentCharacter()函数查找与用户当前首字母的输入选择所匹配的字符，并返回该字符，如代码清单 9.27 所示。

代码清单 9.27　查找当前所选的首字母

```
char FindCurrentCharacter()
{
```

```
    BillBoardFont Font = m_Text.GetCharacter(m_CharacterSetIndex);
    return Font.GetCharacter();
}
```

ProcessEnterMenuSelection()函数输入当前所选的首字母作为当前玩家名称/首字母位置的输入项,并将输入点递增至下一个初始输入项位置。另外,m_Dirty 变量被设置为 true,表示需要更新菜单的广告牌，如代码清单 9.28 所示。

代码清单 9.28　处理菜单选项

```
void ProcessEnterMenuSelection()
{
    char EnteredChar = FindCurrentCharacter();
    m_Entry[m_EntryIndex] = EnteredChar;

    m_EntryIndex++;
    if (m_EntryIndex >= MAX_ENTRY_CHARACTERS)
    {
        m_EntryFinished = true;
    }
    m_CurrentEntryPositionX = m_CurrentEntryPositionX + m_FontWidth;
    m_Dirty = true;
}
```

ProcessPreviousMenuSelection()函数处理上一个菜单选项按钮，即递减索引，该索引用于检索 m_Text 变量加载的字符集中的当前字符选项。如果索引小于 0，则环绕指向字符集中的最后一个字符。另外，m_Dirty 变量被设置为 true，如代码清单 9.29 所示。

代码清单 9.29　处理上一个字符

```
void ProcessPreviousMenuSelection()
{
    // Go to next character
    m_CharacterSetIndex--;

    if (m_CharacterSetIndex < 0)
    {
        m_CharacterSetIndex = m_NumberCharactersInSet-1;
    }
    m_Dirty = true;
}
```

ProcessNextMenuSelection()函数处理下一个菜单选项按钮，即递增索引，该索引用于检索 m_Text 变量加载的字符集中的当前字符选项。如果索引大于数组中的最后一个元素，则环绕指向字符集中的第一个字符。此外，m_Dirty 变量被设置为 true，如代码清单 9.30 所示。

代码清单 9.30 处理下一个菜单选项按钮

```
void ProcessNextMenuSelection()
{
    // Go to next character
    m_CharacterSetIndex++;

    if (m_CharacterSetIndex >= m_NumberCharactersInSet)
    {
        m_CharacterSetIndex = 0;
    }
    m_Dirty = true;
}
```

RenderTextToMenu()函数在高分输入菜单中的屏幕位置(XPos, YPos)处渲染输入字符 Character，即广告牌 m_HighScoreEntryMenuImage，如代码清单 9.31 所示。

代码清单 9.31 将文本渲染至输入菜单项

```
void RenderTextToMenu(String Character, int XPos, int YPos)
{
    m_Text.SetText(Character.toCharArray());
    m_Text.RenderToBillBoard(m_HighScoreEntryMenuImage, XPos, YPos);
}
```

对于玩家的首字母，RenderEntryToMenu()函数将当前所选的输入字符渲染至输入菜单中，如代码清单 9.32 所示。

代码清单 9.32 渲染当前输入选项

```
void RenderEntryToMenu()
{
    char CurrentCharacter = FindCurrentCharacter();
    String StringCharacter = CurrentCharacter + "";

    RenderTextToMenu(StringCharacter, m_CurrentEntryPositionX,
m_CurrentEntryPositionY);
}
```

GetEntryMenuStatus()函数测试输入屏幕坐标 TouchX 和 TouchY，以判断用户是否已按下高分输入菜单按钮。若是，则返回按钮类型，如代码清单 9.33 所示。

代码清单 9.33　获取菜单项状态

```
EntryMenuStates GetEntryMenuStatus(float TouchX, float TouchY,int
ViewPortWidth,int ViewPortHeight)
{
    EntryMenuStates Selection = EntryMenuStates.None;

    boolean Touched = false;

    // Next character Menu Item
   Touched = m_NextCharacterButton.Touched(TouchX, TouchY, ViewPortWidth,
ViewPortHeight);
    if (Touched)
    {
        Selection = EntryMenuStates.NextCharacterPressed;
    }

    // Previous character Menu Item
    Touched = m_PreviousCharacterButton.Touched(TouchX, TouchY,
ViewPortWidth, ViewPortHeight);
    if (Touched)
    {
        Selection = EntryMenuStates.PreviousCharacterPressed;
    }

    // Enter Menu Item
    Touched = m_EnterButton.Touched(TouchX, TouchY, ViewPortWidth,
ViewPortHeight);
    if (Touched)
    {
        Selection = EntryMenuStates.Enter;
    }
    return Selection;
}
```

UpdateHighScoreEntryMenu()函数更新构成高分输入菜单的全部组件，包括用户所选的输入字符、Next Character 按钮、Previous Character 按钮、Enter 按钮和高分输入菜单广告牌，如代码清单 9.34 所示。

代码清单 9.34 更新高分输入菜单

```
void UpdateHighScoreEntryMenu(Camera Cam)
{
    //Update Menu Texture if changed
    if (m_Dirty)
    {
        // If need to alter Menu texture then render new texture data
        RenderEntryToMenu();
        m_Dirty = false;
    }

    // Update Buttons
    m_NextCharacterButton.UpdateObject3d(Cam);
    m_PreviousCharacterButton.UpdateObject3d(Cam);
    m_EnterButton.UpdateObject3d(Cam);

    // Update Initial Entry Area
    m_HighScoreEntryMenuImage.UpdateObject3d(Cam);
}
```

RenderHighScoreEntryMenu()函数（见代码清单 9.35）将高分输入菜单的全部组件按照以下顺序渲染至屏幕上。

（1）将循环标记渲染至 Next Character 按钮上。

（2）将循环标记渲染至 Previous Character 按钮上。

（3）渲染玩家初始选项 Enter 按钮。

（4）渲染 m_HighScoreEntryMenuImage 广告牌，其中包含了玩家的输入数据和其他高分输入菜单的图形数据。

代码清单 9.35 渲染高分输入菜单

```
void RenderHighScoreEntryMenu(Camera Cam, PointLight Light, boolean DebugOn)
{
    // Render Buttons
    m_NextCharacterButton.DrawObject(Cam, Light);
    m_PreviousCharacterButton.DrawObject(Cam, Light);
    m_EnterButton.DrawObject(Cam, Light);

    // Render Billboard with Entry Menu info
    m_HighScoreEntryMenuImage.DrawObject(Cam, Light);
}
```

9.4　用户界面示例

本节示例将在第 8 章中的用户界面的基础上完成，并构建可供用户选择的主工作菜单（选择新游戏或继续之前保存的游戏）。对于高分榜，我们将采用测试按钮并以手动方式输入某些高分值。在第 10 章中，我们将在最终的游戏中提供完善的功能。

必须对 MyGLRenderer 类进行适当调整，以集成主菜单、高分榜和高分输入菜单。

GameState 枚举值（见代码清单 9.36）加载游戏的整体状态，其中包括以下内容。

- MainMenu：主菜单的显示状态。
- ActiveGamePlay：游戏处于激活状态。
- HighScoreTable：高分榜的显示状态。
- HighScoreEntry：在生成高分榜后，玩家输入首字母的状态。

代码清单 9.36　游戏状态

```
enum GameState
{
    MainMenu,
    ActiveGamePlay,
    HighScoreTable,
    HighScoreEntry
}
```

m_GameState 变量加载游戏状态，如下所示。

```
private GameState m_GameState = GameState.MainMenu;
```

m_MainMenu 变量加载指向 MainMenu 类对象的引用，该对象实现主菜单，如下所示。

```
private MainMenu m_MainMenu;
```

m_HighScoreEntryMenu 变量加载指向 HighScoreEntryMenu 类对象的引用，该对象实现高分输入菜单系统，如下所示。

```
private HighScoreEntryMenu m_HighScoreEntryMenu;
```

m_HighScoreTable 变量加载指向实现高分榜类对象的引用，如下所示。

```
private HighScoreTable m_HighScoreTable;
```

如果存在已保存的游戏可供玩家继续体验，则 m_CanContinue 变量为 true，如下所示。

```
private boolean m_CanContinue = true;
```

CreateInitBillBoard()函数根据输入的纹理资源、对象位置和对象缩放值创建并返回新的 BillBoard 对象，如代码清单 9.37 所示。

代码清单 9.37　创建 BillBoard 对象

```
BillBoard CreateInitBillBoard(Context iContext,int TextureResourceID,
Vector3 Position,Vector3 Scale)
{
    BillBoard NewBillBoard = null;
    Texture BillBoardTexture = new Texture(iContext, TextureResourceID);

    //Create Shader
    Shader Shader = new Shader(iContext, R.raw.vsonelight, R.raw.
fsonelight); // ok
    MeshEx Mesh = new MeshEx(8,0,3,5,Cube.CubeData, Cube.CubeDrawOrder);

    // Create Material for this object
    Material Material1 = new Material();

    // Create Texture for BillBoard
    Texture[] Tex = new Texture[1];
    Tex[0] = BillBoardTexture;

    // Create new BillBoard
    NewBillBoard = new BillBoard(iContext, null, Mesh, Tex, Material1,
Shader);

    // Set Initial Position and Orientation
    NewBillBoard.m_Orientation.SetPosition(Position);
    NewBillBoard.m_Orientation.SetScale(Scale);

    NewBillBoard.GetObjectPhysics().SetGravity(false);

    return NewBillBoard;
}
```

CreateHighScoreTable()函数创建高分榜并将其赋予 m_HighScoreTable 变量中，如代码清单 9.38 所示。

代码清单 9.38　创建高分榜

```
void CreateHighScoreTable(Context iContext)
{
```

```
    int TextureResourceID = R.drawable.background;
    Vector3 Position = new Vector3(0.5f, 1, 4);
    Vector3 Scale = new Vector3(4.5f,5,1);

    BillBoard HighScoreTableImage = CreateInitBillBoard(iContext,
TextureResourceID,Position,Scale);
    m_HighScoreTable = new HighScoreTable(iContext,m_CharacterSet,
HighScoreTableImage);
}
```

CreateHighScoreEntryMenu()函数创建高分输入菜单，如代码清单 9.39 所示。

代码清单 9.39　创建高分输入菜单

```
void CreateHighScoreEntryMenu(Context iContext)
{
    // Create High Score Entry Menu Billboard
    int TextureResourceID = R.drawable.backgroundentrymenu;
    Vector3 Position = new Vector3(0.0f, 1, 4);
    Vector3 Scale = new Vector3(4.5f,5,1);

    BillBoard HighScoreEntryMenuImage = CreateInitBillBoard(iContext,
TextureResourceID,Position,Scale);

    // Create Menu Buttons
    Shader ObjectShader = new Shader(iContext, R.raw.vsonelight, R.raw.
fsonelight); // ok

    MeshEx MenuItemMeshEx = new MeshEx(8,0,3,5,Cube.CubeData, Cube.
CubeDrawOrder);
    Mesh MenuItemMesh = null;

    // Create Material for this object
    Material Material1 = new Material();
    Material1.SetEmissive(0.3f, 0.3f, 0.3f);

    // Create Texture
    int NumberTextures = 1;
    Texture TexNextButton = new Texture(iContext,R.drawable.nextbutton);

    Texture[] Tex = new Texture[NumberTextures];
    Tex[0] = TexNextButton;
```

```
    boolean AnimateTextures = false;
    float TimeDelay = 0.0f;

    Position = new Vector3(-1.0f, 1.3f, 4.25f);
    Scale = new Vector3(1.4f,1.0f,1.0f);

    // Next Character Button
    MenuItem NextCharacterButton = CreateMenuItem(iContext, MenuItemMesh,
MenuItemMeshEx,Material1,NumberTextures,Tex,AnimateTextures,TimeDelay,
Position,Scale,ObjectShader);

    // Previous Character Button
    Position = new Vector3(0.5f, 1.3f, 4.25f);
    Texture TexPreviousGameButton = new Texture(iContext,R.drawable.
previousbutton);
    Tex = new Texture[NumberTextures];
    Tex[0] = TexPreviousGameButton;
    MenuItem PreviousCharacterButton = CreateMenuItem(iContext,
MenuItemMesh,MenuItemMeshEx,Material1, NumberTextures,Tex,
AnimateTextures,TimeDelay,Position,Scale,ObjectShader);

    // Enter Button
    Position = new Vector3(0.0f, 0.0f, 4.25f);
    Texture TexEnterButton = new Texture(iContext,R.drawable.
enterbutton);

    Tex = new Texture[NumberTextures];
    Tex[0] = TexEnterButton;
    Scale = new Vector3(3.0f,1.0f,1.0f);
    MenuItem EnterButton = CreateMenuItem(iContext, MenuItemMesh,
MenuItemMeshEx, Material1,NumberTextures, Tex, AnimateTextures,
TimeDelay, Position, Scale, ObjectShader);

    int StartingEntryXPos = 168;
    int StartingEntryYPos = 100;
    m_HighScoreEntryMenu = new HighScoreEntryMenu(NextCharacterButton,
PreviousCharacterButton,EnterButton, m_CharacterSet,
HighScoreEntryMenuImage, StartingEntryXPos, StartingEntryYPos);
}
```

CreateMenuItem()函数创建新的 MenuItem 对象，如代码清单 9.40 所示。

代码清单 9.40　创建 MenuItem 对象

```
MenuItem CreateMenuItem(Context iContext, Mesh MenuItemMesh, eshEx
MenuItemMeshEx, Material Material1, int NumberTextures, Texture[] Tex,
boolean AnimateTextures, float TimeDelay, Vector3 Position, Vector3 Scale,
Shader ObjectShader)
{
    MenuItem NewMenuItem = null;
    NewMenuItem = new MenuItem(iContext, MenuItemMesh, MenuItemMeshEx,
Tex, Material1,ObjectShader);
    NewMenuItem.SetAnimateTextures(AnimateTextures, TimeDelay, 0,
NumberTextures-1);

    NewMenuItem.m_Orientation.SetPosition(Position);
    NewMenuItem.m_Orientation.SetScale(Scale);
    NewMenuItem.GetObjectPhysics().SetGravity(false);

    return NewMenuItem;
}
```

CreateMainMenu()函数针对游戏创建主菜单。同时，该函数还将在主菜单中创建独立的菜单项，如新游戏菜单项、继续游戏菜单项、显示高分榜菜单项以及版权信息菜单项，如代码清单 9.41 所示。

代码清单 9.41　创建主菜单

```
void CreateMainMenu(Context iContext)
{
    // Create New Game Button
    Shader ObjectShader = new Shader(iContext, R.raw.vsonelight, R.raw.
fsonelight); // ok

    MeshEx MenuItemMeshEx = new MeshEx(8,0,3,5,Cube.CubeData, Cube.
CubeDrawOrder);
    Mesh MenuItemMesh = null;

    // Create Material for this object
    Material Material1 = new Material();

    // Create Texture
    int NumberTextures = 1;
    Texture TexNewGameButton = new Texture(iContext,R.drawable.
newgamebutton);
```

```
    Texture[] Tex = new Texture[NumberTextures];
    Tex[0] = TexNewGameButton;

    boolean AnimateTextures = false;
    float TimeDelay = 0.0f;

    Vector3 Position = new Vector3(0.0f, 2.5f, 4.25f);
    Vector3 Scale = new Vector3(3.0f,1.0f,1.0f);

    MenuItem NewGameMenuItem = CreateMenuItem(iContext, MenuItemMesh,
MenuItemMeshEx,Material1, NumberTextures, Tex, AnimateTextures, TimeDelay,
Position, Scale, ObjectShader);

    // Continue Game
    Position = new Vector3(0.0f, 1.3f, 4.25f);
    Texture TexContinueGameButton = new Texture(iContext, R.drawable.
continuegamebutton);
    Tex = new Texture[NumberTextures];
    Tex[0] = TexContinueGameButton;

   MenuItem ContinueGameMenuItem = CreateMenuItem(iContext, MenuItemMesh,
MenuItemMeshEx,Material1, NumberTextures, Tex, AnimateTextures, TimeDelay,
Position, Scale, ObjectShader);

    // View High Scores
    Position = new Vector3(0.0f, 0.0f, 4.25f);
    Texture TexHighScoresButton = new Texture(iContext, R.drawable.
highscoresbutton);
    Tex = new Texture[NumberTextures];
    Tex[0] = TexHighScoresButton;

    MenuItem HighScoreMenuItem = CreateMenuItem(iContext, MenuItemMesh,
MenuItemMeshEx,Material1, NumberTextures, Tex, AnimateTextures, TimeDelay,
Position, Scale, ObjectShader);

    // CopyRight Notice
    Position = new Vector3(0.0f, -1.3f, 4.25f);
    Texture TexCopyrightButton = new Texture(iContext,R.drawable.
copyright);
    Tex = new Texture[NumberTextures];
    Tex[0] = TexCopyrightButton;
```

```
    Material Material2 = new Material();
    Material2.SetEmissive(0.3f, 0.3f, 0.3f);

    MenuItem CopyrightMenuItem = CreateMenuItem(iContext, MenuItemMesh,
MenuItemMeshEx,Material2, NumberTextures, Tex, AnimateTextures, TimeDelay,
Position, Scale, ObjectShader);
    m_MainMenu = new MainMenu(NewGameMenuItem, ContinueGameMenuItem,
HighScoreMenuItem, CopyrightMenuItem);
}
```

CheckTouch()函数必须被适当调整，如代码清单 9.42 所示。当用户触摸屏幕或处理用户触摸行为时，将调用该函数。

代码清单 9.42　调整 CheckTouch()函数

```
if (m_GameState == GameState.MainMenu)
{
    // Reset camera to face main menu
    MenuStates result = m_MainMenu.GetMainMenuStatus(m_TouchX, m_TouchY,
m_ViewPortWidth,m_ViewPortHeight);

    if (result == MenuStates.NewGame)
    {
        ResetGame();
        m_GameState = GameState.ActiveGamePlay;
    }
    else
    if (result == MenuStates.ContinueCurrentGame)
    {
        LoadContinueStatus(MainActivity.SAVE_GAME_HANDLE);
        if (m_CanContinue)
        {
            LoadGameState(MainActivity.SAVE_GAME_HANDLE);
        }
        else
        {
            ResetGame();
        }
        m_GameState = GameState.ActiveGamePlay;
    }
    else
    if (result == MenuStates.HighScoreTable)
    {
```

```
        m_GameState = GameState.HighScoreTable;
    }
    else
    if (result == MenuStates.Copyright)
        {
        m_GameState = GameState.HighScoreEntry;
        }
    return;
}
else
if (m_GameState == GameState.HighScoreTable)
{
    m_GameState = GameState.MainMenu;
    return;
}
else
if (m_GameState == GameState.HighScoreEntry)
{
    // If User presses finished button from High Score Entry Menu
    EntryMenuStates result = m_HighScoreEntryMenu.GetEntryMenuStatus
(m_TouchX, m_TouchY,m_ViewPortWidth, m_ViewPortHeight);

    if (result == EntryMenuStates.NextCharacterPressed)
    {
        m_HighScoreEntryMenu.ProcessNextMenuSelection();
    }
    else
    if (result == EntryMenuStates.PreviousCharacterPressed)
        {
            m_HighScoreEntryMenu.ProcessPreviousMenuSelection();
        }
    else
    if (result == EntryMenuStates.Enter)
    {
        m_HighScoreEntryMenu.ProcessEnterMenuSelection();

        if (m_HighScoreEntryMenu.IsEntryFinished())
        {
            char[] Initials = m_HighScoreEntryMenu.GetEntry();
            String StrInitials = new String(Initials);
```

```
                CreateHighScoreEntry(StrInitials, m_Score);

                m_GameState = GameState.HighScoreTable;
                m_HighScoreEntryMenu.ResetMenu();
            }
        }
        return;
}
```

CheckTouch()函数的修改内容如下所示。

（1）如果主菜单处于显示状态，则根据找出已按下的菜单项获取主菜单的状态。

- 如果新游戏菜单项已被按下，则重置游戏并将游戏状态设置为 ActiveGamePlay。
- 如果继续当前游戏菜单项已被按下，则加载 m_CanContinue 状态。如果该状态为 true，则加载之前保存的游戏；否则重置游戏，并将游戏状态设置为 ActiveGamePlay。
- 如果高分榜菜单项已被选择，则将游戏状态设置为 HighScoreTable。
- 如果版权信息菜单项已被选择，则将游戏状态设置为 HighScoreEntry，进而激活高分输入菜单。这是一个调试按钮，并可在最终的游戏中将其注释掉。本章将以此测试高分菜单输入系统。

（2）如果高分榜处于显示状态，则将游戏状态设置为主菜单。

（3）如果高分输入菜单处于显示状态，则处理被单击的菜单项。

- 如果单击了 Next Character 按钮，则调用 ProcessNextMenuSelection()函数。
- 如果单击了 Previous Character 按钮，则调用 ProcessPreviousMenuSelection()函数。
- 如果单击了 Enter 按钮，则调用 ProcessEnterMenuSelection()函数对其进行处理。当输入完毕后，则将新的高分值添加至高分榜中，并设置游戏状态以显示高分榜。

onDrawFrame()函数也必须被适当调整，以根据 m_GameState 变量更新和渲染主菜单、高分榜或高分输入菜单，如代码清单 9.43 所示。

代码清单 9.43　调整 onDrawFrame()函数

```
 if (m_GameState == GameState.MainMenu)
{
    m_MainMenu.UpdateMenu(m_Camera);
    m_MainMenu.RenderMenu(m_Camera, m_PointLight, false);
    return;
}
// High Score Table
if (m_GameState == GameState.HighScoreTable)
{
    m_HighScoreTable.UpdateHighScoreTable(m_Camera);
```

```
    m_HighScoreTable.RenderHighScoreTable(m_Camera, m_PointLight, false);
    return;
}

// High Score Entry
if (m_GameState == GameState.HighScoreEntry)
{
    m_HighScoreEntryMenu.UpdateHighScoreEntryMenu(m_Camera);
    m_HighScoreEntryMenu.RenderHighScoreEntryMenu(m_Camera, m_PointLight,
false);
    return;
}
```

运行当前程序，随后将显示主菜单，如图 9.1 所示。

当单击 Copyright 按钮时，将弹出高分输入菜单。针对当前示例，可尝试手动方式输入某些不同的高分值。例如，可在实际的源代码中将分值（m_Score）设置为 93，如下所示。

```
private int m_Score = 93;
```

随后，高分榜中新的输入即为源代码中赋予 m_Score 值的分值，如图 9.2 所示。

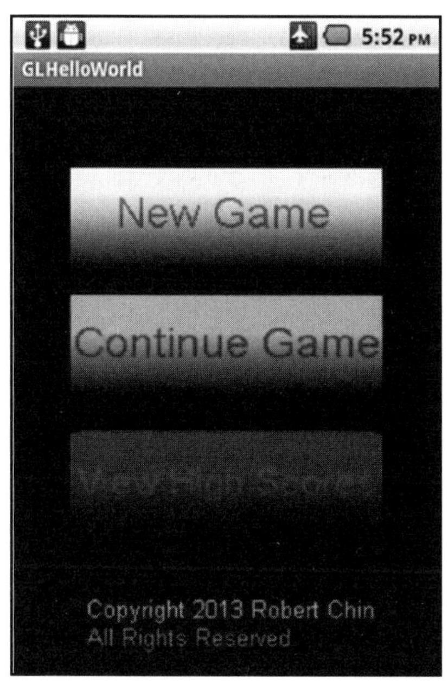

图 9.1　主菜单

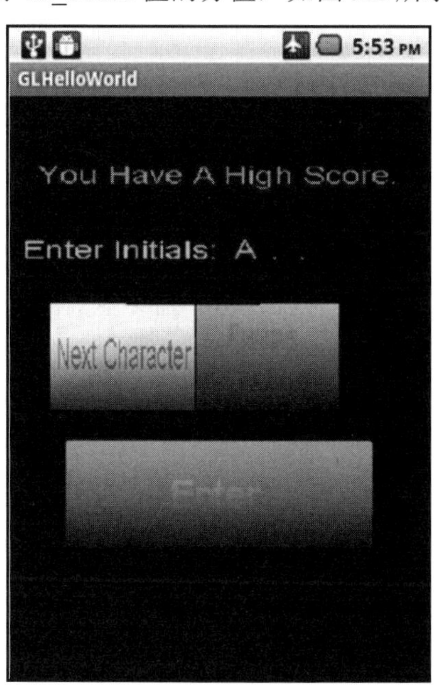

图 9.2　输入新的高分

接下来，输入某些大写首字母，这将显示在当前的高分榜中，如图 9.3 所示。

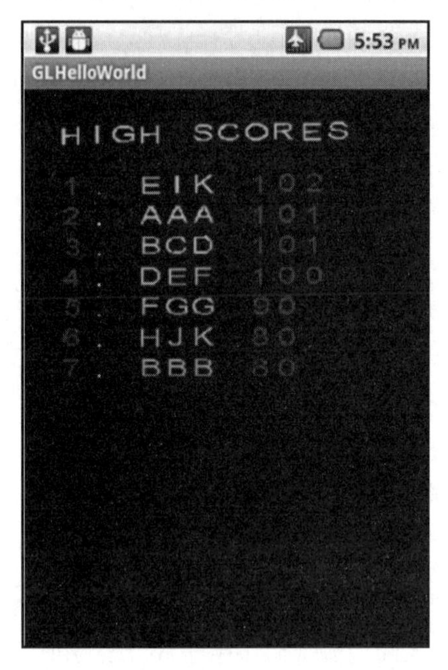

图 9.3　高分榜

9.5　本章小结

本章针对游戏示例讨论了用户界面。首先介绍了主菜单，以及实现了主菜单所需的 Android Java 类和代码。随后，我们学习了高分榜及其代码实现方式以及高分输入菜单。最终，本章在示例中分别实现了主菜单、高分榜和高分输入菜单。

第 10 章　最终的 Drone Grid 游戏

本章将介绍 Drone Grid 游戏的制作过程。首先介绍管理游戏中敌方角色的相关类。具体来说，GamePlayController 类负责控制敌方角色类型这一类元素。随后考查如何修改代码并添加新的函数以保存和加载游戏状态。接下来，我们将学习如何在 Drone Grid 游戏中实现游戏结束时的图形内容和状态码。最后，本章将通过示例展示所学的概念和相关类。

10.1　组织和控制敌方角色分组

在最终的游戏中，我们需要使用某些支持类，从而方便地操控敌方角色对象。

10.1.1　ArenaObjectSet 类

ArenaObjectSet 类加载一组 Arena 对象，并包含管理这些对象的函数。

MAX_ARENA_OBJECTS 变量加载集合中可容纳的 Arena 对象的最大数量，如下所示。

```
private int MAX_ARENA_OBJECTS = 25;
```

m_NumberArenaObjects 变量加载集合中 Arena 对象的实际数量，如下所示。

```
private int m_NumberArenaObjects = 0;
```

m_ArenaObjectSet 变量数组加载当前类中可用的 Arena 对象的集合，如下所示。

```
private ArenaObject3d[] m_ArenaObjectSet = new ArenaObject3d[MAX_ARENA_
OBJECTS];
```

如果 m_ArenaObjectSet 变量数组中对应的 Arena 对象处于活动状态，且需要被渲染和更新，则 m_Active 布尔数组将加载 true，如下所示。

```
private boolean[] m_Active = new boolean[MAX_ARENA_OBJECTS];
```

m_ExplosionMinVelocity 变量加载与 Arena 对象集合关联的爆炸效果中粒子的最小速度，如下所示。

```
private float m_ExplosionMinVelocity = 0.02f;
```

m_ExplosionMaxVelocity 变量加载与 Arena 对象集合关联的爆炸效果中粒子的最大速度，如下所示。

```
private float m_ExplosionMaxVelocity = 0.4f;
```

Init()函数将类中的全部 Arena 对象初始化为 null，且 m_Active 数组状态被设置为 false。这意味着，Arena 对象无须被渲染、更新或处理，如代码清单 10.1 所示。

代码清单 10.1　初始化 Arena 对象

```
void Init()
{
    for (int i = 0; i < MAX_ARENA_OBJECTS; i++)
    {
        m_ArenaObjectSet[i] = null;
        m_Active[i] = false;
    }
}
```

ArenaObjectSet()构造函数通过调用 Init()函数初始化 ArenaObject 集合，如代码清单 10.2 所示。

代码清单 10.2　ArenaObjectSet()构造函数

```
ArenaObjectSet(Context iContext)
{
    m_Context = iContext;
    Init();
}
```

SaveSet()函数保存 ArenaObject 集合数据（见代码清单 10.3），该函数执行下列各项操作。

（1）通过调用 getSharedPreferences()函数，检索输入参数 Handle 的 SharedPreferences 对象。

（2）通过调用步骤（1）得到的 SharedPreferences 对象上的 edit()函数检索 Editor 对象。

（3）通过创建由输入参数 Handle、"Active"关键字和索引 i 构成的唯一句柄，将 m_Active 数组值保存至共享参数中。

（4）通过调用 SaveObjectState()函数保存 Arena 对象，具体方法是使用一个句柄，该句柄由输入参数 Handle、"ArenaObject"关键字和 m_ArenaObjectSet 数组中所有元素的索引 i 组成（如果该数组索引槽包含一个有效的元素）。

（5）将变化内容保存并提交至共享参数中。

代码清单 10.3　保存 ArenaObject 对象

```
void SaveSet(String Handle)
{
    SharedPreferences settings = m_Context.getSharedPreferences(Handle, 0);
    SharedPreferences.Editor editor = settings.edit();

    for (int i = 0; i < MAX_ARENA_OBJECTS; i++)
    {
        // Active Status
        String ActiveHandle = Handle + "Active" + i;
        editor.putBoolean(ActiveHandle, m_Active[i]);

        if (m_ArenaObjectSet[i] != null)
        {
            String ArenaObjectHandle = Handle + "ArenaObject" + i;
            m_ArenaObjectSet[i].SaveObjectState(ArenaObjectHandle);
        }
    }
    // Commit the edits!
    editor.commit();
}
```

LoadSet()函数加载 ArenaObject 集合数据，如代码清单 10.4 所示。

代码清单 10.4　加载 ArenaObject 集合数据

```
void LoadSet(String Handle)
{
    // Restore preferences
    SharedPreferences settings = m_Context.getSharedPreferences(Handle, 0);
    for (int i = 0; i < MAX_ARENA_OBJECTS; i++)
    {
        // Active Status
        String ActiveHandle = Handle + "Active" + i;
        m_Active[i] = settings.getBoolean(ActiveHandle, false);

        if (m_ArenaObjectSet[i] != null)
        {
            String ArenaObjectHandle = Handle + "ArenaObject" + i;
            m_ArenaObjectSet[i].LoadObjectState(ArenaObjectHandle);
        }
    }
}
```

LoadSet()函数主要执行下列各项操作。

（1）根据输入参数 Handle 检索 SharedPreferences 对象。

（2）利用句柄从共享参数中读取 m_Active 布尔数组中的所有元素，该句柄基于输入参数 Handle、"Active"关键字和索引。

（3）针对 m_ArenaObjectSet 数组中包含有效对象的每个元素，调用 LoadObjectState()函数读取保存的数据。

通过将每个对象的活动状态调整为 false，并将对象的可见性设置为 false，ResetSet()函数重置整个 Arena 对象集合，如代码清单 10.5 所示。

代码清单 10.5　重置集合

```
void ResetSet()
{
    // Sets all objects to inactive and invisible
    for (int i = 0; i < MAX_ARENA_OBJECTS; i++)
    {
        if (m_ArenaObjectSet[i] != null)
        {
            m_Active[i] = false;
            m_ArenaObjectSet[i].SetVisibility(false);
        }
    }
}
```

NumberActiveArenaObjects()函数返回集合中处于活动状态的 Arena 对象的数量，如代码清单 10.6 所示。

代码清单 10.6　获取处于活动状态的 Arena 对象的数量

```
int NumberActiveArenaObjects()
{
    int NumberActiveVehicles = 0;
    for (int i = 0; i < MAX_ARENA_OBJECTS; i++)
    {
        if (m_Active[i] == true)
        {
            NumberActiveVehicles++;
        }
    }
    return NumberActiveVehicles;
}
```

GetAvailableArenaObject()函数（见代码清单 10.7）通过下列方式返回有效的 Arena 对象。

（1）搜索 m_ArenaObjectSet 数组中 Arena 对象集合，并尝试查找非 null、非活动状态的 ArenaObject3d 对象。

（2）通过将对象的可见性设置为 true 来处理非 null 对象；通过在 m_Active 数组中设置相应的槽，进而将对象设置为活动状态；随后返回对象。

（3）如果未找到有效的对象，则返回 null 值。

代码清单 10.7　获取有效的 Arena 对象

```
ArenaObject3d GetAvailableArenaObject()
{
    ArenaObject3d temp = null;
    for (int i = 0; i < MAX_ARENA_OBJECTS; i++)
    {
        if (m_ArenaObjectSet[i] != null)
        {
            if (m_Active[i] == false)
            {
                m_ArenaObjectSet[i].SetVisibility(true);
                m_Active[i] = true;
                return m_ArenaObjectSet[i];
            }
        }
    }
    return temp;
}
```

GetRandomAvailableArenaObject()函数（见代码清单 10.8）通过下列方式从 Arena 对象集合中获取随机的 Arena 对象。

（1）创建名为 RandomNumber 的随机数生成器。

（2）创建一个数组，该数组将加载从随机选项中选择的有效 Arena 对象的索引。

（3）构建一个有效 Arena 对象列表，并将索引置于 AvailableObjects 数组中。

（4）根据随机数生成器的输出结果和有效 Arena 对象列表查找随机 Arena 对象。

（5）在将可见性和活动状态设置为 true 后返回有效对象。

代码清单 10.8　获取随机 Arena 对象

```
ArenaObject3d GetRandomAvailableArenaObject()
{
```

```
    ArenaObject3d Obj = null;

    Random RandomNumber = new Random();
    int RandomIndex = 0;

    int AvailableObjectsIndex = 0;
    int[] AvailableObjects = new int[MAX_ARENA_OBJECTS];

    // Build list of available objects
    for (int i = 0; i < MAX_ARENA_OBJECTS; i++)
    {
        if (m_ArenaObjectSet[i] != null)
        {
            if (m_Active[i] == false)
            {
                AvailableObjects[AvailableObjectsIndex] = i;
                AvailableObjectsIndex++;
            }
        }
    }

    // If there are Available Objects then choose one at random from the
    // list of available objects
    if (AvailableObjectsIndex > 0)
    {
        // Find Random Object from array of available objects
        RandomIndex = RandomNumber.nextInt(AvailableObjectsIndex);

        int ObjIndex = AvailableObjects[RandomIndex];
        Obj = GetArenaObject(ObjIndex);

        if (Obj != null)
        {
            Obj.SetVisibility(true);
            m_Active[ObjIndex] = true;
        }
        else
        {
            Log.e("ARENAOBJECTSSET", "Random Arena OBJECT = NULL ERROR!!!! ");
        }
    }
    return Obj;
}
```

AddNewArenaObject()函数将新的 Arena 对象添加至 Arena 集合中，如代码清单 10.9 所示。

（1）查找 m_ArenaObjectSet 数组中的空槽。

（2）如果找到空槽，则将新的输入 Arena 对象设置为不可见；设置空槽并指向新的 Arena 对象；通过增加 m_NumberArenaObjects 变量提升 Arena 对象的数量；返回 true。

（3）如果未发现空槽，则返回 false。

代码清单 10.9　向集合中添加新的 Arena 对象

```
boolean AddNewArenaObject(ArenaObject3d ArenaObj)
{
    boolean result = false;
    for (int i = 0; i < MAX_ARENA_OBJECTS; i++)
    {
        if (m_ArenaObjectSet[i] == null)
        {
            ArenaObj.SetVisibility(false);
            m_ArenaObjectSet[i] = ArenaObj;
            m_NumberArenaObjects++;
            return true;
        }
    }
    return result;
}
```

根据输入参数 Value，SetSoundOnOff()函数将 Arena 对象集合音效设置为开启或关闭。对于每个有效的 Arena 对象，此时将调用 SetSFXOnOff()函数，如代码清单 10.10 所示。

代码清单 10.10　针对 ArenaObject 集合设置音效

```
void SetSoundOnOff(boolean Value)
{
    for (int i = 0; i < MAX_ARENA_OBJECTS; i++)
    {
        if (m_ArenaObjectSet[i] != null)
        {
            m_ArenaObjectSet[i].SetSFXOnOff(Value);
        }
    }
}
```

ProcessCollisionsWeapon()函数（见代码清单 10.11）通过下列方式处理武器弹药与集

合中的 Arena 对象间的碰撞：

（1）针对 ArenaObject 集合中的每个元素，确定对应的活动状态。

（2）如果元素处于活动状态，则检查 Arena 对象和输入武器 iWeapon 中的弹药间的碰撞。

（3）如果存在碰撞，则通过调用 ApplyLinearImpulse()函数处理碰撞行为，并将作用力和反作用力施加于 Arena 对象和武器的弹药上。

（4）启动与碰撞中涉及的 Arena 对象所关联的爆炸图形和音效。

（5）调用 TakeDamage()函数处理 Arena 对象受到的破坏。

（6）检查 Arena 对象的健康值，如果该值小于或等于 0，则更新全部死亡值，即遭受武器弹药破坏后的全部对象的总值，并通过将其活动状态设置为 false 和将其可见性设置为 false 来销毁 Arena 对象。

（7）返回全部死亡值。

代码清单 10.11　武器弹药和 ArenaObject 集合间的碰撞检测

```
int ProcessCollisionsWeapon(Weapon iWeapon)
{
    int TotalKillValue = 0;

    for (int i = 0; i < MAX_ARENA_OBJECTS; i++)
    {
        if ((m_ArenaObjectSet[i] != null) && (m_Active[i] == true))
        {
            Object3d CollisionObj = iWeapon.CheckAmmoCollision
(m_ArenaObjectSet[i]);
            if (CollisionObj != null)
            {
                CollisionObj.ApplyLinearImpulse(m_ArenaObjectSet[i]);
                SphericalPolygonExplosion Exp = m_ArenaObjectSet[i].
GetExplosion(0);
                Exp.StartExplosion(m_ArenaObjectSet[i].m_Orientation.
GetPosition(),m_ExplosionMaxVelocity, m_ExplosionMinVelocity);
                m_ArenaObjectSet[i].PlayExplosionSFX();

                // Process Damage
                m_ArenaObjectSet[i].TakeDamage(CollisionObj);
                int Health = m_ArenaObjectSet[i].GetObjectStats()
.GetHealth();
                if (Health <= 0)
                 {
```

```
                    int KillValue =m_ArenaObjectSet[i].GetObjectStats().
GetKillValue();
                    TotalKillValue = TotalKillValue + KillValue;
                    m_Active[i] = false;
                    m_ArenaObjectSet[i].SetVisibility(false);
                }
            }
        }
    }
    return TotalKillValue;
}
```

AddArenaObjectsToGravityGrid()函数将活动集合中的所有 Arena 对象添加至重力网格 iGrid（输入参数）中，如代码清单 10.12 所示。

代码清单 10.12　将集合中的 Arena 对象添加至重力网格中

```
void AddArenaObjectsToGravityGrid(GravityGridEx iGrid)
{
    for (int i = 0; i < MAX_ARENA_OBJECTS; i++)
    {
        if ((m_ArenaObjectSet[i] != null) && (m_Active[i] == true))
        {
            // Add Mass of AirVehicle to grid
            iGrid.AddMass(m_ArenaObjectSet[i]);
        }
    }
}
```

GetArenaObject()函数从 m_ArenaObjectSet 的 Arena 对象集合中返回 Arena 对象，该集合中包含了当前处于活动状态的输入对象 ID，如代码清单 10.13 所示。

代码清单 10.13　基于其 ID 获取 Arena 对象

```
ArenaObject3d GetArenaObject(String ID)
{
    ArenaObject3d temp = null;
    for (int i = 0; i < MAX_ARENA_OBJECTS; i++)
    {
        if (m_ArenaObjectSet[i] != null)
        {
            if ((m_Active[i]== true) && (m_ArenaObjectSet[i].
GetArenaObjectID() == ID))
            {
```

```
                return m_ArenaObjectSet[i];
            }
        }
    }
    return temp;
}
```

ProcessCollisionWithObject()函数（见代码清单 10.14）通过下列方式处理输入对象 Obj 和 ArenaObject 集合间的碰撞。

（1）针对集合中处于活动状态的每个 Arena 对象，检测与输入对象 Obj 间的碰撞。

（2）如果存在碰撞，则调用 ApplyLinearImpulse()函数处理碰撞行为，并将作用力和反作用力施加于两个碰撞对象上。随后针对碰撞的 Arena 对象启动爆炸图形并播放爆炸音效。除此之外，还将针对碰撞中所涉及的输入对象 Obj 播放爆炸图形，同时计算碰撞过程中 Arena 对象和 Obj 对象所受到的破坏值。如果 Arena 对象的健康值小于或等于 0，则将 Arena 对象的当前死亡值添加至全部死亡值中。通过将活动状态设置为 false 并将可见状态设置为 false，Arena 对象将被销毁。

（3）返回与输入对象 Obj 碰撞销毁的 Arena 对象的所有死亡值的总和。

代码清单 10.14　处理对象和 ArenaObject 集合间的碰撞

```
int ProcessCollisionWithObject(Object3d Obj)
{
    int TotalKillValue = 0;
    for (int i = 0; i < MAX_ARENA_OBJECTS; i++)
    {
        if ((m_ArenaObjectSet[i] != null) && (m_Active[i] == true))
        {
            Physics.CollisionStatus result = Obj.CheckCollision
(m_ArenaObjectSet[i]);
            if ((result == Physics.CollisionStatus.COLLISION) ||
            (result == Physics.CollisionStatus.PENETRATING_COLLISION))
            {
                // Process Collision
                Obj.ApplyLinearImpulse(m_ArenaObjectSet[i]);
                // Arena Object Explosion
                SphericalPolygonExplosion Exp = m_ArenaObjectSet[i].
GetExplosion(0);
                if (Exp != null)
                {
                    Exp.StartExplosion(m_ArenaObjectSet[i].m_Orientation.
GetPosition(),m_ExplosionMaxVelocity, m_ExplosionMinVelocity);
```

```
                m_ArenaObjectSet[i].PlayExplosionSFX();
            }

            // Pyramid Explosion
            Exp = Obj.GetExplosion(0);
            if (Exp != null)
            {
                Exp.StartExplosion(Obj.m_Orientation.GetPosition(),
m_ExplosionMaxVelocity, m_ExplosionMinVelocity);
            }

            // Process Damage
            Obj.TakeDamage(m_ArenaObjectSet[i]);
            m_ArenaObjectSet[i].TakeDamage(Obj);
            int Health = m_ArenaObjectSet[i].GetObjectStats().
GetHealth();
            if (Health <= 0)
            {
                int KillValue = m_ArenaObjectSet[i].GetObjectStats().
GetKillValue();
                TotalKillValue = TotalKillValue + KillValue;
                m_Active[i] = false;
                m_ArenaObjectSet[i].SetVisibility(false);
            }

        }
      }
    }
    return TotalKillValue;
}
```

RenderArenaObjects()函数渲染 m_ArenaObjectSet 数组集合中所有非 null 有效的 Arena 对象，如代码清单 10.15 所示。

代码清单 10.15　渲染 ArenaObject 集合

```
void RenderArenaObjects(Camera Cam, PointLight Light, boolean DebugOn)
{
    for (int i = 0; i < MAX_ARENA_OBJECTS; i++)
    {
        if (m_ArenaObjectSet[i] != null)
        {
```

```
            m_ArenaObjectSet[i].RenderArenaObject(Cam, Light);
        }
    }
}
```

UpdateArenaObjects()函数更新 m_ArenaObjectSet 数组集合中所有有效的 Arena 对象，如代码清单 10.16 所示。

代码清单 10.16　更新 ArenaObject 集合

```
void UpdateArenaObjects()
{
    for (int i = 0; i < MAX_ARENA_OBJECTS; i++)
    {
        if (m_ArenaObjectSet[i] != null)
        {
            m_ArenaObjectSet[i].UpdateArenaObject();
        }
    }
}
```

10.1.2　TankFleet 类

TankFleet 类加载一组坦克对象，并定义一组函数以助于管理和操控坦克对象。考虑到 TankFleet 类和 ArenaObjectSet 类间具有诸多相似之处，因而本节仅讨论 TankFleet 类中的一些不同或较为重要的函数。

MAX_TANKS 变量加载集合中的可被加载的最大坦克对象数量，如下所示。

```
private int MAX_TANKS = 5;
```

m_TankFleet 数组加载集合中的当前坦克对象，如下所示。

```
private Tank[] m_TankFleet = new Tank[MAX_TANKS];
```

如果 m_TankFleet 数组中对应的坦克对象处于活动状态且需要更新和渲染，则 m_InService 变量数组将针对该元素加载 true 值，如下所示。

```
private boolean[] m_InService = new boolean[MAX_TANKS];
```

TankFleet()构造函数初始化一组坦克对象，且类似于 ArenaObjectSet 类的初始化方式，如代码清单 10.17 所示。

代码清单 10.17　TankFleet()构造函数

```
TankFleet(Context iContext)
{
    m_Context = iContext;
    Init();
}
```

ResetSet()函数（见代码清单 10.18）通过下列方式重置一组坦克对象。

（1）将现有的坦克对象设置为不活动状态，即 m_InService = false。

（2）将坦克的主体和炮塔设置为不可见。

（3）重置坦克对象的有限状态机和武器系统。

代码清单 10.18　重置坦克对象集合

```
void ResetSet()
{
    // Sets all objects to inactive and invisible
    for (int i = 0; i < MAX_TANKS; i++)
    {
        if (m_TankFleet[i] != null)
        {
            m_InService[i] = false;
            m_TankFleet[i].GetMainBody().SetVisibility(false);
            m_TankFleet[i].GetTurret().SetVisibility(false);
            m_TankFleet[i].Reset();
        }
    }
}
```

SetSoundOnOff()函数开启/关闭一组坦克对象的音效，如代码清单 10.19 所示。

代码清单 10.19　针对坦克对象设置音效

```
void SetSoundOnOff(boolean Value)
{
    for (int i = 0; i < MAX_TANKS; i++)
    {
        if (m_TankFleet[i] != null)
        {
            m_TankFleet[i].GetMainBody().SetSFXOnOff(Value);
            m_TankFleet[i].GetTurret().SetSFXOnOff(Value);

            int NumberWeapons = m_TankFleet[i].GetNumberWeapons();
```

```
            for (int j = 0; j < NumberWeapons; j++)
            {
                m_TankFleet[i].GetWeapon(j).TurnOnOffSFX(Value);
            }
        }
    }
}
```

坦克对象音效的开启/关闭方式涉及以下各部分内容。

（1）坦克对象的主体。

（2）坦克对象的炮塔。

（3）坦克对象的武器系统。

AddTankFleetToGravityGrid()函数将分组中全部处于活动状态的坦克对象添加至输入参数重力网格 iGrid 中。特别地，坦克对象的主体及其武器系统中处于活动状态的弹药均被添加至重力网格中，如代码清单 10.20 所示。

代码清单 10.20　将一组坦克对象添加至重力网格中

```
// Add in all the Air vehicles in the fleet to the gravity grid
void AddTankFleetToGravityGrid(GravityGridEx iGrid)
{
    Object3d[] Masses = new Object3d[50];
    int NumberMasses = 0;

    for (int i = 0; i < MAX_TANKS; i++)
    {
        if ((m_TankFleet[i] != null) && (m_InService[i] == true))
        {
            // Add Mass of AirVehicle to grid
            iGrid.AddMass(m_TankFleet[i].GetMainBody());

            // Add Weapons Fire from AirVehicle to grid
            int NumberWeapons = m_TankFleet[i]. GetNumberWeapons();
            for (int j = 0; j < NumberWeapons; j++)
            {
                NumberMasses = m_TankFleet[i].GetWeapon(j).GetActiveAmmo
(0, Masses);
                iGrid.AddMasses(NumberMasses, Masses);
            }
        }
    }
}
```

ProcessWeaponAmmoCollisionObject()函数处理和输入对象 Obj 坦克对象分组中处于活动状态的弹药间的碰撞问题，如代码清单 10.21 所示。

代码清单 10.21　处理输入对象 Obj 和坦克对象中处于活动状态的弹药间的碰撞问题

```
boolean ProcessWeaponAmmoCollisionObject(Object3d Obj)
{
    Object3d CollisionObj = null;
    boolean hitresult = false;

    for (int i = 0; i < MAX_TANKS; i++)
    {
        if ((m_TankFleet[i] != null) && (m_InService[i] == true))
        {
            int NumberWeapons = m_TankFleet[i].GetNumberWeapons();

            for (int j=0; j < NumberWeapons; j++)
            {
                CollisionObj = m_TankFleet[i].GetWeapon(j).
CheckAmmoCollision(Obj);
                if (CollisionObj != null)
                {
                    hitresult = true;
                    CollisionObj.ApplyLinearImpulse(Obj);

                    //Process Damage
                    Obj.TakeDamage(CollisionObj);

                    // Obj Explosion
                    SphericalPolygonExplosion Exp = Obj.GetExplosion(0);
                    if (Exp != null)
                    {
                      Exp.StartExplosion(Obj.m_Orientation.GetPosition(),
m_VehicleExplosionMaxVelocity, m_VehicleExplosionMinVelocity);
                    }
                }
            }
        }
    }
    return hitresult;
}
```

针对坦克分组中处于活动状态的每个坦克对象，ProcessWeaponAmmoCollisionObject()

函数执行下列各项操作。

（1）检查坦克对象武器系统的弹药和对象 Obj 间的碰撞。

（2）如果存在碰撞，则调用 ApplyLinearImpulse()函数向弹药和对象施加线性作用力。

（3）调用 TakeDamage()函数处理对象的破坏状态。

（4）调用 StartExplosion()函数启动对象的爆炸图形。

10.2　GamePlayController 类

GamePlayController 类用于控制玩家的游戏体验，包括重力网格上所允许的每种类型的敌方角色的数量、敌方角色首次出现的位置，以及出现的频率。

m_RandNumber 变量加载随机数生成器，如下所示。

```
private Random m_RandNumber = new Random();
```

m_ArenaObjectsSet 变量加载场景中所用的 Arena 对象集合，如下所示。

```
private ArenaObjectSet m_ArenaObjectsSet;
```

m_TankFleet 变量加载场景中所用的坦克对象集合，如下所示。

```
private TankFleet m_TankFleet;
```

m_Grid 变量加载标记场景边界的重力网格，如下所示。

```
private GravityGridEx m_Grid;
```

DROP_HEIGHT 变量表示 Arena 对象在场景中所处的高度，如下所示。

```
private float DROP_HEIGHT = 13;
```

m_TimeDeltaAddArenaObject 变量加载添加新的 Arena 对象的时间间隔（以 ms 为单位），如下所示。

```
private long m_TimeDeltaAddArenaObject = 1000 * 15;
```

m_TimeLastArenaObjectAdded 变量加载 Arena 对象被添加至场景中的最近一次时间，如下所示。

```
private long m_TimeLastArenaObjectAdded = 0;
```

m_MinArenaObjectsOnPlayField 变量加载场景中 Arena 对象的最小数量，如下所示。

```
private int m_MinArenaObjectsOnPlayField = 1;
```

m_MaxSpeedArenaObjects 变量加载 Arena 对象的最大速度，如下所示。

```
private float m_MaxSpeedArenaObjects = 0.1f;
```

m_TimeDeltaAddTank 变量加载向场景中添加新坦克对象的时间间隔（以 ms 为单位），如下所示。

```
private long m_TimeDeltaAddTank = 1000 * 25;
```

m_TimeLastTankOnGrid 变量加载敌方坦克最近一次被添加至场景中的时间。

```
private long m_TimeLastTankOnGrid = 0;
```

m_MaxTanksOnPlayField 变量加载场景中一次所允许的坦克对象的最大数量。

```
private int m_MaxTanksOnPlayField = 2;
```

m_NumberTankRoutes 变量加载可选的、坦克对象有效行进路线的总数量。

```
private int m_NumberTankRoutes = 0;
```

m_TankRouteIndex 变量将当前索引（即 m_TankRoutes 数组变量）加载至坦克对象有效行进路线中。

```
private int m_TankRouteIndex = 0;
```

m_TankRoutes 数组加载由路点分组构成的坦克对象的行进路线。

```
private Route[] m_TankRoutes = null;
```

GamePlayController()构造函数通过设置关键的类成员变量初始化 GamePlayController 类，如 Arena 对象集合、坦克对象分组、重力网格和有效的坦克对象行进路线，如代码清单 10.22 所示。

代码清单 10.22　GamePlayController()构造函数

```
GamePlayController(Context iContext,ArenaObjectSet ArenaObjectsSet,
TankFleet TankFleet, GravityGridEx Grid,int NumberTankRoutes,Route[]
TankRoutes)
{
    m_Context = iContext;

    m_ArenaObjectsSet = ArenaObjectsSet;
    m_TankFleet = TankFleet;
    m_Grid = Grid;

    m_NumberTankRoutes = NumberTankRoutes;
```

```
    m_TankRoutes = TankRoutes;
}
```

GenerateRandomGridLocation()函数生成并返回重力网格中的随机位置，如代码清单 10.23 所示。

代码清单 10.23　生成随机网格位置

```
Vector3 GenerateRandomGridLocation()
{
    Vector3 Location = new Vector3(0,0,0);

    // Get Random X
    float MinX = m_Grid.GetXMinBoundary();
    float MaxX = m_Grid.GetXMaxBoundary();
    float DiffX = MaxX - MinX;
    float RandomXOffset = DiffX * m_RandNumber.nextFloat();
    // DiffX * (Number from 0-1);
    float PosX = MinX + RandomXOffset;

    // Get Random Z
    float MinZ = m_Grid.GetZMinBoundary();
    float MaxZ = m_Grid.GetZMaxBoundary();
    float DiffZ = MaxZ - MinZ;
    float RandomZOffset = DiffZ * m_RandNumber.nextFloat();
    // DiffX * (Number from 0-1);
    float PosZ = MinZ + RandomZOffset;

    // Y is 0 for Ground Level for Playfield
    float PosY = DROP_HEIGHT;

    // Set Random Location
    Location.Set(PosX, PosY, PosZ);

    return Location;
}
```

GenerateRandomGridLocation()函数执行下列各项操作。

（1）针对重力网格获取最小的 x 边界。

（2）针对重力网格获取最大的 x 边界。

（3）计算最大 x 边界和最小 x 边界之差。

（4）将步骤（3）计算得到的差值乘以 0～1 的随机数，从而计算随机偏移位置。

（5）将最小 x 值与随机生成的 x 偏移值相加，进而计算最终的 x 位置。

（6）针对 z 轴重复执行步骤（1）～步骤（5）计算随机 z 坐标。

（7）返回随机位置向量，该向量由前述步骤计算得到的随机 x、z 值和 DROP_HEIGHT 值（y 值）构成。

针对 Min 和 Max 边界中的敌方角色位置，GenerateGridLocationRestricted()函数生成一个随机网格位置，如代码清单 10.24 所示。

代码清单 10.24　生成边界中的随机网格位置

```
Vector3 GenerateGridLocationRestricted(Vector3 Max, Vector3 Min)
{
    Vector3 ClampedLocation = new Vector3(0,0,0);
    Vector3 OriginalLocation = null;

    OriginalLocation = GenerateRandomGridLocation();

    ClampedLocation.x = Math.min(OriginalLocation.x, Max.x);
    ClampedLocation.y = Math.min(OriginalLocation.y, Max.y);
    ClampedLocation.z = Math.min(OriginalLocation.z, Max.z);

    ClampedLocation.x = Math.max(ClampedLocation.x, Min.x);
    ClampedLocation.y = Math.max(ClampedLocation.y, Min.y);
    ClampedLocation.z = Math.max(ClampedLocation.z, Min.z);

    return ClampedLocation;
}
```

GenerateGridLocationRestricted()函数执行下列各项操作。

（1）调用 GenerateRandomGridLocation()函数生成网格内的随机位置。

（2）在 Max 和步骤（1）中随机生成的位置间获取较小值，进而将当前位置限制或截取至最大位置值处。

（3）在 Min 和步骤（2）中的截取位置间获取较大值，进而将当前位置截取至 Min 中的最小位置值。

（4）返回步骤（3）中最终截取的位置。

GenerateRandomVelocityArenaObjects()函数针对 xz 平面上的 Arena 对象生成随机速度，如代码清单 10.25 所示。

代码清单 10.25　生成随机速度

```
Vector3 GenerateRandomVelocityArenaObjects()
{
```

```
    Vector3 Velocity = new Vector3(0,0,0);

    float VelX = m_MaxSpeedArenaObjects * m_RandNumber.nextFloat();
    float VelZ = m_MaxSpeedArenaObjects * m_RandNumber.nextFloat();

    Velocity.Set(VelX, 0, VelZ);
    return Velocity;
}
```

GenerateRandomVelocityArenaObjects()函数执行下列各项操作。

（1）将 Arena 对象的最大速度乘以 0～1 的随机生成数，进而生成沿 x 轴上的随机速度。

（2）将 Arena 对象的最大速度乘以 0～1 的随机生成数，进而生成沿 z 轴上的随机速度。

（3）通过步骤（1）和步骤（2）生成的 x、z 值，以及 y 值（0 值）生成最终的速度。

（4）返回最终的随机速度。

AddNewArenaObject()函数将 Arena 对象添加至当前场景中，如代码清单 10.26 所示。

代码清单 10.26　添加新的 Arena 对象

```
boolean AddNewArenaObject()
{
    boolean result = false;
    ArenaObject3d AO = m_ArenaObjectsSet.GetRandomAvailableArenaObject();
    if (AO != null)
    {
        // Respawn
        AO.SetVisibility(true);
        AO.GetObjectStats().SetHealth(100);

        Vector3 Max = new Vector3(m_Grid.GetXMaxBoundary(), DROP_HEIGHT,
-5.0f);
        Vector3 Min = new Vector3(m_Grid.GetXMinBoundary(), DROP_HEIGHT,
m_Grid.GetZMinBoundary());

        Vector3 Position = GenerateGridLocationRestricted(Max, Min);
        AO.m_Orientation.GetPosition().Set(Position.x, Position.y,
Position.z);
        result = true;
    }
    return result;
}
```

AddNewArenaObject()函数执行下列各项操作。

（1）通过调用 GetRandomAvailableArenaObject()函数尝试检索新的有效 Arena 对象。

（2）如果 Arena 对象有效，则

- 将其可见性设置为 true，并将其健康值设置为 100。
- 创建名为 Max 的位置向量，其中加载了沿 x、z 轴上的 Arena 对象的最大位置。
- 创建名为 Min 的位置向量，其中加载了沿 x、z 轴上的 Arena 对象的最小位置。
- 使用 Max 和 Min 位置调用 GenerateGridLocationRestricted()函数，进而检索 Max 和 Min 边界内的随机位置。
- 将新的 Arena 对象位置设置为上一步骤中生成的位置。

（3）如果新的 Arena 对象已被添加至游戏中，则返回 true；否则返回 false。

CreatePatrolAttackTankCommand()函数创建新的巡逻/攻击坦克命令，并返回该命令，如代码清单 10.27 所示。

代码清单 10.27　创建巡逻/攻击坦克命令

```
VehicleCommand CreatePatrolAttackTankCommand(AIVehicleObjectsAffected
ObjectsAffected, int NumberWayPoints, Vector3[] WayPoints, Vector3 Target,
Object3d TargetObj, int NumberRoundToFire,int FiringDelay)
{
    VehicleCommand TankCommand = null;
    AIVehicleCommand Command = AIVehicleCommand.Patrol;

    int    NumberObjectsAffected = 0;
    int    DeltaAmount = NumberRoundToFire;
    int    DeltaIncrement = FiringDelay;

    int    MaxValue = 0;
    int    MinValue = 0;

    TankCommand = new VehicleCommand(m_Context,Command, ObjectsAffected,
NumberObjectsAffected,DeltaAmount,  DeltaIncrement,MaxValue,  MinValue,
NumberWayPoints,WayPoints, Target, TargetObj);
    return TankCommand;
}
```

CreatePatrolAttackTankCommand()函数创建的新的巡逻/攻击坦克命令的重要字段包括以下内容。

（1）Command 变量被设置为 AIVehicleCommand.Patrol。

（2）DeltaAmount 变量被设置为一次射击中坦克发射的弹药数量。

（3）DeltaIncrement 变量被设置为坦克开火间的时间间隔（以 ms 为单位）。

SetTankOrder()函数设置新的坦克巡逻/攻击命令，并将该命令发送至当前坦克对象上，如代码清单 10.28 所示。

代码清单 10.28　设置坦克对象的巡逻/攻击命令

```
void SetTankOrder(Tank TankVehicle)
{
    // Set Tank Route Index to cycle through all available routes
    m_TankRouteIndex++;
    if (m_TankRouteIndex >= m_NumberTankRoutes)
    {
        m_TankRouteIndex = 0;
    }

    // Set Patrol Order
    Route SelectedRoute = m_TankRoutes[m_TankRouteIndex];
    Vector3[] WayPoints = SelectedRoute.GetWayPoints();
    int NumberWayPoints = SelectedRoute.GetNumberWayPoints();

    AIVehicleObjectsAffected ObjectsAffected = AIVehicleObjectsAffected.
PrimaryWeapon;
    Vector3 Target = new Vector3(0,0,0);
    Object3d TargetObj = null;
    int NumberRoundToFire = 3;
    int FiringDelay = 5000;

    VehicleCommand Command = CreatePatrolAttackTankCommand
(ObjectsAffected, NumberWayPoints, WayPoints, Target, TargetObj,
NumberRoundToFire, FiringDelay);
    TankVehicle.GetDriver().SetOrder(Command);
}
```

SetTankOrder()函数执行下列各项操作。

（1）设置坦克对象的行进路线索引，以在全部有效路径中循环行进。

（2）检索所选的坦克对象路径。

（3）从路径中检索坦克对象的路点。

（4）检索路径中的路点数量。

（5）设置坦克的巡逻/攻击命令，每隔 5s 向位于原点的目标发射 3 枚弹药。

（6）创建坦克对象的巡逻/攻击命令，并针对输入的 TankVehicle 设置该命令。

AddNewTank()函数向场景中添加坦克对象，如代码清单 10.29 所示。

代码清单 10.29　向场景中添加新的坦克对象

```
boolean AddNewTank()
{
    boolean result = false;
    Tank TankVehicle = m_TankFleet.GetAvailableTank();
    if (TankVehicle != null)
    {
        TankVehicle.Reset();
        TankVehicle.GetMainBody().GetObjectStats().SetHealth(100);

        // Set Position
        Vector3 Max = new Vector3(m_Grid.GetXMaxBoundary(), DROP_HEIGHT,
-5.0f);
        Vector3 Min = new Vector3(m_Grid.GetXMinBoundary(), DROP_HEIGHT,
m_Grid. GetZMinBoundary());

        Vector3 Position = GenerateGridLocationRestricted(Max, Min);
        TankVehicle.GetMainBody().m_Orientation.GetPosition().Set
(Position.x, Position.y, Position.z);

        // Set Command
        SetTankOrder(TankVehicle);
        result = true;
    }
    return result;
}
```

AddNewTank()函数执行下列各项操作。

（1）通过调用 GetAvailableTank()函数尝试检索新的有效坦克对象。

（2）如果坦克对象有效，则

- 重置坦克对象，并将其健康值设置为 100。
- 创建名为 Max 的位置向量，该向量加载沿 x、z 轴上的坦克对象的最大位置。
- 创建名为 Min 的位置向量，该向量加载沿 x、z 轴上的坦克对象的最小位置。
- 使用 Max 和 Min 位置调用 GenerateGridLocationRestricted()函数，进而检索 Max 和 Min 边界内的随机位置。
- 将新的坦克对象的位置设置为上一步骤中生成的位置。
- 调用 SetTankOrder()函数创建并设置坦克对象的命令。

（3）如果新的坦克对象已被添加至游戏中，则返回 true；否则返回 false。

必要时，可调用 UpdateArenaObjects()函数向场景中添加更多的 Arena 对象，如代码清单 10.30 所示。

代码清单 10.30　更新 Arena 对象

```
void UpdateArenaObjects(long CurrentTime)
{
    // Check to see if need to add in more Arena Objects
    int NumberObjects = m_ArenaObjectsSet.NumberActiveArenaObjects();

    if (NumberObjects < m_MinArenaObjectsOnPlayField)
    {
        // Add another object to meet minimum
        boolean result = AddNewArenaObject();

        if (result == true)
        {
            m_TimeLastArenaObjectAdded = System.currentTimeMillis();
        }
    }
    else
    {
        // Check to see if enough time has elapsed to add in another object.
        long ElapsedTime = CurrentTime - m_TimeLastArenaObjectAdded;
        if (ElapsedTime >= m_TimeDeltaAddArenaObject)
        {
            // Add New Arena Object
            boolean result = AddNewArenaObject();
            if (result == true)
            {
                m_TimeLastArenaObjectAdded = System.currentTimeMillis();
            }
        }
    }
}
```

UpdateArenaObjects()函数执行下列各项操作。

（1）如果场景中的 Arena 对象数量少于最小数量，则通过调用 AddNewArenaObject()函数生成新的 Arena 对象。

（2）如果场景中存在足够多的 Arena 对象，则检查自最近一次添加 Arena 对象经历的时间值是否大于或等于 m_TimeDeltaAddArenaObject。若是，则调用 AddNewArenaObject()函数添加另一个对象。

如果当前坦克数量小于 m_MaxTanksOnPlayField，且自最近一次添加 Arena 对象以来经历的时间值大于 m_TimeDeltaAddTank，则 UpdateTanks()函数通过调用 AddNewTank()函数向场景中添加新的坦克对象，如代码清单 10.31 所示。

代码清单 10.31　更新坦克对象

```
void UpdateTanks(long CurrentTime)
{
    int NumberTanks = m_TankFleet.NumberActiveVehicles();
    long ElapsedTime = CurrentTime - m_TimeLastTankOnGrid;

    if ((NumberTanks < m_MaxTanksOnPlayField)&&
        (ElapsedTime > m_TimeDeltaAddTank))
    {
        // Add New Tank
        boolean result = AddNewTank();
        if (result == true)
        {
            m_TimeLastTankOnGrid = System.currentTimeMillis();
        }
    }
}
```

必要时，UpdateController()函数将调用 UpdateArenaObjects()函数更新场景中 Arena 对象的数量，并调用 UpdateTanks()函数更新场景中坦克对象的数量，如代码清单 10.32 所示。

代码清单 10.32　更新游戏体验控制器

```
void UpdateController(long CurrentTime)
{
    UpdateArenaObjects(CurrentTime);
    UpdateTanks(CurrentTime);
}
```

10.3　保存和加载游戏状态

当保存游戏状态和恢复游戏状态时，需要向 MainActivity 类和 MyGLRenderer 类中添加新的代码。

10.3.1　调整 MainActivity 类

对于 MainActivity 类，当暂停 Android 游戏时，需要在 onPause()函数中添加新的代码，该函数将调用 MyGLRenderer 类中的 SaveGameState()函数，如代码清单 10.33 中。

代码清单 10.33　调整 onPause()函数

```
@Override
protected void onPause()
{
    super.onPause();
    m_GLView.onPause();

    // Save State
    m_GLView.CustomGLRenderer.SaveGameState(SAVE_GAME_HANDLE);
}
```

10.3.2　调整 MyGLRenderer 类

MyGLRenderer 类需要通过添加与保存和加载游戏状态相关的函数来做出适当的调整。

如果游戏当前处于活动状态，SaveGameState()函数则通过保存关键的游戏变量进而保存游戏状态，如代码清单 10.34 所示。

代码清单 10.34　保存游戏状态

```
void SaveGameState(String Handle)
{
    // Only save game state when game is active and being played not at
    // menu or high score table etc.
    if (m_GameState != GameState.ActiveGamePlay)
    {
        return;
    }

    // Save Player' s Score
    SharedPreferences settings = m_Context.getSharedPreferences(Handle, 0);
    SharedPreferences.Editor editor = settings.edit();

    // Player' s Score
    editor.putInt("Score", m_Score);
```

```
    // Player' s Health
    editor.putInt("Health", m_Pyramid.GetObjectStats().GetHealth());

    // Can Continue Game
    editor.putBoolean("CanContinue", m_CanContinue);

    // Commit the edits!
    editor.commit();

    // Camera
    m_Camera.SaveCameraState("Camera");

    // Arena Objects Set
    m_ArenaObjectsSet.SaveSet(ARENA_OBJECTS_HANDLE);

    // Tank Fleet
    m_TankFleet.SaveSet(TANK_FLEET_HANDLE);
}
```

所保存的游戏核心元素如下。

（1）玩家的积分值。

（2）玩家的健康值。

（3）m_CanContinue 变量。如果存在之前保存的游戏可供加载，则该变量为 true。

（4）相机的状态。

（5）Arena 对象。

（6）Tank 对象。

LoadGameState()函数加载 SaveGameState()函数中保存的数据，如代码清单 10.35 所示。

代码清单 10.35　加载游戏状态

```
void LoadGameState(String Handle)
{
    // Load game state of last game that was interrupted during play
    // Restore preferences
    SharedPreferences settings = m_Context.getSharedPreferences(Handle, 0);

    // Load In Player Score
        m_Score = settings.getInt("Score", 0);

    // Load in Player' s Health
    int Health = settings.getInt("Health", 100);
```

```
    m_Pyramid.GetObjectStats().SetHealth(Health);

    // Can Continue
    m_CanContinue = settings.getBoolean("CanContinue", false);

    // Camera
    m_Camera.LoadCameraState("Camera");

    // Arena Objects Set
    m_ArenaObjectsSet.LoadSet(ARENA_OBJECTS_HANDLE);

    // Tank Fleet
    m_TankFleet.LoadSet(TANK_FLEET_HANDLE);
}
```

10.4　根据游戏结束状态添加游戏

向最终游戏中添加的特征之一是游戏结束消息。对此，需要调整 MyGLRenderer 类以添加新的代码，进而处理游戏结束图形和游戏逻辑。

m_GameOverBillBoard 变量加载相应的图形，该图形用于通知玩家游戏结束，如下所示。

```
private BillBoard m_GameOverBillBoard;
```

m_GameOverPauseTime 变量加载显示游戏结束图形的最短时间，随后处理用户的输入数据，如下所示。

```
private long m_GameOverPauseTime = 1000;
```

m_GameOverStartTime 变量加载游戏结束时间，如下所示。

```
private long m_GameOverStartTime;
```

CreateGameOverBillBoard()函数创建 Game Over 广告牌，其中包含了游戏结束时显示的对应图形。实际上，该广告牌通过调用 CreateInitBillBoard()函数被创建，如代码清单 10.36 所示。

代码清单 10.36　创建 Game Over 广告牌

```
void CreateGameOverBillBoard(Context iContext)
{
```

```
// Put Game over Billboard in front of camera
    int TextureResourceID = R.drawable.gameover;

    Vector3 Position= new Vector3(0,0,0);
    Vector3 Scale = new Vector3(1 , 0.5f, 0.5f);

    m_GameOverBillBoard = CreateInitBillBoard(iContext,TextureResourceID,
Position, Scale);
}
```

UpdateGameOverBillBoard()函数计算并定位 Game Over 广告牌，即相机前方 DistanceToBillBoard 距离处，如代码清单 10.37 所示。

代码清单 10.37　更新 Game Over 广告牌

```
void UpdateGameOverBillBoard()
{
    Vector3 TempVec = new Vector3(0,0,0);
    float DistanceToBillBoard = 5;
    TempVec.Set(m_Camera.GetOrientation().GetForwardWorldCoords().x,
m_Camera.GetOrientation().GetForwardWorldCoords().y, m_Camera.
GetOrientation().GetForwardWorldCoords().z);
    TempVec.Multiply(DistanceToBillBoard);
    Vector3 Position = Vector3.Add(m_Camera.GetOrientation().
GetPosition(), TempVec);
    m_GameOverBillBoard.m_Orientation.SetPosition(Position);
}
```

IsNewHighScore()函数返回 true，如果玩家的分值大于高分榜中的最低积分，或者如果玩家的分值大于 0 且高分榜中前 10 名中至少存在一个空位置，这意味着高分榜中将生成一个新条目。对于后者，玩家的分值等于或小于积分榜中的最低积分，但积分榜中的前 10 名中仍存在一个空位置，如代码清单 10.38 所示。

代码清单 10.38　测试玩家是否生成新的高分值

```
boolean IsNewHighScore()
{
    boolean result = false;
    int LowestScore = m_HighScoreTable.GetLowestScore();
    int MaxScores = m_HighScoreTable.MaxNumberHighScores();
    int NumberValidScores = m_HighScoreTable.NumberValidHighScores();

    boolean SlotAvailable = false;
    if (NumberValidScores < MaxScores)
```

```
    {
        SlotAvailable = true;
    }
    if ((m_Score > LowestScore) ||
        ((m_Score > 0) && SlotAvailable))
    {
        result = true;
    }
    return result;
}
```

SaveContinueStatus()函数保存 m_CanContinue 变量。如果存在之前保存的、可加载的并可随后继续执行的游戏，则该变量为 true，如代码清单 10.39 所示。

代码清单 10.39　保存连续状态

```
void SaveContinueStatus(String Handle)
{
    SharedPreferences settings = m_Context.getSharedPreferences(Handle, 0);
    SharedPreferences.Editor editor = settings.edit();

    editor.putBoolean("CanContinue", m_CanContinue);

    // Commit the edits!
    editor.commit();
}
```

另外，必须对 CheckTouch()函数进行适当调整，以集成游戏结束函数，如代码清单 10.40 所示。

代码清单 10.40　调整 CheckTouch()函数

```
if (m_GameState == GameState.GameOverScreen)
{
    long CurTime = System.currentTimeMillis();
    long Delay = CurTime - m_GameOverStartTime;

    if (Delay < m_GameOverPauseTime)
    {
        return;
    }

    // Test for High Score
    if (IsNewHighScore())
```

```
    {
        // Go to High Score Entry Screen
        m_GameState = GameState.HighScoreEntry;
    }
    else
    {
        m_GameState = GameState.MainMenu;
    }
    ResetCamera();

    // Cannot continue further since game is now over
    m_CanContinue = false;
    SaveContinueStatus(MainActivity.SAVE_GAME_HANDLE);

    return;
}
```

如果用户触摸屏幕，且当前状态为 Game Over 屏幕，同时游戏结束的时间小于且不等于 m_GameOverPauseTime，则程序执行从函数返回，且不处理用户的触摸行为。这将确保 Game Over 消息至少被显示 m_GameOverPauseTime 毫秒（ms）。

如果经历了所需的时间量，则 IsNewHighScore()函数将被调用，以查看玩家是否已获得必须被输入高分榜中的高分。如果产生了新的高分值，则游戏状态被设置为 GameState.HighScoreEntry，表明需要显示高分输入菜单；如果未产生新的高分值，则需要显示主菜单。

随后，相机将被设置为初始位置和旋转状态。另外，m_CanContinue 变量将被设置为 false，表明当前游戏处于结束状态，且无法被继续执行，同时调用 SaveContinueStatus()函数保存 m_CanContinue 变量。

除此之外，必须对 UpdateScene()函数也进行适当调整，以处理游戏结束状态，如代码清单 10.41 所示。

代码清单 10.41　调整 UpdateScene()函数

```
if (m_GameState == GameState.GameOverScreen)
{
    // Update Game Over Screen Here
    UpdateGameOverBillBoard();
    m_GameOverBillBoard.UpdateObject3d(m_Camera);
    return;
}
if (m_Pyramid.GetObjectStats().GetHealth() <= 0)
{
```

```
    m_GameState = GameState.GameOverScreen;
    m_GameOverStartTime = System.currentTimeMillis();

    // Game is over cannot continue current game.
    m_CanContinue = false;
}
```

如果游戏状态为 Game Over 屏幕状态，UpdateScene()函数将更新 Game Over 广告牌的位置，以确保其位于相机前方且朝向相机。如果玩家的金字塔健康值小于或等于 0，则 UpdateScene()函数将游戏状态设置为 Game Over 屏幕状态，同时将 can continue 状态设置为 false，以表明该游戏已结束且无法再被继续执行。

最后，还必须对 RenderScene()函数进行调整，以便当游戏状态处于 Game Over 屏幕状态时，Game Over 广告牌被渲染至屏幕上，如代码清单 10.42 所示。

代码清单 10.42　调整 RenderScene()函数

```
if (m_GameState == GameState.GameOverScreen)
{
    // Update Game Over Screen Here
    m_GameOverBillBoard.DrawObject(m_Camera, m_PointLight);
}
```

10.5　Drone Grid 游戏示例

本节示例将展示最终的 Drone Grid 游戏，其中包含了完整的菜单系统，并采用本章前述内容定义的相关类创建和管理一组 Arena 对象和坦克对象。除此之外，本章还将介绍与游戏帧速率控制相关的代码，以便以平滑、连续的帧速率运行游戏。所增加的内容和变化主要集中于 MyGLRenderer 类中。

下面将对 MyGLRenderer 类进行适当调整。

m_GamePlayController 变量加载指向游戏 GamePlayController 的引用，如下所示。

```
private GamePlayController m_GamePlayController;
```

ARENA_OBJECTS_HANDLE 字符串加载保存 Arena 对象集合的句柄名称，如下所示。

```
private String ARENA_OBJECTS_HANDLE = "ArenaObjectsSet";
```

TANK_FLEET_HANDLE 字符串加载保存坦克对象分组的句柄名称，如下所示。

```
private String TANK_FLEET_HANDLE = "TankFleet";
```

m_ArenaObjectsSet 变量加载指向游戏中所用的 Arena 对象集合的引用，如下所示。

```
private ArenaObjectSet m_ArenaObjectsSet;
```

m_TankFleet 变量加载指向游戏所用的坦克对象分组的句柄，如下所示。

```
private TankFleet m_TankFleet;
```

k_SecondsPerTick 变量加载每次游戏更新的时间（以 ms 为单位），该变量有助于以恒定的速度更新游戏，如下所示。

```
private float k_SecondsPerTick = 0.05f * 1000.0f/1.0f;
// milliseconds 20 frames /sec
```

m_ElapsedTime 变量加载自最近一次更新游戏以来所经历的时间值，如下所示。

```
private long m_ElapsedTime = 0;
```

m_CurrentTime 变量加载当前时间（以 ms 为单位），如下所示。

```
private long m_CurrentTime = 0;
```

根据自最近一次更新以来所经历的时间，m_UpdateTimeCount 变量用于记录游戏中所需的更新次数，如下所示。

```
private long m_UpdateTimeCount = 0;
```

如果与帧更新时间控制相关的变量已被初始化，则 m_TimeInit 变量表示为 true；否则为 false，如下所示。

```
private boolean m_TimeInit = false;
```

CreateArenaObjectsSet()函数针对游戏创建 ArenaObject 集合，并利用两个 Arena 对象对其进行填充。新 Arena 对象的添加过程通过调用 AddNewArenaObject()函数完成，如代码清单 10.43 所示。

代码清单 10.43　针对游戏创建 ArenaObject 集合

```
oid CreateArenaObjectsSet(Context iContext)
{
    m_ArenaObjectsSet = new ArenaObjectSet(iContext);

    // Cube 1
    float MaxVelocity = 0.1f;
    ArenaObject3d Obj = CreateArenaObjectCube1(iContext);
    Obj.SetArenaObjectID("cube1");
```

```
    Obj.GetObjectStats().SetDamageValue(10);
    Obj.GetObjectPhysics().GetMaxVelocity().Set(MaxVelocity, 1,
MaxVelocity);
    boolean result = m_ArenaObjectsSet.AddNewArenaObject(Obj);

    // Cube 2
    Obj = CreateArenaObjectCube2(iContext);
    Obj.SetArenaObjectID("cube2");
    Obj.GetObjectStats().SetDamageValue(10);
    Obj.GetObjectPhysics().GetMaxVelocity().Set(MaxVelocity, 1,
MaxVelocity);
    result = m_ArenaObjectsSet.AddNewArenaObject(Obj);
}
```

在 CreateTankFleet()函数中，坦克分组的创建过程可描述为，生成两个不同类型的坦克对象，并通过调用 AddNewTankVehicle()函数将其添加至 m_TankFleet 数组中，如代码清单 10.44 所示。

代码清单 10.44　创建坦克分组

```
void CreateTankFleet(Context iContext)
{
    m_TankFleet = new TankFleet(iContext);

    // Tank1
    Tank TankVehicle = CreateTankType1(iContext);

    // Set Material
    TankVehicle.GetMainBody().GetMaterial().SetEmissive(0.0f, 0.5f, 0f);
    TankVehicle.GetTurret().GetMaterial().SetEmissive(0.5f, 0, 0.0f);

    // Tank ID
    TankVehicle.SetVehicleID("tank1");

    // Set Patrol Order
    int MAX_WAYPOINTS = 10;
    Vector3[] WayPoints = new Vector3[MAX_WAYPOINTS];
    int NumberWayPoints = GenerateTankWayPoints(WayPoints);
    AIVehicleObjectsAffected ObjectsAffected = AIVehicleObjectsAffected.
PrimaryWeapon;
    Vector3 Target = new Vector3(0,0,0);
    Object3d TargetObj = null;
    int NumberRoundToFire = 2;
```

```
    int FiringDelay = 5000;

    VehicleCommand Command = CreatePatrolAttackTankCommand
(ObjectsAffected, NumberWayPoints,WayPoints, Target,TargetObj,
NumberRoundToFire,FiringDelay);
    TankVehicle.GetDriver().SetOrder(Command);
    boolean result = m_TankFleet.AddNewTankVehicle(TankVehicle);

    // Tank 2
    TankVehicle = CreateTankType2(iContext);

    // Set Material
    TankVehicle.GetMainBody().GetMaterial().SetEmissive(0, 0.5f, 0.5f);
    TankVehicle.GetTurret().GetMaterial().SetEmissive(0.5f, 0, 0.5f);

    // Tank ID
    TankVehicle.SetVehicleID("tank2");

    // Set Patrol Order
    WayPoints = new Vector3[MAX_WAYPOINTS];
    NumberWayPoints = GenerateTankWayPoints2(WayPoints);
    Target = new Vector3(0,0,0);
    TargetObj = null;
    NumberRoundToFire = 3;
    FiringDelay = 3000;

    Command = CreatePatrolAttackTankCommand(ObjectsAffected,
NumberWayPoints, WayPoints, Target,TargetObj, NumberRoundToFire,
FiringDelay);
    TankVehicle.GetDriver().SetOrder(Command);
    result = m_TankFleet.AddNewTankVehicle(TankVehicle);
}
```

CreateTankRoute1()函数创建由坦克对象行进路点构成的路径对象并返回该对象，如代码清单 10.45 所示。Route 类较为简单，限于篇幅，这里并不打算对其予以展示。读者可访问 apress.com 的 Source Code/Download 部分查看与 Route 类相关的更多信息。

代码清单 10.45　创建坦克对象的路径

```
Route CreateTankRoute1()
{
    // Around Pyramid
    Route TankRoute = null;
```

```
    int NumberWayPoints = 4;
    Vector3[] WayPoints = new Vector3[NumberWayPoints];
    WayPoints[0] = new Vector3(  7, 0, -10);
    WayPoints[1] = new Vector3( -7, 0, -10);
    WayPoints[2] = new Vector3( -7, 0,   5);
    WayPoints[3] = new Vector3(  7, 0,   5);
    TankRoute = new Route(NumberWayPoints, WayPoints);
    return TankRoute;
}
```

CreateTankRoutes()函数创建一个路径数组，并返回 TankRoutes 数组中的路径和该数组中的路径数量，如代码清单 10.46 所示。

代码清单 10.46　创建坦克对象路径列表

```
int CreateTankRoutes(Route[] TankRoutes)
{
    int NumberRoutes = 6;
    TankRoutes[0] = CreateTankRoute1();
    TankRoutes[1] = CreateTankRoute2();
    TankRoutes[2] = CreateTankRoute3();
    TankRoutes[3] = CreateTankRoute4();
    TankRoutes[4] = CreateTankRoute5();
    TankRoutes[5] = CreateTankRoute6();
    return NumberRoutes;
}
```

CreateGamePlayController()函数创建一个坦克路径数组，游戏控制器在分配敌人坦克对象的路径时将使用该数组，随后创建实际的 GamePlayController，如代码清单 10.47 所示。

代码清单 10.47　创建 GamePlayController

```
void CreateGamePlayController(Context iContext)
{
    int MaxNumberRoutes = 10;
    // Tanks
    int NumberTankRoutes = 0;
    Route[] TankRoutes = new Route[MaxNumberRoutes];
    NumberTankRoutes = CreateTankRoutes(TankRoutes);

    m_GamePlayController = new GamePlayController(iContext,
m_ArenaObjectsSet, m_TankFleet,m_Grid, NumberTankRoutes, TankRoutes);
}
```

onDrawFrame()函数中更新和渲染游戏元素的代码将分别置于 UpdateScene()和 RenderScene()函数中，这对于以恒定的帧速率和游戏速度运行游戏及其实现代码（稍后将对此加以介绍）是十分必要的。

UpdateScene()函数根据游戏的位置、方向、状态等更新其元素。某些元素（如主菜单、高分榜、高分输入菜单和 Game Over 图形）仅在游戏处于特定状态时才被更新，随后在更新之后返回且不会更新其余的元素，如代码清单 10.48 所示。

代码清单 10.48　更新游戏

```
void UpdateScene()
{
    m_Camera.UpdateCamera();

    // Main Menu
    if (m_GameState == GameState.MainMenu)
    {
        m_MainMenu.UpdateMenu(m_Camera);
        return;
    }

    // High Score Table
    if (m_GameState == GameState.HighScoreTable)
    {
        m_HighScoreTable.UpdateHighScoreTable(m_Camera);
        return;
    }

    // High Score Entry
    if (m_GameState == GameState.HighScoreEntry)
    {
        // Update HighScore Entry Table
        m_HighScoreEntryMenu.UpdateHighScoreEntryMenu(m_Camera);
        return;
    }

    // Game Over Screen
    if (m_GameState == GameState.GameOverScreen)
    {
        // Update Game Over Screen Here
        UpdateGameOverBillBoard();
        m_GameOverBillBoard.UpdateObject3d(m_Camera);
```

```
        return;
    }

    // Check if Game has ended and go to
    if (m_Pyramid.GetObjectStats().GetHealth() <= 0)
    {
        m_GameState = GameState.GameOverScreen;
        m_GameOverStartTime = System.currentTimeMillis();

        // Game is over cannot continue current game.
        m_CanContinue = false;
    }

    // Process the Collisions in the Game
    ProcessCollisions();

    ////////////////////////// Update Objects
    // Arena Objects
    m_ArenaObjectsSet.UpdateArenaObjects();

    // Tank Objects
    m_TankFleet.UpdateTankFleet();

    ////////////////////////// Update and Draw Grid
    UpdateGravityGrid();

    // Player's Pyramid
    m_Pyramid.UpdateObject3d();

    // Player's Weapon
    m_Weapon.UpdateWeapon();

    ////////////////////////// HUD
    // Update HUD
    UpdateHUD();
    m_HUD.UpdateHUD(m_Camera);

    // Update Game Play Controller
    m_GamePlayController.UpdateController
(System.currentTimeMillis());
}
```

RenderScene()函数将游戏元素渲染至屏幕上，且不更新元素。也就是说，仅将当前对象绘制至屏幕上，如代码清单 10.49 所示。

代码清单 10.49　渲染游戏

```
void RenderScene()
{
    // Main Menu
    if (m_GameState == GameState.MainMenu)
    {
        m_MainMenu.RenderMenu(m_Camera, m_PointLight, false);
        return;
    }

    // High Score Table
    if (m_GameState == GameState.HighScoreTable)
    {
        m_HighScoreTable.RenderHighScoreTable(m_Camera, m_PointLight,
false);
        return;
    }

    // High Score Entry
    if (m_GameState == GameState.HighScoreEntry)
    {
        m_HighScoreEntryMenu.RenderHighScoreEntryMenu(m_Camera,
m_PointLight, false);
        return;
    }

    // Game Over Screen
    if (m_GameState == GameState.GameOverScreen)
    {
        // Update Game Over Screen Here
        m_GameOverBillBoard.DrawObject(m_Camera, m_PointLight);
    }
    ///////////////////////////////// Draw Objects
    m_ArenaObjectsSet.RenderArenaObjects(m_Camera, m_PointLight,false);
    m_TankFleet.RenderTankFleet(m_Camera, m_PointLight, false);
    ////////////////////////////// Update and Draw Grid
    m_Grid.DrawGrid(m_Camera);
```

```
    // Player's Pyramid
    m_Pyramid.DrawObject(m_Camera, m_PointLight);

    // Player's Weapon
    m_Weapon.RenderWeapon(m_Camera, m_PointLight, false);
    ///////////////////////// HUD
    // Render HUD
    m_HUD.RenderHUD(m_Camera, m_PointLight);
}
```

CalculateFrameUpdateElapsedTime()函数计算自最近一次帧更新以来所经历的时间，并将该值存储于 m_ElapsedTime 中，如代码清单 10.50 所示。

代码清单 10.50　计算帧更新所经历的时间

```
void CalculateFrameUpdateElapsedTime()
{
    long Oldtime;

    // Elapsed Time Since Last in this function
    if (!m_TimeInit)
    {
    m_ElapsedTime = 0;
        m_CurrentTime = System.currentTimeMillis();
        m_TimeInit = true;
    }
    else
    {
        Oldtime = m_CurrentTime;
        m_CurrentTime = System.currentTimeMillis();
        m_ElapsedTime = m_CurrentTime - Oldtime;
    }
}
```

通过调用 UpdateScene()函数并在必要时调用 ProcessCameraMove()函数，FrameMove()函数将更新游戏，旨在以恒定且平滑的帧速率更新游戏，并尽可能地接近每 k_SecondsPerTick 更新一次游戏这一频率，如代码清单 10.51 所示。

代码清单 10.51　更新游戏

```
void FrameMove()
{
    m_UpdateTimeCount += m_ElapsedTime;
```

```
    if (m_UpdateTimeCount > k_SecondsPerTick)
    {
    while(m_UpdateTimeCount > k_SecondsPerTick)
        {
            // Update Camera Position
        if (m_CameraMoved)
        {
            ProcessCameraMove();
        }
            // update the scene
            UpdateScene();

            m_UpdateTimeCount -= k_SecondsPerTick;
        }
    }
}
```

FrameMove()函数主要执行下列各项操作。

（1）仅当自最近一次游戏更新以来所经历的时间大于 k_SecondsPerTick（一次更新出现的时间）时，方调用 UpdateScene()和 ProcessCameraMove()函数。

（2）在调用了 UpdateScene()函数后，m_UpdateTimeCount 通过减去 k_SecondsPerTick 而发生变化，并以此反映产生了更新行为。这里，k_SecondsPerTick 表示单帧更新的时间或所经历的时间。

（3）如果为了满足每 k_SecondsPerTick 更新一次游戏这一目标，而必须产生更多的帧更新行为，这意味着 m_UpdateTimeCount 大于 k_SecondsPerTick，则将重复调用 UpdateScene()函数，直至自最近一次游戏更新以来所经历的时间等于或小于 k_SecondsPerTick。

onDrawFrame()函数的修改（见代码清单 10.52）涉及以下内容。

（1）添加新的声音控制代码。如果 m_SFXOn 为 true，则调用 TurnSFXOnOff()函数进而开启 Arena 对象、坦克对象和金字塔对象的音效；否则，将关闭此类游戏元素的音效。

（2）调用 CalculateFrameUpdateElapsedTime()函数计算自最近一次游戏更新以来所经历的时间。

（3）调用 FrameMove()函数更新游戏。

（4）通过调用 RenderScene()函数将游戏对象渲染至屏幕上。

代码清单 10.52　调整 onDrawFrame()函数

```
public void onDrawFrame(GL10 unused)
{
    GLES20.glClearColor(0.0f, 0.0f, 0.0f, 1.0f);
```

```
    GLES20.glClear( GLES20.GL_DEPTH_BUFFER_BIT | GLES20.GL_COLOR_
BUFFER_BIT);

    // UPDATE SFX
    if (m_SFXOn)
    {
        TurnSFXOnOff(true);
    }
    else
    {
        TurnSFXOnOff(false);
    }
    // Did user touch screen
    if (m_ScreenTouched)
    {
        // Process Screen Touch
        CheckTouch();
        m_ScreenTouched = false;
    }
    CalculateFrameUpdateElapsedTime();
    FrameMove();
    RenderScene();
}
```

运行并播放当前游戏，对应结果如图 10.1～图 10.4 所示。

图 10.1　心形 Arena 对象

图 10.2　两种不同的坦克类型

图 10.3　Android Arena 对象

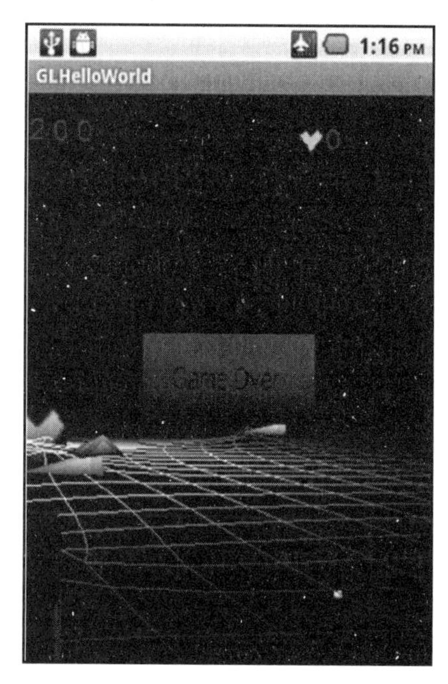

图 10.4　Game Over 屏幕

10.6　本 章 小 结

本章讨论了最终的 Drone Grid 游戏，并介绍了管理玩家敌方角色所需的相关类、控制敌方角色呈现方式的 GamePlayController 类。随后，我们学习了保存和加载最终游戏状态的代码和函数，以及 Game Over 图形和相关逻辑。最后，本章通过示例展示了相应的类、代码和概念。

第 11 章　Android 原生开发工具包（NDK）

本章讨论 Android 原生开发工具包（NDK）。首先介绍 NDK 及其含义，随后检查系统和软件的需求条件，进而在此基础上开发 Android 程序。接下来考查 Java 本地接口或 JNI，包括如何使用该接口创建在本地机器代码中运行的函数，这些代码由 C/C++代码编译而成，并且可以在本书默认的 Java 框架中从 Java 函数中调用。此外，本章还提供了一个基于 JNI 的“Hello World”示例，该示例逐步指导读者创建一个简单的 Android 程序，该程序采用 JNI 和 C 语言所编写的本地代码，以输出一个字符串。最后，我们还将展示一个示例，并使用 Drone Grid 游戏中的部分代码，随后将已有的 Java 代码转换为本地代码。

11.1　NDK 概述

NDK 是一个工具集，旨在与现有的 Android 开发工具协同使用，如 Eclipse，进而将 C/C++代码编译的本地机器代码嵌入 Android 程序中。NDK 可将 C/C++代码编译至库中以供 Eclipse 使用，进而编译最终的 Android 应用程序。需要注意的是，仅 Android 操作系统 1.5 版本（或更高）可使用 NDK，并将本地代码嵌入 Android 应用程序中。

11.2　NDK 系统需求条件

这里需要安装完整的 Android SD（包括全部依赖项）。此外还需要使用 Android 1.5 SDK（或后续版本）。

所支持的操作系统如下。

- Windows 7（32 位或 64 位）。
- Mac OS X 10.4.8（或后续版本，仅 x86）。
- Linux（32 位或 64 位；Ubuntu 8.04 或其他使用 GLibc 2.7 或后续版本的 Linux 发行版）。

所需的开发工具如下。

- 针对所有的开发平台，需要使用 DNU 3.81 或后续版本。早期的 GNU Make 版本或许也可工作，但未经测试。
- 最新的 awk 版本（GNU Awk 或 Nawk）。

- ❑ 对于 Windows 环境，需要使用 Cygwin 1.7 或更高版本。注意，NDK 无法与 Cygwin 1.5 协同工作。

提示：

读者可访问 www.cygwin.com 下载 Cygwin 程序。

11.3　Android 平台兼容性

NDK 针对特定的 CPU 架构生成的本地代码需要一个最低的 Android 操作系统版本，具体取决于目标 CPU。

- ❑ ARM、ARM-NEON 目标代码需要使用 Android 1.5（API LEVEL 3）或更高版本。实际上，大多数当前可用的 Android 设备均采用了最低的 1.5 版本（或更高版本）。
- ❑ x86 目标代码需要使用 Android 2.3（API LEVEL 9）或更高版本。
- ❑ MIPS 目标代码需要使用 Android 2.3（API LEVEL 9）或更高版本。

11.4　安装 Android NDK

读者可访问 Android 官方网站下载 Android NDK 主安装文件，对应网址为 www.android.com。相应地，NDK 是一个 Zip 文件，需要下载该文件并安装至硬盘上，如图 11.1 所示。

Downloads

Platform	Package	Size (Bytes)	MD5 Checksum
Windows 32-bit	android-ndk-r9-windows-x86.zip	485200055	8895aec43f5141212c8dac6e9f07d5a8
	android-ndk-r9-windows-x86-legacy-toolchains.zip	292738221	ae3756d3773ec068fb653ff6fa411e35
Windows 64-bit	android-ndk-r9-windows-x86_64.zip	514321606	96c725d16ace7fd487bf1bc1427af3a0
	android-ndk-r9-windows-x86_64-legacy-toolchains.zip	312340413	707d1eaa6f5d427ad439c764c8bd68d2
Mac OS X 32-bit	android-ndk-r9-darwin-x86.tar.bz2	446858202	781da0e6bb5b072512e67b879b56a74c
	android-ndk-r9-darwin-x86-legacy-toolchains.tar.bz2	264053696	9fd7f76a1f1f59386a34b019dcd20976
Mac OS X 64-bit	android-ndk-r9-darwin-x86_64.tar.bz2	454408117	ff27c8b9efc8260d9f883dc42d08f651
	android-ndk-r9-darwin-x86_64-legacy-toolchains.tar.bz2	271922968	251c21defcf90a2f0e8283bab90ed861
Linux 32-bit (x86)	android-ndk-r9-linux-x86.tar.bz2	419862465	beadafdc187461c057d513c40f0ac33b
	android-ndk-r9-linux-x86-legacy-toolchains.tar.bz2	241172797	957c415de9d7c7ce1c2377ec4d3d60f1
Linux 64-bit (x86)	android-ndk-r9-linux-x86_64.tar.bz2	425113267	0ccfd9960526e61d1527155fa6f84ac0
	android-ndk-r9-linux-x86_64-legacy-toolchains.tar.bz2	244427866	3976a8237d75526b8a0f275375dd68b5

图 11.1　下载 Android NDK

对于 Windows 平台，需要下载并安装 Cygwin，这是一个 UNIX 风格的命令行界面，进而可在 PC 上执行 UNIX 命令，如图 11.2 所示。

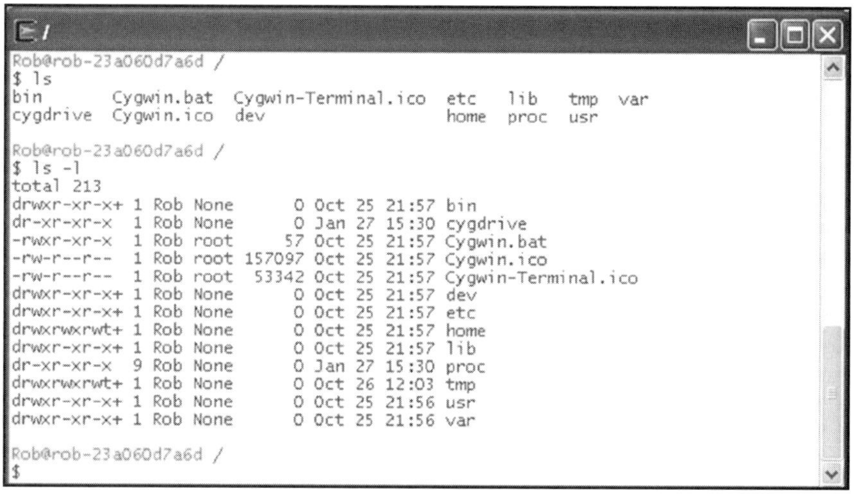

```
Rob@rob-23a060d7a6d /
$ ls
bin       Cygwin.bat  Cygwin-Terminal.ico  etc   lib   tmp  var
cygdrive  Cygwin.ico  dev                  home  proc  usr

Rob@rob-23a060d7a6d /
$ ls -l
total 213
drwxr-xr-x+ 1 Rob None      0 Oct 25 21:57 bin
dr-xr-xr-x  1 Rob None      0 Jan 27 15:30 cygdrive
-rwxr-xr-x  1 Rob root     57 Oct 25 21:57 Cygwin.bat
-rw-r--r--  1 Rob root 157097 Oct 25 21:57 Cygwin.ico
-rw-r--r--  1 Rob root  53342 Oct 25 21:57 Cygwin-Terminal.ico
drwxr-xr-x+ 1 Rob None      0 Oct 25 21:57 dev
drwxr-xr-x+ 1 Rob None      0 Oct 25 21:57 etc
drwxrwxrwt+ 1 Rob None      0 Oct 25 21:57 home
drwxr-xr-x+ 1 Rob None      0 Oct 25 21:57 lib
dr-xr-xr-x  9 Rob None      0 Jan 27 15:30 proc
drwxrwxrwt+ 1 Rob None      0 Oct 26 12:03 tmp
drwxr-xr-x+ 1 Rob None      0 Oct 25 21:56 usr
drwxr-xr-x+ 1 Rob None      0 Oct 25 21:56 var

Rob@rob-23a060d7a6d /
$
```

图 11.2　Windows 环境下的 Cygwin UNIX 命令 Shell

11.5　Android NDK 的使用方式

Android NDK 包含以下两种使用方式。

（1）使用 Android Java 框架并使用 Java 本地接口或 JNI 从基于 Java 的 Android 程序中调用本地代码。

（2）使用 Android SDK 提供的 NativeActivity 类，并利用 C/C++编写的本地代码替换常规状态下的 Java 语言生命周期回调，如 onCreate()、onPause()、onResume()函数等。然而，本地活动需要运行在 Android 操作系统版本 2.3（API LEVEL 9）或更高版本上。另外，某些 Android 框架服务无法通过本地方式对其予以访问。

本章将采用 JNI 访问 Java 框架中的本地代码。

11.6　Java 本地接口概述

JNI 支持运行于 Android 虚拟机中的 Java 代码，并可与采用其他编程语言（如 C、C++和汇编语言）所编写的应用程序和库协同工作。本节将讨论 Java 接口指针，以及本地

C/C++编码，包括与 JNI 结合使用的变量类型、本地 C/C++函数所需的命名规则，以及此类函数所需的输入参数。最后，本节还将介绍将本地函数集成至 Java 代码中的具体过程，以及如何使用 Java 中的本地代码、如何使用本地代码中的 Java 函数。

11.6.1　Java 接口指针

C/C++中的本地代码通过 JNI 函数访问 Java 虚拟机，而这些函数则通过 Java 接口指针对其予以访问。JNI 接口指针是一个指向指针数组的指针，而数组中的指针则指向 JNI 函数，如图 11.3 所示。

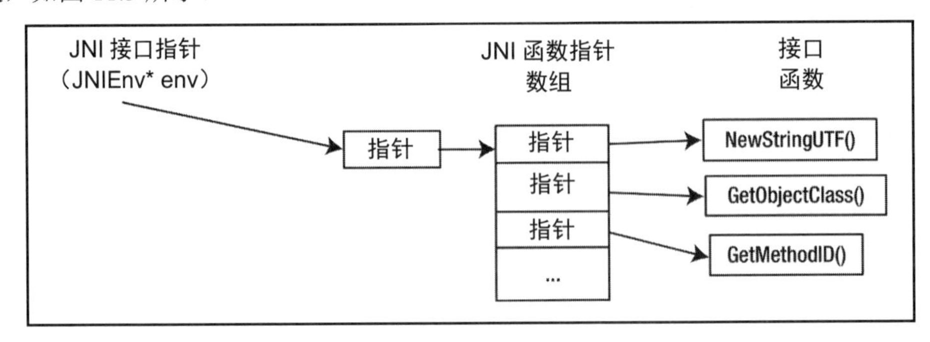

图 11.3　Java 接口指针

11.6.2　加载和链接本地 C/C++方法

当在 Android Java 代码中使用本地类（见代码清单 11.1）时，必须执行下列各项操作。

（1）通过 System.loadLibrary()函数加载编译后的库。

（2）将 C/C++源代码中定义的本地类声明为 Android Java 代码中的本地代码，即在函数声明中使用 native 关键字。

代码清单 11.1　在 Android Java 代码中加载和链接本地 C/C++方法

```
package robs.gldemo.robsgl20tutorial;
class GLES20TriangleRenderer implements GLSurfaceView.Renderer
{
    /* this is used to load the 'hello-jni' library on application
    * startup. The library has already been unpacked into
    * /data/data/com.example.hellojni/lib/libhello-jni. so at
    * installation time by the package manager.
    */
```

```
    static {
        System.loadLibrary("hello-jni");
    }
    public native String RobsstringFromJNI();
}
```

11.6.3　命名的本地函数

声明于 Java 代码中的本地函数必须根据特定的格式匹配于本地 C/C++代码中声明的函数名，如下所示。

（1）函数以 Java 开始。

（2）随后是包名 robs_gldemo_robsgl20tutorial，如代码清单 11.1 所示。

（3）接着是类名 GLES20TriangleRenderer，如代码清单 11.1 所示。

（4）最后是函数名 RobsstringFromJNI，如代码清单 11.1 所示。

代码清单 11.2 显示了完整的函数名。

代码清单 11.2　本地 RobsstringFromJNI()函数

```
jstring
Java_robs_gldemo_robsgl20tutorial_GLES20TriangleRenderer_RobsstringFromJNI
(JNIEnv* env, jobject thiz)
{
    return (*env)->NewStringUTF(env, "Rob's String Text Message!");
}
```

11.6.4　本地函数参数

本地函数的参数列表以指向 JNIEnv 的指针开始，即 Java 接口指针，例如，代码清单 11.2 显示的本地函数中的 env，如下所示。

```
JNIEnv* env
```

如果本地函数为非静态函数，那么第二个参数表示指向当前对象的引用，例如，代码清单 11.2 显示的本地函数中的 thiz，如下所示。

```
jobject thiz
```

然而，如果本地函数为静态函数，第二个参数则表示为指向其 Java 类的引用。

11.6.5　C/C++本地函数格式

将代码清单 11.2 中的函数定义为本地 C 函数，该函数使用了 Java 本地接口。相应地，C++版本则稍有不同，但底层机制则完全一致（见代码清单 11.3），其差别主要如下。

（1）extern "C"规范。

（2）访问 JNI 函数时的变化，即(*env)->变为 env->。

（3）移除了 JNI 函数调用的第一个参数 env。

代码清单 11.3　C++的等价本地函数

```
extern "C" /* specify the C calling convention */
jstring
Java_robs_gldemo_robsgl20tutorial_GLES20TriangleRenderer_RobsstringFromJNI
(JNIEnv* env, jobject thiz)
{
    return env->NewStringUTF("Rob's String Text Message!");
}
```

11.6.6　本地类型

JNI 本地数据类型及其对应的 Java 等价内容包括以下内容。

- jboolean：该本地类型等价于 Java 布尔类型，对应尺寸为 8 位无符号数据。
- jbyte：该本地类型等价于 Java byte 类型，对应尺寸为有符号 8 位数据。
- jchar：该本地类型等价于 Java char 类型，对应尺寸为无符号 16 位数据。
- jshort：该本地类型等价于 Java short 类型，对应尺寸为有符号 16 位数据。
- jint：该本地类型等价于 Java int 类型，对应尺寸为有符号 32 位数据。
- jlong：该本地类型等价于 Java long 类型，对应尺寸为有符号 64 位数据。
- jfloat：该本地类型等价于 Java float 类型，对应尺寸为 32 位数据。
- jdouble：该本地类型等价于 Java double 类型，对应尺寸为 64 位数据。

11.6.7　引用类型

JNI 包含了某些对应于各种 Java 对象的引用类型。图 11.4 中的层次结构视图显示了引用类型列表。

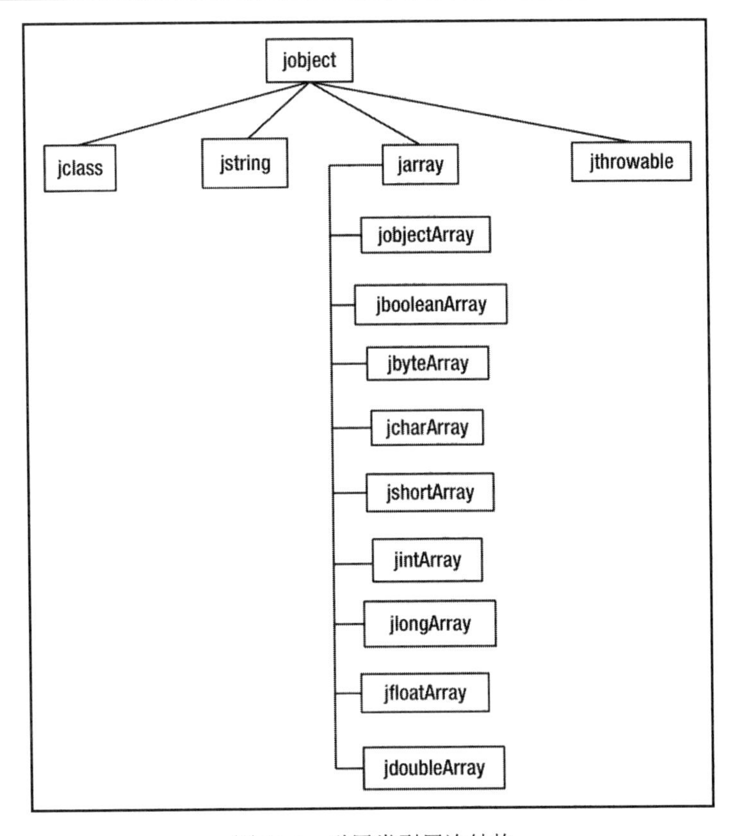

图 11.4　引用类型层次结构

11.6.8　JNI 签名类型

JNI 使用 Java 虚拟机的签名类型表达方式，这些签名类型用于定义特定的函数，包括其返回值类型和输入参数类型，签名类型如下所示。

- Z：boolean 类型。
- B：byte 类型。
- C：char 类型。
- S：short 类型。
- I：int 类型。
- J：long 类型。
- F：float 类型。
- D：double 类型。

- L fully-qualified-class：完全限定类。
- [type：type[]数组。
- (arg-types) ret-type：（方法）返回类型。
- V：void。

例如，下列 Java 方法：

```
long JavaMethod1(int number, String str, int[] intarray1);
```

包含了下列类型签名：

```
(ILjava/lang/String;[I)J
```

另一个示例则是 Orientation 类中的 AddRotation()函数，如下所示。

```
void AddRotation(float AngleIncrementDegrees)
```

上述函数的签名类型为：

```
(F)V
```

其中，F 表示浮点输入参数；V 则表示为 void 返回类型。

11.6.9　调用 Java 中的本地代码并访问本地代码中的 Java 方法

当从 Java 代码中调用本地函数时，可使用本地函数名，且不包含带有附加标识信息的前缀。例如，当调用 AddRotationNative()函数时，可使用代码清单 11.4 中显示的代码。

代码清单 11.4　从 Java 中调用本地代码

```
void AddRotationToObject(Orientation O, float AngleAmount)
{
    AddRotationNative(O, AngleAmount);
}
```

代码清单 11.5 显示的本地函数 AddRotationNative()针对 Orientation 对象调用 AddRotation()函数，该对象被传递至当前函数中并被加载在 Orient 变量中。

代码清单 11.5　从本地代码中访问 Java 方法

```
Java_robs_gldemo_robsgl20tutorial_Physics_AddRotationNative(JNIEnv* env,
                                                            jobject thiz,
                                                            jobject Orient,
                                                            jfloat RotationAngle)
{
```

```
    /*
    GetObjectClass
    jclass GetObjectClass(JNIEnv *env, jobject obj);
    */
    jclass OrientationClass = (*env)->GetObjectClass(env,Orient);

    /*
    GetMethodID
    jmethodID GetMethodID(JNIEnv *env, jclass clazz, const char *name,
const char *sig);
    */
    jmethodID MethodID = (*env)->GetMethodID(env,
                                              OrientationClass,
                                              "AddRotation",
                                              "(F)V");


    /*
    NativeType  Call<type>Method(JNIEnv  *env,  jobject  obj,  jmethodID
methodID, ...);
    */
    (*env)->CallVoidMethod(env, Orient, MethodID, RotationAngle);
}
```

AddRotationNative()函数执行下列各项操作。

（1）通过调用 GetObjectClass()JNI 函数获取 Java 对象类 Orient，并将其赋予 OrientationClass 变量中。

（2）通过调用 GetMethodID()JNI 函数获取特定函数的方法 ID，对应参数包括函数名"AddRotation"、函数签名类型"(F)V"，以及包含当前函数的 Java 类对象 OrientationClass。方法 ID 则被赋予 MethodID 变量中。

（3）调用 CallVoidMethod()JNI 函数，并利用参数 RotationAngle 调用 Orient Java 对象的 AddRotation()函数。

11.6.10　JNI 函数

除代码清单 11.5 中讨论的内容外，还存在更多的 JNI 函数。例如，如果希望调用的 Java 函数返回一个 double 数值，则需要调用 CallDoubleMethod()函数，而非返回 void 的 CallvoidMethod()函数。这里我们并不打算讨论每一个 JNI 函数，读者可访问 http://docs.oracle.com/javase/6/docs/technotes/guides/jni/spec/functions.html#wp9502 查看所支持的完整的 JNI 函数列表。

读者可访问 http://docs.oracle.com/javase/6/docs/technotes/guides/jni/spec/jniTOC.html 查看 JNI 规范。

11.7　Android JNI Makefile

Android Makefile（Android.mk）文件描述了希望编译至 NDK 构建系统中的本地代码。

LOCAL_PATH 变量加载源文件的位置。my-dir 值已通过 NDK 构建系统被加以定义，并指向包含 Makefile 文件 Android.mk 的当前目录。接下来的工作是将该 Makefile 文件连同希望编译的全部 C 源代码文件置于 jni 目录中，如下所示。

```
LOCAL_PATH := $(call my-dir)
```

CLEAR_VARS 变量已通过 NDK 构建系统被定义，并指向一个 Makefile 文件，该文件将清除构建系统中所使用的许多局部变量，如下所示。

```
include $(CLEAR_VARS)
```

LOCAL_MODULE 变量设置将源自本地源代码文件生成的库名。对应的库名格式为前缀“lib”+“hello-jni”+“.so”后缀。然而，如果库名以“lib”开始，那么该“lib”前缀将不会被添加至最终的文件名中，如下所示。

```
LOCAL_MODULE := hello-jni
```

LOCAL_SRC_FILES 变量加载 C/C++源文件的名称，NDK 构建系统将从这些文件中进行编译并创建一个最终的库，如下所示。

```
LOCAL_SRC_FILES := hello-jni.c
```

BUILD_SHARED_LIBRARY 变量通过 NDK 构建系统被加以定义，并指向一个 Makefile 文件，该文件收集并处理构建最终库所需的全部信息，如下所示。

```
include $(BUILD_SHARED_LIBRARY)
```

完整的 Makefile 文件如代码清单 11.6 所示。

代码清单 11.6　Android JNI Makefile 文件

```
LOCAL_PATH := $(call my-dir)

include $(CLEAR_VARS)
```

```
LOCAL_MODULE    := hello-jni
LOCAL_SRC_FILES := hello-jni.c

include $(BUILD_SHARED_LIBRARY)
```

11.8　基于 JNI 和本地代码的“Hello World”示例

本节将讨论一个简单的“Hello World”示例。其间，实际的字符串“Hello World from JNI and Native Code”将从本地 C 代码中被生成，并返回 Java 调用者处。随后，该字符串将输出至日志窗口中。

对此，首先必须针对 Android 项目创建一个 jni 目录，同时选取希望其中创建 jni 目录的项目主目录。相应地，可通过 File→New→Folder 命令弹出 New Folder 窗口。接下来，在 Folder name 文本框中输入文件名称 jni，单击 Finish 按钮以创建一个名为 jni 的新目录，如图 11.5 所示。

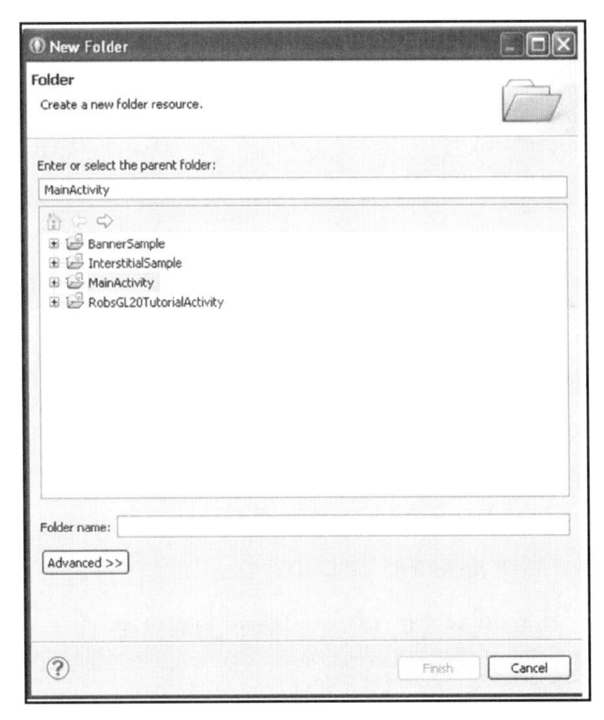

图 11.5　New Folder 窗口

注意，jni 目录应显示于项目主目录下，如图 11.6 所示。

访问 File→New→File 并弹出 New File 窗口，进而在 jni 目录下生成一个新文件，如图 11.7 所示。

图 11.6　创建 jni 目录

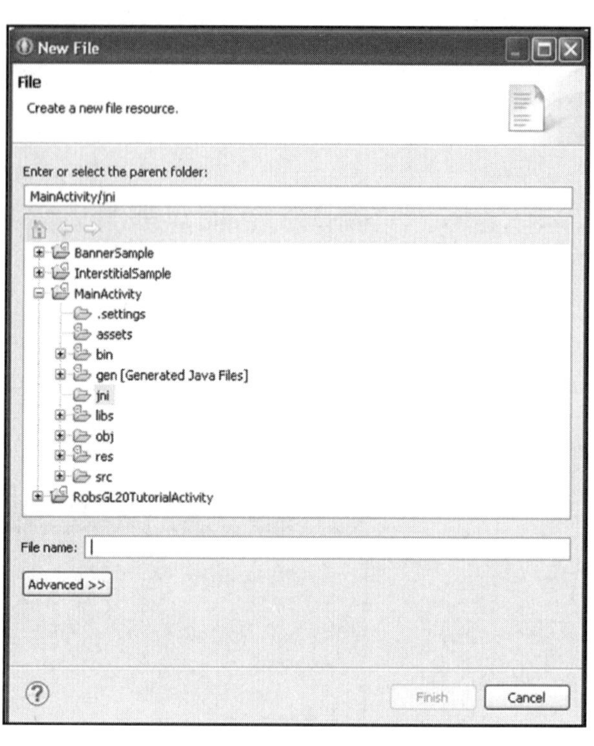

图 11.7　New File 窗口

输入 Android.mk 文件名，单击 Finish 按钮以生成新的文件。随后双击 Package Explorer 窗口中的该文件，以在 Eclipse 源代码区域中显示文本内容。接下来，将代码清单 11.6 中的 Makfile 文件代码复制至新的文件中，并通过 File→Save All 命令对其加以保存。

随后，重复上述步骤针对 C 源代码文件创建新文件，该文件名为 hello-jni.c。将代码清单 11.7 中的源代码复制至 hello-jni.c 文件中。

代码清单 11.7　hello-jni.c 源代码

```
#include <string.h>
#include <jni.h>
```

```
// package = com.robsexample.glhelloworld;
// class = MyGLRenderer
jstring
Java_com_robsexample_glhelloworld_MyGLRenderer_RobsstringFromJNI
(JNIEnv* env, jobject thiz )
{
   return (*env)->NewStringUTF(env, "Hello World from JNI and Native
Code.");
}
```

代码清单 11.7 显示了本地 C 函数 RobsstringFromJNI()。该函数通过调用 NewStringUTF() 函数创建一个新的 Java 字符串，并将该字符串返回 Java 调用者处。

接下来，本地代码必须通过 NDK 构建系统被编译。对此，当针对 Android 开发使用 PC 时，必须启动 Cygwin UNIX 模拟器，以便在 Windows PC 上运行 UNIX 命令。

此时，必须使用 UNIX 命令访问之前创建的 jni 目录。另外，“cd ..”命令可将当前目录向上调整一级；“cd+文件夹名”命令则可将当前目录修改为当前文件名称；“is”命令将列出当前目录中的文件和文件夹；“pwd”命令将获得当前所处的目录路径。

另外，还必须访问根目录并将当前目录更改为 cygdrive/文件夹，随后将当前目录调整至存储 Android 项目的驱动器上，并访问本地源文件所处的特定文件夹。当进入包含 Makefile 文件和源代码的 jni 目录时，即可运行 Android NDK（下载后的 Android NDK 已解压至硬盘）中的 ndk-build 脚本。例如，假设当前文件位于/cygdrive/c/AndroidWorkSpaces/WorkSpace1/MainActivity/jni 目录中，通过在当前目录中向脚本输入全路径，如/cygdrive/c/AndroidNDK/andoird-ndk-r9/ndk-build，即可运行 ndk-build 脚本。随后将执行所构建的脚本，并生成如图 11.8 所示的输出结果。

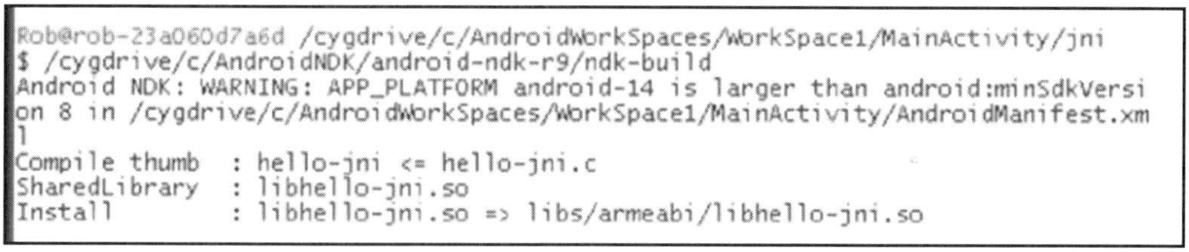

```
Rob@rob-23a060d7a6d /cygdrive/c/AndroidWorkSpaces/WorkSpace1/MainActivity/jni
$ /cygdrive/c/AndroidNDK/android-ndk-r9/ndk-build
Android NDK: WARNING: APP_PLATFORM android-14 is larger than android:minSdkVersi
on 8 in /cygdrive/c/AndroidWorkSpaces/WorkSpace1/MainActivity/AndroidManifest.xm
l
Compile thumb   : hello-jni <= hello-jni.c
SharedLibrary   : libhello-jni.so
Install         : libhello-jni.so => libs/armeabi/libhello-jni.so
```

图 11.8　在 jni 目录中运行 ndk-build 脚本

ndk-build 脚本将处理本地代码文件，并将其打包至名为 libhello-jni.so 的共享库中，该库位于 libs/armeabi 目录中，如图 11.9 所示。

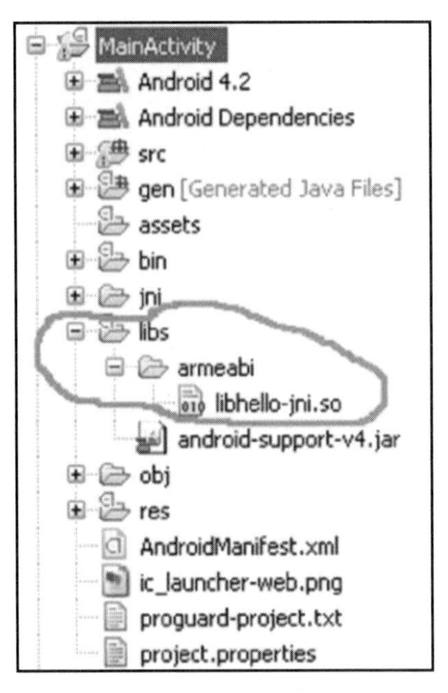

图 11.9　ndk-build 脚本生成的共享目录

当使用编译后的本地代码时，需要对前述示例中的 MyGLRenderer 类进行适当调整。包含本地代码的共享库需要通过 loadLibrary()函数被加载，如下所示。

```
static {
    System.loadLibrary("hello-jni");
}
```

为了实现正确的识别和应用，库中的本地 C 函数需要通过 native 关键字声明，如下所示。

```
public native String RobsstringFromJNI();
```

在 onDrawFrame()函数中，字符串变量 TestJNIString 通过调用 RobsstringFromJNI()函数的返回值被赋值。同时，该返回值被引入日志调试语句中，如代码清单 11.8 所示。

代码清单 11.8　调整 onDrawFrame()函数

```
String TestJNIString = RobsstringFromJNI();
Log.e("RENDERER" , "JNI STRING = " + TestJNIString);
```

运行当前程序，即可看到日志窗口中的调试语句。最终的日志语句输出结果如图 11.10 所示。

```
Text
JNI STRING = Hello World from JNI and Native Code.
JNI STRING = Hello World from JNI and Native Code.
JNI STRING = Hello World from JNI and Native Code.
```

图 11.10　日志窗口中的 JNI 测试结果

11.9　向 Drone Grid 游戏中添加本地函数

本节示例将展示如何将 Drone Grid 游戏的部分内容从 Java 代码转换为本地 C 代码，以及如何从本地 C 代码中调用 Java 函数。

11.9.1　计算本地代码中的重力

可以在 Drone Grid 游戏中对重力计算进行适当调整，以便实际的重力计算被编译为 C 代码，并在 Android 的本地代码中被执行。对此，需要修改 hello-jni.c 文件和 Physics 类。

1．调整 hello-jni.c 文件

调整 hello-jni.c 文件并包含 C 源代码。

Gravity 变量加载 3D 游戏场景的重力加速度值，如下所示。

```
float Gravity = 0.010f;
```

在施加了游戏中的重力加速度后，ApplyGravityToObjectNative()函数计算对象新的加速度，随后返回这一新的加速度，如代码清单 11.9 所示。

代码清单 11.9　计算对象新的 *Y* 向加速度

```
jfloat
Java_com_robsexample_glhelloworld_Physics_ApplyGravityToObjectNative
(JNIEnv* env, jobject thiz, jfloat YAccel)
{
    YAccel = YAccel - Gravity;
    return YAccel;
}
```

2．调整 Physics 类

相应地，还必须调整 Physics 类以调用本地类。

这里，ApplyGravityToObjectNative()函数必须被声明为 Physics 类中的本地函数，如下所示。

```
native float ApplyGravityToObjectNative(float YAccel);
```

利用对象当前的 *y* 加速度分量调用本地函数 ApplyGravityToObjectNative()，ApplyGravityToObject()函数将计算新的加速度 *y* 分量，如代码清单 11.10 所示。

代码清单 11.10　调用本地重力计算函数

```
void ApplyGravityToObject()
{
    // Do Native Apply Gravity
    float YAccel = m_Acceleration.y;

    m_Acceleration.y = ApplyGravityToObjectNative(YAccel);
}
```

11.9.2　从本地代码中旋转对象

当采用 Java 函数展示本地 C 代码中的对象旋转行为时，需要调整 hello-jni.c 文件、Physics 类和 MyGLRenderer 类。

1. 调整 hello-jni.c 文件

此处将调整 hello-jni.c 文件，并添加本地函数 AddRotationNative()。

AddRotationNative()函数基本等同于代码清单 11.5 中讨论的函数，主要差别在于全函数名将包含不同的包和类。AddRotationNative()函数将向对象的旋转（对象的方向通过输入参数 Orient 表示）中添加 RotationAngle 度，这可通过调用实际的 Java 语言方法"AddRotation()"予以实现，如代码清单 11.11 所示。

代码清单 11.11　添加旋转行为

```
Java_com_robsexample_glhelloworld_Physics_AddRotationNative(JNIEnv* env,
                                                             jobject thiz,
                                                             jobject Orient,
                                                             jfloat RotationAngle)
{
    /*
    GetObjectClass
    jclass GetObjectClass(JNIEnv *env, jobject obj);
```

```
    */
    jclass OrientationClass = (*env)->GetObjectClass(env, Orient);

    /*
    GetMethodID
    jmethodID GetMethodID(JNIEnv *env, jclass clazz, const char *name,
const char *sig);
    */
    jmethodID MethodID = (*env)->GetMethodID(env, OrientationClass,
"AddRotation", "(F)V");

    /*
    NativeType  Call<type>Method(JNIEnv  *env,  jobject  obj,  jmethodID
methodID, ...);
    */
    (*env)->CallVoidMethod(env, Orient, MethodID, RotationAngle);
}
```

2．调整 Physics 类

接下来，还必须对 Physics 类进行适当调整，方可使用本地旋转函数。

对此，AddRotationNative()函数需要在 Physics 类中通过 native 关键字被声明。

AddRotationToObject()函数调用 AddRotationNative()函数执行对象上的旋转操作，同时作为本地函数的 Java 封装器接口，如代码清单 11.12 所示。

代码清单 11.12　AddRotationNative()函数的封装器函数

```
void AddRotationToObject(Orientation O, float AngleAmount)
{
    AddRotationNative(O, AngleAmount);
}
```

通过添加 Java 函数 AddRotationToObject()修改 UpdatePhysicsObject()函数，前者将调用本地 C 函数，该函数作为物理更新的一部分内容对对象进行旋转。同时，原 AddRotation()函数将被注释掉，如代码清单 11.13 所示。

代码清单 11.13　调整 UpdatePhysicsObject()函数

```
void UpdatePhysicsObject(Orientation orientation)
{
    // 0. Apply Gravity if needed
```

```
    if (m_ApplyGravity)
    {
        ApplyGravityToObject();
    }

    // 1. Update Linear Velocity
    ////////////////////////////////////////////////////////////////
    m_Acceleration.x = TestSetLimitValue(m_Acceleration.x,
m_MaxAcceleration.x);
    m_Acceleration.y = TestSetLimitValue(m_Acceleration.y,
m_MaxAcceleration.y);
    m_Acceleration.z = TestSetLimitValue(m_Acceleration.z,
m_MaxAcceleration.z);

    m_Velocity.Add(m_Acceleration);
    m_Velocity.x = TestSetLimitValue(m_Velocity.x, m_MaxVelocity.x);
    m_Velocity.y = TestSetLimitValue(m_Velocity.y, m_MaxVelocity.y);
    m_Velocity.z = TestSetLimitValue(m_Velocity.z, m_MaxVelocity.z);

    // 2. Update Angular Velocity
    ////////////////////////////////////////////////////////////////
    m_AngularAcceleration = TestSetLimitValue(m_AngularAcceleration,
m_MaxAngularAcceleration);

    m_AngularVelocity += m_AngularAcceleration;
    m_AngularVelocity = TestSetLimitValue(m_AngularVelocity,
m_MaxAngularVelocity);

    // 3. Reset Forces acting on Object
    //    Rebuild forces acting on object for each update
    ////////////////////////////////////////////////////////////////
    m_Acceleration.Clear();
    m_AngularAcceleration = 0;

    //4. Update Object Linear Position
    ////////////////////////////////////////////////////////////////
    Vector3 pos = orientation.GetPosition();
    pos.Add(m_Velocity);

    // Check for object hitting ground if gravity is on.
    if (m_ApplyGravity)
```

```
    {
        if ((pos.y < m_GroundLevel)&& (m_Velocity.y < 0))
        {
            if (Math.abs(m_Velocity.y) > Math.abs(m_Gravity))
            {
                m_JustHitGround = true;
            }
            pos.y = m_GroundLevel;
            m_Velocity.y = 0;
        }
    }

    //5. Update Object Angular Position
    //////////////////////////////////////////////////////////////
    // Add Rotation to Rotation Matrix
    //orientation.AddRotation(m_AngularVelocity);

    // Call Native Method
    AddRotationToObject(orientation, m_AngularVelocity);
}
```

3. 调整 MyGLRenderer 类

最后调整 MyGLRenderer 类。

CreateArenaObjectsSet()函数的调整方式可描述为，向 Arena 对象施加旋转作用力，进而展示旋转对象中本地函数的应用。施加于 Arena 对象上的旋转作用力值被加载于 RotationalForce 变量中，并被设置为 5000。

将 ApplyRotationalForce()函数用于向 Arena 对象施加作用力，如代码清单 11.14 所示。

代码清单 11.14　调整 Arena 对象集合的创建函数

```
void CreateArenaObjectsSet(Context iContext)
{
    m_ArenaObjectsSet = new ArenaObjectSet(iContext);

    // Cube
    float RotationalForce = 5000;
    float MaxVelocity = 0.1f;

    ArenaObject3d Obj = CreateArenaObjectCube1(iContext);
    Obj.SetArenaObjectID("cube1");
```

```
    Obj.GetObjectStats().SetDamageValue(10);
    Obj.GetObjectPhysics().GetMaxVelocity().Set(MaxVelocity, 1,
MaxVelocity);
    Obj.GetObjectPhysics().ApplyRotationalForce(RotationalForce, 1);

    // Add new Object
    boolean result = m_ArenaObjectsSet.AddNewArenaObject(Obj);

    ///////////////////////////////////////////////
    Obj = CreateArenaObjectCube2(iContext);
    Obj.SetArenaObjectID("cube2");
    Obj.GetObjectStats().SetDamageValue(10);
    Obj.GetObjectPhysics().GetMaxVelocity().Set(MaxVelocity, 1,
MaxVelocity);
    Obj.GetObjectPhysics().ApplyRotationalForce(RotationalForce, 1);

    // Add new Object
    result = m_ArenaObjectsSet.AddNewArenaObject(Obj);
}
```

11.9.3　从本地代码中计算碰撞的反作用力

当计算碰撞的反作用力时，必须对 hello-jni.c 文件和 Physics 类进行调整。

1. 调整 hello-jni.c 文件

hello-jni.c 文件的调整主要是添加两个函数。

其中，DotProduct()函数计算两个向量(x1,y1,z1)和(x2,y2,z2)的点积，并返回该点积结果，如代码清单 11.15 所示。

代码清单 11.15　计算两个向量的点积

```
float DotProduct(float x1, float y1, float z1,
                 float x2, float y2, float z2)
{
    return ((x1 * x2) + (y1 * y2) + (z1 * z2));
}
```

CalculateCollisionImpulseNative()函数计算两个对象彼此碰撞时的碰撞反作用力，并返回对应值，如代码清单 11.16 所示。

代码清单 11.16　计算碰撞的反作用力

```
jfloat
Java_com_robsexample_glhelloworld_Physics_CalculateCollisionImpulseNative
                                            (JNIEnv* env,
                                            jobject thiz,
                                            jfloat CoefficientOfRestitution,
                                            jfloat Mass1,
                                            jfloat Mass2,
                                            jfloat RelativeVelocityX,
                                            jfloat RelativeVelocityY,
                                            jfloat RelativeVelocityZ,
                                            jfloat CollisionNormalX,
                                            jfloat CollisionNormalY,
                                            jfloat CollisionNormalZ)
{
    // 1. Calculate the impulse along the line of action of the Collision
    // Normal float Impulse = (-(1+CoefficientOfRestitution) *
    // (RelativeVelocity.DotProduct(CollisionNormal))) /
    //                          (1/Mass1 + 1/Mass2);

    float RelativeVelocityDotCollisionNormal = DotProduct
(RelativeVelocityX, RelativeVelocityY,RelativeVelocityZ,
CollisionNormalX, CollisionNormalY, CollisionNormalZ);
    float Impulse = (-(1+CoefficientOfRestitution) *
RelativeVelocityDotCollisionNormal)/(1/Mass1 + 1/Mass2);
    return Impulse;
}
```

2．调整 Physics 类

这里，还必须对 Physics 类进行适当调整，以实现反作用力计算。

CalculateCollisionImpulseNative()函数必须被声明为 native 以供使用。

```
native float CalculateCollisionImpulseNative(float CoefficientOfRestitution,
                float Mass1,float Mass2,
                float RelativeVelocityX, float RelativeVelocityY, float
RelativeVelocityZ,
                float CollisionNormalX, float CollisionNormalY, float
CollisionNormalZ);
```

接来来，必须对 ApplyLinearImpulse()函数进行适当调整，以便该函数可调用

CalculateCollisionImpulseNative()函数以计算碰撞的反作用力。相应地，现有的反作用力计算将被注释掉，如代码清单 11.17 所示。

代码清单 11.17　调整 ApplyLinearImpulse()函数

```
void ApplyLinearImpulse(Object3d body1, Object3d body2)
{
    float m_Impulse = 0;

    /*
    // 1. Calculate the impulse along the line of action of the
    // Collision action of the Collision Normal
    m_Impulse =
(-(1+m_CoefficientOfRestitution) * (m_RelativeVelocity.DotProduct
(m_CollisionNormal))) / ((1/body1.GetObjectPhysics().GetMass() +
1/body2.GetObjectPhysics().GetMass()));
    */
    m_Impulse = CalculateCollisionImpulseNative(m_CoefficientOfRestitution,
                                               body1.GetObjectPhysics().GetMass(),
                                               body2.GetObjectPhysics().GetMass(),
                                               m_RelativeVelocity.x,
                                               m_RelativeVelocity.y,
                                               m_RelativeVelocity.z,
                                               m_CollisionNormal.x,
                                               m_CollisionNormal.y,
                                               m_CollisionNormal.z);

    // 2. Apply Translational Force to bodies
    // f = ma;
    // f/m = a;
    Vector3 Force1 = Vector3.Multiply( m_Impulse, m_CollisionNormal);
    Vector3 Force2 = Vector3.Multiply(-m_Impulse, m_CollisionNormal);

    body1.GetObjectPhysics().ApplyTranslationalForce(Force1);
    body2.GetObjectPhysics().ApplyTranslationalForce(Force2);
}
```

运行当前程序。采用本地方式计算的重力将向下拉动物体，如图 11.11 所示的坦克对象。图 11.12 显示了 Arena 对象的旋转状态。另外，碰撞后作用在物体上的碰撞作用力应使物体相互偏离，如图 11-13 所示。

图 11.11　坦克对象的下落状态
（基于本地方式计算的重力）

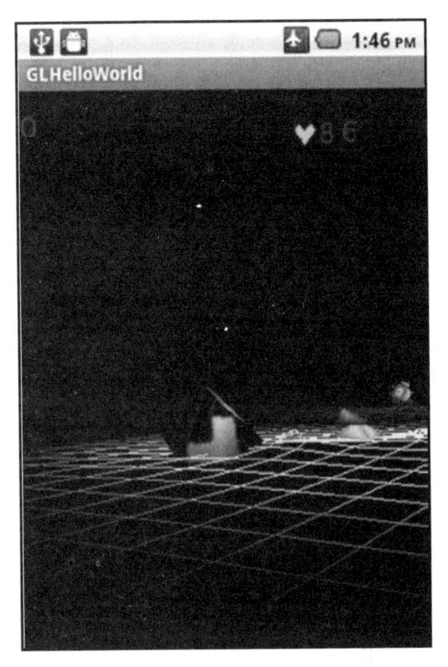

图 11.12　Arena 对象的旋转状态
（基于本地旋转函数调用）

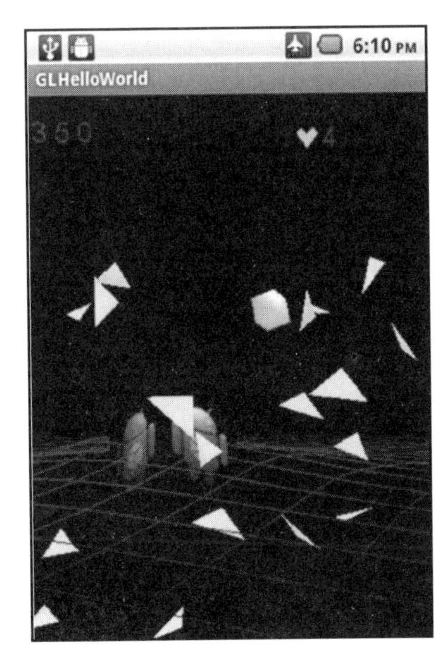

图 11.13　玩家弹药和 Arena 对象间的碰撞（基于本地方式计算的反作用力）

11.10　本 章 小 结

本章讨论了 Android 原生开发包（NDK）。首先介绍了 NDK 的含义和系统需求条件、软件需求条件，以及使用 NDK 所需的实际 Android 硬件条件。随后，我们学习了 Java 本地接口（或 JNI），同时展示了 Java 函数如何调用 C 语言所编写的本地函数，以及采用 C 语言所编写的本地函数如何调用 Java 函数。其间，本章展示了一个简单的“Hello World from JNI and Native Code”示例程序，并将本地代码实现置入已有的 Java 程序中。本章的最后一个示例则展示了如何将本地代码集成至现有的 Drone Grid 游戏中。

第 12 章　游戏的发布和市场化运作

本章讨论游戏的发布和市场运作机制。首先介绍如何生成供用户使用的最终游戏的发布文件。随后通过在真实 Android 设备上的复制、安装操作进而考查该发布文件的测试方式。接下来，我们提供了一个市场列表，其中可上传游戏发布文件，以实现销售/下载行为。此外，本章还提供了支持 Android 的广告网络，进而可通过游戏作品获取盈利，以及 Android 游戏审查网站列表。最后，本章还列出了一些对 Android 游戏开发者十分有用的网站。

12.1　创建最终的发布文件

.apk 文件是所提交的最终发布文件，并可供用户下载和安装。该文件由 Android Development Tool 安装的 Eclipse 程序生成。

当开始创建.apk 文件时，可选择 Eclipse 中的 File→Export 命令，如图 12.1 所示。

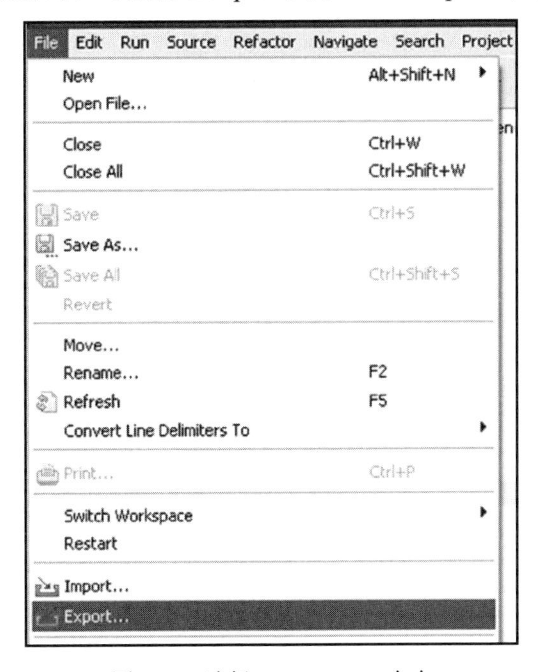

图 12.1　选择 File→Export 命令

随后将弹出 Export 窗口。在 Android 文件夹下选择 Export Android Application 选项并单击 Next 按钮，如图 12.2 所示。

随后将弹出 Export Android Application 窗口。单击 Browse 按钮选择一个要导出的 Android 项目并将其转换为.apk 发布文件，当选择了一个项目后，将检查项目打包过程中的任何错误。单击 Next 按钮并移至下一个屏幕，如图 12.3 所示。

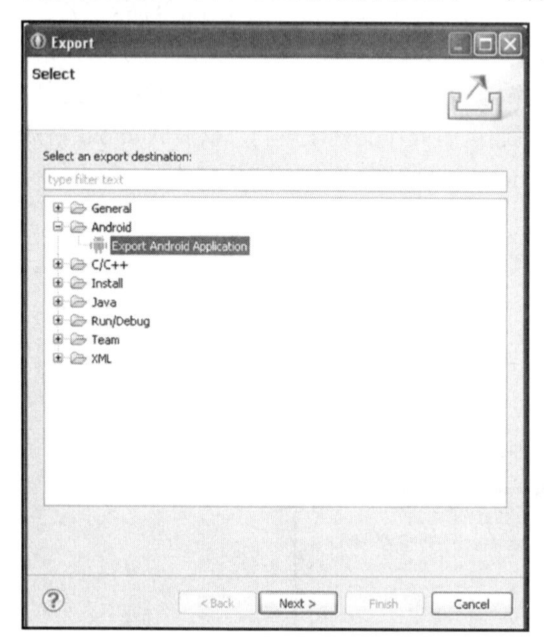

图 12.2　导出 Android 应用程序

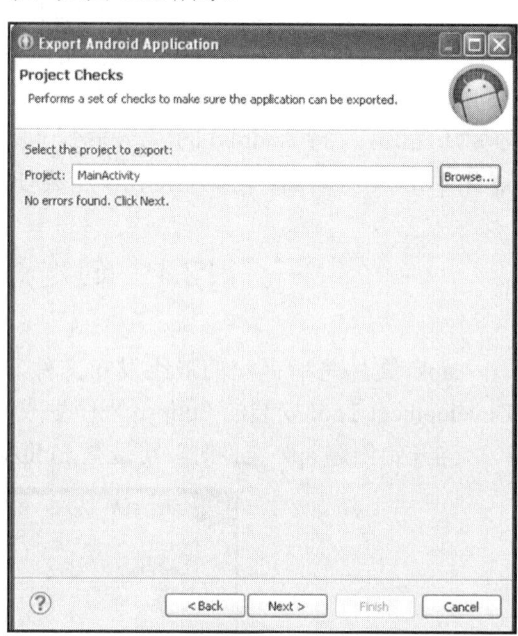

图 12.3　选择导出的应用程序

随后将弹出 Keystore selection 界面。选中 Create new keystore 单选按钮，单击 Browse 按钮并选择希望其中存储新 Keystore 文件的目录。在 Password 文本框中输入密码，并在 Confirm 文本框中输入确认密码。单击 Next 按钮继续执行后续操作，如图 12.4 所示。

随后弹出 Key Creation 界面。填写表单将生成注册应用程序时所使用的密钥，随后单击 Next 按钮，如图 12.5 所示。

提示：

建议将 Keystore 文件备份至安全的位置。当前游戏将使用该 Keystore 文件进行发布。当更新游戏时，还将再次使用这一 Keystore 文件。

随后将弹出 Destination and key/certificate checks 界面。单击 Browse 按钮并针对发布的.apk 文件输入目录和文件名。单击 Finish 按钮开始创建最终的.apk 发布文件，如图 12.6

所示。

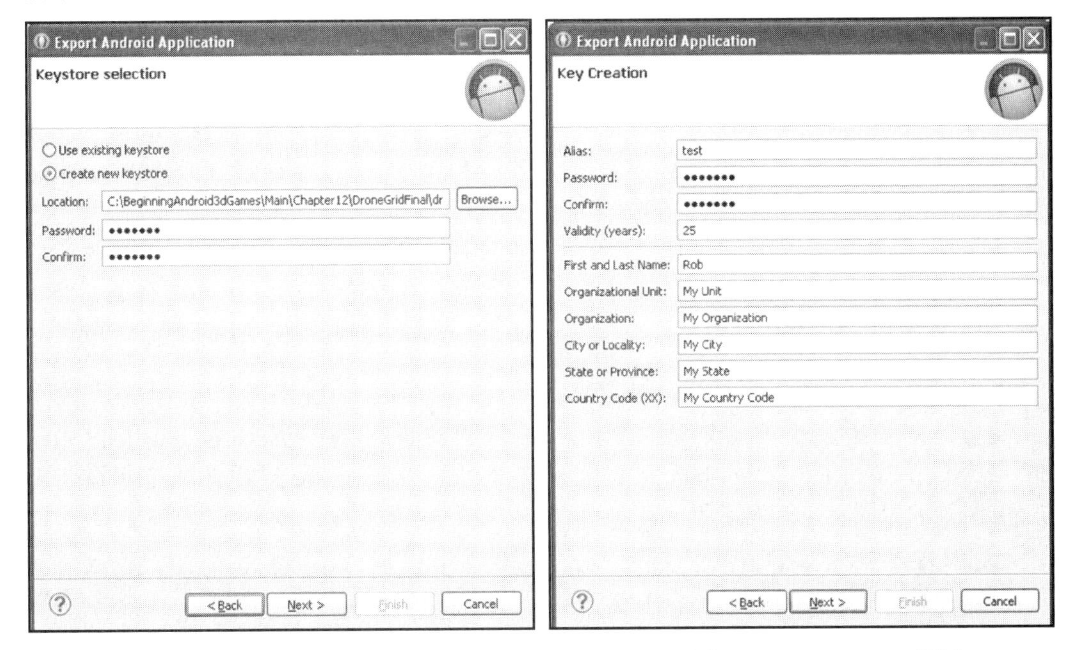

图 12.4　创建新的 Keystore selection　　　　图 12.5　Key Creation 界面

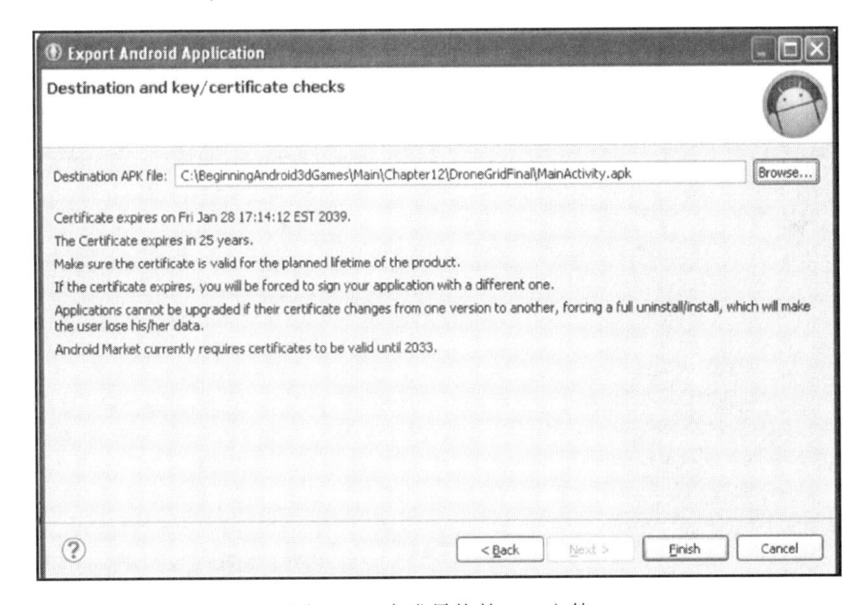

图 12.6　生成最终的.apk 文件

12.2　测试.apk 发布文件

本节将在 Android 设备上安装.apk 发布文件，进而对该文件进行测试。首先，必须将.apk 文件复制至真实的 Android 设备上，这个过程存在多种方式，具体取决于 Android 操作系统的版本、Android 上安装的软件（如 FTP），以及网络连接配置。

本节所展示的复制方法可工作于各种 Android 操作系统上，且与所安装的文件传输软件及所设置的网络连接配置无关。针对于此，可使用 Android Debug Bridge（adb）发布命令将文件置于通过 USB 连接至计算机的设备上。该命令的通用格式如下所示。

```
adb push Filename LocationOnAndroidDevice
```

这里，将 MainActivity.apk 文件置于 Android 设备的命令位于/sdcard/Download 中；adb 命令位于 C:\Android\adt-bundle-windows-x86\sdk\platform-tools 中。此处假设使用与.apk 所处的相同目录，如下所示。

```
C:\Android\adt-bundle-windows-x86\sdk\platform-tools\adb push
MainActivity.apk/sdcard/Download
```

其中，C:表示 Android SDK 安装的驱动器字母，具体情况可能会根据 SDK 的存储位置和所用的操作系统有所变化。待命令执行完毕后，MainActivity.apk 将位于 Android 设备的/sdcard/Download 位置处，假设该目录已经存在，如图 12.7 所示。

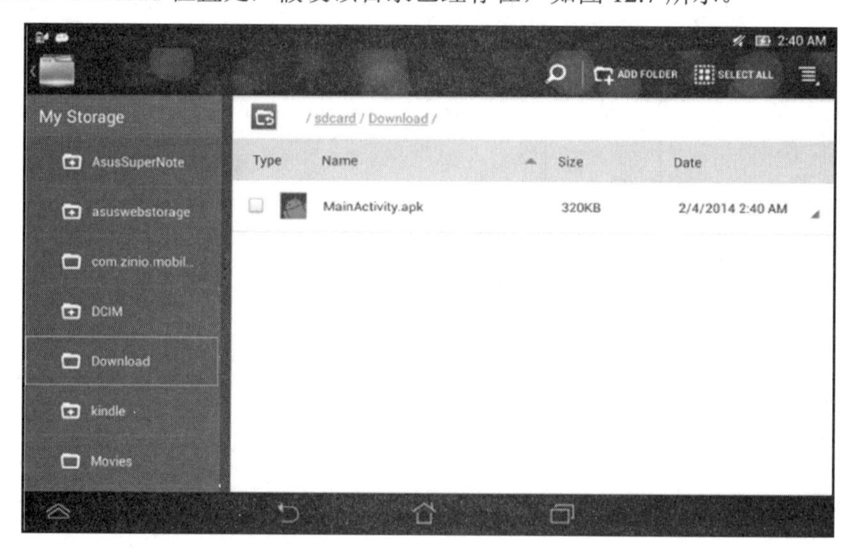

图 12.7　将 MainActivity.apk 文件复制至 Android 设备上

在尝试安装.apk 文件之前，需要访问 Settings→Applications 并查看 Unknown sources，如图 12.8 所示。当使用 Android 的早期版本（如版本 2.2）时，这将检查是否可从未知源处安装应用程序。在 Android 操作系统的后续版本中，则需要查看 Settings→Security。

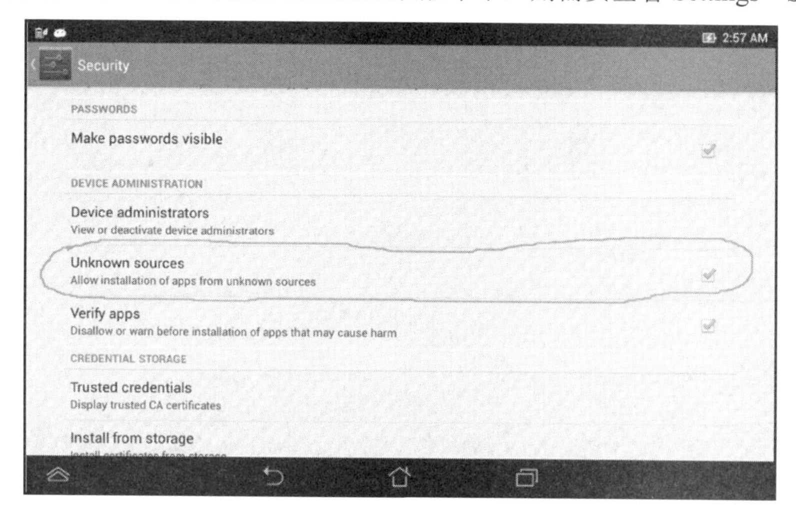

图 12.8　从未知源处安装.apk 文件

返回 Android 文件管理器程序中，然后导航回复制.apk 文件的目录中。单击.apk 文件启动安装处理过程。随后将弹出一个对话框并询问是否安装当前应用程序。单击 Install 按钮，如图 12.9 所示。

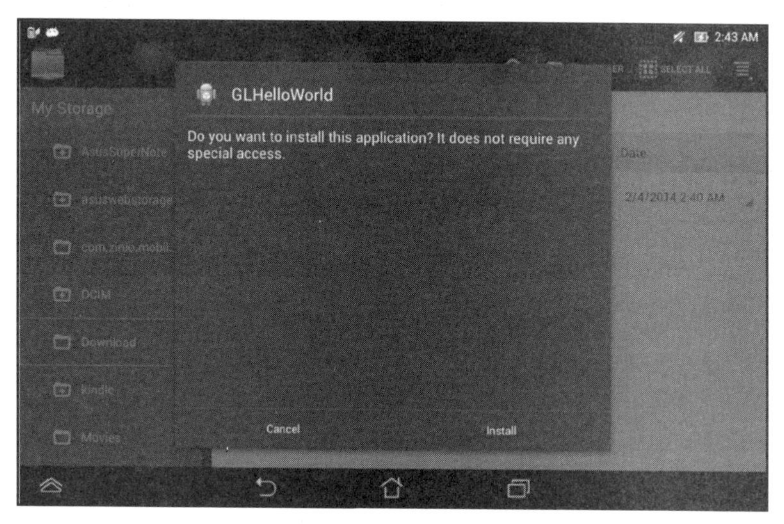

图 12.9　安装.apk 文件

安装结束后将弹出另一个对话框，并确认.apk 文件是否已被成功安装，如图 12.10 所示。

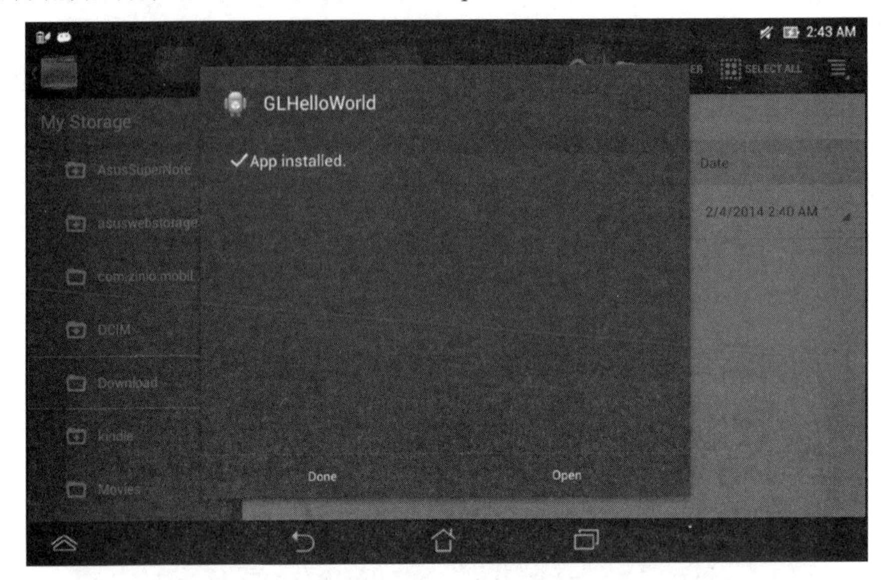

图 12.10　应用程序安装验证屏幕

单击 Open 按钮启动 Drone Grid 游戏，如图 12.11 所示。

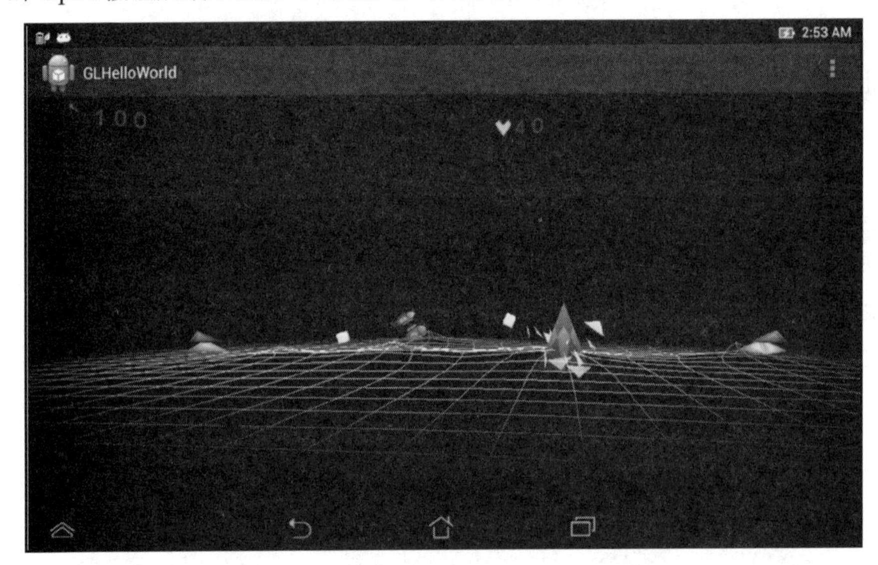

图 12.11　安装.apk 文件后游戏的运行状态

当成功地在 Android 设备上安装并运行游戏后，接下来将探讨游戏的市场运作问题。

12.3　Android 市场和策略列表

本节列出了一些 Android 应用程序商店，其中，用户可上传应用程序以供其他用户下载。当然，每家应用程序商店均包含其自身的政策，取决于市场状况，这些政策也会随时发生变化。例如，谷歌近期在其 Google Play 中加强了对应用程序中投放广告的限制；而亚马逊最近则取消了在其网站上销售游戏和应用程序的年费（Amazon.com）。

12.3.1　Google Play

Google Play 是一家重要的 Android 应用程序商店。下列网址列出了 Google 发布者账户的注册链接：

https://play.google.com/apps/publish

注册时需要一次性地缴纳 25 美元，并通过 Google Wallet 进行支付。如果需要出售物品，同样需要在 Google Developers Console 中申请 Wallet Merchant 账户。对此，可访问 Financial Reports→Set Up a Merchant Account Now 选项卡，进而转向 Google Wallet 并以商家身份进行注册。

另外，通过 Developers Console，用户还可以快速地发布/取消发布应用程序和游戏作品。谷歌在发布 Android 程序之前并不会对其进行筛查。

读者可访问下列网址查看谷歌的相关政策：

http://play.google.com/about/developer-content-policy.html

注意：

如果打算在游戏中投放广告，应确保遵守谷歌的 Google Play 广告政策；否则，用户可能会面临游戏作品被禁止或账户被封的风险。

12.3.2　Amazon Appstore

亚马逊同样提供了 Android 应用程序和游戏商店，其中，用户可销售游戏或者下载应用程序。

下列内容显示了开发者账户的注册链接：

https://developer.amazon.com/welcome.html

注册过程并不收取任何费用。通过亚马逊 Appstore 销售程序时，用户可获得标价 70%的利润。

在可供下载或购买之前，需要向亚马逊提供游戏作品以供测试和审查，而这个过程可能会占用几天的时间。

12.3.3 Samsung Apps Store

在三星公司运营的 Android 应用程序商店中，用户可上传应用程序和游戏以供销售和免费下载。下列内容显示了开发者登录链接：

http://seller.samsungapps.com/login/signIn.as

注册过程不收取任何费用。当通过该应用程序商店销售游戏作品时，用户可获取标价 70%的利润。

其间，用户在销售或下载前需要提交其游戏作品以供审查。取决于游戏测试选取的设备数量，审查过程可能会占用一周的时间。根据所选择的设备，三星会采用不同的手机和平板电脑对游戏进行测试。

12.3.4 Aptoide

Aptoide 则不同于前述应用程序商店，其中，开发者或发布者负责管理自己的应用程序商店，且需要下载和安装 Aptoide 客户端，进而可从应用程序商店中下载和安装 Android 软件，其官方网站如下：

www.aptoide.com

以下内容引自官方网站中的描述："在 Aptoide 站点中，用户可通过软件客户端 Aptoide 将应用程序免费下载至 Android 移动设备上。在 Aptoide 中，用户还可上传 Android 应用程序以供分享。"

12.3.5 Appitalism

Appitalism 是一个与 Google Play 类似的应用程序商店，其中，开发者可上传或销售其应用程序，其官方网站地址如下：

www.appitalism.com

其间不收取任何注册费用。在利润方面，开发者可获取标价 70%的利润。

12.3.6　GetJar

GetJar 允许用户在其网站中发布游戏和应用程序，对应的网站地址如下：

www.getjar.mobi

开发者登录链接地址如下：

http://developer.getjar.mobi

GetJar 声称其网站每天的下载量超过 300 万次。但是，GetJar 不接受付费应用程序。

12.3.7　SlideMe

SlideMe 自身是一款 Android 应用程序，同时也是一家游戏商店，其中，用户可上传和销售 Android 游戏，其官方网站地址如下：

http://slideme.org/

其间不会向开发者收取任何费用。

12.3.8　Soc.Io Mall

Soc.Io Mall 是一款 Android 应用程序，同时也是一家游戏商店，并可接收免费和付费应用程序，其官方网站地址如下：

https://developer.soc.io/home

其间提交应用程序或游戏作品不会收取任何费用。

12.3.9　用户自己的网站

对于 Android 环境，用户还可将最终的发布文件提交至自己的网站上。如果用户希望获取收益，那么很可能还会用到其他软件，如处理信用卡和借记卡交易的付费处理程序或者广告网络，并针对程序用户的广告点击操作付费。

12.4　Android 广告网络列表

游戏作品或应用程序另一种获取收益的方法是使用 Android 广告网络，该广告网络将根据其他用户针对游戏中投放广告的点击量付费。其中，每个广告网络一般包含自己的软件开发工具包（SDK），用户需要将其集成至自己的游戏中。通常情况下，SDK 由形如.jar 文件和代码的 Android 库构成，进而通过库中的相关功能显示广告。本节将首先列出 Android 开发者社区中一些比较突出的例子，随后是一些广告网络和营销公司，它们可能对 Android 开发者在盈利和推广游戏方面十分有帮助。

12.4.1　AppFlood

AppFlood 是 PapayaMobile 的一个广告系统，总部位于中国北京，在美国旧金山和英国伦敦设有办事处，其网站地址如下：

http://appflood.com/

AppFlood 提供了下列广告类型。

- 插播广告：这是一种全屏广告，通常在游戏的自然断点处显示，如关卡结束或游戏结束时，如图 12.12 所示。
- 应用程序列表：此类广告模拟典型的 Android 应用程序/游戏商店的观感，如图 12.13 所示。

图 12.12　AppFlood 插播广告

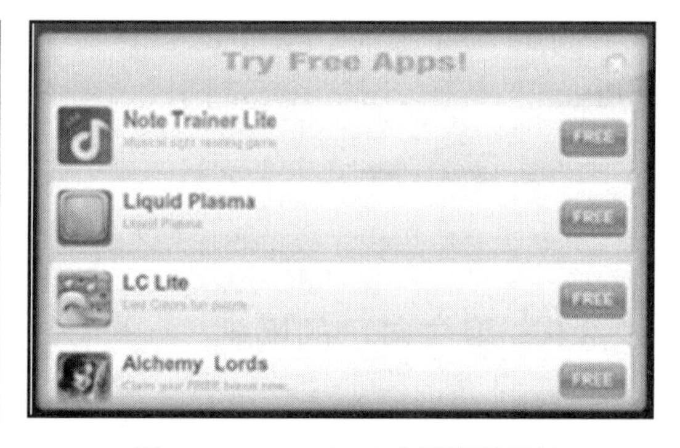

图 12.13　AppFlood 应用程序列表

- 多幅游戏广告：此类广告显示一个较大的游戏广告，其中包含了 4 个较小的广告，如图 12.14 所示。

图 12.14　AppFlood 中的多幅游戏广告

- 通知广告：这是一类向用户 Android 手机推送的通知广告。
- 图标广告：此类广告将一个图标推送至用户的手机上。需要注意的是，此类广告可能会对用户产生干扰，而且可能不符合 Google Play 的最新广告策略。

12.4.2　Appwiz

Appwiz 是一家成立于 2012 年的广告网络公司，其网站地址如下：

www.appwiz.com

Appwiz 向开发者提供了以下类型的广告。

- 搜索图标：此类图标置于用户手机主屏上。注意，这可能会对用户产生干扰。
- 书签：书签一般置于用户的 Web 浏览器中。
- 推广墙：这是一种 Appwiz 提供的其他子格式间动态优化的广告，如 AppWall、SmartWall、对话框广告、视频广告和富媒体。
- 高级广告：主屏幕上的一个快捷方式，可以链接到免费应用程序和热门交易。

12.4.3　LeadBolt

LeadBolt 是一家成立于 2010 年的广告网络公司，总部位于澳大利亚的悉尼，其网站地址如下：

www.leadbolt.com

LeadBolt 提供的广告类型如下。

- 横幅广告。
- 推送通知。

- ❑ 主屏图标。
- ❑ 浏览器书签。
- ❑ 插播广告。

12.4.4　AppBucks

AppBucks 是一家位于美国佛罗里达州迈尔斯堡的广告网络公司，该公司的网站地址如下：

www.app-bucks.com

AppBucks 提供了以下广告类型。

- ❑ 插播广告：此类广告占据了整个屏幕，并在游戏关键点处投放以引起用户的注意，如关卡结束时。图 12.15 显示了一个 AppBucks 插播广告示例。
- ❑ 滑动广告：这类广告可以从屏幕的一侧滑出，与壁纸和面向服务的应用程序配合得很好，如图 12.16 所示。

图 12.15　AppBucks 插播广告

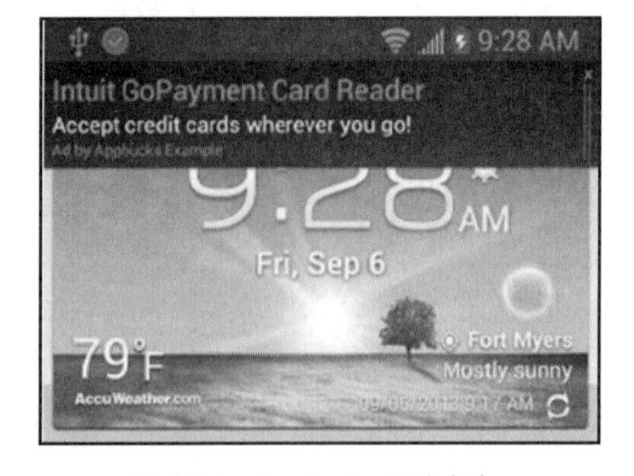

图 12.16　AppBucks 滑动广告

- ❑ 横幅广告：此类广告一般显示一个横幅，通常横跨屏幕的顶部或底部。

MobileCore 是一家位于以色列特拉维夫的广告网络公司，成立于 2009 年，该公司网站地址如下：

www.mobilecore.com

MobileCore 提供的广告类型如下。

- ❑ AppWall 广告：这是一种提供其他应用程序或交易的全屏或半屏广告。开发者将从 AppWall 生成的每次点击或安装过程中获取利润。
- ❑ 滑动广告：这是一类从屏幕一侧滑出的广告。

12.4.5　AdMob

AdMob 由谷歌负责运作，如果希望应用程序遵守谷歌的市场策略，那么 AdMob 很可能是最安全的。违反这些政策将导致游戏或应用程序被禁用，或者账户被冻结。AdMob 的网站地址如下：

www.google.com/ads/admob/

AdMob 提供了以下类型的广告。

- ❑ 横幅广告：此类广告占用较小的屏幕空间，用户可通过单击操作进入更详细的信息页面或网站，如图 12.17 所示。
- ❑ 插播广告：这是一类旨在吸引用户注意力的全屏广告，如图 12.18 所示。

图 12.17　AdMob 横幅广告

图 12.18　AdMob 插播广告

12.4.6 StartApp

StartApp 是一家成立于 2010 年的移动广告公司，总部位于美国纽约，公司网站地址如下：

www.startapp.com

StartApp 提供了以下广告类型。

- 插播广告：在开发者选取的任一点处显示全屏广告，如图 12.19 所示。

图 12.19　StartApp 插播广告

- 横幅广告：3D 横幅广告，如图 12.20 所示。

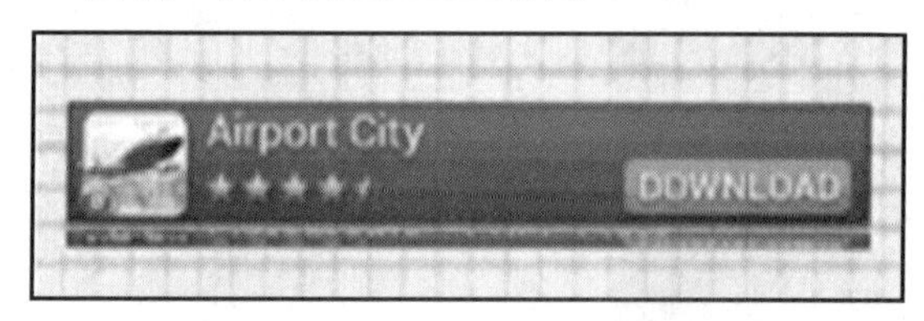

图 12.20　StartApp 3D 横幅广告

- 退出广告：当用户单击 Back 按钮或 Home 按钮退出当前应用程序时显示的广告，如图 12.21 所示。

- 搜索框：在应用程序中显示一个滑动的搜索栏，如图 12.22 所示。

图 12.21　StartApp 退出广告

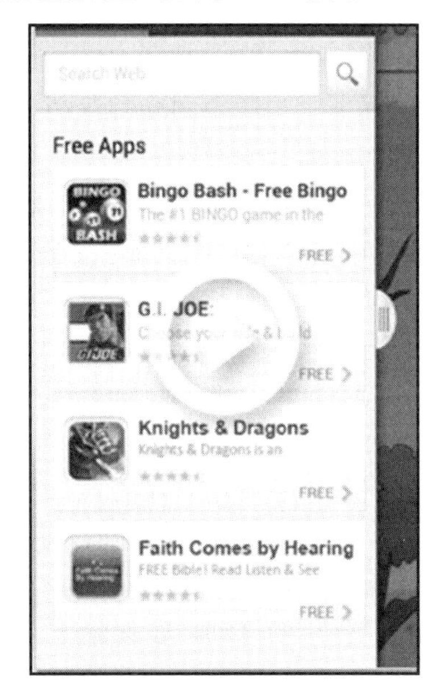

图 12.22　StartApp 搜索栏

- 欢迎屏幕：加载程序时显示一条广告，如图 12.23 所示。

图 12.23　StartApp 欢迎屏幕

12.4.7　其他广告网络和营销公司

下列内容涵盖了与广告网络和营销相关的公司，它们可能对游戏营销和游戏广告投放产生的利润均有所帮助。

- Aarki（http://aarki.com）：Aarki 是加利福尼亚州硅谷的一家移动广告提供商。
- AdColony（http://adcolony.com）：AdColony 成立于 2011 年 1 月，是一家领先的移动视频广告和盈利平台，并可快速播放高清视频，同时还可推动内容的深度参与。
- Adfonic（http://adfonic.com）：Adfonic 是一家总部位于伦敦的移动广告购买平台。
- AdIQuity（http://adiquity.com）：AdIQuity 是一个全球性的移动广告平台，帮助移动出版商和应用开发者从他们的移动内容中获得高收益。此外，它还帮助广告公司、广告网络和其他媒体用户获得高质量的全球移动流量。
- AdMarvel（www.admarvel.com）：AdMarvel 是世界上最大的发布商、代理商和运营商使用的移动广告优化工具。
- Admoda（www.admoda.com）：Admoda 是一个移动广告网络，主要关注流量的提升和联合营销。
- Applifier（www.applifier.com）：Applifier 旨在帮助各种规模的游戏和应用程序发布者通过交叉推广方式，以实现应用程序的增长。
- Apprupt（www.apprupt.com）：Apprupt 是由移动营销专家组成的一家网络公司。
- Avocarrot（www.avocarrot.com）：Avocarrot 是一个独特的移动广告网络，专门从事高参与度的本地广告推广，并从一系列可定制的广告单元中进行选择，以创建无缝的用户体验，从而带来更高的收入。
- BuzzCity（www.buzzcity.com）：BuzzCity 是一家全球性的广告网络公司。
- ChartBoost（www.chartboost.com）：ChartBoost 是一家专注于游戏的手机游戏服务公司。
- Epom（http://epom.com）：成立于 2010 年，主要从事广告服务和广告管理业务。
- 4th Screen Advertising（www.4th-screen.com）：成立于 2006 年，现在是 Opera 软件集团的一部分。4th Screen Advertising 是欧洲领先的高端移动广告销售机构。
- Hunt Mobile Ads（www.huntmads.com）：Hunt Mobile Ads 是一家领先的独立移动广告公司，目标为西班牙语市场，包括所有拉丁美洲和美国西班牙语市场，并提供发现、建立品牌和移动互联网领域的解决方案。
- InMobi（www.inmobi.com）：InMobi 是由 Soft Bank 和 Kleiner Perkins Caufield &

Byers 支持的基于性能的移动广告网络。该公司于 2007 年在印度成立，在多个国家设有办事处。

- Inneractive（http://inner-active.com）：Inneractive 是一个面向移动发布者的全球程序化广告堆栈，专注于视频、超本地和应用程序内的广告业务。
- Jampp（www.jampp.com）：Jampp 是一个领先的数据驱动的移动应用营销平台，并连接了大量的移动广告网络和实时竞价交易。
- Kiip（www.kiip.com）：Kiip 为虚拟实现提供真实的奖励。
- Komli Mobile（www.komlimobile.com）：Komli Mobile 是全球领先的移动广告和发布网络。
- Leanmarket（www.lean.com）：Leanmarket 专门研究营销效率问题。
- LoopMe Media（http://loopme.biz）：LoopMe 是全球领先的智能手机和平板电脑社交广告的先行者。LoopMe 使消费者能够对广告进行反馈（“喜爱”“终止”“分享”），进而通过社交认可度增加点击互动、品牌参与和品牌价值。
- MdotM（www.mdotm.com）：MdotM 是一家移动营销服务公司。
- Medialets（http://medialets.com）：Medialets 是一家移动广告公司。Medialets 的移动和平板广告服务平台 Servo 提供了先进的测量、分析技术，并可简化的活动管理过程。
- Millennial Media（www.millennialmedia.com）：Millennial Media 是一家移动营销和广告公司。
- MKmob（www.mkmob.com/）：MKmob 是一个全球性的移动广告网络。
- MMedia（http://mmedia.com）：MMedia 是一个移动广告和货币化网络。
- Mobbnet（www.mobbnet.com）：Mobbnet 是一个全球性的广告网络。
- Mobfox（www.mobfox.com）：Mobfox 是一个移动广告网络，可以在 iPhone、Android、Blackberry、Windows mobile 和移动网站上运行。
- Mobgold（www.mobgold.com）：Mobgold 帮助广告客户接触各种移动设备上的目标用户，并帮助发布商将其移动流量货币化。
- MobileFuse（www.mobilefuse.com）：MobileFuse 是一个移动广告网络，由战略选择的优质网站和应用程序组成，其业务量达到了 8500 万单。
- Mobile Theory（http://mobiletheory.com）：Mobile Theory 主要提供移动广告和服务。
- Mocean Mobile（www.moceanmobile.com）：Mocean Mobile Marketplace（MMM）是世界上最大的移动广告市场。

- Mojiva（www.mojiva.com）：Mojiva 是一个专注于智能手机和平板电脑的移动广告网络，并以 Mojiva tab 而闻名，这是一个专门为平板电脑设计的广告网络。
- MoPub（www.mopub.com）：MoPub 是一种专门为移动发布者构建的托管广告服务解决方案。
- Nexage（www.nexage.com）：Nexage 通过增加移动广告收入和降低运营成本来提升发布商和开发者的移动广告业务。
- OnMOBi（http://on-mobi.com）：OnMOBi 是一家专注于游戏和财务的广告网络。
- Placeplay（www.placeplay.com）：Placeplay 是一个针对 iOS 和 Android 平台的移动广告网络。
- Playhaven（www.playhaven.com）：Playhaven 是一家专注于游戏的移动广告公司。
- Pontiflex（www.pontiflex.com）：Pontiflex 是一家专门从事注册式广告的移动广告公司。
- Revmob（www.revmobmobileadnetwork.com）：Revmob 为 Android 和 iOS 平台提供移动广告服务。
- SellAring（www.sellaring.com）：SellAring 提供移动广告，专门提供音频广告，以取代现有的铃声。
- SendDroid（http://senddroid.com）：SendDroid 是一家专门从事 Android 推送通知广告的移动广告公司。
- SessionM（www.sessionm.com）：SessionM 是一家专注于游戏的移动广告公司。
- Smaato（www.smaato.com）：Smaato 是全球领先的移动广告交易平台。Smaato 的 SMX 平台是全球领先的移动实时竞价广告交换平台，旨在帮助移动应用程序开发商和发布商增加全球广告收入。
- Sofialys（www.sofialys.com）：Sofialys 负责提供移动广告和营销解决方案，包括广告服务器和移动广告网络。
- SponsorPay（www.sponsorpay.com）：SponsorPay 是一家广告货币化公司。
- StrikeAd（www.strikead.com）：StrikeAd 是一家总部位于美国和英国的移动广告公司。
- Tapgage（www.tapgage.com）：Tapgage 是一个移动广告网络，它可以帮助应用程序开发人员和发布商将他们的应用程序和网站货币化。
- TapIt!（www.tapit.com）：TapIt!主要负责提供移动广告。
- Tapjoy（www.tapjoy.com）：Tapjoy 是一家移动广告公司，它允许用户安装一个应用程序以代替游戏内的支付方式。

- ThinkNear（www.thinknear）：ThinkNear 是一家移动广告公司，专门提供基于位置的广告。
- Todacell（www.todacell.com）：Todacell 是一家高端移动广告公司。
- Trademob（www.trademob.com）：Trademob 总部位于欧洲，主要提供移动应用营销服务。
- Vserv（www.vserv.mobi）：Vserv 是一家专注于新兴市场的移动广告交易所。
- Wapstart（wapstart.ru/en）：Wapstart 是一家俄罗斯移动广告公司。
- Webmoblink（www.webmoblink.com）：Webmoblink 是一家领先的移动广告网络，目标客户是拉丁美洲（西班牙语和葡萄牙语）和美国拉美裔市场。
- Widespace（www.widespace.com）：Widespace 是一个面向欧洲的高级移动广告网络。
- XAd（www.xad.com）：XAd 提供基于位置的移动广告。
- Ybrant Mobile（www.ybrantmobile.com）：Ybrant Mobile 为移动广告提供有针对性的广告活动。
- YOC Mobile Advertising（http://group.yoc.com）：YOC Mobile Advertising 是欧洲最大的高端移动广告网络，在英国、德国、法国、西班牙和奥地利 5 个主要市场拥有强大的业务。
- YOOSE（www.yoose.com）：YOOSE 是一个移动广告网络，专注于基于特定地点的广告业务。
- Zumobi（www.zumobi.com）：Zumobi 是一家移动媒体和广告公司。

12.5　Android 游戏评论网站

本节列出了多个 Android 游戏评论网站。Android 游戏评论网站是为游戏获得免费宣传的绝佳场所。其中，一些网站是专门为 Android 开发的，而有些网站则是包含 Android 平台的多平台网站。

- AndDev：www.anddev.org。
- Android and Me：http://androidandme.com。
- Android App Log：www.androidapplog.com。
- Android Appdictions：www.androidappdictions.com。
- Android Apps：http://android-apps.com。
- Android Apps：www.androidapps.com。

- Android Apps：www.androidapps.org。
- Android Apps Gallery：www.androidappsgallery.com。
- Android Apps Reviews：www.androidapps-reviews.com。
- Android Authority：www.androidauthority.com。
- Android Bloke：www.androidbloke.co.uk。
- Android Central：www.androidcentral.com。
- Android Community：http://androidcommunity.com。
- Android Encyclopedia：www.androidencyclopedia.com。
- Android Etvous：www.androidetvous.com。
- Android Forums：http://androidforums.com。
- Android France：http://forum.android-france.fr。
- Android Games：www.android-games.com。
- Android Games：www.android-games.fr。
- Android Games Review：www.androidgamesreview.com。
- Androidgen：www.androidgen.fr。
- Android Guys：www.androidguys.com。
- Android Headlines：www.androidheadlines.com。
- Androidki：http://androidki.com。
- Android Lab：www.androidlab.it。
- Android Market Apps：www.androidmarketapps.com。
- Android MT：www.android-mt.com。
- AndroidNG：www.androidng.com。
- Android Phone Themes：www.androidphonethemes.com。
- Android Pimps：http://androidpimps.com。
- Android Pit：www.androidpit.com。
- Android Pit (France)：www.androidpit.fr。
- Android Police：www.androidpolice.com。
- Android Preview Source：www.androidappreviewsource.com。
- Android RunDown：www.androidrundown.com。
- Android Shock：www.androidshock.com。
- Android Social Media：www.androidsocialmedia.com。
- Android Spin：http://androidspin.com。

- Android Tablets：www.androidtablets.net。
- Android Tapp：www.androidtapp.com。
- Android Techie：www.androidtechie.com。
- Android Video Reviews：www.androidvideoreview.net。
- Android Viral：www.androidviral.com。
- Android World：www.androidworld.it。
- Android Zoom：www.androidzoom.com。
- Andro Lib：www.androlib.com。
- Andronica：www.andronica.com。
- Apkfile：http://androidgamesapps.apkfile.us。
- App Brain：www.appbrain.com。
- App Eggs：www.appeggs.com。
- Appgefahren：www.appgefahren.de。
- Application Android：www.applicationandroid.com。
- Applorer：www.applorer.com。
- App Modo：www.appmodo.com。
- App Review Central：www.appreviewcentral.net。
- Apps 400：www.apps400.com。
- Appsplit：http://appsplit.com。
- App Storm：http://android.appstorm.net。
- Apps to Use：www.appstouse.com。
- Apps Zoom：www.appszoom.com。
- Ask Your Android：www.askyourandroid.com。
- Attdroids：www.attdroids.com。
- Best Android Apps Review：www.bestandroidappsreview.com。
- Best Android Game Award：www.bestandroidgameaward.com。
- Best Apps：http://best-apps.t3.com。
- Best Droid Games：www.bestandroidgames.net。
- Cnet：http://reviews.cnet.com。
- Crazy Mikes Apps：www.crazymikesapps.com。
- Daily App Show：www.dailyappshow.com。
- Droid Android Games：www.droidandroidgames.com。

- Droid App of the Day：http://droidappoftheday.com。
- DroidForums：www.droidforums.net。
- DroidGamers：www.droidgamers.com。
- Droid Gaming：www.droidgaming.net。
- Droid Idol：www.droididol.com。
- Droid Life：www.droid-life.com。
- Droidologist：www.droidologist.com。
- Droid Review Central：www.droidreviewcentral.com。
- Droid Soft：www.droidsoft.fr。
- El Android Elibre：www.elandroidelibre.com。
- Euro Droid：www.eurodroid.com。
- Euro Gamer：www.eurogamer.net。
- Everything Android：www.everythingandroid.org。
- Frandroid：www.frandroid.com。
- Game Loft：www.gameloft.com/android-games。
- Game Play Today：www.gameplaytoday.com。
- GamePro：www.gamepro.de。
- Gamerpond：www.gamerpond.com。
- Game Spot：www.gamespot.com。
- GameZebo：www.gamezebo.com。
- Get Android Stuff：http://getandroidstuff.com。
- GiggleApps：www.giggleapps.com。
- Hardcore Droid：www.hardcoredroid.com。
- Hooked On Android：www.hookedondroid.com。
- HTC Desire Games：www.htcdesireforum.com/htc-desire-games。
- IGN：www.ign.com/games/reviews/android。
- IosRPG：www.iosrpg.com。
- Jeuxandroid：www.jeuxandroid.org。
- Know Your Mobile：www.knowyourmobile.com。
- Kotaku：http://kotaku.com。
- Latest Android Apps：www.latestandroidapps.net。
- Life of Android：www.lifeofandroid.com。

- MobiFlip：www.mobiFlip.de。
- Mobile Apps Gallery：www.mobileappsgallery.com。
- Mobiles 24：http://forum.mobiles24.com。
- Mobilism：www.mobilism.org。
- N-Droid：www.n-droid.de。
- New Apps Review：www.newappsreview.com。
- OmgDroid：www.omgdroid.com。
- 100 Best Android Apps：www.100bestandroidapps.com。
- 101 Best Android Apps：www.101bestandroidapps.com。
- 148 Apps：www.148apps.com。
- PhanDroid：www.phandroid.com。
- PhoneDog：www.phonedog.com。
- Play Android：www.playandroid.com。
- Play Droid：http://playdroid.blogspot.com。
- Pocket Gamer：www.pocketgamer.co.uk。
- Pocket Lint：www.pocket-lint.com。
- Pocket Tactics：www.pockettactics.com。
- Rpg Watch：www.rpgwatch.com。
- Samsung Galaxy S Forum：www.samsunggalaxysforum.com。
- Screw Attack：www.screwattack.com。
- Slide To Play：www.slidetoplay.com。
- SmartKeitai：www.smartkeitai.com。
- Smart Phone Daily：www.smartphonedaily.co.uk。
- Tablette：http://tablette.com。
- Talk Android：www.talkandroid.com。
- Tapscape：www.tapscape.com。
- Tap Zone：www.tapzone.info。
- Tech Hive：www.techhive.com。
- The Android Galaxy：www.theandroidgalaxy.com。
- The Android Site：www.theandroidsite.com。
- Tips 4 Tech：www.tips4tech.net。
- Top Best Free Apps：http://topbestfreeapps.com。

- Touch Arcade：www.toucharcade.com。
- 24 Android：www.24android.com。

12.6　其他有用的网站

下列内容提供了其他一些对 Android 开发者有用的网站。其中，某些网站提供了免费的图形工具。

- Open Clip Art（www.openclipart.org）：包含公共领域和零版税的图形。
- Vector Open Stock（www.vectoropenstock.com）：包含免费的矢量剪辑艺术。
- Blender 3D Renderer（www.blender.org）：免费的 3D 模型构建器和渲染器，适用于 Mac OS X、Linux 和 Windows 环境。
- Making Money with Android（www.makingmoneywithandroid.com）：该网站主要关注如何利用 Android 获取收益。其中包含了一个论坛，主要讨论 Android 最佳广告网络方面的内容。

12.7　本 章 小 结

本章讨论了游戏发布和营销方面的知识。首先介绍了如何为游戏创建最终的发布文件，以及如何在实际的 Android 设备上测试最终的发布文件。接下来，我们讨论了出售游戏、提供免费下载的 Android 游戏商店，并进一步展示了广告网络列表，进而可在游戏中投放广告以获取收益。随后，本章还提供了一个游戏评论网站列表，从而可在这些网站中进行免费的游戏宣传。最后，本章还列出了其他一些较为有用的网站。